“十二五”高等职业教育机电类专业规划教材

电机及电力拖动技术

杨　勇　张晓娟　主　编
王海浩　马莹莹　高艳春　杨　铭　副主编

中国铁道出版社
CHINA RAILWAY PUBLISHING HOUSE

内 容 简 介

电动机、发电机和变压器统称为电机,电力拖动是现代工业生产最主要的拖动形式。

“电机及电力拖动技术”是电气自动化及机电一体化专业开设的必修课程,课程地位为专业基础课。本书主要讲述了直流电动机及发电机工作原理及直流电动机拖动特性;三相异步电动机工作原理及拖动特性;变压器工作原理及工作特性;特种电机的工作原理。

本书适合作为电气自动化、机电一体化等非电机专业的教材,也可供相关技术人员学习参考。

图书在版编目(CIP)数据

电机及电力拖动技术 / 杨勇,张晓娟主编. —北京:
中国铁道出版社,2014.12
“十二五”高等职业教育机电类专业规划教材
ISBN 978-7-113-19652-3

Ⅰ.①电… Ⅱ.①杨… ②张… Ⅲ.①电机学—高等职业教育—教材②电力传动—高等职业教育—教材 Ⅳ.①TM3②TM921

中国版本图书馆 CIP 数据核字(2015)第 016770 号

书 名:电机及电力拖动技术
作 者:杨 勇 张晓娟 主编

策 划:祁 云 **读者热线**:400-668-0820
责任编辑:祁 云
编辑助理:绳 超
封面设计:付 巍
封面制作:白 雪
责任校对:汤淑梅
责任印制:李 佳

出版发行:中国铁道出版社(100054,北京市西城区右安门西街 8 号)
网 址:http:// www.51eds.com
印 刷:三河市华业印务有限公司
版 次:2014 年 12 月第 1 版 2014 年 12 月第 1 次印刷
开 本:787 mm×1 092 mm 1/16 **印张**:15.25 **字数**:361 千
印 数:1~3 000 册
书 号:ISBN 978-7-113-19652-3
定 价:30.00 元

FOREWORD | 前言

本书是为电气自动化、机电一体化等非电机专业编写的教材,全面阐述了这些专业所需的电机与电力拖动的基本理论和基础知识。

根据高职教育的人才培养目标"培养适应生产、建设、管理、服务第一线的高等技术应用型专门人才"的要求,本书在编写思路上本着"淡化理论、够用为度、培养技能、重在应用"的原则,力争做到层次清楚、概念准确、通俗易懂、深入浅出、学用一致。

全书共分8章。内容包括:绪论,直流电机,变压器,三相异步电动机,直流电动机的电力拖动,三相异步电动机的电力拖动,其他交流电动机,控制电机。本书在编写过程中,从实用角度出发,在内容上简化了一些与生产实践关系不大的理论分析与计算,侧重于电机工作原理及拖动特性的分析,并强调基本理论的实际应用。为了方便学生自学,本书每章开始都列有知识点;章末都有小结。为了强化学生应用理论解决实际生产问题的能力,每章都尽量加入了对生产实践具有指导意义的思考题与习题。

本书由吉林电子信息职业技术学院杨勇、张晓娟任主编,吉林电子信息职业技术学院王海浩、马莹莹、高艳春、杨铭任副主编。具体编写分工:第1章由马莹莹编写,第2章由高艳春编写,第3章由王海浩编写,第0章、第4章、第5章由杨勇编写,第6章由张晓娟编写,第7章由杨铭编写。吉林电子信息职业技术学院刘伟、丛中笑、于秀娜、钱海月、李颖也参加了编写工作。全书由杨勇统稿,张晓娟负责审阅并提出了许多宝贵意见。在此向他们表示衷心的感谢!

由于编者水平有限,时间仓促,书中难免存在不足之处,敬请广大读者批评指正。

编　者

2014年10月

CONTENTS | 目录

第 0 章 绪论

0.1 电机及电力拖动系统概述

众所周知,电能在现代化工农业生产及整个国民经济的各个领域获得了极为广泛的应用。而电机是生产、传输、分配及应用电能的主要设备。在现代化生产过程中,电力拖动系统是为了实现各种生产工艺过程所必不可少的传动系统,是生产过程电气化、自动化的重要前提。

0.1.1 电机

电机是利用电磁感应原理进行能量转换的机械装置,它应用广泛、种类繁多、性能各异,分类方法也很多。电机常用的分类方法主要有如下 2 种:

一种分类方法是按功能用途分,可分为发电机、电动机、变压器和控制电机四大类。发电机的功能是将机械能转换为电能;电动机的功能则是将电能转换为机械能,它可以作为拖动各种生产机械的动力,是国民经济各部门应用最多的动力机械,也是最主要的用电设备;变压器的功能是将一种电压等级的电能转换为同频率另一种电压等级的电能;控制电机主要用于完成信号的变换与传递,通常用于自动控制系统中,做检测、校正及执行元件之用,如国防工业、数控机床、计算机外围设备、机器人和音像设备等均大量使用控制电机。

另一种分类方法是按照电机的结构或转速分类,可分为变压器和旋转电机。变压器为静止不旋转电机;根据电源电流的不同旋转电机又分为直流电机和交流电机两大类。交流电机又可分为异步电机和同步电机两大类,它们的工作原理和运行特性有很大差别。同步电机运行时转子转速始终与所接电网的频率之间存在着严格不变的关系,不随负载的大小变化,电力系统中的发电机几乎都是同步电机;异步电机处于电动机运行状态时转速低于同步转速,处于发电机运行状态时转速高于同步转速。异步电机主要用作电动机。

综合以上 2 种分类方法,可归纳如下:

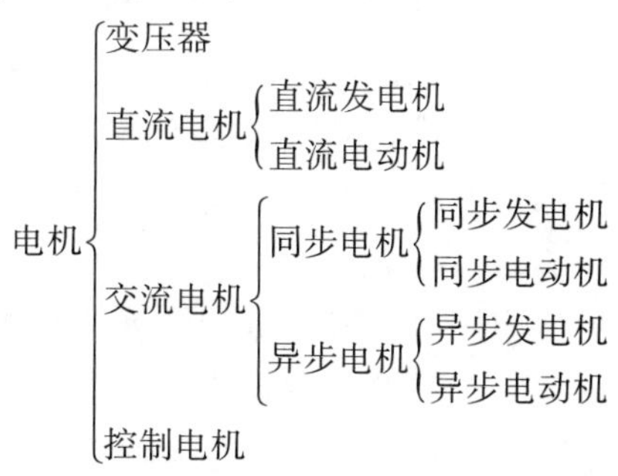

0.1.2 电力拖动系统

用电动机作为原动机来拖动生产机械运行的系统,称为电力拖动系统。电力拖动系统一般由电动机,生产机械的工作机构、传动机构,控制设备及电源5个部分组成。其中电动机把电能转换为机械能,通过传动机构(或直接)驱动生产机械工作;生产机械是执行某一生产任务的机械,是电力拖动的对象;控制设备由各种控制电气元件、工业控制计算机、可编程控制器等组成,用来控制电动机的运动,对生产机械的运动实现自动控制;电源为电动机和控制设备提供电能,是不可缺少的部分。

按照电动机的种类不同,电力拖动系统分为直流电力拖动系统和交流电力拖动系统两大类。

纵观电力拖动的发展过程,交流、直流2种拖动方式并存于各个生产领域。各个时期科学技术的发展水平不同,所处的地位也有所不同,随着工业技术的发展,在相互竞争、相互促进中发生着深刻的变革。在交流电出现以前,直流电力拖动是唯一的一种电力拖动方式。19世纪末,由于研制出了经济实用的交流电动机,使交流电力拖动在工业中得到了广泛的应用。但是随着生产技术的发展,特别是精密机械加工与冶金工业生产过程的进步,对电力拖动在启动、制动、正反转以及调速精度与范围等静态特性和动态响应方面提出了新的、更高的要求。由于交流电力拖动比直流电力拖动在技术上难以实现这些要求,所以20世纪以来,在可逆、可调速与高精度的拖动领域中,在相当长一个时期内几乎都是采用直流电力拖动,而交流电力拖动则主要用于恒转速系统。

虽然直流电动机具有调速性能优异这一突出优点,但是由于它具有电刷与换向器,使得它的故障率较高,电动机的使用环境受到限制,其电压等级、额定转速、单机容量的发展也受到限制。所以在20世纪60年代以后,随着电力电子技术的发展,交流调速的不断进步和完善,在调速性能方面由落后状态发展到可与直流调速媲美。现在,交流调速在很多场合已取代直流调速。在不远的将来,交流调速将完全取代直流调速,可以说这是一种必然的发展趋势。

0.1.3 电机及电力拖动在国民经济中的作用

在国民经济生产中,电机工业是机械工业的一个重要组成部分,电机是机电一体化中机和电的结合部位,是机电一体化的一个很重要的基础,电机可称为电气化的心脏。电机对国民经济的发展起着重要的作用,并随着国民经济和科学技术的发展而不断发展。

电机的发展又与电能的发展紧密联系在一起。电能是现代社会一种最主要的能源,这主要是由于它的生产和变换比较经济,传输和分配比较容易,使用和控制比较方便,而要实现电能的生产、变换、传输、分配、使用和控制都离不开电机。

在电力工业中,发电机和变压器是电站和变电所的主要设备。在电站,利用发电机可将原始能源(如:水能、风能、热能、化学能、太阳能、核能等)转换为电能;在变电所,电能在远距离传输前,利用升压变压器把发电机发出的低压交流电变换成高压交流电,而电能在供给用户使用前,利用降压变压器把来自高压电网的高电压变换成低电压后才能安全使用。在机械、冶金、化工等工业企业中,大量应用电动机把电能转换为机械能,去拖动机床、起重机、轧钢机、电铲、抽水机、鼓风机等各种生产机械。在现代化农业生产中,电力排灌、播种、收割等农用机械都需要规格不同的电动机去拖动。在交通运输业中,电车、地铁、电梯、飞机、轮船等也需要各种电动机。在医疗器械及家用电器中也离不开功能各异的小功率电动机。

在现代工业生产中,为了实现生产工艺过程的各种要求,需要广泛采用各种各样的生产机械。拖动各种生产机械运转,可以采用气动、液压传动和电力拖动。由于电力拖动具有控制简单、调节性能好、损耗小、经济、能实现远距离控制和自动控制等一系列优点,因此电力拖动已成为现代工农业中最广泛的拖动方式。而且随着近代电力电子技术和计算机技术的发展以及自动控制理论的应用,电力拖动控制装置的特性品质正在得到不断的提高,从而可提高生产机械运转的准确性、可靠性、快速性和生产过程的自动化程度,便于提高劳动生产率和产品质量,所以电力拖动也是实现工业电气自动化的基础,在国民经济发展中发挥着越来越重要的作用。

0.2 本课程的性质、任务和学习方法

本课程是电气自动化技术、供用电技术、机电一体化技术等专业的一门重要的专业基础课,既有基础性又有专业性。

本课程的任务是使学生掌握变压器、交直流电机及控制电机的基本结构和工作原理,以及电力拖动系统的运行性能、分析计算、电机选择及实验方法,为学习后续课程奠定必要的基础,为学生参加工作后能尽快适应岗位要求打下良好的基础。

"电机及电力拖动技术"是"电机原理"和"电力拖动基础"两门课程内容的有机结合,主要分析研究直流电机、变压器、三相异步电动机的基本理论及其电力拖动的基本规律,简单介绍常用交流电机、常用控制电机的原理及应用和电力拖动系统电动机容量的选择问题。

本课程是一门理论性和实践性都很强的技术基础课,涉及的基础理论和实际知识面广。在本课程中,不仅有理论的分析推导、磁场的抽象描述,而且还要用基本理论去分析研究比较复杂的带有机、电、磁综合性的工程实际问题。在掌握基本理论的同时,还要注意培养实验操作技能和计算能力,这是本课程的特点,也是学习的难点。因此,必须要有一个良好的学习方法,才能学好本课程。这里提供以下学习方法供大家参考:

(1)学习之前,必须理解和掌握电和磁的基本概念,熟练运用电磁感应定律、安培定律、电路和磁路定律和力学等已学过的知识。

(2)为了提高课堂学习效果,建议课前预习,对将要学习的内容有所了解,便于有的放矢地听课;课后应及时复习和小结,并选做适当的思考练习题,以巩固所学的理论知识,提高理解和应用能力。

(3)学习过程中,对于电机结构,要弄清各主要部件的组成和作用;对于有关公式,要从物理概念上去理解和记忆,不要死记硬背;本课程涉及电机的类型较多,要注意各种电机结构的异同点、电磁关系和能量转换关系的异同点、拖动问题的异同点等,运用总结对比的方法融会贯通,加深理解;分析实际问题时,要运用工程的观点和方法,突出主要矛盾,忽略次要矛盾,从而简化实际问题的分析和计算。

(4)学习时要理论联系实际,进行必要的实验和实习,一是对基本理论进行验证,二是培养和提高自身的实验操作技能和工作能力。

第1章 直流电机

知识点：

(1)直流电机的工作原理。

(2)直流电机的基本方程式、工作特性。

掌握：

(1)直流电机的基本工作原理。

(2)直流电机的感应电动势、电磁转矩、电磁功率等基本公式。

(3)直流电机运行时的基本方程式、工作特性。

了解：

(1)直流电机的基本结构。

(2)铭牌数据的含义。

(3)直流电机的换向。

直流电机是一种通过磁场的耦合作用实现机械能与直流电能相互转换的旋转式机械。直流电机包括直流电动机和直流发电机。将机械能转变成直流电能的电机称为直流发电机；反之，将直流电能转变成机械能的电机称为直流电动机。直流电机具有可逆性，一台直流电机工作在发电机状态，还是工作在电动机状态，取决于电机的运行条件。

直流电机的主要优点是具有良好的启动性能、平滑的调速特性、过载能力大、易于控制、经济性好。这对某些生产机械的拖动来说是十分重要的，例如，大型可逆式轧钢机、矿井卷扬机、电力机车、大型机床和大型起重机等生产机械，大部分都由直流电动机拖动。

直流电机的主要缺点是制造工艺复杂、消耗有色金属较多、生产成本高、运行可靠性较差、维护较困难、有换向问题。随着电力电子技术的迅速发展，在很多领域，直流发电机已逐步被整流电源所取代，直流电动机也已被交流调速系统所取代，但是直流电动机仍以其良好的调速性能在许多场合继续发挥着重要作用。

本章主要介绍直流电机的基本工作原理、结构和工作特性。

1.1 直流电机的基本工作原理

1.1.1 直流发电机的基本工作原理

直流发电机的工作原理基于电磁感应定律。电磁感应定律指出，在匀强磁场中，当导体切割磁感线时，导体中就有感应电动势产生。若磁感线、导体及其运动方向三者相互垂直，则导体中产生的感应电动势 e 的大小为

$$e=Blv \tag{1.1}$$

式中：B——磁感应强度或磁通密度，T 或 Wb/m^2；

l——导体切割磁感线的有效长度,m;

v——导体与磁场的相对切割速度,m/s;

e——导体上的感应电动势,V。

由式(1.1)可知,对于长度一定的导体来说,导体中感应电动势的大小由导体所在处的磁感应强度和导体切割磁感线的速度所决定,而感应电动势的方向可由右手定则来确定。

图1.1是一台最简单的直流发电机的物理模型。N和S是一对固定的磁极,磁极固定不动,称为定子;两磁极之间有一个可以旋转的导磁圆柱体,称为转子;在转子表面的槽内放置了一个线圈,线圈连同导磁圆柱体是直流电机可转动部分,称为电机转子(或电枢)。线圈由导体ab和cd构成,线圈的两端分别接到相互绝缘的2个圆弧形铜片(称为换向片)上,由换向片构成的圆柱体称为换向器,换向片分别与固定不动的电刷A和B保持滑动接触,这样,线圈abcd可以通过换向片和电刷与外电路接通。电枢在原动机拖动下转动,把机械能转变为电能供给接在两电刷间的负载。

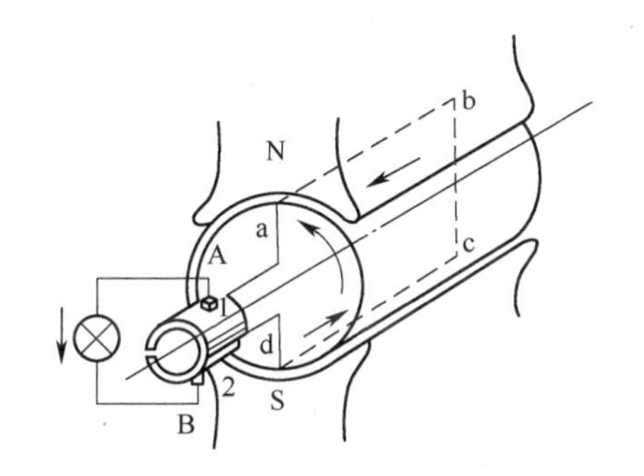

(a) ab边在N极下,cd边在S极上的电动势方向

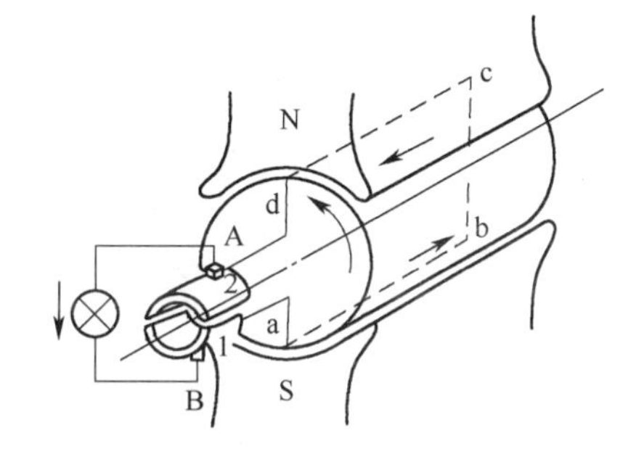

(b) 转子转过180°后的电动势方向

图1.1 直流发电机的工作原理图

在图1.1(a)中,电枢逆时针恒速旋转时,根据电磁感应定律可知,线圈的ab、cd两边因切割磁感线而产生感应电动势,由右手定则可以判断出感应电动势的方向为d→c→b→a,电刷A为正极,电刷B为负极。外电路上的电流方向是由正极A流出,经负载流向负极B。

当电枢转过180°后,如图1.1(b)所示,此时感应电动势的方向变为a→b→c→d,电刷A原来与换向片1接触,现在变为与换向片2接触,电刷B原来与换向片2接触,现在变为与换向片1接触,这样电刷A仍为正极,电刷B仍为负极。

以上分析表明,当原动机拖动电枢线圈旋转时,线圈中的感应电动势方向不断改变,但通过换向器和电刷的作用,在电刷A、B间输出的电动势的方向是不变的,即为直流电动势。若在电刷A、B间接入负载,发电机就能向负载提供直流电能,这就是直流发电机的工作原理。

实际直流发电机的电枢,根据实际应用情况需要有多个线圈。线圈分布于电枢铁芯表面的不同位置上,并按照一定的规律连接起来,构成发电机的电枢绕组。磁极也是根据需要N、S极交替放置多对。

1.1.2 直流电动机的工作原理

直流电动机的工作原理基于安培定律。安培定律指出,若匀强磁场B与导体相互垂直,且导体中通以电流i,则作用于载流导体上的电磁力F为

$$F=Bli \tag{1.2}$$

式中:l——导体的有效长度,m;

　　i——导体中的电流,A;

　　F——导体所受的电磁力,N。

由式(1.2)可知,对于长度一定的导体来说,所受电磁力的大小由导体所在处的磁感应强度和通过导体的电流所决定,而电磁力的方向可由左手定则来确定。

如果在图1.1中去除原动机和电刷两端所接的负载,在A、B电刷间施加一直流电源,就成为一台最简单的直流电动机,如图1.2所示。

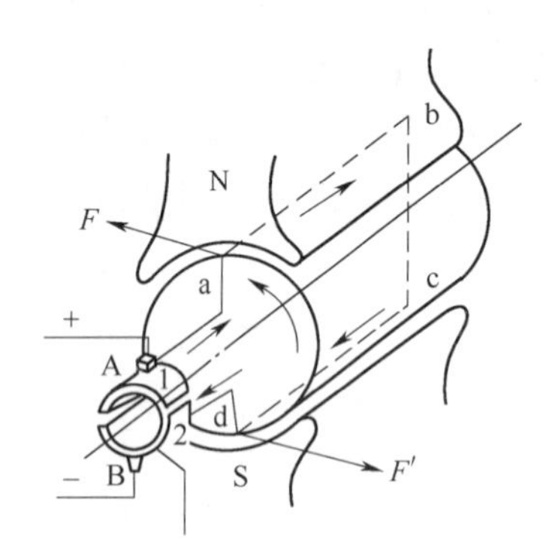

(a) ab边在N极下,cd在S极上的电流方向

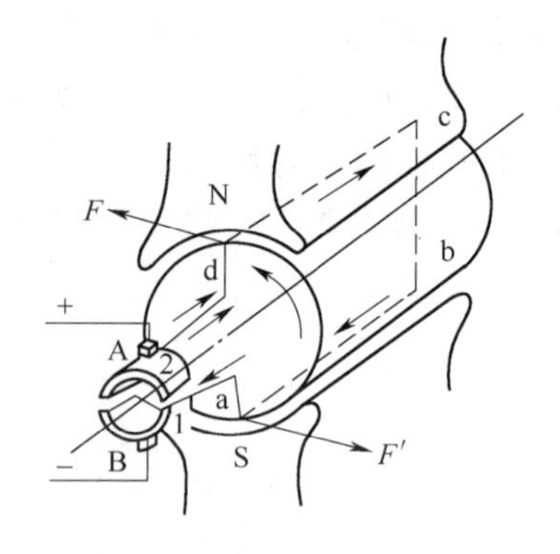

(b) 转子转过180°后的电流方向

图1.2　直流电动机的工作原理图

在图1.2(a)中,当ab边在N极下,cd边在S极上,电流从电刷A、换向片1、线圈边ab和cd,最后经换向片2及电刷B回到电源的负极时,线圈中的电流方向为a→b→c→d。根据左手定则可知,此瞬间导体ab所受电磁力向左,导体cd所受电磁力向右,这样就在线圈abcd上产生一个转矩,称为电磁转矩,该转矩的方向为逆时针方向,使整个电枢逆指针方向旋转。

当电枢转过180°之后,如图1.2(b)所示,cd转到N极下,ab转到S极上,此时电流流经的路径是通过电刷A、换向片2、线圈边dc和ba,最后经换向片1及电刷B回到电源的负极,线圈中的电流方向为d→c→b→a。因此线圈中的电流改变了方向,用左手定则可判断,这时电磁转矩的方向仍为逆时针方向。

从上述分析可知,虽然直流电动机电枢绕组线圈中流通的电流为交变的,但N极和S极下所受力的方向并未发生变化,产生的电磁转矩是单方向的,因此电枢的转动方向仍保持不变。改变线圈中电流的方向是由换向器和电刷来完成的。

在实际直流电动机中,有许多线圈牢固地嵌在电枢铁芯槽中。当线圈(导体)中通过电流时,处在磁场中的导体因受到电磁力而运动,即带动整个电枢旋转,通过转轴便可带动工作机械。这就是直流电动机的基本工作原理。

综上所述,可以看出:一台直流电机既可以作为电动机运行,又可以作为发电机运行,这主要取决于不同的外部条件。若将直流电源加在电刷两端,直流电机就能将直流电能转换为机械能,作电动机运行;若用原动机拖动电枢旋转,输入机械能,直流电机就将机械能转换为直流电能,作发电机运行。这种运行状态的可逆性称为直流电机的可逆运行原理。实际的直流发电机和直流电动机,因为设计制造时考虑了长期作为发电机或电动机运行性能方面的不同要求,在结构上要有区别。

1.2　直流电机的基本结构与铭牌

1.2.1　直流电机的基本结构

直流电机在结构上主要有可旋转部分和静止部分。可旋转部分称为转子或电枢,静止部分称为定子。定子与转子之间有间隙,称为气隙。定子部分包括主磁极、换向极、电刷装置、机座、端盖和轴承等部件;转子部分包括电枢铁芯、电枢绕组、换向器、转轴、风扇和支架等部件。

直流电机的结构图如图1.3所示。直流电机的组成部件如图1.4所示。

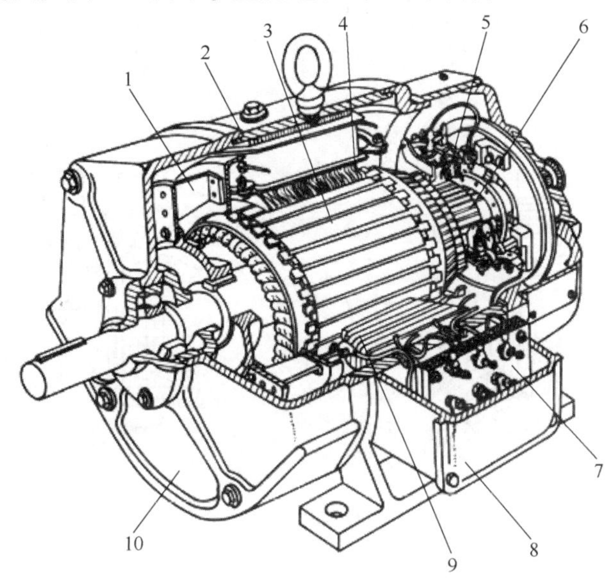

图1.3　直流电机的结构图

1—风扇;2—机座;3—电枢;4—主磁极;5—电刷架;
6—换向器;7—接线板;8—出线盒;9—换向极;10—端盖

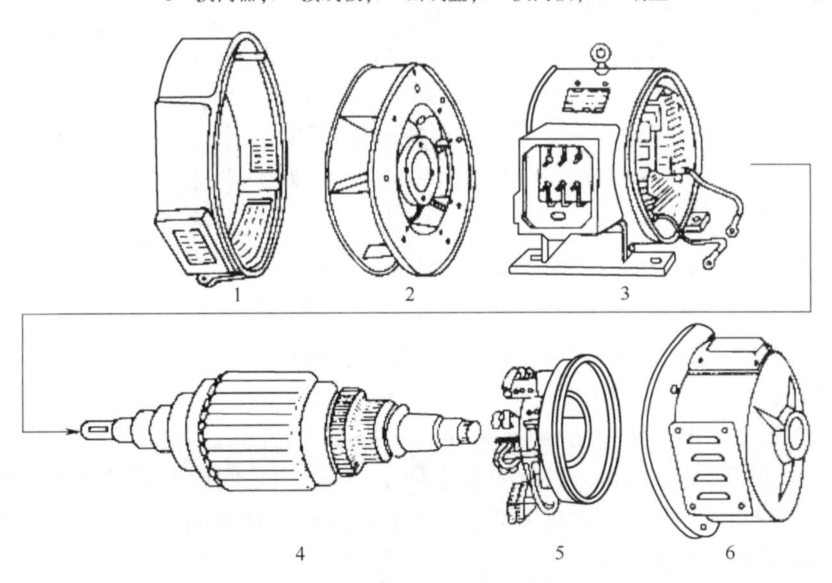

图1.4　直流电机的组成部件

1—前端盖;2—风扇;3—机座;4—电枢;5—电刷架;6—后端盖

1. 定子部分

定子的作用是产生磁场和作为电机的机械支架。

(1)主磁极。主磁极的作用是产生一个恒定的主磁场。主磁极由铁芯和励磁绕组组成,整个磁极用螺钉固定在机座上,如图 1.5 所示。主磁极铁芯通常采用 1.0~1.5 mm 厚的低碳钢板冲片叠压而成,包括极身和极靴(或极掌)2 部分。极靴做成圆弧形,以使磁极下气隙磁通较均匀。极身外边套着励磁绕组,励磁绕组用铜线(或铝线)绕制而成。当绕组中通入直流电流时,铁芯就成为一个固定极性的磁极。主磁极可为 1 对、2 对或更多对数。为了保证各极励磁电流严格相等,励磁绕组相互间一般采用串联,而且在连接时要保证 N、S 极间隔排列。

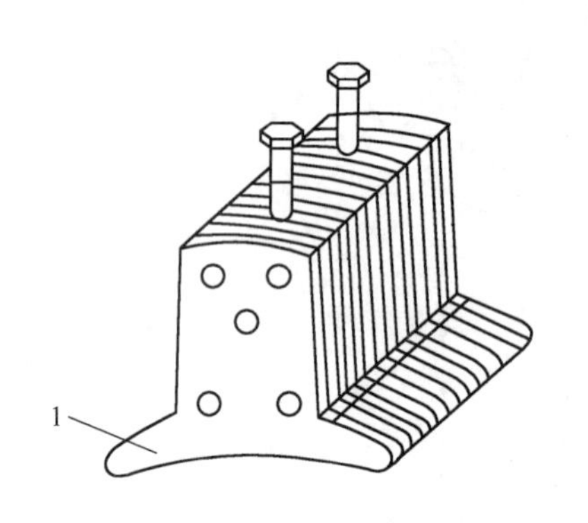

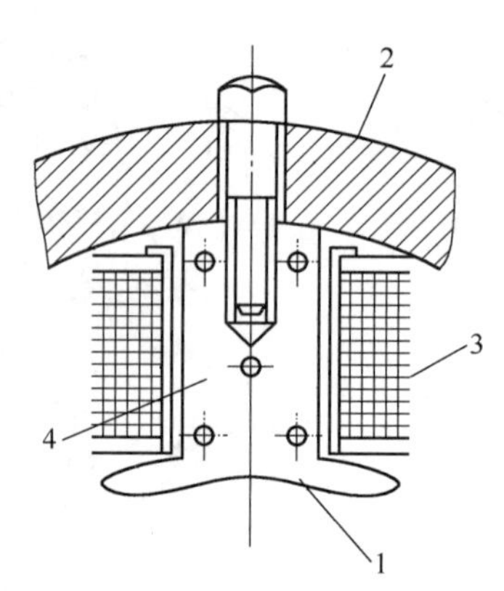

图 1.5　直流电机的主磁极

1—极掌;2—机座;3—励磁绕组; 4—主磁极铁芯

(2)换向极。换向极由铁芯和套在铁芯上的绕组构成,如图 1.6 所示。其铁芯多用整块钢板加工而成,大容量电机也采用薄钢片叠压而成。换向极绕组的匝数较少,并与电枢绕组串联,一般采用较粗的矩形截面导线绕制而成。换向极通常安装在 2 个相邻主磁极的中心线处,所以又称间极,其极数一般与主磁极极数相等(小功率直流电机可不装设换向极,或只装设主磁极极数一半的换向极),也用螺钉固定在机座上。

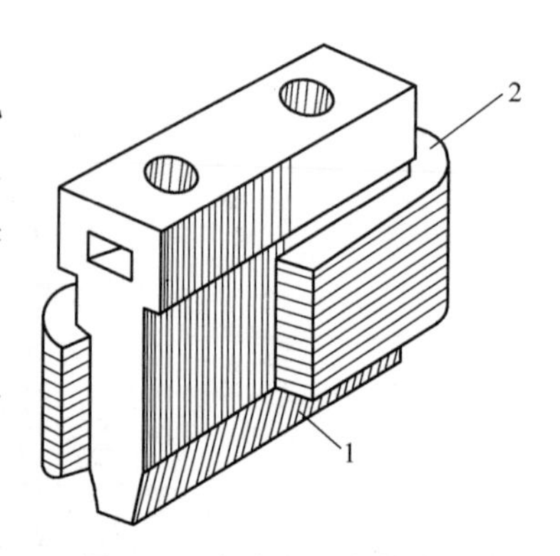

图 1.6　直流电机的换向极

1—换向极铁芯;2—换向极绕组

(3)电刷装置。电刷与换向器配合可以把转动的电枢绕组和外电路连接,并把电枢绕组中的交流量转变成电刷端的直流量。电刷装置主要由电刷、刷握、弹簧压板、刷杆、刷杆座及铜丝辫等零件构成,如图 1.7 所示。电刷一般由导电耐磨的石墨材料制成,放在刷握内,用弹簧压紧在换向器表面上,刷握固定在刷杆上,刷杆固定在圆环形的刷杆座上,借铜丝辫将电流从电刷引入或引出。在换向器表面上,各电刷之间的距离应该是相等的。刷杆座装在端盖或轴承内盖上,是可以转动的,以便于调整电刷在换向器表面上的位置。电刷组的个数,一般等于主磁极的个数。

(4)机座。机座既可以固定主磁极、换向极、端盖等,又是电机磁路的一部分(称为磁轭)。机座一般用铸钢或厚钢板焊接而成,它具有良好的导磁性能和机械强度。

在机座上还装有接线盒,电枢绕组和励磁绕组通过接线盒与外电路连接。普通直流电机电枢回路的电阻比励磁回路的电阻小得多。

(5)端盖。机座的两边各有一个端盖,它的中心部分装有轴承,用来支持转子的轴承,电刷架也固定在端盖上。

2. 转子部分

转子是直流电机的重要部件。由于在转子绕组中产生感应电动势和电磁转矩,因此,转子是机械能与电能相互转换的枢纽,又称电枢。

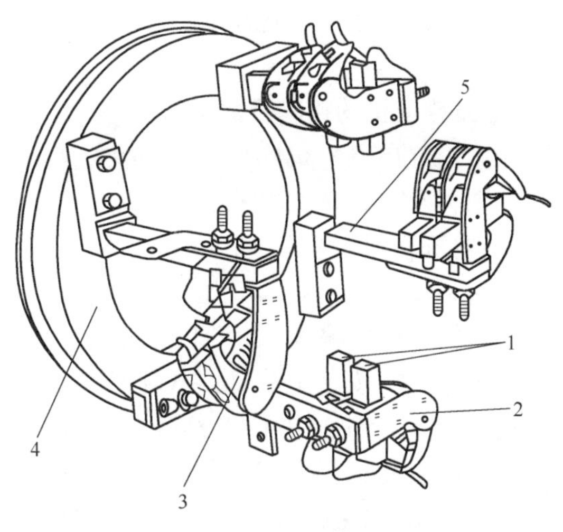

图 1.7 电刷装置

1—电刷;2—刷握;3—弹簧压板;4—刷杆座;5—刷杆

(1)电枢铁芯。电枢铁芯是电机磁路的一部分,其外圆周开槽,用来嵌放电枢绕组。为了减少涡流损失,电枢铁芯一般用0.5 mm厚、两边涂有绝缘漆的硅钢片冲片叠压而成,电枢铁芯固定在转轴或电枢支架上,与轴一起旋转。电枢铁芯及冲片形状如图1.8所示。当铁芯较长时,为加强冷却,可把电枢铁芯沿轴向分成数段,段与段之间留有通风孔。

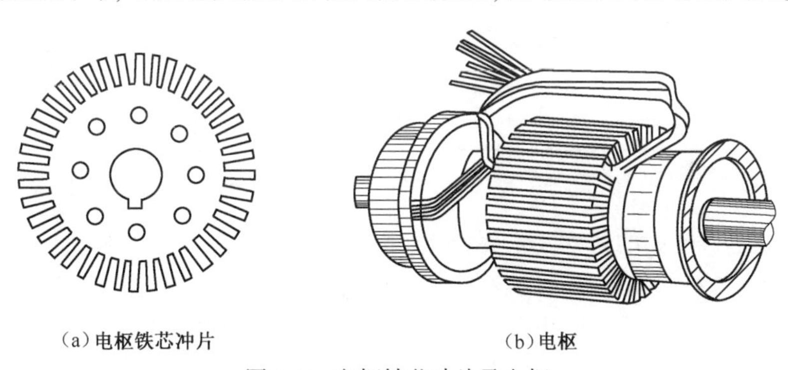

(a)电枢铁芯冲片 (b)电枢

图 1.8 电枢铁芯冲片及电枢

(2)电枢绕组。电枢绕组是直流电机的主要组成部分,其作用是产生感应电动势和电磁转矩,使电机实现机电能量的转换。

电枢绕组通常是用绝缘导线绕成的多个线圈(又称元件)按一定规律连接而成。组成线圈的各个导体嵌放在电枢铁芯槽内,而线圈的端部固定连接在对应的换向片上。

(3)换向器。换向器在电动机中的作用是将电刷两端的直流电流转换为绕组内的交流电流;在发电机中,它的作用是将绕组内的交变电动势转换为电刷两端的直流电动势。换向器是由多个紧压在一起的梯形铜片构成的一个圆筒,片与片之间用一层薄云母绝缘,电枢绕组的每个线圈两端分别接至两个换向片上,如图1.9所示。换向器是直流电机的重要部件,它通过与电刷的摩擦接触,将加于2个电刷之间的直流电流变换成绕组内部的交流电流,以便形成固定方向的电磁转矩。

(4)风扇、转轴和支架。风扇为自冷式电机中冷却气流的主要来源,可防止电机温升过高。转轴是电枢的主要支撑件,它传送扭矩、承受质量及各种电磁力,应有足够的强度、刚度。支架是大中型电机电枢组件的支撑件,有利于通风和减轻质量。

1.2.2 直流电机的铭牌及额定值

铭牌固定在电机机座的外表面上,其上标明电机主要额定数据及电机产品数据,供用户参考。铭牌数据主要包括:电机型号、电机额定功率、额定电压、额定电流、额定转速和额定励磁电流及励磁方式等,此外还有电机的出厂数据如出厂编号、出厂日期等。

电机制造厂按一定标准及技术要求,规定了电机高效长期稳定运行的经济技术参数,称为电机的额定值。额定值是使用和选择电机的依据,因此使用前一定要详细了解这些铭牌数据。表 1.1 为某直流电动机的铭牌。

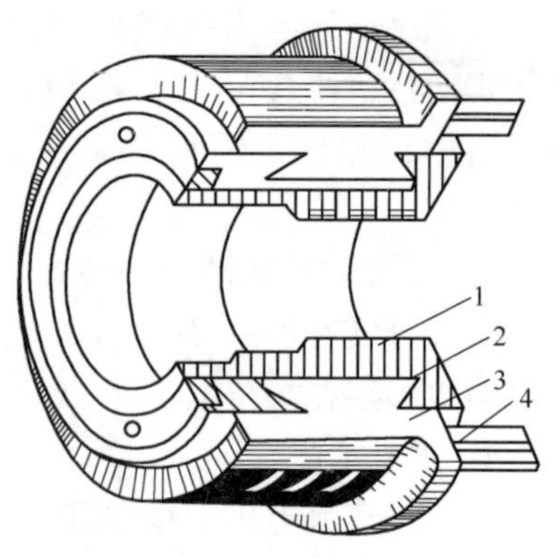

图 1.9 换向器

1—连接片;2—换向片;3—云母环;4—V 形套筒

表 1.1 直流电动机的铭牌举例

型号	Z3-95	产品编号	7001
功率	30 kW	励磁方式	他励
电压	220 V	励磁电压	220 V
电流	160.5 A	工作方式	连续
转速	750 r/min	绝缘等级	定子 B 转子 B
标准编号	JB1104-68	质量	685 kg
×××电机厂		出厂日期	××××年 ××月

1. 型号

型号表明该电机所属的系列及主要特点,采用大写汉语拼音字母和阿拉伯数字表示,通常由 3 部分构成:第 1 部分为产品代号;第 2 部分为规格代号;第 3 部分为特殊环境代号。例如型号 Z3-95 中的“Z”表示普通用途直流电机;“3”表示第 3 次改型设计;第 1 个数字“9”是机座直径尺寸序号;第 2 个数字“5”是铁芯长度序号。

2. 额定值

(1)额定电压 U_N。额定电压是指在额定运行条件下,电机出线端的电压。对电动机而言,是指输入额定电压;对发电机而言,是指输出额定电压。额定电压的单位为 V。

(2)额定电流 I_N。额定电流是指电机在额定电压条件下,运行于额定功率时的电流。对电动机而言,是指带额定负载时的输入电流;对发电机而言,是指带额定负载时的输出电流。额定电流的单位为 A。

(3)额定功率 P_N。额定功率是指在额定电压条件下电机所能供给的功率。

对于电动机而言,额定功率是指电动机轴上输出的额定机械功率。

$$P_N = U_N I_N \eta_N \tag{1.3}$$

式中:η_N——额定效率,是电机在额定条件下,输出功率与输入功率的百分比。

对于发电机而言,额定功率是指向负载端输出的电功率。额定功率的单位为 W 或 kW。

$$P_N = U_N I_N \tag{1.4}$$

(4)额定转速 n_N。额定转速是指电机在额定电压、额定电流条件下，且电机运行于额定功率时电机的转速。额定转速的单位为 r/min。

此外，铭牌上还标有励磁方式、工作方式、绝缘等级、质量等参数。还有一些额定值，如额定效率 η_N、额定转矩 T_N、额定温升 τ_N，一般不标注在铭牌上。

电机在实际运行时，不可能总工作在额定状态，其运行情况由负载大小来决定。如果负载电流等于额定电流，称为满载运行；负载电流大于额定电流，称为过载运行；负载电流小于额定电流，称为欠载运行。长期过载运行将使电机因过热而缩短使用寿命，长期欠载运行则电机不能充分利用，效率低。选择电机时，应根据负载要求，尽可能使其接近于额定情况下运行。

【例1.1】 一台直流发电机，$P_N=10\ \text{kW}$，$U_N=230\ \text{V}$，$n_N=2\ 850\ \text{r/min}$，$\eta_N=85\%$。

求：额定电流和额定负载时的输入功率。

解 由 $P_N=U_NI_N$ 得 $I_N=\dfrac{P_N}{U_N}=\dfrac{10\times10^3}{230}\ \text{A}=43.48\ \text{A}$

则输入功率 $P_1=\dfrac{P_N}{\eta_N}=\dfrac{10\times10^3}{0.85}\ \text{W}=11.76\ \text{kW}$。

【例1.2】 一台直流电动机，$P_N=100\ \text{kW}$，$U_N=220\ \text{V}$，$\eta_N=90\%$，$n_N=1\ 200\ \text{r/min}$。

求：额定电流和额定负载时的输入功率。

解 由式 $P_N=U_NI_N\eta_N$ 得 $I_N=\dfrac{P_N}{U_N\eta_N}=\dfrac{100\times10^3}{220\times0.9}\ \text{A}=505\ \text{A}$

则输入功率 $P_1=U_NI_N=220\times505\ \text{W}=111\ \text{kW}$。

1.2.3 直流电机的主要系列简介

为了产品的标准化和通用化，电机制造厂生产的产品多是系列电机。所谓系列电机，就是指在应用范围、结构形式、性能水平、生产工艺方面有共同性，功率按一定比例系数递增，并成批生产的一系列电机。

我国常用直流电机的主要系列介绍如下：

(1)Z 系列。Z 系列电机是通风防护式的，适用于调速范围不大的机械拖动，应在少灰尘、少腐蚀及温度低的场所使用。

(2)Z2 系列。Z2 系列是 Z 系列的改进，也是防护式的，调速范围可达 2 : 1，即转速可超过额定转速 1 倍。

(3)ZO 系列。ZO 系列电机是封闭式的，用于多灰尘但无腐蚀性气体的场所。

(4)ZD 系列。ZD 系列电机主要用于需要广泛调速并具有较大过载能力的场所，如大型机床、卷扬机、起重设备等。

(5)ZQD 系列。ZQD 系列是直流牵引电动机，用于牵引车辆。

直流电机系列很多，使用时可查电机产品目录或有关电工手册。

1.3 直流电机的电枢绕组

1.3.1 直流电枢绕组基本知识

电枢绕组是直流电机的电路部分，是电机实现机电能量转换的枢纽。电枢绕组的主要作用是产生感应电动势和电磁转矩。

电枢绕组是由许多结构与形状相同的线圈(以下称元件)按一定规律连接而成的。直流电机电枢绕组为双层分布绕组,其连接方式有叠绕组和波绕组 2 种类型,如图 1.10 所示。叠绕组又分为单叠绕组和复叠绕组;波绕组又分为单波绕组与复波绕组。此外还有蛙形绕组,即叠绕组和波绕组的混合绕组。下面介绍电枢绕组中常用的基本知识。

1. 电枢绕组元件

电枢绕组元件由绝缘铜线绕制而成,每个元件有 2 个嵌放在电枢槽中能与磁场作用产生转矩或电动势的有效边,称为元件边,它是进行电磁能量转换的部分。伸出槽外的部分,仅起连接作用,不能直接转换能量,称为端部,如图 1.10 所示。

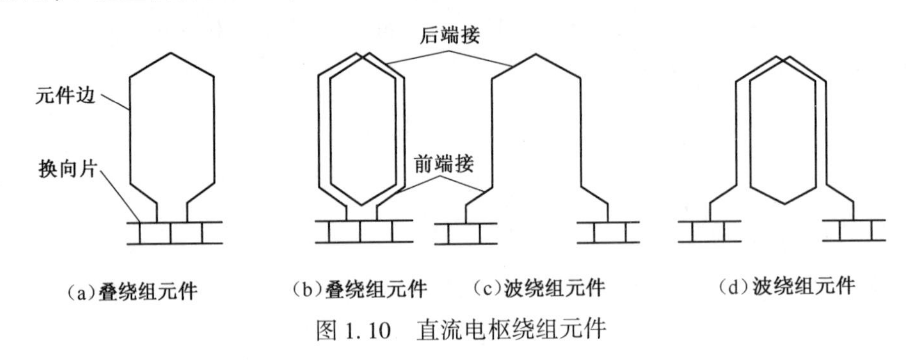

图 1.10　直流电枢绕组元件

每个绕组元件有 2 个出线端,一个称为首端,另一个称为末端。绕组元件的 2 个出线端分别与 2 片换向片连接,与换向片相连的一端为前端接,另一端为后端接。绕组元件一般是多匝的,如图 1.10(b)、(d)所示。为便于嵌线,每个元件的一个元件边嵌放在某一槽的上层,称为上元件边,画图时以实线表示;另一个元件边则嵌放在另一槽的下层,称为下元件边,画图时以虚线表示,如图 1.11 所示。

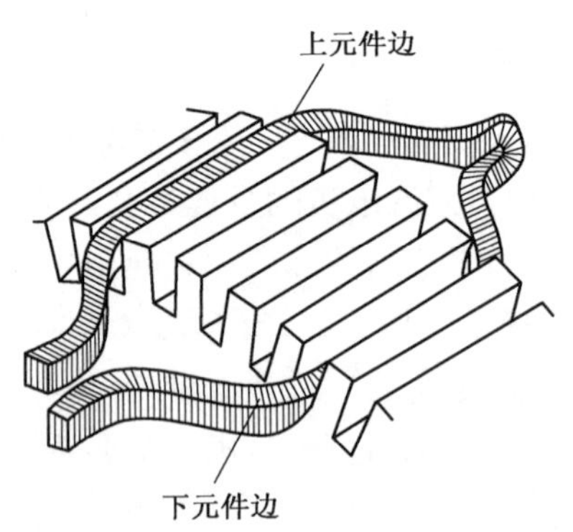

图 1.11　电枢绕组在槽内的放置

每个元件有 2 个元件边,每片换向片又总是接一个元件的上元件边和另一元件的下元件边,因此元件数 S 总等于换向片数 K,即

$$S = K \tag{1.5}$$

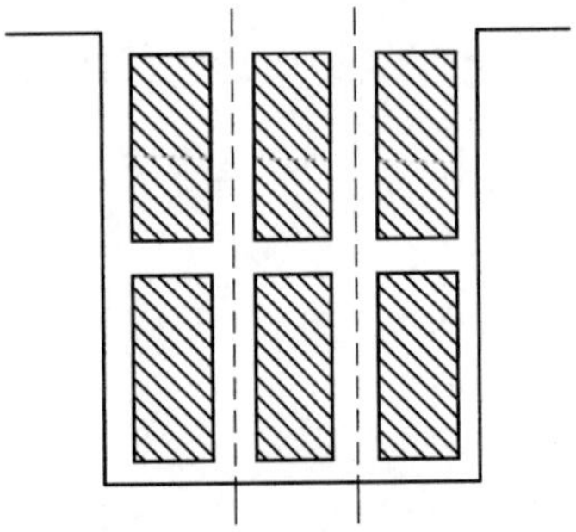

每个元件有 2 个元件边,而每个电枢槽分上、下 2 层嵌放 2 个元件边,因此元件数 S 又等于槽数 Z,即

$$S = K = Z \tag{1.6}$$

电枢绕组嵌放在电枢槽中,通常每个槽的上、下层各放置若干个元件边。为说明每个边的具体位置,引入“虚槽”的概念。设槽内每层有 u 个元件边,则每个实际槽等同于 u 个“虚槽”,即把一个实槽当成 u 个虚槽使用,每个虚槽的上、下层各有一个元件边,如图 1.12 所示。

图 1.12　实槽和虚槽(u=3)

虚槽数 Z_u 与实槽数 Z 之间的关系为

$$Z_u = uZ = S = K \tag{1.7}$$

为分析方便起见，本书中均设 $u=1$。

2. 极距

沿电枢表面相邻磁极的距离称为极距 τ，如图 1.13 所示。当用线性长度表示时，极距的表达式为

$$\tau = \frac{\pi D}{2p} \tag{1.8}$$

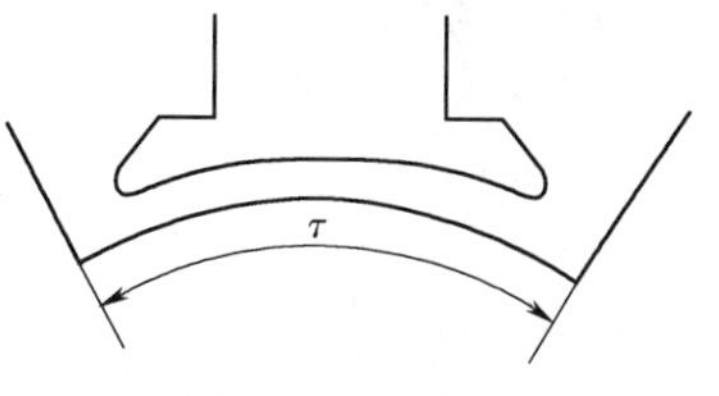

图 1.13　极距 τ

式中：D——电枢铁芯外直径；

p——直流电机磁极对数。

当用虚槽数表示时，极距的表达式为

$$\tau = \frac{Z_u}{2p} \tag{1.9}$$

极距一般都用虚槽数表示。

3. 节距

表征电枢绕组元件本身和元件之间连接规律的数据称为节距。直流电机电枢绕组的节距有第一节距 y_1、第二节距 y_2、合成节距 y 和换向器节距 y_k 共 4 种。

（1）第一节距 y_1。同一元件的 2 个元件边在电枢圆周上所跨的距离，用虚槽数来表示，称为第一节距 y_1。为使每个元件能获得最大的电动势，第一节距 y_1 应等于或接近于一个极距 τ。但 τ 不一定是整数，而 y_1 必须是整数，为此，一般取第一节距为

$$y_1 = \frac{Z_u}{2p} \mp \varepsilon = \text{整数} \tag{1.10}$$

式中：ε——小于 1 的分数。

若 $\varepsilon=0$，则 $y_1=\tau$，称为整距绕组。若 $\varepsilon \neq 0$，则当 $y_1>\tau$ 时，称为长距绕组；$y_1<\tau$ 时，称为短距绕组。$y_1>\tau$ 的元件，其电磁效果与 $y_1<\tau$ 的元件相近，但端接部分较长，耗铜多，一般不用。

（2）第二节距 y_2。第一个元件的下元件边与直接相连的第二个元件的上元件边之间在电枢圆周上的距离，用虚槽数来表示，称为第二节距 y_2，如图 1.14 所示。

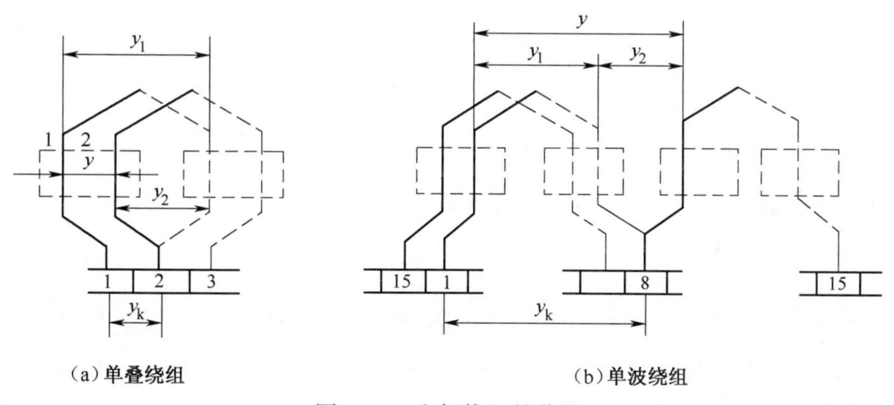

（a）单叠绕组　　（b）单波绕组

图 1.14　电枢绕组的节距

（3）合成节距 y。直接相连的 2 个元件的对应边在电枢表面的跨距称为合成节距。

对单叠绕组

$$y=y_1-y_2 \tag{1.11}$$

对单波绕组

$$y=y_1+y_2 \tag{1.12}$$

(4)换向器节距 y_k。同一元件首、末连接的2片换向片在换向器圆周上所跨的距离称为换向器节距,用换向片的个数表示,如图1.14所示。由于元件数等于换向片数,每连接一个元件时,元件边在电枢表面前进的距离(虚槽数)应等于其出线端在换向器表面所前进的距离(换向片数),所以换向器节距应等于合成节距,即

$$y_k=y \tag{1.13}$$

4. 绕组展开图

将电枢表面某处沿轴向剖开,展开成一个平面,就得到绕组展开图,如图1.15所示。绕组展开图可清楚地表示绕组连接规律。其中实线表示上元件边,虚线表示下元件边。一个虚槽中的上、下元件边用紧邻的一条实线和一条虚线表示,每个方格表示一片换向片。为分析方便,使其宽度与槽宽相等。画展开图时,要先对电枢槽、绕组元件和换向片进行编号,一个绕组元件的上元件边所在的槽、上元件边所连接的换向片和该元件标号相同。例如1号元件上元件边放在1号槽,并与1号换向片连接。

下面以单叠绕组与单波绕组为例介绍电枢绕组的结构和连接规律。

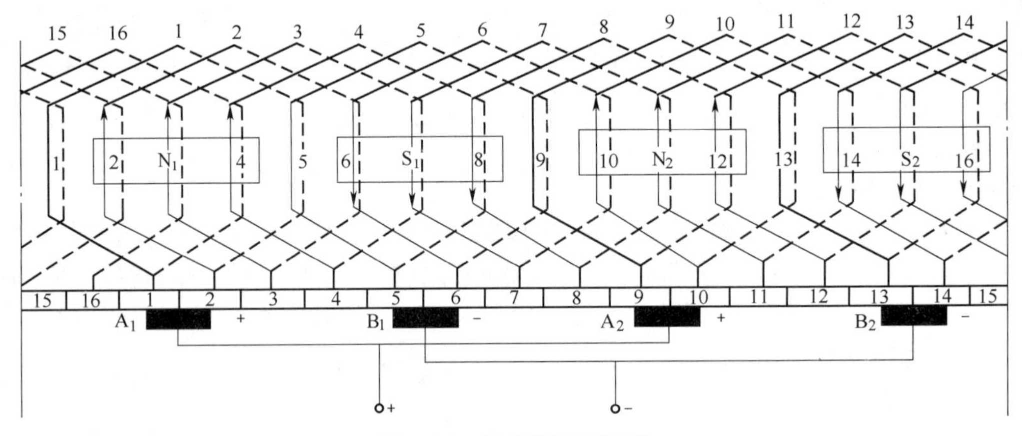

图1.15 单叠绕组展开图

1.3.2 单叠绕组

单叠绕组的连接规律是将所有相邻元件依次串联,即后一个元件的首端与前一个元件的尾端相连,同时每个元件的两个出线端依次连接到相邻换向片上,最后形成一个闭合回路。所以单叠绕组的合成节距等于一个虚槽,换向器节距等于一个换向片,即

$$y=y_k=\pm 1 \tag{1.14}$$

$y=+1$ 表示每串联一个元件就向右移动一个虚槽或一个换向片,称为右行绕组;

$y=-1$ 表示每串联一个元件就向左移动一个虚槽或一个换向片,称为左行绕组。

由于左行绕组的元件接到换向片的连接线互相交错、用铜较多,故很少采用。直流电机的电枢绕组多用右行绕组。

下面通过一个具体的例子说明绕组展开图的画法。

【例 1.3】　已知一台直流电机的磁极对数 $p=2$，$Z_u=S=K=16$，试画出其右行单叠绕组展开图。

解

(1)计算绕组的节距：

第一节距

$$y_1=\frac{Z_u}{2p}\pm\varepsilon=\frac{16}{4}=4(\text{全距})$$

第二节距

$$y_2=y_1-y=4-1=3$$

换向器节距和合成节距

$$y=y_k=+1$$

(2)绘制绕组展开图。假想把电枢从某一齿的中间沿轴向切开展成平面，所得绕组连接图称为绕组展开图，单叠绕组展开图如图 1.15 所示。绘制直流电机单叠绕组展开图的步骤如下：

①画 16 根等长、等距的平行实线代表 16 个槽的上层，在实线旁画 16 根平行虚线代表 16 个槽的下层。1 根实线和 1 根虚线代表 1 个槽，编上槽号，如图 1.15 所示。

②按节距 y_1 连接一个元件。例如将 1 号元件的上元件边放在 1 号槽的上层，其下元件边应放在 $1+y_1=1+4=5$ 号槽的下层。由于一般情况下，元件是左右对称的，为此，可把 1 号槽的上层(实线)和 5 号槽的下层(虚线)用左右对称的端接部分连成 1 号元件。注意首端和尾端之间相隔一片换向片宽度($y_k=1$)，为使图形规整起见，取换向片宽度等于一个槽距，从而画出与 1 号元件首端相连的 1 号换向片和与尾端相连的 2 号换向片，并依次画出 3~16 号换向片。显然，元件号、上元件边所在槽号和该元件首端所连换向片的编号均相同。

③画 1 号元件的平行线，可以依次画出 2~16 号元件，从而将 16 个元件通过 16 片换向片连成一个闭合的回路。

④画磁极，本例有 2 对主磁极，在圆周上应该均匀分布，即相邻磁极中心之间应间隔 4 个槽。设某一瞬间，4 个磁极中心分别对准 3 槽、7 槽、11 槽、15 槽，并让磁极宽度为极距的 60%~70%，画出 4 个磁极，如图 1.15 所示。依次标上极性 N_1、S_1、N_2、S_2，一般假设磁极在电枢绕组的上面。

⑤画电刷，电刷组数也就是刷杆数，等于极数，且均匀分布在换向器表面圆周上，相互间隔 4 片(16/4=4)换向片。为使被电刷短路的元件中感应电动势最小，正负电刷之间引出的电动势最大，当元件左右对称时，电刷中心线应对准磁极中心线。图中设电刷宽度等于一片换向片的宽度。

设此电机工作在电动机状态，且电枢绕组向左移动，根据左手定则可知电枢绕组各元件中电流的方向如图 1.15 所示，为此应将电刷 A_1、A_2 并联起来作为电枢绕组的“+”端，接电源正极；将电刷 B_1、B_2 并联起来作为电枢绕组的“-”端，接电源负极。如果工作在发电机状态，设电枢绕组的转向不变，则电枢绕组各元件中感应电动势的方向用右手定则确定，与电动机状态时电流方向相反，因而电刷的正负极性不变。

(3)单叠绕组连接顺序表。绕组展开图比较直观，但画起来比较麻烦。为简便起见，绕组连接规律也可用连接顺序表表示。本例的连接顺序表如图 1.16 所示。表中上排数字同时代表上元件边的元件号、槽号和换向片号，下排带“′”的数字代表下元件边所在的槽号。

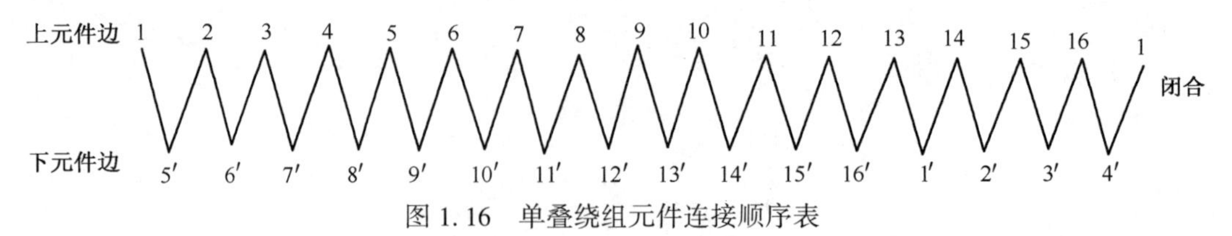

图 1.16　单叠绕组元件连接顺序表

(4)单叠绕组的并联支路图。保持图 1.15 中各元件的连接顺序不变，将此瞬间不与电刷接触的换向片省去不画，可以得到图 1.17 所示的并联支路图。

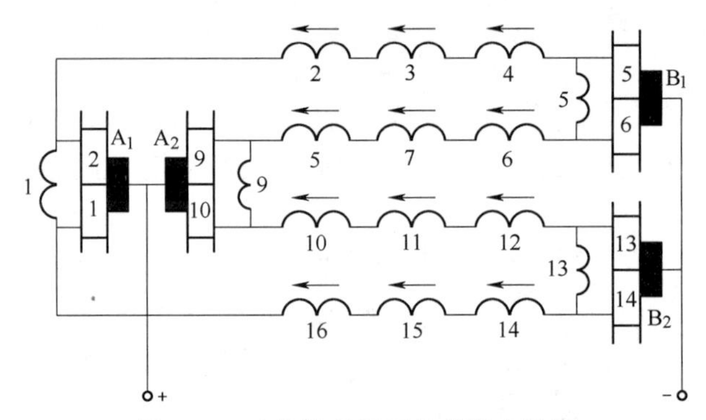

图 1.17　电枢绕组展开的并联支路图

单叠绕组有以下特点：

①同一主磁极下的元件串联组成一个支路，则并联支路对数 a 总等于磁极对数 p。

②电刷组数等于主磁极数，电刷位于主磁极的轴线上、短路电势为零的元件。

③电枢电动势等于支路电动势。

④电枢电流等于各并联支路电流之和。

1.3.3　单波绕组

波绕组因其元件连接呈波浪形，故称为波绕组。单波绕组的连接规律是从某一换向片出发，将相隔约为一对极距的同极性磁极下对应位置的所有元件串联起来，直至沿电枢和换向器绕过一周后，恰好回到出发换向片的相邻一片上，然后再从此换向片出发，依次连接其余元件，最后回到开始出发的换向片，形成一个闭合回路。

如果电机有 p 对极，元件连接绕电枢一周，就由 p 个元件串联起来。从换向器上看，每连一个元件前进 y_k 片，连接 p 个元件后所跨过的总换向片数应为 py_k。单波绕组在换向器绕过一周后应回到出发换向片的相邻一片上，也就是总共跨过 $K\mp1$ 片，即

$$py_k=K\mp1 \tag{1.15}$$

在式(1.15)中，正负号的选择首先应满足使 y_k 为整数，其次考虑选择正负号。选择负号时的单波绕组称为左行绕组，左行绕组端部叠压少。

换向器节距

$$y_k=\frac{K-1}{p} \tag{1.16}$$

合成节距

$$y=y_{\mathrm{k}} \tag{1.17}$$

第二节距

$$y_2=y-y_1 \tag{1.18}$$

第一节距的确定原则与单叠绕组相同。

【例 1.4】　已知一台直流电机的磁极对数 $p=2$, $Z_u=S=K=15$,试画出其左行单波绕组展开图。

解

(1)计算绕组的节距:

第一节距

$$y_1=\frac{Z_u}{2p}\pm\varepsilon=\frac{15}{4}\pm\frac{3}{4}$$

取 $y_1=3$

换向器节距和合成节距

$$y=y_{\mathrm{k}}=\frac{K-1}{p}=\frac{15-1}{2}=7$$

第二节距

$$y_2=y-y_1=7-3=4$$

(2)绘制绕组展开图。绘制单波绕组展开图的步骤与单叠绕组相同,如图 1.18 所示。

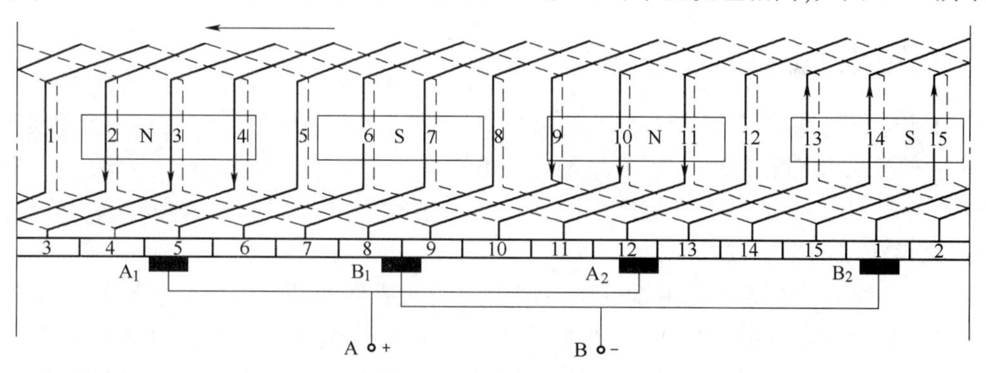

图 1.18　单波绕组展开图

(3)单波绕组的连接顺序表。按图 1.18 所示的连接规律可得相应的连接顺序表,如图 1.19 所示。

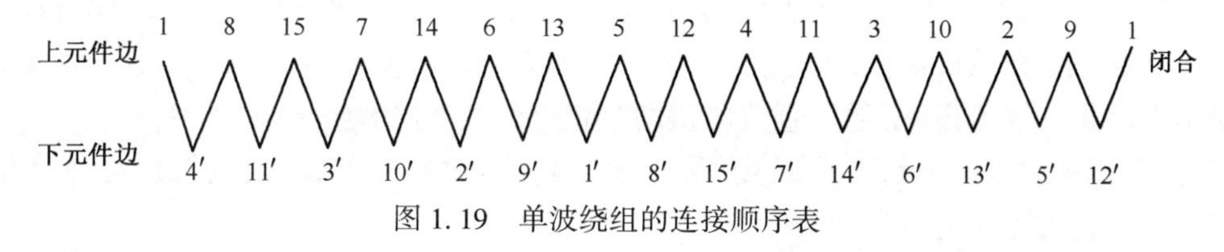

图 1.19　单波绕组的连接顺序表

(4)单波绕组的并联支路图。单波绕组的并联支路图,如图 1.20 所示。

单波绕组有如下特点:

①同一极性主磁极下所有元件串联起来组成一条支路。故并联支路数总是 2,即单波绕

组并联支路对数 $a=1$。

②单从支路对数来看,单波绕组可以只要 2 组电刷。但在实际电机中,为缩短换向器长度以降低成本,仍使电刷组数等于磁极数。电刷在换向器表面上的位置也是在主磁极的中心线上。

③电枢电动势等于支路电动势。

④电枢电流等于并联支路电流之和。

设绕组每条支路的电流为 i_a,电枢电流为 I_a,无论是单叠绕组还是单波绕组,均有

$$I_a=2ai_a \tag{1.19}$$

单叠绕组与单波绕组的主要区别在于并联支路对数的多少。单叠绕组可以通过增加磁极对数来增加并联支路对数,适用于低电压、大电流的电机。单波绕组的并联支路对数 $a=1$,但每条并联支路串联的元件数较多,故适用于小电流、较高电压的电机。

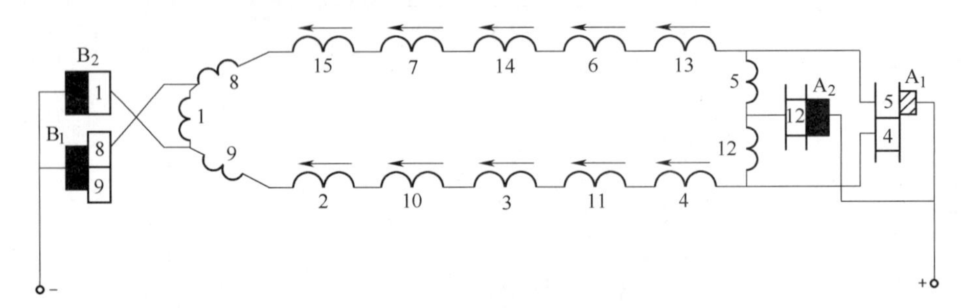

图 1.20　单波绕组的并联支路图

1.4　直流电机的磁场

由直流电机的基本工作原理可知,直流电机无论是作发电机运行还是作电动机运行,必须具有一定强度的气隙磁场,所以磁场是直流电机进行能量转换的媒介。为此,在分析直流电机的运行原理之前,必须对直流电机的励磁方式、空载和负载时的气隙磁场进行分析。

1.4.1　直流电机的励磁方式

主磁极上励磁绕组通以直流励磁电流产生的磁动势称为励磁磁动势。励磁磁动势单独产生的磁场是直流电机的主磁场,又称励磁磁场。励磁绕组的供电方式称为励磁方式。直流电机按励磁方式的不同可以分为他励直流电机、并励直流电机、串励直流电机、复励直流电机。各种励磁方式如图 1.21 所示。

1. 他励直流电机

励磁绕组和电枢绕组无电路上的联系,励磁电流 I_f 由一个独立的直流电源提供,与电枢电流 I_a 无关。图 1.21(a)中的电流 I,对发电机而言,是指发电机的负载电流;对电动机而言,是指电动机的输入电流,他励直流电机的电枢电流 I_a 与电流 I 相等,即 $I_a=I$。

直流电机采用永久磁铁产生磁场,称为永磁直流电机。永磁直流电机也可看作他励直流电机,因其励磁磁场与电枢电流无关。

2. 并励直流电机

图 1.21(b)中励磁绕组和电枢绕组并联。对发电机而言,励磁电流由发电机自身提供,$I_a=I+I_f$;对电动机而言,励磁绕组与电枢绕组并接于同一外加电源,$I_a=I-I_f$。

他励直流电机和并励直流电机的励磁电流只有电机额定电流的1%~5%,因此励磁绕组的导线细、匝数多。

3. 串励直流电机

图1.21(c)中励磁绕组和电枢绕组串联,$I_a=I=I_f$。对发电机而言,励磁电流由发电机自身提供;对电动机而言,励磁绕组与电枢绕组串接于同一外加电源。串励直流电机的励磁绕组的导线粗、匝数少。

4. 复励直流电机

图1.21(d)中有2个励磁绕组,一个与电枢绕组并联,称为并励绕组;另一个与电枢绕组串联,称为串励绕组。2个绕组产生的磁动势方向相同时称为积复励,磁动势方向相反时称为差复励,通常采用积复励方式。直流电机的励磁方式不同,运行特性和适用场合也不同。

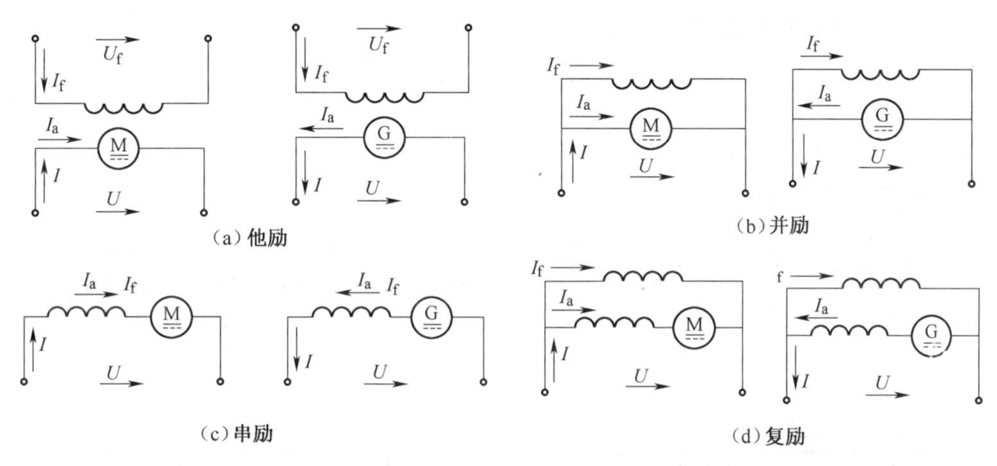

(a)他励 (b)并励 (c)串励 (d)复励

图1.21 直流电机的励磁方式

1.4.2 磁路与磁路定律

1. 磁路

磁通所通过的路径称为磁路,磁路主要由铁磁材料构成(包括气隙),其目的是为了能用较小的电流产生较强的磁场,以便得到较大的感应电动势或电磁力。只在磁路中闭合的磁通称为主磁通,而部分经过磁路、部分经过磁路周围媒质,或者全部经过磁路周围媒质闭合的磁通称为漏磁通。因为铁磁材料的磁导率远高于周围媒质的磁导率,所以主磁通远大于漏磁通。

2. 磁路的基本定律

(1)全电流定律(安培环路定律)。设空间有N根载流导体,导体中电流分别为$I_1,I_2,I_3,\cdots,I_N$,环绕载流导体任取一磁通闭合回路,如图1.22所示,则磁场强度的线积分等于穿过该回路所有电流的代数和,即

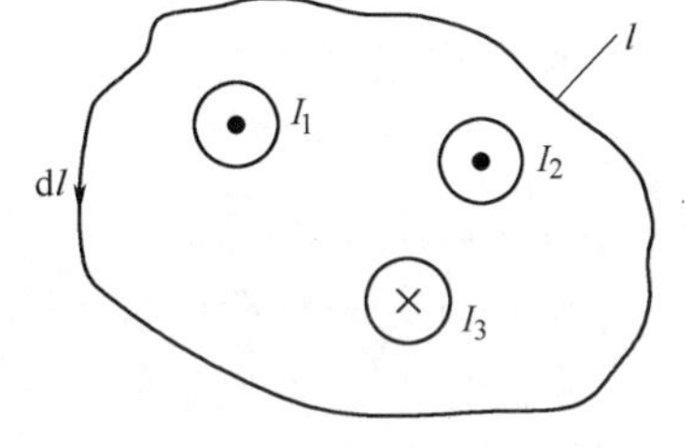

图1.22 全电流定律

$$\oint H \cdot dl = \sum I \tag{1.20}$$

式中:电流方向与闭合回路方向符合右手螺旋定则时为正;反之为负。

(2)基尔霍夫磁通定律。如果忽略漏磁通,则根据磁通连续性原理,可认为全部磁通都在磁路内穿过。对于无分支磁路,认为磁路内磁通处处相等;对于有分支磁路(见图1.23),在磁路分支点做一闭合面,则进入闭合面的磁通等于离开闭合面的磁通,即

$$\sum \Phi = 0 \tag{1.21}$$

式(1.21)表明在任一瞬间,磁路中某一闭合面的磁通代数和恒等于零,这就是基尔霍夫磁通定律。

(3)基尔霍夫磁压定律。电气设备中的磁路,往往由多种材料制成,且几何形状复杂(见图1.24)。为分析计算方便,常将磁路分成若干段,横截面相等、材料相同的部分作为一段,则每段磁路均可看作均匀磁路,其磁场强度相等。根据安培环路定律,每段磁路的磁场强度(H_K)乘以该段磁路的平均长度(l_K),表示该段磁路的磁压降(该段磁路消耗的磁动势),各段磁路磁压降的代数和即为作用在整个磁路上的磁动势

$$\sum_{K=1}^{n} H_K l_K = \sum I \tag{1.22}$$

式中:H_K——第K段磁路的磁场强度;

l_K——第K段磁路的平均长度;

n——磁路分段数目。

式(1.22)表明在任一瞬时,磁路中沿闭合回路磁压降的代数和等于该回路磁动势的代数和,这就是基尔霍夫磁压定律。

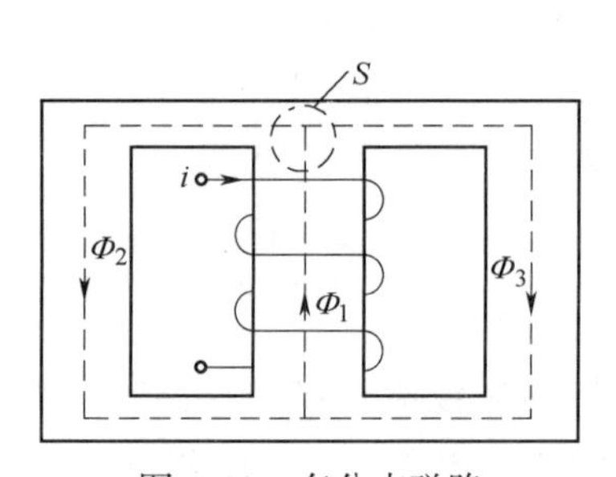

图1.23　有分支磁路

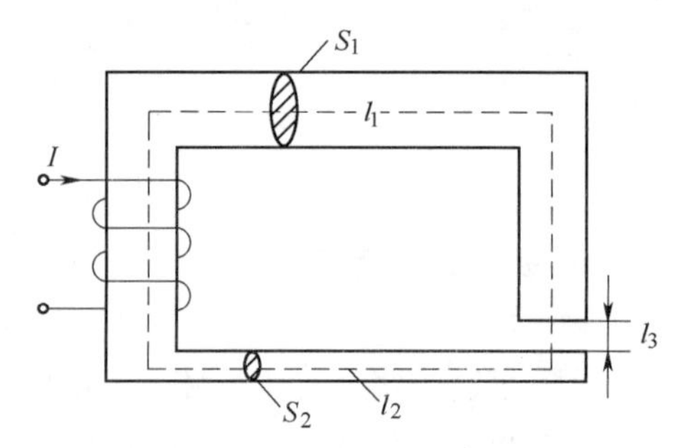

图1.24　不同截面且有气隙的磁路

1.4.3　直流电机的空载磁场和磁化曲线

直流电机空载是指电机不带负载时的运行状态。在发电机中,空载时无电功率输出,对他励直流发电机而言,电枢电流等于零;在电动机中,空载时无机械功率输出,此时电枢电流很小,由电枢电流产生的电枢磁场可忽略不计。所以直流电机的空载磁场可以看作是由励磁绕组通以励磁电流后建立的励磁磁动势单独产生的磁场,又称主磁场。

1. 空载磁场和磁路

图1.25是一台四极直流电机的空载磁场分布示意图。从图中可以看出,当励磁绕组通以励磁电流时,产生的磁通大部分由N极出来经过气隙,进入电枢的齿槽,然后分两路经过电枢磁轭,到达电枢铁芯另一边的齿槽,再经过气隙进入相邻的S极,再经过定子磁轭回到原来的N极而形成闭合回路。因此主磁极、气隙、电枢齿槽、电枢磁轭和定子磁轭共同构成磁场的通路——磁路。既交链着励磁绕组,也交链着电枢绕组的磁通,称为主磁通,用Φ_0表

示。从图中也可看出，在N、S极之间还存在着一小部分磁通，它们从N极出来后不进入电枢铁芯，而是经过气隙进入相邻的磁极或磁轭，这部分磁通只交链着励磁绕组，不交链电枢绕组，称为漏磁通，用Φ_σ表示。因为漏磁通磁路的气隙较大，磁阻较大，所以和主磁通比较起来，漏磁通很小，一般只有主磁通的15%~20%。

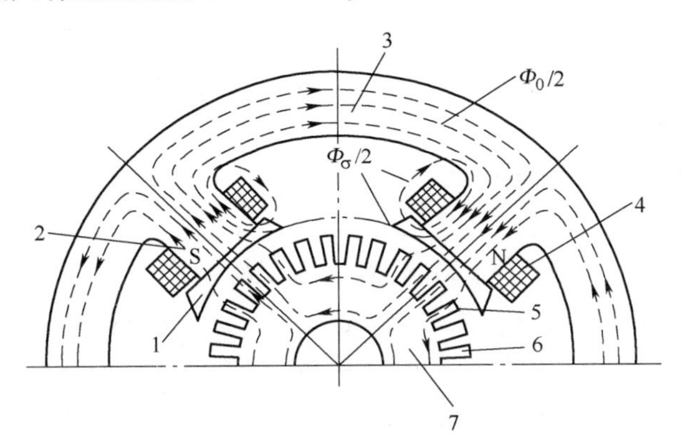

图1.25　直流电机空载磁场分布示意图

1—极靴；2—极身；3—定子磁轭；4—励磁线圈；5—气隙；6—电枢齿；7—电枢磁轭

2. 空载磁场气隙磁通密度分布曲线

由于主磁极结构上的特点，气隙磁通密度B的分布是不均匀的。空载时气隙磁通密度分布如图1.26所示，在极靴下气隙较短，气隙中各点磁通密度较大；在极靴范围以外，气隙明显增长，磁通密度迅速下降，至两极分界处，磁通密度下降到零。因此其气隙磁通密度分布曲线为图1.26所示近似梯形的平顶波。磁通密度为零的线与电机轴线所决定的平面称为物理中性面。两极之间的几何分界面为几何中性面。显然，当电机只存在主极磁场时，几何中性面与物理中性面重合。

3. 空载磁化特性曲线

空载时，主磁通Φ_0的大小仅取决于励磁磁动势F_f（$F_f=NI_f$）的大小和主磁路各段磁阻的大小。对一台特定的电机，其磁路材料及其几何尺寸已确定，即磁阻已确定；而励磁绕组的匝数也已确定，因此，主磁通Φ_0与励磁电流I_f有关，两者的关系可由磁化曲线$\Phi_0=f(I_f)$来描述，如图1.27所示。

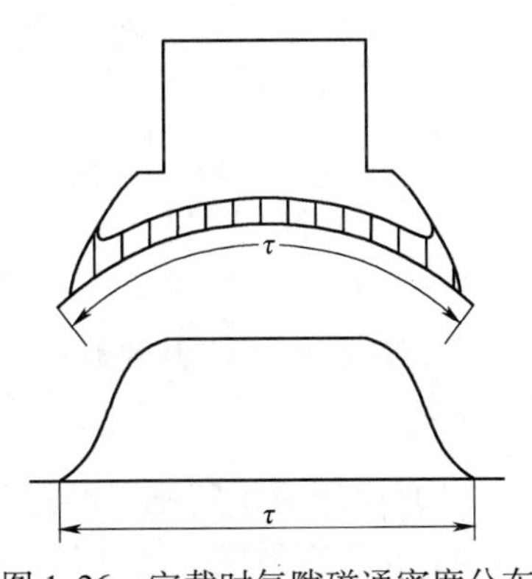

图1.26　空载时气隙磁通密度分布

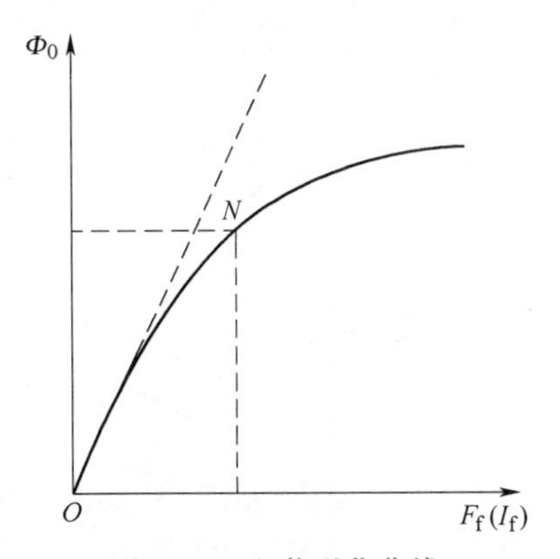

图1.27　空载磁化曲线

当主磁通很小时，铁芯没有饱和，此时铁芯的磁阻比气隙的磁阻小得多，主磁通的大小主要决定于气隙磁阻；由于气隙磁阻是常量，因此主磁通较小时磁化曲线近似于直线；随着励磁电流的增加，铁芯趋于饱和，铁芯磁阻变大，磁通的增加逐渐变慢，磁化曲线开始弯曲，Φ_0 与 I_f 呈非直线关系；在铁芯饱和之后，磁阻变得很大，磁化曲线非常平缓地上升，此时为了增加较小的磁通就必须增加很大的励磁电流。在额定励磁时，电机一般运行在磁化曲线的膝点（N 点）附近，如图 1.27 所示。这样既可获得较大的磁通密度，又不需要太大的励磁电流。

1.4.4 直流电机的负载磁场和电枢反应

1. 负载磁场和电枢反应

当直流电机负载运行时，不但励磁电流流过励磁绕组产生主磁场，而且电枢绕组中有电枢电流流过，将建立一个磁动势 F_a，该磁动势也要产生一个电枢磁场。因此直流电机负载运行时的气隙磁场是主磁场和电枢磁场的合成磁场，即负载运行时的气隙磁场是由励磁磁动势 F_f 和电枢磁动势 F_a 共同建立的。显然，电枢磁场的存在必然对主极磁场产生影响，通常把电枢磁场对主磁场的影响称为电枢反应。

2. 电枢反应的影响

电枢反应对直流电机的运行特性影响很大，对于发电机而言，它直接影响到发电机的感应电动势；对于电动机而言，它直接影响到与电动机拖动性质有关的电磁转矩乃至转速。

下面以直流电动机的电枢反应为例，来分析电枢反应对直流电机气隙磁场的影响。为分析简化起见，换向器通常不画出来，把电刷画在电枢圆周上，如图 1.28 所示。另外，把主磁场和电枢磁场分开，单独分析，最后再分析气隙合成磁场。

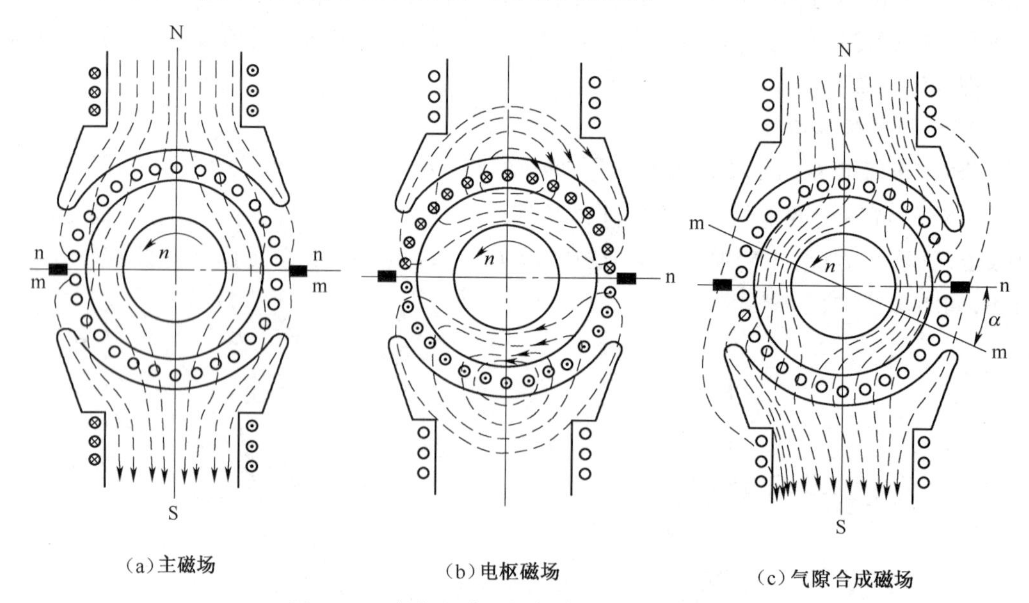

图 1.28 直流电动机的气隙磁场分布示意图

主磁场如图 1.28(a)所示，按照图中所示的励磁电流方向，应用右手定则，便可确定主磁场的方向。在电枢表面上磁通密度为零的地方是物理中性线 mm，它与磁极的几何中性线 nn 重合，几何中性线与磁极轴线互差 90°电角度，即正交。

电枢磁场如图1.28(b)所示,电枢磁场的方向决定于电枢电流方向,也可应用右手定则来确定。由图中可以看出,不论电枢如何转动,电枢电流的方向总是以电刷为界来划分的。在电刷两边,N极面下的导体和S极面下的导体电流方向始终相反,只要电刷固定不动,电枢两边的电流方向就不变。因此电枢磁场的方向就不变,即电枢磁场是静止不动的。由左手定则可判断此电动机旋转方向为逆时针。

气隙合成磁场如图1.28(c)所示,它是由主磁场和电枢磁场叠加在一起产生的。此时电枢磁场与主磁场同时存在,且电枢磁场的轴线与主磁场的轴线相互垂直,这2个磁场的合成结果使气隙磁场发生以下变化:

(1)气隙磁场发生畸变,磁通密度分布不均匀。畸变的结果使几何中性线处的磁通密度不再为零,即物理中性线不再与几何中性线重合,而是逆着电动机的旋转方向移动了一个α角(发电机与电动机不同,发电机顺着旋转方向移动一个角度)。

(2)电动机前极端磁场被加强,后极端磁场被削弱(对发电机,则与此相反),即半个磁极下磁场被加强,另半个磁极下磁场被削弱。在磁路不饱和时,磁路为线性,半个磁极下增加的磁通量等于另半个磁极下减少的磁通量,因此负载时合成磁场的每极磁通Φ仍等于空载时主磁场的每极磁通Φ_0。但是实际电动机的磁路总是处于比较饱和的非线性区,因此增加的磁通量总是小于减少的磁通量,使得合成磁场的每极磁通Φ小于空载磁场的每极磁通Φ_0,呈现去磁作用。

综上所述,直流电机电枢反应的影响如下:

(1)使气隙磁场发生畸变,磁通密度分布不再均匀,物理中性线偏离几何中性线。

(2)在磁路饱和时有去磁作用,使每个磁极下的总磁通有所减小,即$\Phi<\Phi_0$。

总之,气隙磁场的畸变,会使直流电机气隙的磁通密度分布不再均匀,换向变得困难,换向器与电刷间的火花增大;而磁场的减弱,又会使感应电动势和电磁转矩有所减小,从而影响直流电机的运行性能。

1.5 直流电机的基本公式

直流电机的电枢是实现机电能量转换的核心,一台直流电机运行时,无论是作为发电机还是作为电动机,电枢绕组中都要因切割磁感线而产生感应电动势,同时载流的电枢导体与气隙磁场相互作用产生电磁转矩。

1.5.1 直流电机的电枢电动势

在直流电机中,感应电动势是由于电枢绕组和磁场之间的相对运动,即导体切割磁感线而产生的。电枢绕组的感应电动势是指电机正、负电刷之间的电动势,也就是一条并联支路电动势,它等于一个支路中所有串联导体感应电动势之和。

根据电磁感应定律,每个导体感应电动势的平均值为

$$e_{av}=B_{av}lv \tag{1.23}$$

式中:B_{av}——每极气隙磁通密度的平均值,称为平均磁通密度;

l——电枢导体的有效长度;

v——电枢的表面线速度。

由于

$$B_{av}=\frac{\Phi}{\tau\cdot l} \tag{1.24}$$

式中：Φ——每极磁通，Wb；

τ——极距。

$$v=\frac{2\pi n}{60}\times\frac{D_a}{2}=\pi D_a\frac{n}{60}=2p\tau\frac{n}{60} \tag{1.25}$$

设绕组总导体数为 N，支路数为 $2a$，则电枢绕组的感应电动势为

$$\begin{aligned}E_a&=\frac{N}{2a}e=\frac{N}{2a}B_{av}lv=\frac{N}{2a}\times\frac{\Phi}{\tau\cdot l}lv=\frac{N}{2a}\times\frac{\Phi}{\tau}v\\&=\frac{N}{2a}\times\frac{\Phi}{\tau}\times2p\tau\times\frac{n}{60}=\frac{pN}{60a}\Phi n\\&=C_e\Phi n\end{aligned} \tag{1.26}$$

式中：C_e——电动势常数，与电机结构有关，$C_e=PN/60a$。

式(1.26)表明，直流电机的感应电动势与每极磁通成正比，与转子转速成正比。电枢绕组感应电动势的方向，用右手螺旋定则判定。

1.5.2 直流电机的电磁转矩

在直流电机中，电磁转矩是由电枢电流与气隙磁场相互作用而产生的电磁力所形成的。根据电磁力定律，载流导体在磁场中受到电磁力的作用。当电枢绕组中有电流通过时，构成绕组的每个导体在气隙中将受到电磁力的作用，该电磁力乘以电枢旋转半径，形成电磁转矩。电磁转矩等于电枢绕组中每个导体所受电磁转矩之和。直流发电机的电磁转矩是制动性转矩，其方向与电机旋转方向相反；直流电动机的电磁转矩是拖动性转矩，其方向与电机旋转方向相同。

每个导体所受平均电磁力为

$$f_{av}=B_{av}li_a \tag{1.27}$$

式中：i_a——导体电流，即支路电流 $i_a=\frac{I_a}{2a}$（I_a 为电枢电流）。

每个导体所受电磁转矩的平均值为

$$T_{av}=f_{av}\frac{D_a}{2}=B_{av}li_a\frac{D_a}{2} \tag{1.28}$$

式中：D_a——电枢外径。

电枢绕组的电磁转矩为

$$\begin{aligned}T&=NT_{av}=NB_{av}l\frac{I_a}{2a}\frac{D_a}{2}=NB_{av}l\frac{I_a}{2a}\frac{\pi D_a}{2\pi}\\&=NB_{av}l\frac{I_a}{2a}\times\frac{2p\tau}{2\pi}=\frac{pN}{2\pi a}B_{av}\tau lI_a=\frac{pN}{2\pi a}\Phi I_a\\&=C_T\Phi I_a\end{aligned} \tag{1.29}$$

式中：$C_T=PN/2\pi a$，对已制成的电机 C_T 是一常数，称为直流电机的转矩常数。当磁通的单位用 Wb，电流的单位用 A 时，电磁转矩 T 单位为 N·m（牛·米）。

式(1.29)表明，对已制成的电机，电磁转矩 T_{em} 与每极磁通 Φ 和电枢电流 I_a 的乘积成正比。电枢电动势 $E_a=C_e\Phi n$ 和电磁转矩 $T=C_T\Phi I_a$ 是直流电机中 2 个重要的公式。

对同一台直流电机,电动势常数 C_e 和转矩常数 C_T 之间的关系为

$$\frac{C_T}{C_e}=\frac{PN/(2\pi)}{PN/(60a)}=\frac{60}{2\pi}=9.55$$

即

$$C_T=9.55C_e \tag{1.30}$$

注意,无论是直流发电机还是直流电动机,在运行时都同时存在感应电动势和电磁转矩。但是,对直流发电机而言,电枢电动势为电源电动势,电磁转矩是制动转矩,可分别用右手定则和左手定则来判断电动势和电磁转矩的方向,如图 1.29 所示;而对直流电动机而言,电枢电动势为反电动势,电磁转矩是拖动转矩,用同样的方法分析,如图 1.30 所示。

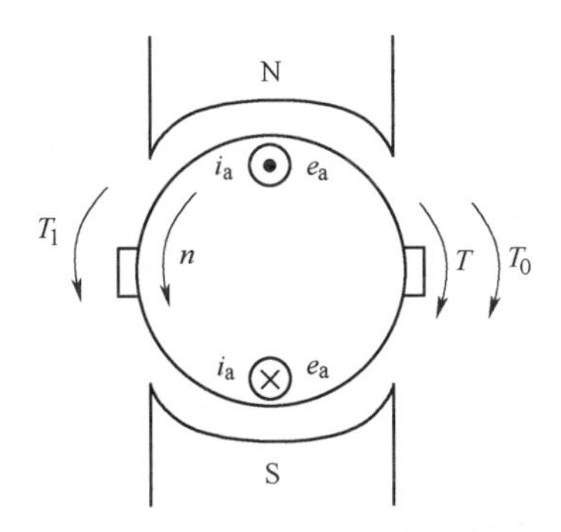

图 1.29　直流发电机的制动转矩

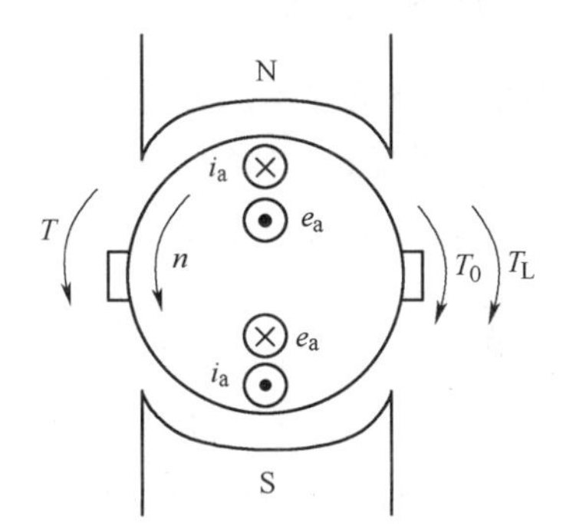

图 1.30　直流电动机的反电动势

1.5.3　直流电机的电磁功率

上述分析的电磁转矩和感应电动势是直流电机的基本物理量,并在直流电机的机电能量转换过程中具有重要意义。下面以发电机为例,来说明机电能量转换的关系。

直流发电机是将机械能转换为电能的电磁装置。在将机械能转换为电能的过程中,必须遵循能量守恒的规律,即发电机输入的机械能和输出的电能及在能量转换过程中产生的能量损耗之间要保持平衡关系。由图 1.29 的分析可知,当直流发电机在原动机产生的拖动转矩 T_1 的作用下,逆时针方向匀速旋转时,发电机电枢绕组的载流导体将受到电磁转矩的作用,而且电磁转矩 T 的方向和拖动转矩 T_1 的方向相反,是制动转矩。如果这时原动机不继续输入机械功率,那么发电机转速将下降,直至为零,也就不能继续输出电能。所以,为了继续输出电能,原动机应不断地向发电机轴上输入机械功率 P_1,以产生拖动转矩 T_1 去克服电磁转矩 T,即 $T_1>T$,来保持发电机恒速转动,从而向外输出电功率。由此可知,电磁转矩 T 作为拖动转矩 T_1 的阻转矩来吸收原动机的机械功率,并通过电磁感应的作用将其转换为电功率。由力学知识可知,机械功率可以表示为转矩和转子机械角速度的乘积,因此原动机为克服电磁转矩 T 所输入的这部分机械功率,可表示为电磁转矩 T 与转子机械角速度 Ω 的乘积。由于 T 是电磁转矩,因此克服 T 所消耗的这部分机械功率称为电磁功率,用 P_{em} 表示,即

$$P_{em}=T_{em}\Omega=\frac{PN}{2\pi a}\Phi I_a\frac{2\pi n}{60}=\frac{PN}{60a}\Phi nI_a=E_aI_a$$

即

$$P_{em}=T_{em}\Omega=E_aI_a \tag{1.31}$$

式中:Ω——转子机械角速度,$\Omega=2\pi n/60$,单位为 rad/s。

由式(1.31)可知,机械性质的功率 $T_{em}\Omega$ 与电性质的功率 E_aI_a 相等,表明发电机把这部

分机械功率转变为电功率。

通过以上分析可知，发电机的电磁转矩 T 在机电能量转换过程中起着关键性的作用，是机电能量转换得以实现的必要因素。由于有了电磁转矩 T，发电机才能从原动机吸收大部分机械功率，并通过电磁感应的作用将其转换为电功率。电磁功率是联系机械量和电磁量的桥梁，在电磁量与机械量的计算中有很重要的意义。

同理，直流电动机在机电能量转换过程中，为了连续转动而输出机械能，电源电压 U 必须大于 E_a，以不断向电动机输入电能，将电功率属性的电磁功率 E_aI_a 转换为机械功率属性的电磁功率 $T_{em}\Omega$，反电动势 E_a 在这里起着关键性的作用。

1.6 直流发电机

1.6.1 直流发电机的基本方程式

直流发电机稳态运行时，其电压、电流、转速、转矩、功率等物理量都保持不变且相互制约，其制约关系与电机的励磁方式有关，下面以他励直流发电机为例介绍直流发电机的电动势平衡方程式、转矩平衡方程式和功率平衡方程式。

1. 电动势平衡方程式

（1）发电机空载运行时的电动势平衡方程式。他励直流发电机空载运行时，电枢电流 $I_a=0$，则电枢绕组的感应电动势 E_a 等于端电压 U。

（2）发电机负载运行时的电动势平衡方程式。他励直流发电机负载运行时，原动机带动电枢旋转，电枢绕组切割气隙磁场产生感应电动势 E_a，在感应电动势 E_a 的作用下形成电枢电流 I_a，其方向与感应电动势 E_a 相同。电枢电流流过电枢绕组时，形成电枢压降 I_ar_a；由于电刷与换向器之间存在接触电阻，电枢电流流过时，形成接触电压降 ΔU。各物理量的正方向如图 1.31 所示，则直流发电机的电动势平衡方程式为

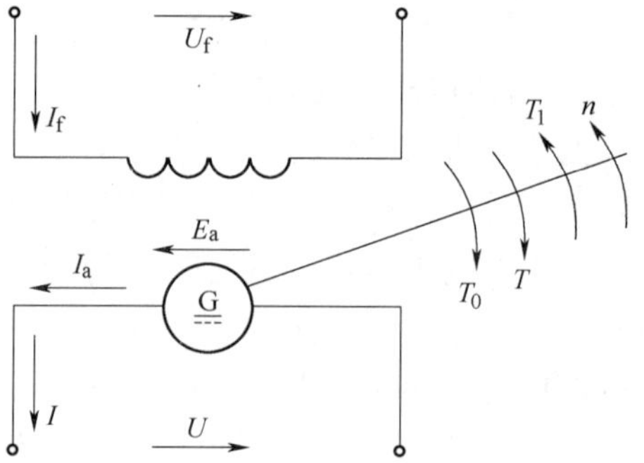

图 1.31 他励直流发电机

$$E_a=U+I_ar_a+2\Delta U=U+I_aR_a \tag{1.32}$$

式中：r_a——电枢电阻；

$2\Delta U$——正负电刷的总接触电压降；

R_a——电枢电阻和电刷接触电阻之和。

由直流发电机的基本工作原理可知，$E_a>U$。

2. 转矩平衡方程式

直流发电机以转速 n 平稳定运行时，作用在电机轴上的转矩有 3 个：一个是原动机的拖动转矩 T_1（称为输入转矩，是拖动性质的转矩），其方向与电机转速 n 方向相同；一个是电磁转矩 T，其方向与转速 n 方向相反，为制动性质的转矩；还有一个由电机的机械摩擦及铁损耗引起的空载转矩 T_0，它也是制动性质的转矩。因此，使电机以某一转速 n 稳定运行时的转矩平衡方程式为

$$T_1=T+T_0 \tag{1.33}$$

3. 功率平衡方程式

直流发电机是把机械能转变成直流电能的装置。原动机拖动发电机的电枢旋转，输入机械能；电枢绕组切割磁感线，在绕组中产生交变的感应电动势，通过换向器与电刷的配合作用从电刷端输出直流电能。在能量转换过程中，因机械摩擦的作用会消耗一部分机械能，用机械损耗功率 p_m 来表示；由于电枢旋转，使电枢铁芯中形成交变磁场，从而产生磁滞和涡流损耗，用铁损耗功率 p_{Fe}（简称铁耗）来表示；又因电路中存在电阻，会消耗一部分电能，用铜损耗功率 p_{Cu} 来表示；此外，还有一部分能量损耗称为附加损耗 p_s（又称杂散损耗），其产生原因复杂，难以准确计算，约占额定功率的0.5%~1%。根据能量守恒原理，所有损耗能量和输出能量之和等于输入的机械能。以上能量关系，可用功率平衡方程式表示

$$P_1 = P_2 + \sum p = P_2 + p_m + p_{Fe} + p_s + p_{Cua} \tag{1.34}$$

式中：P_1——输入功率；

P_2——输出功率；

$\sum p$——总损耗功率，$\sum p = p_m + p_{Fe} + p_s + p_{Cua}$。

其中 p_m、p_{Fe}、p_s 这3项之和，称为空载损耗功率 p_0，其数值与负载无关，称为不变损耗，$p_0 = T_0\Omega$，其中 T_0 称为空载转矩。而 $p_{Cua} = I_a^2 R_a$ 是电枢铜损耗，为可变损耗。

由电动势平衡方程式可得

$$E_a I_a = UI_a + I_a^2 R_a$$

即

$$P_{em} = P_2 + p_{Cua}$$

所以式(1.34)又可表示为

$$P_1 = P_{em} + p_0 \tag{1.35}$$

以上功率平衡关系，可用图1.32所示的功率流程图直观地表示。

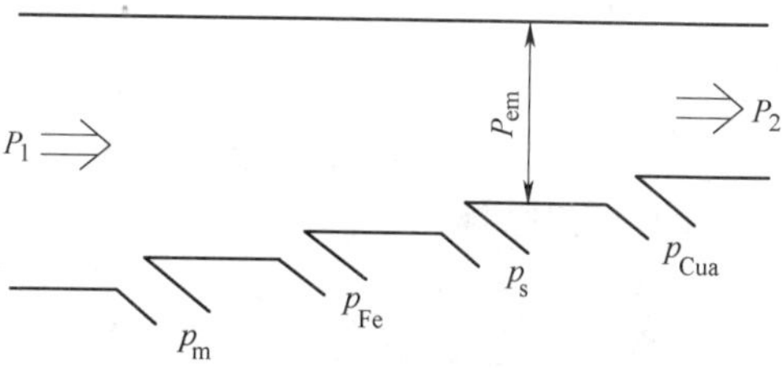

图1.32 功率流程图

1.6.2 直流发电机的运行特性

直流发电机的转速为额定转速时，其端电压 U、负载电流 I、励磁电流 I_f、效率 η 之间的关系就是直流发电机的运行特性。

下面以他励直流发电机为例介绍直流发电机的运行特性。

1. 空载特性

空载特性是指当 $n=n_N$、$I=0$ 时，U 与 I_f 的关系曲线，即 $U=f(I_f)$。根据电动势公式 $E_a = C_e\Phi n$，当转速 $n=n_N$ 时，$E_a \propto \Phi$，空载时，$U_o = E_a$，所以，$U_o \propto \Phi$。主磁通与励磁磁动势的关系曲线 $\Phi=f(F)$ 称为电机的磁化曲线，而励磁磁动势 F 正比于励磁电流 I_f。综上分析，空载特性曲线与电机的磁化曲线相似。

他励直流发电机的空载特性曲线通常可用试验的方法求得。试验电路如图1.33所示，由原动机拖动直流发电机以额定转速旋转，使励磁电流从零开始增大，直到空载电压 $U_o \approx (1.1\sim1.3)U_N$，然后逐步减少励磁电流，记录其对应的空载电压，当励磁电流 $I_f=0$ 时，空载电压并不等于零，此电压称为剩磁电压，其大小约为额定电压的(2~5)%；然后改变励磁电流的方向，逐步增大励磁电流，使空载电压由剩磁电压减小到零，再继续增大励磁电流，则空载电压逐步升高，但极性相反，直到 $U_o \approx (1.1\sim1.3)U_N$ 之后，再逐步减小励磁电流，直到励磁电流为零。在调节励磁电流的过程中，记录若干组空载电压和对应的励磁电流，即可绘出空

载特性曲线 $U=f(I_f)$，如图 1.34 所示。对于其他励磁方式的直流发电机，它们的空载特性曲线与他励直流发电机的空载特性曲线相似。但当转速不同时，曲线将随转速的改变而成正比地上升或下降。

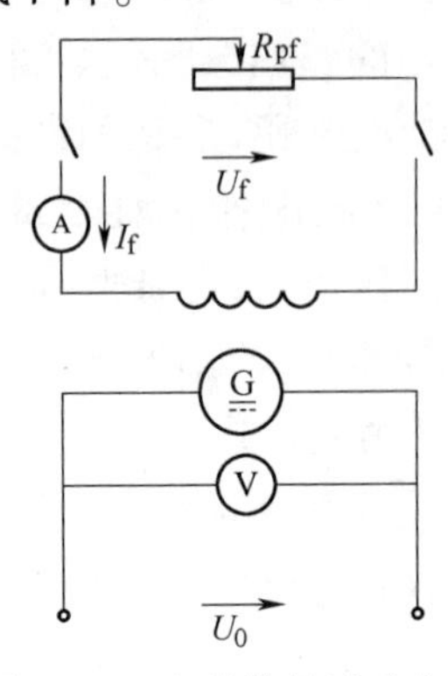

图 1.33 空载特性试验电路

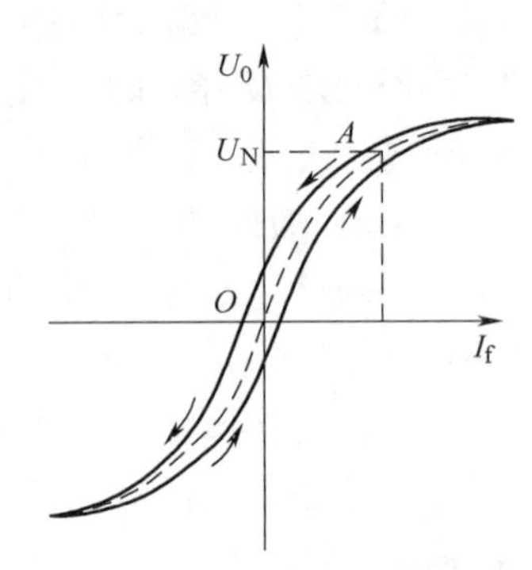

图 1.34 他励直流发电机空载特性曲线

2. 外特性

他励直流发电机的外特性是指当 $n=n_N$、$I_f=I_{fN}$时，U 与 I 的关系曲线，即 $U=f(I)$。负载增加时，电枢反应的去磁作用使电枢电动势 E_a 略有减小，而电枢回路的电压降 I_aR_a 有所增加，根据发电机的电动势平衡方程式 $U=E_a-I_ar_a-2\Delta U=E_a-I_aR_a$ 可知，端电压 U 略有下降，如图 1.35 所示。

发电机端电压随负载变化的程度用额定电压调整率 ΔU_N 来表示。直流发电机的额定电压调整率是指，当 $n=n_N$、$I_f=I_{fN}$时，发电机从额定负载过渡到空载时，端电压升高的数值与额定电压的百分比，即

$$\Delta U_N=\frac{U_o-U_N}{U_N}\times 100\% \tag{1.36}$$

一般他励发电机的 ΔU_N 为$(5\%\sim10\%)U_N$，可以认为它是恒压电源。

3. 调节特性

调节特性是指当端电压 $U=U_N$ 时，I_f 与 I 的关系曲线，即 $I_f=f(I)$。由外特性可知，当负载增加时，端电压略有减小，为保持 $U=U_N$ 不变，必须增加励磁电流，所以调节特性是一条上升的曲线，如图 1.36 所示。

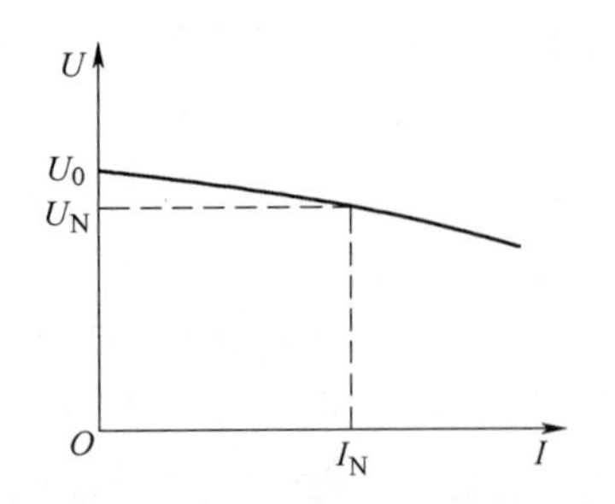

图 1.35 他励直流发电机的外特性曲线

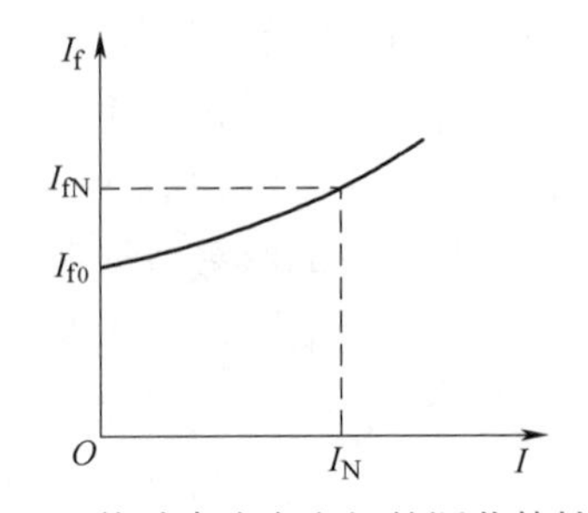

图 1.36 他励直流发电机的调节特性曲线

4. 效率特性

效率特性是指当 $n=n_N$、$U=U_N$ 时，η 与 P 的关系曲线，即 $\eta=f(P_2)$。他励直流发电机的

效率表达式为

$$\eta=\frac{P_2}{P_1}\times 100\%=\frac{P_2}{P_2+\sum p}\times 100\%=\frac{P_2}{P_2+p_m+p_{Fe}+p_s+p_{Cua}}\times 100\% \quad (1.37)$$

式(1.37)中，Σp 为总损耗，其中 p_m、p_{Fe}、p_s 为不变损耗，p_{Cua}为可变损耗，通常 p_{Cua}与负载的二次方成正比。当负载很小时，可变损耗 p_{Cua}也很小，此时电机损耗以不变损耗为主，但因输出功率小，所以效率低；随着负载增加，输出功率增大，效率增大；当可变损耗与不变损耗相等时，效率最大；继续增加负载，可变损耗随负载电流的增大急剧增加，成为总损耗的主要部分，这时输出功率增大，但其增大的速度小于可变损耗增加的速度，所以效率反而降低。他励直流发电机的效率特性曲线如图 1.37 所示。

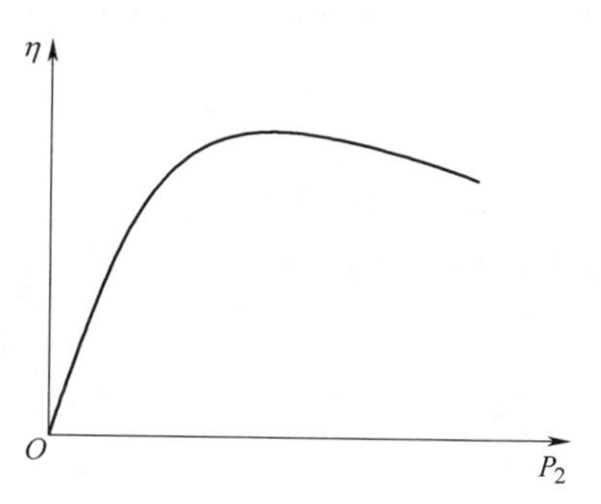

图 1.37 他励直流发电机的效率特性曲线

1.7 直流电动机

与直流发电机类似，直流电动机的运行性能也与励磁方式有关，本节以他励直流电动机为例介绍直流电动机的电动势平衡方程式、转矩平衡方程式和功率平衡方程式。

1.7.1 直流电动机的基本方程式

1. 电动势平衡方程式

在外加电源电压 U 的作用下，电枢绕组中流过电枢电流，电流在磁场的作用下，受到电磁力的作用，形成电磁转矩，在电磁转矩的作用下，电枢旋转，旋转的电枢切割磁感线，产生感应电动势，其方向与电枢电流相反，是反电动势，各物理量的正方向如图 1.38 所示，则他励直流电动机稳定运行时的电动势平衡方程式为

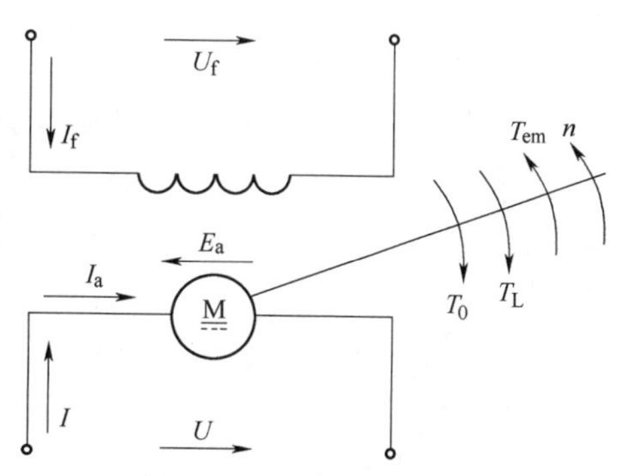

图 1.38 他励直流电动机

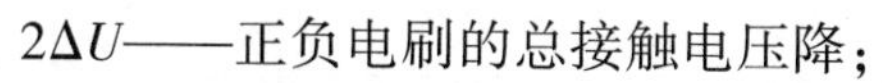

$$U=E_a+I_a r_a+2\Delta U=E_a+I_a R_a \quad (1.38)$$

式中：r_a——电枢电阻；

$2\Delta U$——正负电刷的总接触电压降；

R_a——电枢电阻和电刷接触电阻之和。

直流电机在电动运行状态下，$U>E_a$。

2. 转矩平衡方程式

对直流电动机来说，电磁转矩是拖动性质的转矩，与负载转矩 T_L 和空载转矩 T_0 相平衡，即

$$T=T_L+T_0$$

稳定运行时，电动机轴上的输出转矩 T_2 与负载转矩 T_L 相平衡，即 $T_2=T_L$，因此上式也可写成

$$T=T_2+T_0 \quad (1.39)$$

3. 功率平衡方程式

直流电动机从电网吸取电能，除去电枢回路的铜损耗 p_{Cua}（包括电刷接触铜损耗），其余部分便是电枢所吸收的电功率，即电磁功率 P_{em}，也是电动机获得的总机械功率 P_{Ω}，因此和发电机一样，电动机的电磁功率也可以写成：

$$P_{em}=E_aI_a=C_e\Phi nI_a=\frac{pN}{2\pi a}\Phi I_a=\frac{pN}{2\pi a}\Phi I_a\times\frac{2\pi n}{60}=T\Omega \tag{1.40}$$

电磁功率在补偿了机械损耗 p_m、铁损耗 p_{Fe} 和附加损耗 p_s 以后，剩下的部分即是对外输出的机械功率 P_2，所以

$$P_{em}=p_m+p_{Fe}+p_s+P_2=p_0+P_2$$

最后可写出直流电动机的功率平衡方程式为

$$\begin{aligned}P_1&=p_{Cua}+P_{em}\\&=p_{Cua}+p_m+p_{Fe}+p_s+P_2\\&=\sum p+P_2\end{aligned} \tag{1.41}$$

式中：$\sum p$——总损耗，$\sum p=p_{Cua}+p_m+p_{Fe}+p_s$。

根据他励直流电动机的功率平衡方程式，可以画出其功率流程图，如图 1.39 所示。

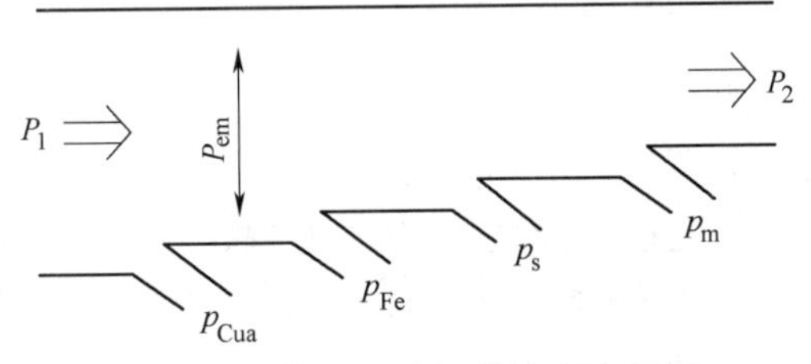

图 1.39 直流电动机的功率流程图

直流电动机的效率 η 是指输出功率 P_2 与输入功率 P_1 之比的百分数，即

$$\eta=\frac{P_2}{P_1}\times100\%=\frac{P_1-\sum p}{P_1}\times100\% \tag{1.42}$$

下面讨论直流电动机功率和转矩之间的关系。

电磁转矩：

$$T=\frac{P_{em}}{\Omega}=\frac{P_{em}}{2\pi n/60}=9.55\frac{P_{em}}{n} \tag{1.43}$$

同理

$$T_2=\frac{P_2}{\Omega}=9.55\frac{P_2}{n} \tag{1.44}$$

$$T_0=\frac{p_0}{\Omega}=9.55\frac{p_0}{n} \tag{1.45}$$

电动机在额定状态运行时，$P_2=P_N$，$T_2=T_N$，$n=n_N$，则

$$T_N=\frac{P_N}{\Omega_N}=9.55\frac{P_N}{n_N} \tag{1.46}$$

【例 1.5】 一台他励直流电机，$U_N=220$ V，$C_e=12.4$，$\Phi=1.1\times10^{-2}$ Wb，$R_a=0.208$ Ω，$p_{Fe}=362$ W，$p_m=204$ W，$n_N=1\ 450$ r/min，忽略附加损耗。求：

（1）此电机是发电机运行还是电动机运行？

（2）输入功率、电磁功率和效率；

（3）电磁转矩、输出转矩和空载转矩。

解 (1)判断一台电机是何种运行状态,可比较电枢电动势和端电压的大小。

$$E_a = C_e \Phi n = 12.4 \times 1.1 \times 10^{-2} \times 1\,450\ \text{V} \approx 197.8\ \text{V}$$

因为 $U > E_a$,故此电机为电动机运行状态。

(2)根据 $U = E_a + I_a R_a$,得电枢电流为

$$I_a = \frac{U - E_a}{R_a} = \frac{220 - 197.8}{0.208}\ \text{A} = 106.7\ \text{A}$$

输入功率为

$$P_1 = UI_a = 220 \times 106.7\ \text{W} = 23.47\ \text{kW}$$

电磁功率为

$$P_{em} = E_a I_a = 197.8 \times 106.7\ \text{W} = 21.11\ \text{kW}$$

输出功率为

$$P_2 = P_{em} - p_{Fe} - p_m = (21.11 - 0.362 - 0.204)\ \text{kW} = 20.54\ \text{kW}$$

效率为

$$\eta = \frac{P_2}{P_1} \times 100\% = \frac{20.54}{23.47} \times 100\% = 87.5\%$$

(3)电磁转矩为

$$T = 9.55\frac{P_{em}}{n} = 9.55 \times \frac{21.11 \times 10^3}{1\,450}\ \text{N}\cdot\text{m} = 139.03\ \text{N}\cdot\text{m}$$

输出转矩为

$$T_2 = 9.55\frac{P_2}{n} = 9.55 \times \frac{20.54 \times 10^3}{1\,450}\ \text{N}\cdot\text{m} = 135.28\ \text{N}\cdot\text{m}$$

空载转矩为

$$T_0 = T - T_2 = (139.03 - 135.28)\ \text{N}\cdot\text{m} = 3.75\ \text{N}\cdot\text{m}$$

1.7.2 直流电动机的工作特性

直流电动机的工作特性是指 $U = U_N$,励磁电流 $I_f = I_{fN}$,电枢回路不外串任何电阻器时,电动机的转速 n、电磁转矩 T 和效率 η 分别与输出功率 P_2(或电枢电流 I_a)之间的关系。直流电动机的工作特性因励磁方式不同,差别很大,但他励和并励直流电动机的工作特性很相近,下面着重介绍他励直流电动机的工作特性,同时对串励直流电动机的工作特性进行简单介绍。

1. 他励直流电动机的工作特性

(1)转速特性。转速特性是指当 $U = U_N$、$I_f = I_{fN}$,电枢回路不外串任何电阻器时,电动机的转速与电枢电流之间的关系,即 $n = f(I_a)$。

将电动势公式 $E_a = C_e \Phi n$ 代入电压平衡方程式 $U = E_a + I_a R_a$,可得转速特性公式

$$n = \frac{U_N}{C_e \Phi} - \frac{R_a}{C_e \Phi} I_a \tag{1.47}$$

若忽略电枢反应的去磁作用,则 Φ 与 I_a 无关,是一个常数,式(1.47)可写成线性方程式:

$$n = n_0 - \beta I_a \tag{1.48}$$

式中：n_0——理想空载转速，$n_0=U_N/(C_e\Phi)$，即 $I_a=0$ 时的转速；

β——直线斜率，$\beta=R_a/(C_e\Phi)$。

可见转速特性曲线是一条向下倾斜的直线，其斜率即为 β。实际上直流电动机的磁路总是设计得比较饱和的，当电动机的输出功率 P_2 增加，电枢电流 I_a 相应增加时，电枢反应的去磁作用会使理想空载转速上升。为了保证电动机稳定运行，在电动机结构上采取了一些措施，使他励直流电动机具有略下降的转速特性，如图 1.40 所示。

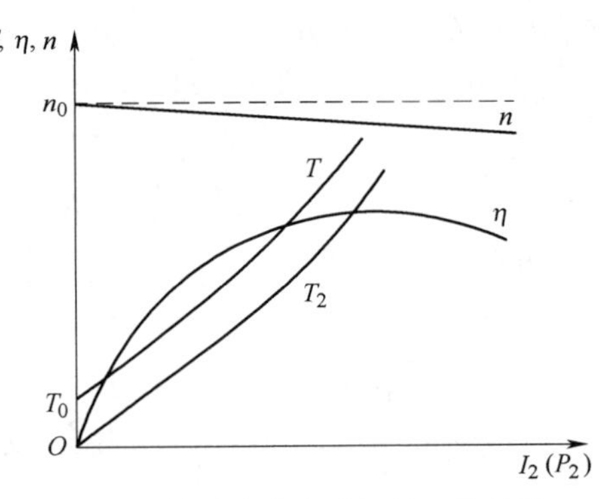

图 1.40　他励直流电动机的工作特性

（2）转矩特性。转矩特性是指 $U=U_N$、$I_f=I_{fN}$、电枢回路不外串任何电阻器时，电动机的电磁转矩与输出功率之间的关系，即 $T=f(P_2)$。由图 1.40 可知，当负载 P_2 增大时，他励直流电动机的转速特性曲线是一条略下降的直线，当 P_2 变化时，转速 n 基本不变，因此空载转矩 T_0 在 P_2 变化时也基本不变，而 $T_2=P_2/\Omega=P_2/(2\pi n/60)$，当 n 基本不变时，T_2 与 P_2 成正比，$T_2=f(P_2)$ 是一条过原点的直线。所以根据 $T=T_2+T_0$ 即可得到 $T=f(P_2)$ 是一条直线。因为实际上，当 P_2 增加时转速 n 有所下降，所以 $T_2=f(P_2)$ 和 $T=f(P_2)$ 并不完全是直线，而是略向上翘起，如图 1.40 所示。

（3）效率特性。直流电动机的效率为

$$\eta=\frac{P_2}{P_1}\times 100\%=\left(1-\frac{\sum p}{P_1}\right)\times 100\%$$
$$=\left(1-\frac{p_0+p_{Cua}}{UI_a}\right)\times 100\%$$
$$=\left(1-\frac{p_m+p_{Fe}+p_s+I_a^2R_a}{UI_a}\right)\times 100\% \tag{1.49}$$

由式(1.49)可看出，效率 η 是电枢电流 I_a 的二次曲线，直流电动机的效率特性与发电机相同，如图 1.40 所示。

由图 1.40 可见，当可变损耗等于不变损耗时，电动机的效率最高；最高效率一般出现在输出功率为 3/4 额定功率左右。在额定功率时，一般中小型电动机的效率在 75%~85%之间，大型电动机的效率在 85%~94%之间。

2. 串励直流电动机的工作特性

串励直流电动机的特点是励磁绕组与电枢绕组串联，励磁电流就是电枢电流，即 $I_f=I_a$，磁通 Φ 随 I_a 的变化而变化。

（1）转速特性 $n=f(I_a)$。串励直流电动机的电动势平衡方程式为

$$U=E_a+I_a(R_a+R_f)$$

把 $E_a=C_e\Phi n$ 代入上式中，可得串励直流电动机的转速公式为

$$n=\frac{U-I_a(R_a+R_f)}{C_e\Phi}=\frac{U-I_aR'_a}{C_e\Phi} \tag{1.50}$$

式中：$R'_a = R_a + R_f$。

由于串励直流电动机的励磁电流等于电枢电流，当输出功率增大时，电枢电流 I_a 也增大，一方面使电枢回路的总电阻电压降增大，另一方面使磁通也增大。从转速公式看，这两方面的作用都将使转速降低，因此转速随电枢电流的增大而迅速下降，这是串励直流电动机的特点之一，如图 1.41 所示。当 P_2 很小时，I_a（即 I_f）很小，电动机转速将很高。空载时，$I_a = 0$，Φ 趋近于 0，理论上，电动机的转速将趋于无穷大，这可使转子遭到破坏，即"飞车"，甚至造成人身事故。因此串励直流电动机不允许空载启动或空载运行。

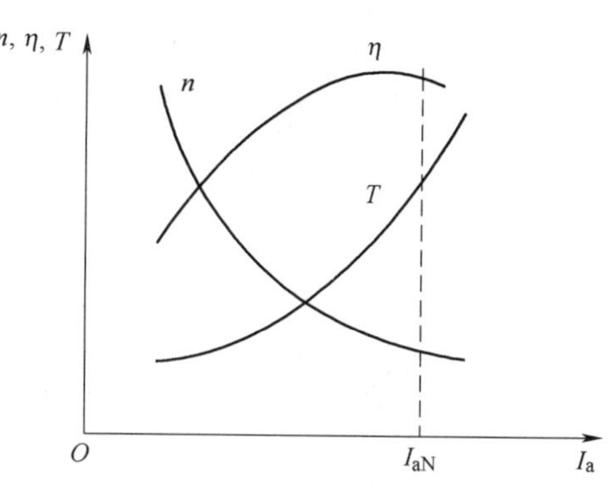

图 1.41　串励直流电动机的工作特性

（2）转矩特性 $T=f(I_a)$。因为 $T = C_e \Phi I_a$，当 I_a 较小时，磁路未饱和，磁通 Φ 正比于励磁电流，即电枢电流 I_a，因此电磁转矩 T 正比于 I_a^2，此时电磁转矩随着 I_a 的增加而迅速上升，故 $T=f(I_a)$ 是一条抛物线。随着 I_a 的继续增加，磁路逐渐饱和，此时转矩特性比抛物线上升得慢，如图 1.41 所示。

由图 1.41 可知，串励直流电动机具有较大的启动转矩（$n = 0$ 时的电磁转矩）；当负载转矩增加时，为了产生更大的电磁转矩来平衡负载转矩，电动机的转速会自动减小，从而使功率变化不大，电动机也不至于因负载转矩增大而过载太多，因此串励直流电动机常用于拖动电力机车等负载。

（3）效率特性 $\eta=f(I_a)$。串励直流电动机的效率特性和他励直流电动机相似，如图 1.41 所示。

1.8　直流电机的换向

直流电机工作时，旋转的电枢绕组元件由某一支路经过电刷进入另一支路时，该元件中的电流方向就会发生改变，这种电流方向的改变过程称为换向。

换向问题很复杂，换向不良会在电刷与换向器之间产生火花。当火花大到一定程度时，将烧灼换向器和电刷，使其表面粗糙并留下灼痕，而不光滑的换向器表面与粗糙的电刷接触又促使火花进一步增强，如此恶性循环，直到电机不能正常运行。此外，伴随着换向火花还有电磁波向外辐射，会对周围的通信设施造成干扰。因此研究换向问题，分析火花产生的原因，并设法将火花消除，具有十分重要的意义。

产生火花的原因是多方面的，除电磁原因外，还有机械原因、电化学原因等。目前尚未形成完整的可以说明全部换向过程的换向理论，但人们在长期生产实践与研究过程中，已经形成了一套行之有效的改善换向的方法，使得实际运行的直流电机基本上可以消除有害的火花。

以下仅就换向过程、影响换向的电磁原因及改善换向的方法进行一些简要介绍。

1.8.1　直流电机的换向过程

图 1.42 表示一个单叠绕组线圈的换向过程。图中电刷是固定不动的；电枢绕组和换向器以速度 v 从右向左移动。

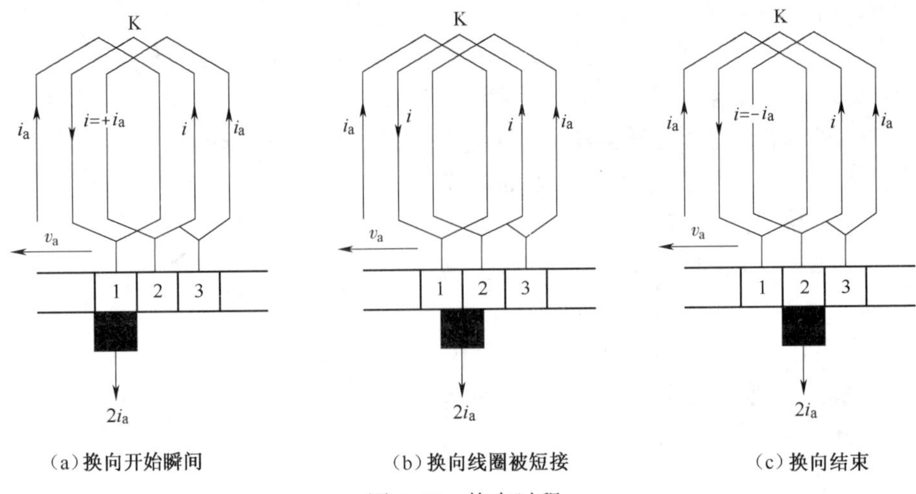

图 1.42　换向过程

在图 1.42(a)中,电刷只与换向片 1 接触,线圈 K 属于电刷右边的支路,线圈中电流为$+i_a$。当电枢转到电刷只与换向片 2 接触时[见图 1.42(c)],换向线圈 K 已属于电刷左边支路,电流反向为$-i_a$。这样线圈 K 中的电流在被电刷短路的过程中,进行了电流换向,而线圈 K 就称为换向元件。电流从$+i_a$ 变换到$-i_a$ 所经历的时间称为换向周期 T_c,换向周期是极短的,它一般只有千分之几秒。直流电机在运行时,电枢绕组的每个元件都要经历这样的换向过程。若换向线圈中的电动势等于零,则换向电流的变化规律如图 1.43 的曲线 1 所示,称为直线换向。这是一种理想状况。

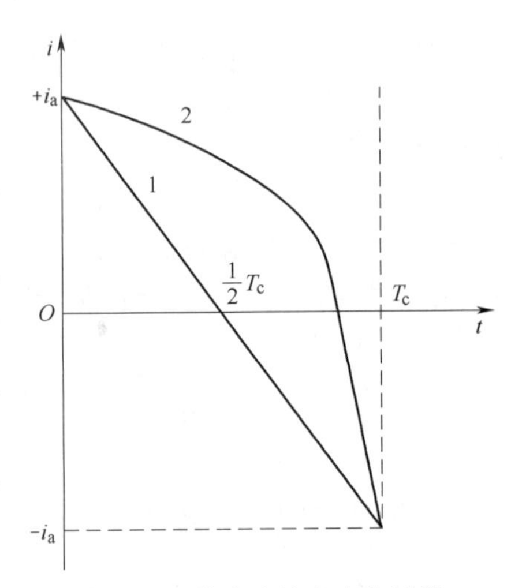

图 1.43　换向电流和变化过程

1.8.2　影响换向的电磁原因

在实际换向过程中,换向电流的变化规律并不是直线换向这种理想状况,还存在着以下影响电流换向的因素。

1. 电抗电动势

换向时换向线圈中换向电流 i 的大小、方向发生急剧变化,因而会产生自感电动势。同时,进行换向的线圈不止一个。电流的变化,除了各自产生自感电动势外,各线圈之间还会产生互感电动势。自感电动势和互感电动势的总和称为电抗电动势 e_x。根据楞次定律,电抗电动势 e_x 具有阻碍换向线圈中电流变化的趋势。

2. 电枢反应电动势

直流电机负载运行时,电枢反应使主磁场畸变,几何中性线处的磁场不为零,这时处在几何中性线上的换向线圈,就要切割电枢磁场而产生一种旋转电动势,称为电枢反应电动势 e_a,该电动势也阻碍电流的换向。

综上分析,换向线圈中出现的电抗电动势 e_x 和电枢反应电动势 e_a 均阻碍电流的换向,它们共同产生一个附加换向电流 i_k,使换向电流的变化延缓,这表现在图 1.43 中曲线 2 所示的延迟换向。当换向结束瞬间,被电刷短路的线圈瞬时脱离电刷(后刷边)时,i_k 不为零,则电感性质的换向线圈中存在一部分磁场能量 $Li_k^2/2$,这部分能量达到一定数值后,以弧光放电的方式转化为热能,散失在空气中,因而在电刷与换向器之间出现火花。经推导,e_x 和 e_a 的大小都与电枢电流成正比,又与电机的转速成正比,所以,大容量高转速电机会给换向带来更大的困难。

由此可知,影响换向的电磁原因为换向线圈中存在由电抗电动势 e_x 和电枢反应电动势 e_a 引起的附加换向电流 i_k,造成延迟换向,使电刷的后刷边易出现火花。

1.8.3　改善换向的方法

1. 选用合适的电刷

电刷的质量对换向有很大影响,有些换向不良的电机,仅靠选择合适的电刷就能使换向改善。从限制换向电流以改善换向来看,应选用接触电阻大的电刷。但接触电阻大时,接触电阻上的电压降也增大,所以,应综合考虑二者的得失,再来选用合适的电刷。一般而言,对于换向并不困难的中小型电机,通常采用石墨电刷;对于换向比较困难的电机,通常采用接触电阻大的碳-石墨电刷;对于低压大电流电机,则采用接触电压降较小的青铜-石墨或紫铜-石墨电刷。

2. 装设换向极在换向元件处

目前改善直流电机换向最有效的办法,是在相邻两主磁极之间的几何中性线上加装换向极。其目的主要是让换向极产生一个与电枢磁动势方向相反的换向极磁动势,它首先把电枢反应电动势抵消掉,其次再产生一个换向极磁场,当换向元件切割该磁场时,将产生一个换向极电动势 e_k,让 e_k 去抵消电抗电动势 e_x。为了达到这一目的,换向极绕组应与电枢绕组相串联,且换向极磁动势方向应与电枢磁动势方向相反。于是换向极的极性必须正确,确定换向极的极性可归纳为:在发电机运行时,换向极的极性应与旋转方向前面的相邻主磁极的极性相同;在电动机运行时,换向极的极性应与旋转方向后面的相邻主磁极的极性相同,如图1.44所示。

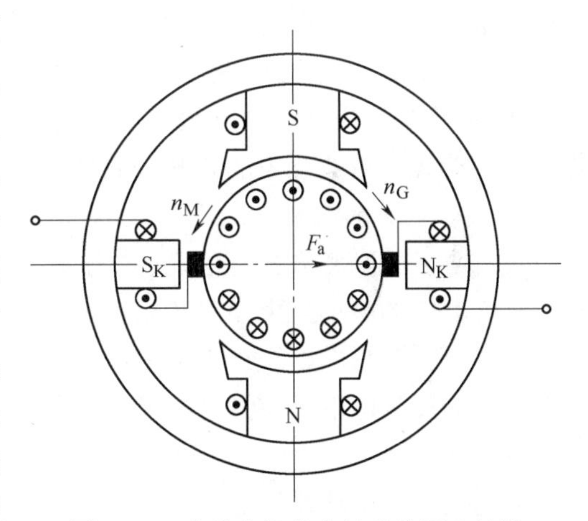

图1.44　直流电机换向极的位置和极性

3. 装设补偿绕组

由于电枢反应还会使气隙磁场发生畸变,这样就增大了某几个换向片之间的电压。在负载变化剧烈的大型直流电机内,有可能出现环火现象,即正、负电刷间出现电弧。若电机出现环火,将在很短的时间内被损坏。防止环火最常用的办法是加装补偿绕组。补偿绕组嵌放在主磁极极靴上专门冲制出的槽内,与电枢绕组串联,可有效地改善气隙磁密分布,从而避免出现环火,且装有补偿绕组之后,换向极所需的磁动势可大为减小。

但装设补偿绕组使直流电机用铜量增加,结构复杂,因此仅在换向比较困难而负载经常变化的大中型直流电机中才得到应用。

小 结

1. 直流电机的基本工作原理

直流电机的基本工作原理是建立在电磁感应定律和安培定律的基础上的。在不同的外部条件下,电机中能量转换的方向是可逆的。如果从轴上输入机械能,当电枢绕组中感应电动势大于端电压时,则电机运行于发电机状态;如果从电枢输入电能,当电枢绕组中感应电动势小于端电压时,则电机运行于电动机状态,从轴上输出机械能。

2. 基本结构和铭牌数据

旋转电机都是由静止部分和旋转部分组成的。直流电机静止部分称为定子,定子的主要作用是建立磁场和机械支承;旋转部分称为转子,其主要作用是产生电磁转矩和感应电动势,实现能量转换,故直流电机的转子又称电枢。

直流电机的铭牌数据包括额定功率、额定电压、额定电流、额定转速、额定励磁电压及额定励磁电流等,它们是正确选择电机的依据,必须充分理解每个额定值的含义。

3. 直流电机的电枢绕组

电枢绕组是电机中实现能量转换的关键部分。直流电机的电枢绕组是一闭合回路,由电刷把这一闭合回路分成若干支路,电枢电动势等于支路电动势。电枢绕组中的电动势和电流都是交变量,但经过换向器与电刷的整流作用,由电刷端输入或输出的电动势和电流都是直流量。作用在电枢绕组上的电磁转矩是单方向的。

电枢绕组的连接方式有叠绕组和波绕组 2 种类型。其中单叠绕组与单波绕组是最基本的形式,单叠绕组的并联支路数等于主磁极极数;电刷数等于主磁极极数;电枢电动势等于各支路电动势。单波绕组的并联支路数恒等于 2;电刷数等于主磁极极数。

4. 直流电机的磁场

直流电机的励磁方式有他励、并励、串励和复励,采用不同的励磁方式,电机的特性就不同。直流电机的磁场是由励磁绕组和电枢绕组共同产生的,电机空载时,只有励磁电流建立的主磁场;负载时,电枢绕组有电枢电流流过,产生电枢磁场,电枢电流产生的电枢磁场对主磁场的影响称为电枢反应。电枢反应不仅使主磁场产生畸变,而且还有一定的去磁作用。

5. 基本公式

无论是电动机还是发电机,负载运行时,电枢绕组都产生感应电动势和电磁转矩:$E_a = C_e\Phi n$,E_a 与每极磁通 Φ 及转速 n 成正比;$T=C_T\Phi I_a$,T 与每极磁通 Φ 及电枢电流 I_a 成正比。

直流电动机的基本方程式包括电动势平衡方程式、机械系统的转矩平衡方程式以及表达电动机内、外机电能量转换关系的功率平衡方程式。这些方程式说明了直流电动机的运行原理,必须熟练掌握。但应注意,励磁方式不同时,电动势平衡方程式和功率平衡方程式稍有所不同。

6. 直流发电机

直流发电机的空载特性曲线与电机的磁化曲线相似,通常可用试验的方法求得。直流发电机的外特性是指其输出电压与负载电流的函数关系,即 $U=f(I)$。直流发电机的输出电压值随负载电流的增加略有下降。当直流发电机的可变损耗与不变损耗相等时,其工作效率最高。

7. 直流电动机

直流电动机的工作特性与励磁方式有密切关系。他励、并励直流电动机的机械特性是应掌握的重点内容,其特点是:当负载变化时,转速变化很小,电磁转矩基本上正比于电枢电流的变化。串励直流电动机的特点是:当负载变化时,转速变化很大。励磁电流与主磁通同时改变,电磁转矩在磁路不饱和时正比于电枢电流的二次方。

8. 直流电机的换向

换向是指绕组元件从一条支路经过电刷转入另一条支路时,元件中电流方向改变的过程。按换向电磁理论分析,直线换向不会产生火花,延迟换向有可能出现火花,造成换向不良。为此,直流电机一般都装设换向极,让换向极产生一个与电枢磁动势方向相反的换向极磁动势,以抵消电枢反应电动势和换向元件的电抗电动势,力求实现直线换向。

思考与练习

1.1 描述直流电机工作原理,并说明换向器和电刷的作用。

1.2 为什么一台直流电机既可作为电动机运行又可作为发电机运行?

1.3 直流电机由哪些主要部件组成?试说明它们的作用。

1.4 直流电机里的换向极起什么作用?

1.5 单叠绕组和单波绕组各有什么特点?其连接规律有何不同?

1.6 在电枢绕组展开图中,电刷在换向器表面位置应放在何处,才能使正、负电刷间的电动势最大?

1.7 已知一台四极的直流发电机,电枢绕组是单叠绕组,如果在运行时去掉1个刷杆或去掉相邻的2个刷杆,对这台电机有何影响?若这台电机的电枢绕组是单波绕组,情况又如何?

1.8 直流电机有哪几种励磁方式?

1.9 “只有发电机才能感应电枢电动势,只有电动机才能产生电磁转矩。”这句话对吗?为什么?

1.10 电磁转矩与哪些因素有关?如何确定电磁转矩的方向?

1.11 直流电机中有哪些损耗?各项损耗与什么有关?哪些属于可变损耗?哪些属于不变损耗?

1.12 发电机空载特性曲线为什么和电机的磁化曲线形状是相同的?怎样从实验求并励发电机的空载特性曲线?

1.13 如何判别直流电机是运行于发电机状态,还是电动机状态?它们的电磁转矩和感应电动势方向有何变化?

1.14 一台直流电动机,$P_N=25$ kW,$U_N=220$ V,$\eta_N=83\%$,$n_N=1\ 500$ r/min。求:额定电流和额定负载时的输入功率。

1.15 什么是电枢反应?电枢反应对气隙磁场有什么影响?

1.16 一台他励直流电机接在220 V的电网上运行,已知$a=1$,$p=2$,$N=372$,$\Phi=1.1\times10^{-2}$ Wb,$R_a=0.208\ \Omega$,$p_{Fe}=362$ W,$p_m=204$ W,$n_N=1\ 500$ r/min,忽略附加损耗。试求:

(1)此电机是发电机运行还是电动机运行?

(2)输入功率、电磁功率和效率;

(3)电磁转矩、输出转矩和空载损耗转矩。

1.17 一台他励直流电动机,$U_N = 220$ V,$P_N = 10$ kW,$\eta_N = 0.9$,$n_N = 1\ 200$ r/min,$R_a = 0.44\ \Omega$。试求:

(1)额定负载时的电枢电动势和电磁功率;

(2)额定负载时的电磁转矩、输出转矩和空载转矩。

1.18 一台并励直流电动机,$U_N = 220$ V,$I_N = 80$ A,$R_a = 0.1\ \Omega$,励磁绕组电阻 $R_f = 88.8\ \Omega$,附加损耗 p_s 为额定功率的1%,$\eta_N = 0.85$。试求:

(1)电动机的额定输入功率和额定输出功率;

(2)电动机的总损耗;

(3)电动机的励磁绕组铜损耗、机械损耗和铁损耗之和。

1.19 什么是换向?为什么要改善换向?改善换向的方法有哪些?

第 2 章 变压器

知识点：

(1)变压器的基本结构和原理。

(2)变压器的运行特性。

掌握：

(1)变压器的基本结构。

(2)变压器的工作原理。

(3)变压器的运行特性和主要性能指标。

了解：

(1)变压器参数的测定方法。

(2)其他常用变压器的特点、原理和用途。

变压器是一种静止的电器，它是利用电磁感应原理，将一种电压等级的交流电能转换成同频率的另一种电压等级的交流电能。

变压器是电力系统中一种重要的电气设备，它对电能的经济传输、灵活分配和安全使用具有重要的意义。此外各种用途的控制变压器、仪用互感器等也应用得十分广泛。

本章主要介绍变压器的用途、分类、结构及额定值，着重阐明变压器的工作原理和运行特性、三相变压器的特点与并联运行，最后简要地介绍自耦变压器和互感器的结构特点及工作原理。

2.1 变压器的基本工作原理和结构

2.1.1 变压器的用途和分类

1. 变压器的用途

电力系统中使用的变压器称为电力变压器，它是电力系统中的重要设备。目前世界各国使用的电能基本上均是由各类(火力、水力、核能等)发电站发出的三相交流电能，发电站一般建在能源产地，江、海边或远离城市的地区。

发电机的输出电压因受绝缘及工艺技术的限制不可能太高，一般为6.3~27 kV。要想把发出的大功率电能直接送到很远的用电区去，需用升压变压器把发电机的端电压升到较高的输电电压。这是因为输出功率一定时，输电电路的电压愈高，输电电路中的电流愈小，于是不仅可以减小输电线的截面积，节约导电材料的用量，而且还可以减小电路的功率损耗。因此，远距离输电时高压输电是较为经济的。一般来说，当输电距离较远、输送的功率较大时，要求的输电电压也越高。我国现有高压电路的输电电压为110 kV、220 kV、330 kV，500 kV 及750 kV 等几种。

当电能输送到用电地区后，为了安全用电，又必须用降压变压器逐步将输电电路上的高电压降到配电系统的配电电压，然后再送到各用电区，最后在经配电变压器把电压降到用户所需要的电压等级，供用户使用。故从发电、输电、配电到用户，通常需经过多次升压和降压。

另外，变压器的用途还很多，如测量系统中广泛应用的仪用互感器，可将高电压变换成低电压或将大电流变换成小电流，以隔离高压和便于测量；在实验室中广泛应用的自耦调压器，可任意调节输出电压的大小，以适应负载的要求；在电信、自动控制系统中，控制变压器、电源变压器、输入及输出变压器等也被广泛应用。

2. 变压器的分类

变压器的品种、规格很多，分类方法也很多。通常根据变压器的用途、相数、绕组数目、铁芯结构和冷却方式等分类。

(1)按用途分：

①电力变压器：主要应用于电能的输送与分配。电力变压器又可分为升压变压器、降压变压器、配电变压器、联络变压器和厂用变压器等几种。

②特殊电源用变压器：如电炉、电焊、整流变压器等。

③仪用变压器：供测量和继电保护用的变压器。如电压、电流互感器等。

④实验变压器：专供电气设备作耐压用的高压变压器。

⑤调压器：能均匀调节输出电压的变压器。如自耦调压器、感应调压器等。

⑥控制变压器：容量一般比较小，用于小功率电源系统和自动控制系统。如电源变压器、输入变压器、输出变压器、脉冲变压器等。

(2)按相数分：有单相变压器、三相变压器和多相变压器。

(3)按绕组数目分：有单绕组(自耦)变压器、双绕组变压器、三绕组变压器和多绕组变压器。

(4)按铁芯结构分：有壳式变压器和心式变压器。

(5)按冷却方式分：有干式变压器、油浸式变压器和充气式变压器等。

(6)按容量分：有小型变压器(容量为 10 ~ 630 kV · A)、中型变压器(容量为 800 ~ 6 300 kV · A)、大型变压器(容量为 8 000 ~ 6 3000 kV · A)和特大型变压器(容量在 90 000 kV · A 以上)。

2.1.2 变压器的基本工作原理

由于变压器是利用电磁感应原理工作的，因此它主要由铁芯和套在铁芯上的两个独立绕组组成，图 2.1 所示为单相变压器的工作原理图。这两个绕组间只有磁的耦合而没有电的联系，且具有不同的匝数，其中与交流电源相接的绕组称为一次绕组，又称初级，其匝数为 N_1；与用电设备(负载)相接的绕组称为二次绕组，又称次级，其匝数为 N_2。

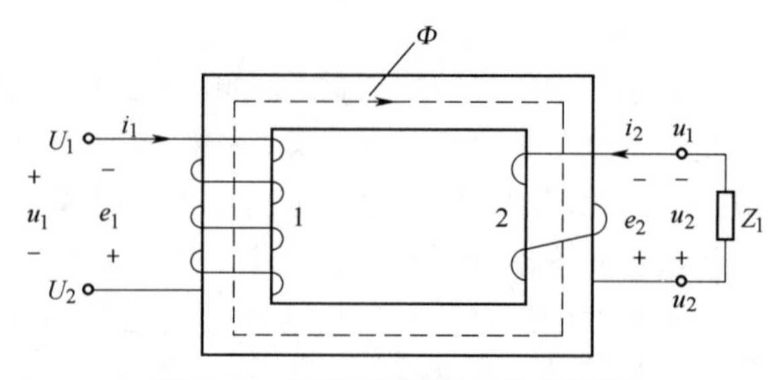

图 2.1 单相变压器的工作原理图

当一次绕组外加电压为 u_1 的交流电源，二次绕组接负载时，一次绕组将流过交变电流

i_1,并在铁芯中产生交变磁通 Φ,该磁通同时交链一、二次绕组,并在两绕组中分别产生感应电动势 e_1、e_2,它们的大小为

$$\begin{cases} e_1 = -N_1 \dfrac{\mathrm{d}\Phi}{\mathrm{d}t} \\ e_2 = -N_2 \dfrac{\mathrm{d}\Phi}{\mathrm{d}t} \end{cases} \tag{2.1}$$

式中:N_1、N_2——变压器一、二次绕组的匝数。

若把负载接于二次绕组,在电动势 e_2 的作用下,就能向负载输出电能,即电流将流过负载,实现电能的传递。

若不计变压器一、二次绕组的电阻和漏磁通,不计铁芯损耗,即认为是理想变压器,$u_1 \approx e_1$,$u_2 \approx e_2$,则一、二次绕组的电压和电动势有效值与匝数的关系为

$$\frac{U_1}{U_2} = \frac{E_1}{E_2} = \frac{N_1}{N_2} = k \tag{2.2}$$

式中:k——匝数比,亦即电压比。

$k = N_1/N_2$,$k>1$ 时为降压变压器,$k<1$ 时为升压变压器。

根据能量守恒定律可得

$$U_1 I_1 = U_2 I_2$$

即

$$\frac{I_1}{I_2} = \frac{U_2}{U_1} = \frac{N_2}{N_1} = \frac{1}{k} \tag{2.3}$$

由式(2.3)可知,一、二次绕组的电压与绕组的匝数成正比,一、二次绕组的电流与绕组的匝数成反比,因此只要改变绕组的匝数比,就能达到改变输出电压和输出电流大小的目的,这就是变压器的基本工作原理。

2.1.3　变压器的基本结构

电力变压器主要由铁芯、绕组、绝缘套管、油箱(油浸式)及其他附件组成,油浸式电力变压器的结构如图 2.2 所示。铁芯和绕组是变压器的主要组成部分,称为变压器的器身。下面着重介绍变压器的基本结构。

1. 铁芯

铁芯是变压器的主磁路部分,又作为绕组的支撑骨架。铁芯由铁芯柱和铁轭这 2 部分组成。铁芯柱上套装有绕组,铁轭的作用是使整个磁路闭合。为了提高磁路的导磁性能和减少铁芯中的磁滞损耗和涡流损耗,铁芯一般由厚度为 0.35~0.5 mm 且表面涂有绝缘漆的热轧或冷轧硅钢片叠装而成。

铁芯的基本结构形式有心式和壳式这 2 种。心式结构的特点是绕组包围着铁芯,如图 2.3(a) 所示,这种结构比较简单,绕组的装配及绝缘也较容易,因此绝大部分国产变压器均采用心式结构;壳式结构的特点是铁芯包围着绕组,如图 2.3(b)所示,这种结构的机械强度较高,但制造工艺复杂,使用材料较多,因此目前除了容量很小的电源变压器以外,很少采用壳式结构。

变压器铁芯的叠装方法:一般先将硅钢片裁成条形,然后再进行叠装。为了减少叠片接

缝间隙以减小励磁电流,硅钢片在叠装时,一般采用叠接式,即上层和下层交错重叠的方式,如图 2. 4 所示。

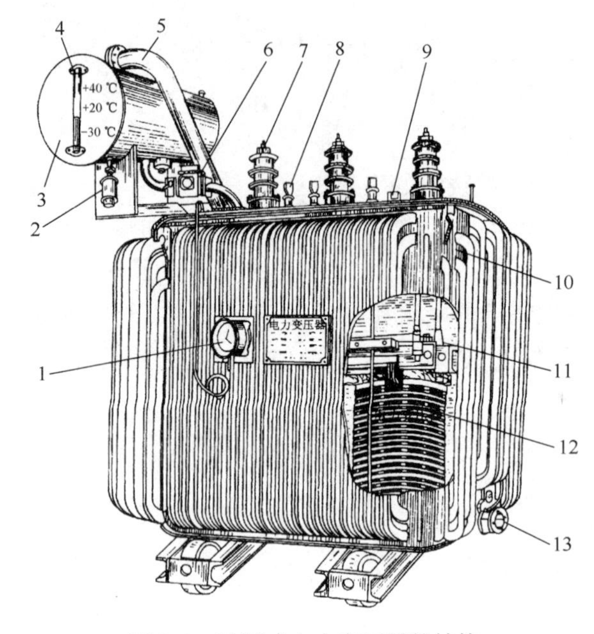

图 2. 2　油浸式电力变压器的结构

1—信号式温度计;2—吸湿器;3—储油柜;4—油表;5—安全气道;6—气体继电器;7—高压套管;8—低压套管;9—分接开关;10—油箱;11—铁芯;12—线圈;13—放油阀门

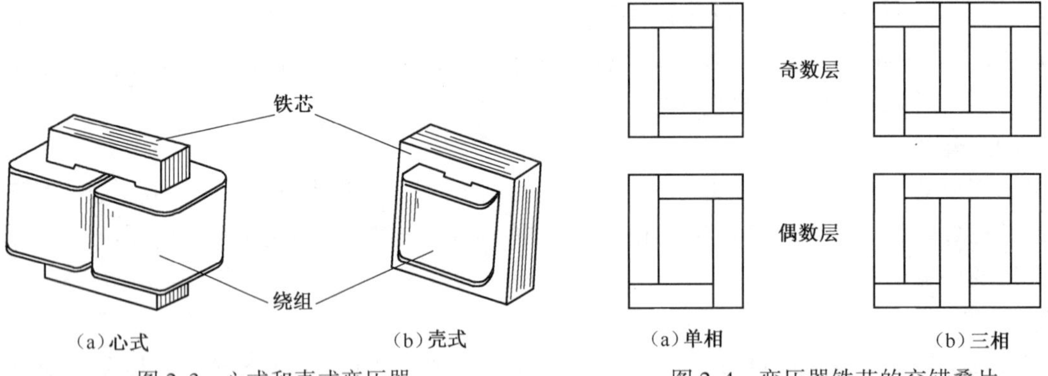

(a)心式　(b)壳式

图 2. 3　心式和壳式变压器

(a)单相　(b)三相

图 2. 4　变压器铁芯的交错叠片

变压器容量不同,铁芯柱的截面形状也不一样。小容量变压器常采用矩形截面,大容量变压器一般采用多级阶梯形截面,如图 2. 5 所示。

2. 绕组

变压器的线圈通常称为绕组,绕组是变压器的电路部分,一般是由绝缘铜线或铝线绕制而成的。接于高压电网的绕组称为高压绕组,接于低压电网的绕组称为低压绕组。根据高、低压绕组在铁芯柱上排列方式的不同,变压器的绕组可分为同心式和交叠式这 2 种。

(1)同心式绕组。同心式绕组的高、低压绕组同心地套在铁芯柱上,如图 2. 6 所示。为了便于绝缘,一般低压绕组套在里面,高压绕组套在外面。这种绕组具有结构简单,制造方

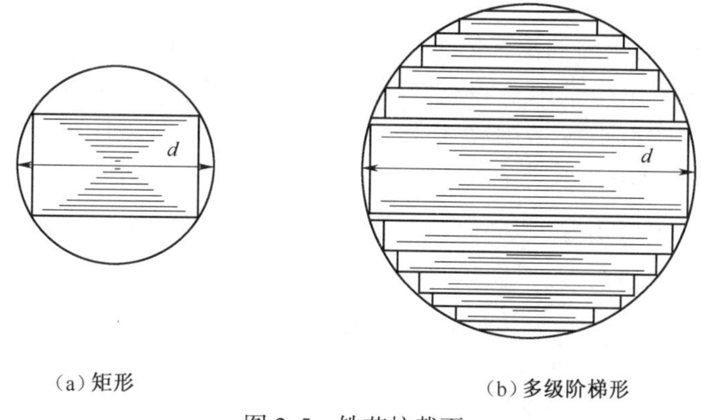

（a）矩形　　（b）多级阶梯形

图 2.5　铁芯柱截面

便的特点，主要用在国产电力变压器中。

（2）交叠式绕组。交叠式绕组一般都做成饼式，高、低压绕组交替地套在铁芯柱上，如图 2.7 所示。为了便于绝缘，一般最上层和最下层的绕组都是低压绕组。这种绕组机械强度高，引线方便，漏电抗小，但绝缘比较复杂，主要用在大型电炉变压器中。

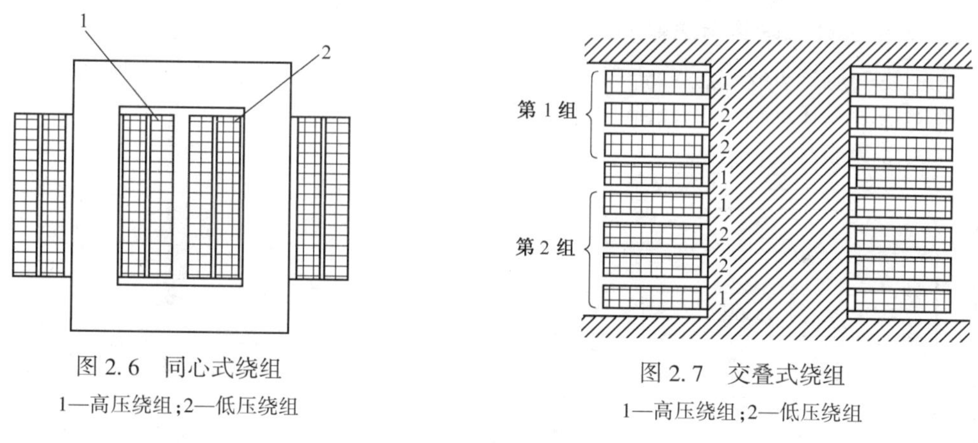

图 2.6　同心式绕组

1—高压绕组；2—低压绕组

图 2.7　交叠式绕组

1—高压绕组；2—低压绕组

3. 油箱等其他附件

变压器除了器身之外，典型的油浸式电力变压器还有油箱、储油柜、绝缘套管、气体继电器、安全气道、分接开关等附件，如图 2.2 所示，其作用是保证变压器的安全和可靠运行。

（1）油箱。变压器的器身放置在装有变压器油的油箱内，变压器油是一种矿物油，具有很好的绝缘性能。变压器油起 2 个作用：一是在变压器绕组与绕组、绕组与铁芯及油箱之间起绝缘作用；二是变压器油受热后产生对流，对变压器铁芯和绕组起散热作用。油箱的结构与变压器的容量、发热情况密切相关。变压器的容量越大，发热问题就越严重。在 20 kV · A 及以下的小容量变压器中采用平板式油箱；一般容量稍大的变压器都采用排管式油箱，在油箱壁上焊有散热管，以增大油箱的散热面积。

（2）储油柜。储油柜又称油枕，它是安装在油箱上面的圆筒形容器，它通过连通管与油箱相连，储油柜内油面高度随着油箱内变压器油的热胀冷缩而变动。储油柜的作用是保证变压器的器身始终浸在变压器油中，同时减少油和空气的接触面积，从而降低变压器油受潮和老化的速度。

(3)绝缘套管。电力变压器的引出线从油箱内穿过油箱盖时,必须穿过瓷质的绝缘套管,以使带电的引出线与接地的油箱绝缘。绝缘套管的结构取决于电压等级,较低电压采用实心瓷套管;10~35 kV 电压采用空心充气式或充油式套管;110 kV 及以上电压采用电容式套管。为了增加表面爬电距离,绝缘套管的外形做成多级伞形,电压越高,级数越多。

(4)气体继电器(又称瓦斯继电器)。气体继电器装在油枕和油箱的连通管中间,当变压器内部发生故障(如:绝缘击穿、匝间短路、铁芯事故等)产生气体时,或油箱漏油使油面降低时,气体继电器动作,发出信号,以便运行人员及时处理,若事故严重,可使断路器自动跳闸,对变压器起保护作用。

(5)安全气道(又称防爆筒)。安全气道装于油箱顶部,是一个长钢圆筒,上端口装有一定厚度的玻璃板或酚醛纸板,下端口与油箱连通。其作用是当变压器内部因发生故障引起压力骤增时,让油气流冲破玻璃板或酚醛纸板释放出,以免造成箱壁爆裂。

(6)分接开关。油箱盖上面还装有分接开关,通过分接开关可改变变压器高压绕组的匝数,从而调节输出电压的大小。通常输出电压的调节范围是额定电压的±5%。

分接开关有 2 种形式:一种是只能在断电的情况下进行调节的,称无载分接开关;另一种是可以在带负载的情况下进行调节的,称为有载分接开关。

2.1.4 变压器的铭牌与主要系列

为了使变压器安全、经济、合理地运行,同时使用户对变压器的性能有所了解,变压器出厂时都安装了一块铭牌。在铭牌上标明了变压器的型号、额定值及其他有关数据。图 2.8 所示为三相电力变压器的铭牌。

三相电力变压器

产品标准				型　号	SJL-560/10
额定容量	560 kV·A	相　数	3	额定频率	50 Hz
额定电压	高　压	10 kV	额定电流	高　压	32.3 A
	低　压	400~230 V		低　压	808 A
使用条件	户外式	绕组温升 65 ℃	油面温升 55 ℃		
短路电压	4.94%	冷却方式	油浸自冷式		
油质量 370 kg	器身质量 1 040 kg	总质量 1 900 kg	连接组 Y,yn0		

出厂序号　　×××厂　　年　月　出品

图 2.8　三相电力变压器的铭牌

1. 变压器的型号与主要系列

(1)变压器的型号。变压器的型号表示了一台变压器的结构、额定容量、电压等级和冷却方式等内容。例如 SJL-560/10,其中 S 表示三相,J 表示油浸式,L 表示铝导线,560 表示额定容量为 560 kV·A,10 表示高压绕组额定电压等级为 10 kV。

电力变压器的分类和型号如表 2.1 所示。

(2)变压器的主要系列。目前我国生产的各种系列变压器产品有 SJL1(三相油浸铝线电力变压器)、SL7(三相铝线低损耗电力变压器)、S7 和 S9(三相铜线低损耗电力变压器)、SFL1(三相油浸风冷铝线电力变压器)、SFPSL1(三相强迫油循环风冷三线圈铝线电力变压器)、SWPO(三相强迫油循环水冷自耦电力变压器)等,基本上满足了国民经济各部门发展的要求。

表 2.1　电力变压器的分类和型号

序　号	分　类	类　别	代表符号
1	绕组耦合方式	自耦	O
2	相数	单相	D
		三相	S
3	冷却方式	空气冷却	—
		油自然循环	—
		油浸式	J
		风冷	F
		水冷	W
		强迫油循环风冷	FP
		强迫油循环水冷	WP
4	绕组数	双绕组	—
		三绕组	S
5	绕组导线材质	铜	—
		铝	L
6	调压方式	无励磁调压	—
		有励磁调压	Z

2. 变压器的额定值

额定值是对变压器正常工作状态所作的使用规定,它是正确使用变压器的依据。

(1)额定容量 S_N。额定容量 S_N 指变压器在额定工作条件下所能输出的视在功率,单位为 V · A 或 kV · A。由于变压器效率高,通常一次侧、二次侧的额定容量设计相等。对三相变压器而言,额定容量指三相容量之和。

(2)额定电压 U_{1N}和 U_{2N}。U_{1N}是指加在变压器一次绕组上的额定电源电压值,U_{2N}是指变压器一次绕组加额定电压,二次绕组开路时的空载电压值。单位为 V 或 kV。对三相变压器而言,额定电压是指线电压。

(3)额定电流 I_{1N}和 I_{2N}。额定电流 I_{1N}和 I_{2N}指变压器在额定负载情况下,各绕组长期允许通过的电流,单位为 A。I_{1N}是指一次绕组的额定电流;I_{2N}是指二次绕组的额定电流。对三相变压器而言,额定电流是指线电流。

对单相变压器

$$I_{1N}=\frac{S_N}{U_{1N}}\qquad I_{2N}=\frac{S_N}{U_{2N}}\tag{2.4}$$

对三相变压器

$$I_{1N}=\frac{S_N}{\sqrt{3}U_{1N}}\qquad I_{2N}=\frac{S_N}{\sqrt{3}U_{2N}}\tag{2.5}$$

(4)额定频率f_N。我国规定标准工业用电的频率即工频为 50 Hz。

(5)连接组标号。连接组标号指三相变压器一、二次绕组的连接方式,Y 表示高压绕组作星形连接;y 表示低压绕组作星形连接;D 表示高压绕组作三角形连接;d 表示低压绕组作三角形连接;n 表示低压绕组作星形连接时的中性线。

(6)阻抗电压。阻抗电压又称短路电压。它标志在额定电流时变压器阻抗电压降的大小。通常用它与额定电压的百分比来表示。

此外,额定运行时变压器的效率、温升等数据均属于额定值。除额定值外,铭牌上还标有变压器的相数、变压器的运行方式及冷却方式等。为考虑运输,有时铭牌上还标出变压器的总质量、油质量、器身质量和外形尺寸等附属数据。

【例 2.1】 一台三相油浸自冷式铝线变压器,连接组为 Y,yn,$U_{1N}/U_{2N}=6\ 000\ \text{V}/400\ \text{V}$,$S_N=100\ \text{kV}\cdot\text{A}$,试求一、二次绕组的额定电流。

解

$$I_{1N}=\frac{S_N}{\sqrt{3}U_{1N}}=\frac{100\times10^3}{\sqrt{3}\times6\ 000}\ \text{A}=9.62\ \text{A}$$

$$I_{2N}=\frac{S_N}{\sqrt{3}U_{2N}}=\frac{100\times10^3}{\sqrt{3}\times400}\ \text{A}=144.3\ \text{A}$$

2.2 单相变压器的空载运行

本节介绍的是单相变压器,但分析研究所得结论同样适用于三相变压器的对称运行。

变压器的空载运行是指变压器一次绕组接在额定频率和额定电压的交流电源上,而二次绕组开路时的运行状态,如图 2.9 所示。

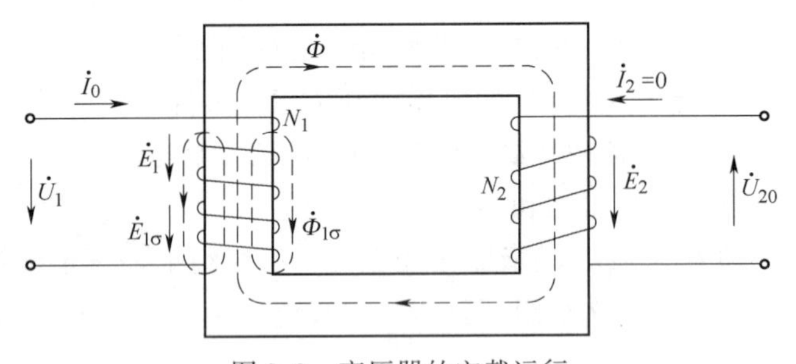

图 2.9 变压器的空载运行

2.2.1 变压器空载运行时的电磁关系

1. 变压器中各量参考方向的规定

由于变压器中电压、电流、磁通及电动势的大小和方向都是随时间作周期性变化的,因此它们的参考方向原则上是可以任意规定的。为了能正确表明各量之间的关系,必须首先规定它们的参考方向,或称为正方向。

为了统一起见,习惯上都按照“电工惯例”来规定参考方向,具体如下:

(1)同一支路中,电压 u 的参考方向与电流 i 的参考方向一致。

(2)由电流 i 产生的磁动势所建立的磁通 Φ 与电流 i 的参考方向符合右手螺旋法则。

(3)由磁通产生的感应电动势 e 的参考方向与产生磁通 Φ 的电流 i 的参考方向一致,并有 $e=-N\dfrac{\mathrm{d}\Phi}{\mathrm{d}t}$的关系。

图 2.9 中各量的参考方向就是根据上述规定来确定的。

2. 空载运行时各电磁量之间的关系

当一次绕组加上交流电压 $\dot{U}_1$,二次绕组开路时,一次绕组中便有空载电流 $\dot{I}_0$ 流过,由于变压器为空载运行,此时二次绕组中没有电流,即 $\dot{I}_2=0$。空载电流 $\dot{I}_0$ 在一次绕组中产生空载磁动势 $\dot{F}_0=\dot{I}_0N_1$,并建立空载时的磁场,由于铁芯的磁导率比空气或油的磁导率大得多,因此绝大部分磁通通过铁芯闭合,同时交链一、二次绕组,这部分磁通称为主磁通;另一小部分磁通通过空气或变压器油(非铁磁性介质)闭合,只交链一次绕组,这部分磁通称为漏磁通。根据电磁感应原理,主磁通 Φ 在一、二次绕组中感应出电动势 $\dot{E}_1$、$\dot{E}_2$,漏磁通 $\Phi_{1\sigma}$只在一次绕组中感应漏电动势 $\dot{E}_{1\sigma}$,另外空载电流 $\dot{I}_0$ 流过一次绕组的电阻 r_1 还会产生电阻电压降 $\dot{I}_0r_1$。此过程的电磁关系可用图 2.10 表示。

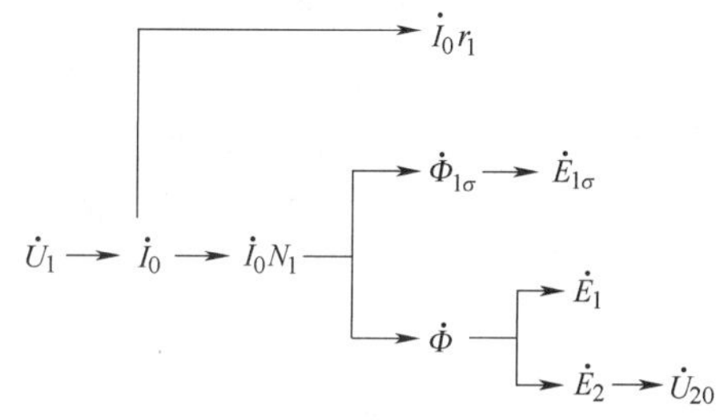

图 2.10　空载运行时的各电磁量间的关系

由于路径不同,主磁通和漏磁通有很大差异:

(1)在性质上,主磁通磁路由铁磁材料组成,具有饱和特性,Φ 与 I_0 呈非线性关系,而漏磁通磁路不饱和,$\Phi_{1\sigma}$与 I_0 呈线性关系;

(2)在数量上,因为铁芯的磁导率比空气(或变压器油)的磁导率大很多,铁芯磁阻小,所以磁通的绝大部分通过铁芯而闭合,故主磁通远大于漏磁通,一般主磁通可占总磁通的99%以上,而漏磁通仅占总磁通的 1%以下;

(3)在作用上,主磁通在二次绕组中感应电动势,若接负载,就有电功率输出,故起了传递能量的媒介作用;而漏磁通只在一次绕组中感应漏磁电动势,仅起漏抗电压降的作用。在分析变压器时,把这两部分磁通分开,即可把非线性问题和线性问题分别予以处理,便于考虑它们在电磁关系上的特点。在其他交流电机中,一般也采用这种分析方法。

2.2.2　变压器空载时的感应电动势

1. 主磁通感应的电动势

若主磁通按正弦规律变化,即

$$\Phi=\Phi_{\mathrm{m}}\sin\omega t \tag{2.6}$$

按照图 2.9 中参考方向的规定,则绕组感应电动势的瞬时值为

$$e_1=-N_1\frac{\mathrm{d}\Phi}{\mathrm{d}t}=-\omega N_1\Phi_{\mathrm{m}}\cos\omega t=2\pi fN_1\Phi_{\mathrm{m}}\sin(\omega t-90°)=E_{1\mathrm{m}}\sin(\omega t-90°)$$

由式(2.6)可知,当主磁通 Φ 按正弦规律变化时,电动势 e_1、e_2 也按正弦规律变化,但

e_1、e_2 滞后于 $\Phi 90°$，且感应电动势的有效值为

$$E_1=\frac{E_{1m}}{\sqrt{2}}=\frac{\omega\Phi_m N_1}{\sqrt{2}}=\frac{2\pi f N_1\Phi_m}{\sqrt{2}}=4.44fN_1\Phi_m \tag{2.7}$$

同理

$$E_2=4.44fN_2\Phi_m \tag{2.8}$$

故电动势与主磁通的相量关系为

$$\begin{cases}\dot{E}_1=-\mathrm{j}4.44fN_1\dot{\Phi}_m\\ \dot{E}_2=-\mathrm{j}4.44fN_2\dot{\Phi}_m\end{cases} \tag{2.9}$$

从上面的表达式中可以看出，当主磁通按正弦规律变化时，一、二次绕组中的感应电动势也按正弦规律变化，其大小与电源频率、绕组匝数及主磁通最大值成正比，且在相位上滞后于主磁通 90°。

2. 漏磁通感应的电动势

漏磁通感应的电动势的有效值相量表示为

$$\dot{E}_{1\sigma}=-\mathrm{j}4.44fN_1\dot{\Phi}_{1\sigma m} \tag{2.10}$$

式中：$\Phi_{1\sigma m}$——一次漏磁通最大值。

为了简化分析或计算，通常根据电工基础知识把式(2.10)由电磁表达形式转化为习惯的电路表达形式，即

$$\dot{E}_{1\sigma}=-\mathrm{j}\dot{I}_0\omega L_1=-\mathrm{j}\dot{I}_0X_1 \tag{2.11}$$

式中：L_1——一次绕组的漏电感；

X_1——一次绕组的漏电抗，反映漏磁通 $\Phi_{1\sigma}$ 对一次侧电路的电磁效应，$X_1=\omega L_1$。

由于漏磁通的路径是非铁磁性物质，磁路不会饱和，是线性磁路，因此对已制成的变压器，漏电感 L_1 为常数，当频率 f 一定时，漏电抗 X_1 也是常数。

2.2.3 变压器的空载电流和空载损耗

1. 变压器的空载电流

变压器的空载电流 $\dot{I}_0$ 包含 2 个分量：一个是无功分量 $\dot{I}_{0Q}$，与主磁通 Φ_m 同相，其作用是建立变压器的主磁通，因此 $\dot{I}_{0Q}$ 又称励磁电流；另一个是有功分量 $\dot{I}_{0P}$，超前于主磁通 $\Phi_m 90°$，其作用是供给铁芯损耗（包括磁滞损耗和涡流损耗），因此 $\dot{I}_{0P}$ 又称铁损耗电流，故空载电流可表示为

$$\dot{I}_0=\dot{I}_{0Q}+\dot{I}_{0P} \tag{2.12}$$

在电力变压器中，由于 $I_{0P}<10\%I_{0Q}$，当忽略 I_{0P} 时，$I_0\approx I_{0Q}$，即空载电流 I_0 主要用以产生主磁通，因此把空载电流近似称为励磁电流。同时 $\dot{I}_0$ 比 Φ_m 在相位上超前一个不大的角度，称为铁耗角。对于电力变压器，空载电流越小越好，一般空载电流 I_0 为额定电流的（2%~10%），容量越大，I_0 相对越小，大型变压器 I_0 在 1%以下。

2. 变压器的空载损耗

变压器空载运行时，空载损耗 p_0 主要包括铁损耗 p_{Fe} 和少量的绕组铜损耗 $I_0^2r_1$，由于 I_0 与 r_1 很小，故铜损耗很小，$p_0\approx p_{Fe}$。对于电力变压器来说，空载损耗不超过额定容量的 1%，而且随变压器容量的增大而下降。

2.2.4　变压器空载时的电动势平衡方程式和等效电路

1. 电动势平衡方程式

(1)一次侧电动势平衡方程式。根据基尔霍夫电压定律可得一次绕组的电动势平衡方程式为

$$\dot{U}_1=-\dot{E}_1-\dot{E}_{1\sigma}+\dot{I}_0r_1=-\dot{E}_1+\dot{I}_0r_1+\mathrm{j}\dot{I}_0X_1=-\dot{E}_1+\dot{I}_0Z_1 \tag{2.13}$$

式中:Z_1——一次绕组的漏阻抗,$Z_1=r_1+\mathrm{j}X_1$。

由于$\dot{I}_0$很小,电阻r_1和漏电抗X_1都很小,因此$\dot{I}_0Z_1$也很小,可忽略不计,由式(2.13)可得

$$\dot{U}_1\approx-\dot{E}_1=\mathrm{j}4.44fN_1\dot{\Phi}_{\mathrm{m}} \tag{2.14}$$

可见,当忽略漏阻抗电压降时,$\dot{U}_1$仅由电动势$\dot{E}_1$来平衡,即任何瞬间u_1和e_1两者大小相等,方向相反。因此,常把一次绕组的电动势e_1称为反电动势。若电源频率不变,主磁通$\boldsymbol{\Phi}_{\mathrm{m}}$的大小仅仅决定于外施电压$\dot{U}_1$的大小,即当电源的电压和频率均不变时,主磁通$\boldsymbol{\Phi}_{\mathrm{m}}$基本不变,磁路饱和状态基本不变,这是变压器空载运行时的一个重要结论。

(2)二次侧电动势平衡方程式。由于变压器空载运行时,二次绕组中没有电流,不产生阻抗电压降,因此二次绕组的端电压就等于其感应电动势,即

$$\dot{U}_{20}=\dot{E}_2 \tag{2.15}$$

2. 空载时的等效电路

由前面的分析可知,漏磁通在一次绕组感应的漏电动势$\dot{E}_{1\sigma}$在数值上可用$\dot{I}_0$在漏电抗X_1上产生的电压降来表示。同理,主磁通在一次绕组感应的电动势$\dot{E}_1$在数值上也可用$\dot{I}_0$在某一电抗X_{m}上产生的电压降来表示,但考虑到在变压器铁芯中还产生铁损耗,因而还需引入一个电阻r_{m},故在分析电动势$\dot{E}_1$时实际是引入一个阻抗Z_{m}来表示,即

$$-\dot{E}_1=\dot{I}_0(r_{\mathrm{m}}+\mathrm{j}X_{\mathrm{m}})=\dot{I}_0Z_{\mathrm{m}} \tag{2.16}$$

式中:r_{m}——励磁电阻,反映铁损耗的等效电阻;

X_{m}——励磁电抗,反映主磁通对一次绕组的电磁效应;

Z_{m}——励磁阻抗,$Z_{\mathrm{m}}=r_{\mathrm{m}}+\mathrm{j}X_{\mathrm{m}}$。

注意:由于主磁通的路径是铁磁性物质,是非线性磁路,因此r_{m}和X_{m}均随电源电压和铁芯饱和程度的变化而变化,通常r_{m}随铁芯饱和程度的增加而增大,X_{m}随铁芯饱和程度的增加急剧减小,以致铁芯越饱和,Z_{m}越小。

把式(2.16)代入式(2.13)可得

$$\dot{U}_1=-\dot{E}_1+\dot{I}_0Z_1=\dot{I}_0Z_{\mathrm{m}}+\dot{I}_0Z_1=\dot{I}_0(r_1+\mathrm{j}X_1)+\dot{I}_0(r_{\mathrm{m}}+\mathrm{j}X_{\mathrm{m}}) \tag{2.17}$$

根据式(2.17)可画出对应的电路,如图2.11所示。

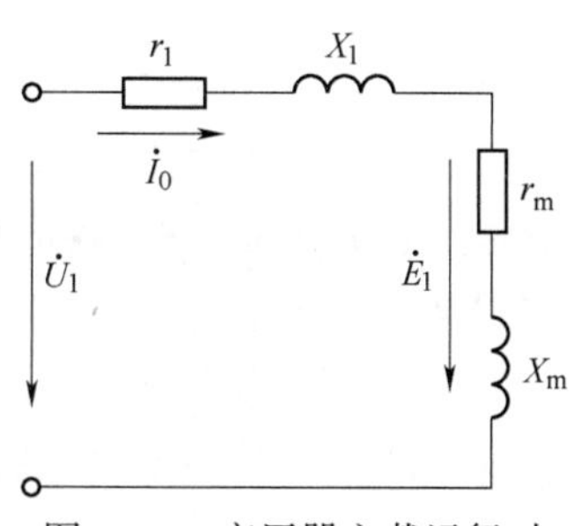

图2.11　变压器空载运行时的等效电路

由于铁芯的磁导率比空气的磁导率大得多,所以$X_{\mathrm{m}}\gg X_1$,$r_{\mathrm{m}}\gg r_1$故$Z_{\mathrm{m}}\gg Z_1$。变压器选用高质量的硅钢片作为铁芯,因而铁芯损耗较小,则$X_{\mathrm{m}}\gg r_{\mathrm{m}}$。

该电路既能正确反映变压器内部的电磁过程,又便于工程计算,把一个既有电路关系,又有电磁耦合的实际变压器,

用一个纯电路的形式来代替,因此这种电路称为变压器空载运行时的等效电路。

2.2.5 空载运行时的基本方程式及相量图

1. 空载时基本方程式

归纳本节所学过的方程式:

$$\begin{cases}\dot{U}_1=-\dot{E}_1+\dot{I}_0r_1+\mathrm{j}\dot{I}_0X_1\\ \dot{U}_{20}=\dot{E}_2\\ \dot{E}_1=-\mathrm{j}4.44fN_1\dot{\Phi}_m\\ \dot{E}_2=-\mathrm{j}4.44fN_1\dot{\Phi}_m\\ \dot{I}_0=\dot{I}_{0P}+\dot{I}_{0Q}\\ \dot{I}_0=-\dot{E}_1/Z_m\end{cases}\tag{2.18}$$

2. 空载运行时的相量图

为了直观地表示变压器中各物理量之间的大小和相位关系,在同一复平面上将变压器的各物理量用相量的形式来表示,称为变压器的相量图。

通常根据式(2.16)可作出空载运行时的相量图,如图2.12所示。步骤如下:

(1)首先以主磁通 $\dot{\Phi}_m$ 为参考相量,画出 $\dot{\Phi}_m$,根据 $\dot{I}_0=\dot{I}_\mu+\dot{I}_{Fe}$ 画出 $\dot{I}_0$,$\dot{I}_0$ 超前 $\dot{\Phi}_m$ 一个铁耗角 α_{Fe}。

(2)根据 $\dot{E}_1$ 和 $\dot{E}_2$ 滞后 $\dot{\Phi}_m$90°,可画出 $\dot{E}_1$ 和 $\dot{E}_2$(即 $\dot{U}_{20}$)。

(3)根据式(2.16),先作相量$-\dot{E}_1$,在其末端作相量 $\dot{I}_0r_1$ 平行于 $\dot{I}_0$,然后在相量 $\dot{I}_0r_1$ 的末端作相量 $\mathrm{j}X_1\dot{I}_0$ 超前于 $\dot{I}_0$90°,其末端再与原点相连,即为相量 $\dot{U}_1$。

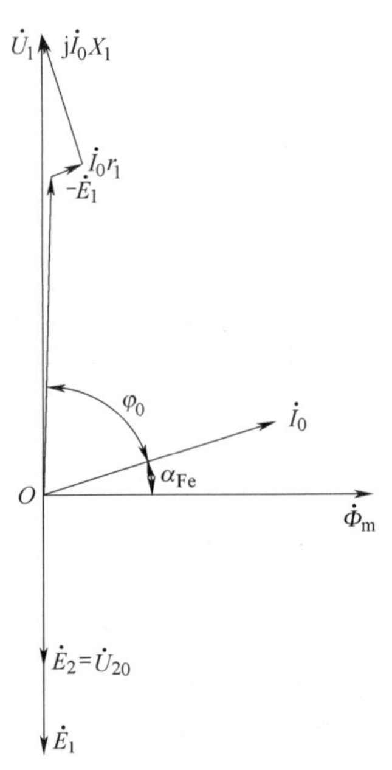

图2.12 变压器空载运行时的相量图

由图2.12可知,$\dot{U}_1$ 与 $\dot{I}_0$ 之间的相位角 φ_0 接近90°,因此变压器空载时的功率因数很低,一般 $\cos\varphi_0=0.1\sim0.2$。

在相量图中,各相量均应按比例画出,但为清楚起见,图中把相量 $\dot{I}_0r_1$ 和 $\mathrm{j}X_1\dot{I}_0$ 人为放大了。

综上分析,可得如下结论:

(1)由 $\Phi_m=\dfrac{E_1}{4.44fN_1}\approx\dfrac{U_1}{4.44fN_1}$ 可知,主磁通 Φ_m 的大小由外加电压、频率和一次绕组匝数决定。

(2)由磁路欧姆定律和磁化曲线可知,变压器空载电流的大小与主磁通、绕组匝数及磁路的磁阻有关,它随磁路的饱和而急剧增大,铁芯所用材料的导磁性能越好(磁导率越大),其空载电流就越小。

(3)电抗是变压器的一个重要参数,它是交变磁通所感应的电动势与产生该交变磁通的电流的比值。显然,在线性磁路中,它是个常数;而在非线性磁路,它的大小随磁路的饱和而减小,因此电抗作为常数来应用是有条件的。

2.3　单相变压器的负载运行

变压器一次绕组接交流电源，二次绕组接负载时的运行状态，称为变压器的负载运行，如图 2.13 所示。此时二次绕组有电流 $\dot{I}_2$ 流过，此电流又称负载电流。

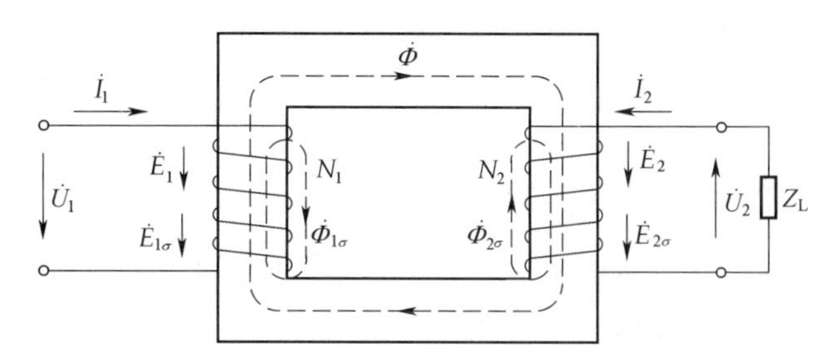

图 2.13　变压器的负载运行原理图

2.3.1　负载运行时的电磁关系

当变压器二次绕组接上负载时，二次绕组中就有负载电流 $\dot{I}_2$ 流过，$\dot{I}_2$ 流过二次绕组产生磁动势 $\dot{F}_2=\dot{I}_2N_2$，$\dot{F}_2$ 也在铁芯中产生磁通，因此 $\dot{F}_2$ 的出现将对空载时的主磁通 $\dot{\Phi}_m$ 有去磁作用，使铁芯中的主磁通趋于减小，随之电动势 $\dot{E}_1$ 和 $\dot{E}_2$ 也减小，从而破坏了空载运行时的电动势平衡关系，使一次绕组的电流由 $\dot{I}_0$ 增加到 $\dot{I}_1$。但由于从空载到负载运行时，电源的电压和频率都为常数，始终有 $\dot{U}_1\approx-\dot{E}_1=\mathrm{j}4.44fN_1\dot{\Phi}_m$，铁芯中的主磁通应基本恒定，因此一次绕组增加的磁动势必须抵消二次绕组磁动势 $\dot{F}_2$ 的去磁作用，以保持主磁通基本不变。故变压器负载运行时，铁芯中的主磁通是由一、二次绕组的磁动势 $\dot{F}_1$ 和 $\dot{F}_2$ 共同建立的，变压器负载运行时的电磁关系可用图 2.14 表示。

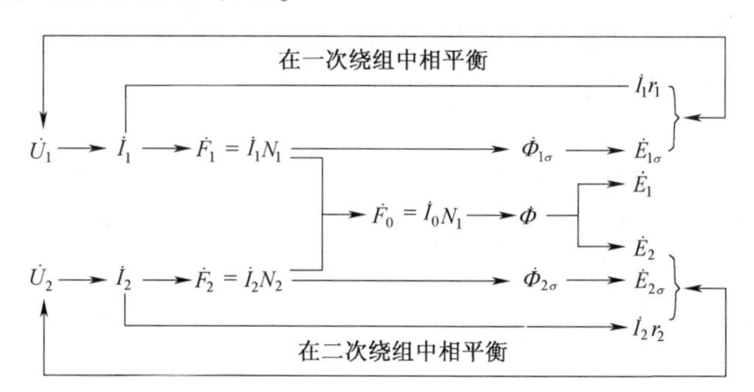

图 2.14　变压器负载运行时的电磁关系

2.3.2　负载运行时的基本方程式

1. 磁动势平衡方程式

当变压器由空载运行到负载运行时，由于电源电压 $\dot{U}_1$ 保持不变，则主磁通 $\dot{\Phi}_m$ 基本保持不变，因此负载时产生主磁通的总磁动势（$\dot{F}_1+\dot{F}_2$）应该与空载时产生主磁通的空载磁动势 $\dot{F}_0$ 基本相等，即

$$\dot{F}_1+\dot{F}_2=\dot{F}_0$$

或

$$\dot{I}_1 N_1 + \dot{I}_2 N_2 = \dot{I}_0 N_1 \tag{2.19}$$

将式(2.19)两边除以 N_1 得

$$\dot{I}_1 = \dot{I}_0 + \left(-\frac{N_2}{N_1}\dot{I}_2\right) = \dot{I}_0 + \left(-\frac{\dot{I}_2}{k}\right) \tag{2.20}$$

式(2.19)为变压器的磁动势平衡方程式,式(2.20)为电流形式的磁动势平衡方程式。式(2.20)表明,负载运行时,一次绕组的电流 $\dot{I}_1$ 由 2 个分量组成:一个是励磁电流 $\dot{I}_0$,用以建立负载运行时所需的主磁通;另一个是负载电流分量 $-\dfrac{\dot{I}_2}{k}$,用于抵消二次绕组磁动势的去磁作用,以保持主磁通基本不变。这说明变压器负载运行时,通过电磁感应关系,将一、二次电流紧密联系起来,二次电流增加或减小的同时必然引起一次电流的减小或增加。相应地,当二次输出功率增加或减小时,一次侧从电网吸收的功率必然同时增加或减小。

负载运行时,$I_0 \ll I_1$,可忽略 I_0,则有

$$\frac{I_1}{I_2} \approx \frac{1}{k} = \frac{N_2}{N_1} \tag{2.21}$$

这说明一、二次电流的大小近似与绕组匝数成反比,可见变压器两侧绕组匝数不同,不仅能改变电压,同时也能改变电流。

2. 电动势平衡方程式

根据基尔霍夫电压定律,由图 2.13 与图 2.14 可得

$$\dot{U}_1 = -\dot{E}_1 - \dot{E}_{1\sigma} + \dot{I}_1 r_1 = -\dot{E}_1 + \mathrm{j}\dot{I}_1 X_1 + \dot{I}_1 r_1 = -\dot{E}_1 + \dot{I}_1 Z_1 \tag{2.22}$$

$$\dot{U}_2 = \dot{E}_2 + \dot{E}_{2\sigma} + \dot{I}_2 r_2 = \dot{E}_2 - \mathrm{j}\dot{I}_2 X_2 - \dot{I}_2 r_2 = \dot{E}_2 - \dot{I}_2 Z_2 \tag{2.23}$$

式中:$\dot{E}_{2\sigma}$——$\dot{E}_{2\sigma} = -\mathrm{j}\dot{I}_2 X_2$;

X_2——二次绕组的漏电抗,反映漏磁通 $\Phi_{2\sigma}$ 对二次绕组的电磁效应,$X_2 = \omega L_2$,L_2 为二次绕组的漏电感;

r_2——二次绕组的电阻;

Z_2——二次绕组的漏阻抗,$Z_2 = r_2 + \mathrm{j}X_2$。

综上所述,将变压器负载运行时的基本电磁关系归纳起来,可得以下基本方程式

$$\begin{cases} \dot{U}_1 = -\dot{E}_1 + \dot{I}_1(r_1 + \mathrm{j}X_1) \\ \dot{U}_2 = \dot{E}_2 - \dot{I}_2(r_2 + \mathrm{j}X_2) \\ \dot{I}_1 N_1 + \dot{I}_2 N_2 = \dot{I}_0 N_1 \\ \dot{E}_1 = k\dot{E}_2 \\ \dot{E}_1 = -\dot{I}_0 Z_\mathrm{m} \\ \dot{U}_2 = \dot{I}_2 Z_\mathrm{L} \end{cases} \tag{2.24}$$

2.3.3 负载运行时的等效电路

变压器的基本方程式反映了变压器内部的电磁关系,使用式(2.24)来求解具体变压器运行问题时,计算很复杂,精确度降低,特别是画相量图更困难。因此,一般要采用“折算”的方法,将实际变压器“折算”成一个既能正确反映变压器内部电磁过程,又便于工程计算的等

效电路来代替实际的变压器，通过绕组折算便可得到这种等效电路。

1. 绕组折算

绕组折算就是把变压器的一、二次绕组折算成相同的匝数，通常是将二次侧折算到一次侧，即用一个和一次绕组匝数 N_1 相等，电磁效应关系不变的等效绕组代替匝数为 N_2 的实际二次绕组。折算仅仅是一种数学手段，它不改变折算前后的电磁关系，即折算前后功率、损耗、磁动势的平衡关系均不变。因为折算前后二次绕组的匝数不同，所以折算后的二次侧绕组的各物理量的大小与折算前的不同，折算后的二次侧各物理量均由原量符号右上角加“′”表示。下面分别求各物理量的折算值。

(1) 二次侧电流的折算。根据折算前后二次绕组磁动势不变的原则，可得

$$I_2N_2 = I'_2N_1$$

即

$$I'_2 = \frac{N_2}{N_1}I_2 = \frac{I_2}{k} \tag{2.25}$$

(2) 二次侧电动势及电压的折算。根据折算前后主磁通不变的原则，可得

$$\frac{E'_2}{E_2} = \frac{N'_2}{N_2} = \frac{N_1}{N_2}$$

即

$$E'_2 = kE_2 \tag{2.26}$$

同理，二次侧漏电动势、端电压的折算值分别为

$$E'_{2\sigma} = kE_{2\sigma} \tag{2.27}$$

$$U'_2 = kU_2 \tag{2.28}$$

(3) 二次侧阻抗的折算。根据折算前后二次绕组铜损耗及漏电感中无功功率不变的原则，可得

$$I'^2_2 r'_2 = I^2_2 r_2,\ r'_2 = \left(\frac{I_2}{I'_2}\right)^2 r_2 = k^2 r_2 \tag{2.29}$$

$$I'^2_2 X'_2 = I^2_2 X_2,\ X'_2 = \left(\frac{I_2}{I'_2}\right)^2 X_2 = k^2 X_2 \tag{2.30}$$

随之可得

$$Z'_2 = k^2 Z_2 \tag{2.31}$$

同理

$$Z'_L = k^2 Z_L \tag{2.32}$$

综上所述，将二次绕组折算到一次绕组，折算值与原值的关系：

(1) 凡是电动势、电压都乘以变比 k；

(2) 凡是电流都除以变比 k；

(3) 凡是电阻、电抗、阻抗都乘以变比 k^2；

(4) 凡是磁动势、功率、损耗等值不变。

折算后，变压器负载运行时的基本方程式变为

$$\begin{cases}\dot{U}_1=-\dot{E}_1+\dot{I}_1(r_1+\mathrm{j}X_1)\\ \dot{U}_2=\dot{E}'_2-\dot{I}'_2(r'_2+\mathrm{j}X'_2)\\ \dot{I}_1+\dot{I}'_2=\dot{I}_0\\ \dot{E}_1=\dot{E}'_2\\ \dot{E}_1=-\dot{I}_0Z_{\mathrm{m}}\\ \dot{U}'_2=\dot{I}'_2Z'_{\mathrm{L}}\end{cases} \tag{2.33}$$

上述折算分析,是将二次侧的各物理量折算到一次侧,折算后仅改变二次侧各量的大小,而不改变其相位或幅角。

2. 等效电路

(1)T形等效电路。根据折算后变压器负载运行时的基本方程式分别画出变压器的部分等效电路,如图2.15(a)所示,其中变压器一、二次绕组之间磁的耦合作用,反映在由主磁通在绕组中产生的感应电动势 $\dot{E}_1$ 和 $\dot{E}'_2$ 上,根据 $\dot{E}_1=\dot{E}'_2=-\dot{I}_0\dot{Z}_{\mathrm{m}}$ 和 $\dot{I}_1+\dot{I}'_2=\dot{I}_0$ 的关系式,可将图2.15(a)的3个部分等效电路联系在一起,得到一个由阻抗串、并联的T形等效电路,如图2.15(b) 所示,其中励磁电流 $\dot{I}_0$ 流过的支路称为励磁支路。

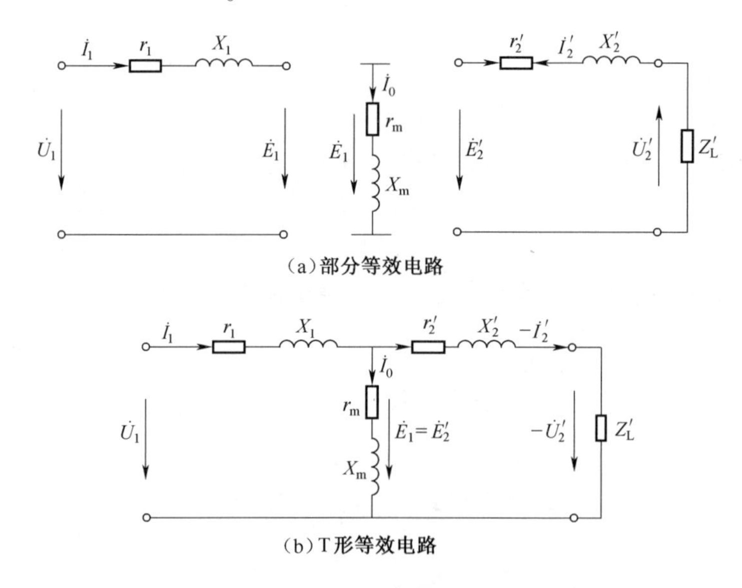

图2.15　变压器T形等效电路形成过程

(2)近似等效电路。T形等效电路能正确反映变压器内部的电磁关系,但其结构为串、并联混合电路,计算比较繁杂,为此提出在一定条件下把等效电路简化。

在一般变压器中,因为 $Z_{\mathrm{m}}\gg Z_1$,同时 I_0 很小,在一定电源电压下,I_0 不随负载而变化,这样便可把励磁支路从T形等效电路中部移到电源端去,如图2.16所示。这种电路称为近似等效电路。

(3)简化等效电路。由于一般变压器励磁电流 I_0 很小,在分析变压器负载运行的某些问题时,可把励磁电流 I_0 忽略,即去掉励磁支路,从而得到一个更简单的阻抗串联电路,如图2.17所示,这种电路称为变压器的简化等效电路。

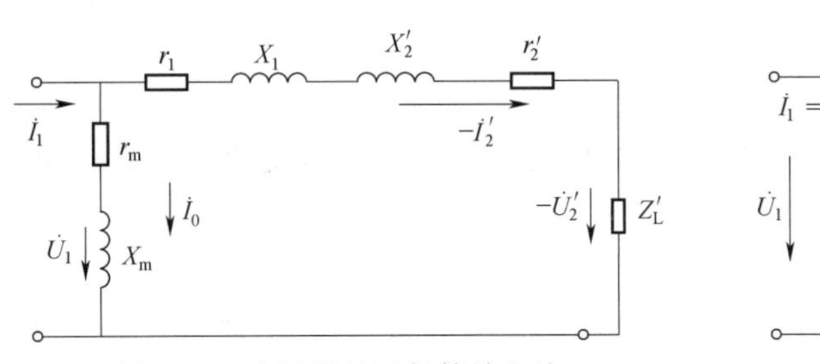

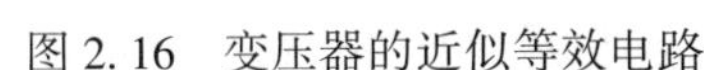
图 2. 16　变压器的近似等效电路

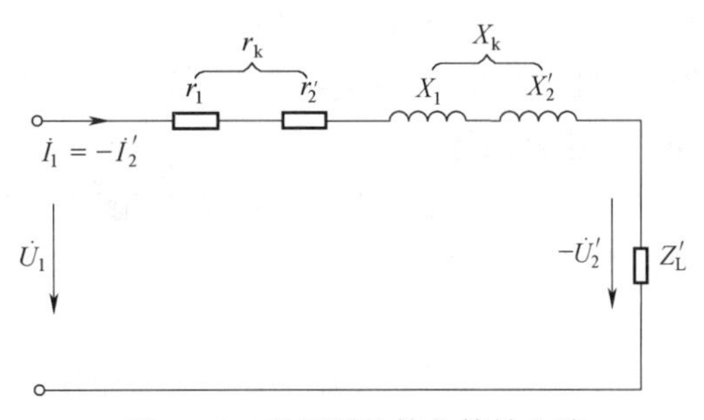

图 2. 17　变压器的简化等效电路

图 2. 17 中，r_k 为变压器的短路电阻，$r_k=r_1+r'_2$；X_k 为短路电抗，$X_k=X_1+X'_2$。故短路阻抗为 $Z_k=r_k+jX_k$。

【例 2. 2】　一台单相变压器，$S_N=10\ \text{kV}\cdot\text{A}$，$\dfrac{U_{1N}}{U_{2N}}=\dfrac{380\ \text{V}}{220\ \text{V}}$，$r_1=0.14\ \Omega$，$r_2=0.035\ \Omega$，$X_1=0.22\ \Omega$，$X_2=0.055\ \Omega$，$r_m=30\ \Omega$，$X_m=310\ \Omega$。一次侧加额定频率的额定电压并保持不变，二次侧接负载阻抗 $Z_L=(4+j3)\ \Omega$。试用简化等效电路，并计算：

(1)一、二次电流及二次电压。

(2)一、二次侧的功率因数。

解　先求参数

$$k=\frac{U_{1N}}{U_{2N}}=\frac{380}{220}=1.727$$

$$r'_2=k^2r_2=1.727^2\times0.035\ \Omega=0.104\ 4\ \Omega$$

$$X'_2=k^2X_2=1.727^2\times0.055\ \Omega=0.164\ \Omega$$

$$Z'_L=k^2Z_L=1.727^2\times(4+j3)\ \Omega=(11.93+j8.95)\ \Omega=14.91\angle36.87^\circ\Omega$$

$$\begin{aligned}Z_k&=r_k+jX_k=(r_1+r'_2)+j(X_1+X'_2)\\&=[0.14+0.1044+j(0.22+0.164)]\Omega\\&=(0.244+j0.384)\Omega=0.455\angle57.57^\circ\Omega\end{aligned}$$

$$(1)\ \dot{I}_1=-\dot{I}'_2=\frac{\dot{U}_1}{Z_k+Z'_L}=\frac{380\angle0^\circ}{0.244+j0.384+11.93+j8.95}\text{A}=24.77\angle-37.48^\circ\text{A}$$

$$\dot{I}_0=\frac{\dot{U}_1}{Z_m}=\frac{380\angle0^\circ}{30+j310}\ \text{A}=1.22\angle-84.47^\circ\text{A}$$

$$I_2=kI'_2=1.727\times24.77\ \text{A}=42.78\ \text{A}$$

$$\dot{U}'_2=\dot{I}'_2Z'_L=-24.77\angle-37.48^\circ\times14.91\angle36.87^\circ\text{V}=369.32\angle179.39^\circ\ \text{V}$$

$$U_2=\frac{U'_2}{k}=\frac{369.32}{1.727}\ \text{V}=213.85\ \text{V}$$

(2) $\cos\varphi_1=\cos-37.48^\circ=0.79$(感性)

$\cos\varphi_2=\cos36.87^\circ=0.8$(感性)

2. 4　变压器参数的测定

在分析计算变压器的运行问题时，必须首先知道变压器的各个参数。知道了变压器的参数,即可绘出等值电路,然后运用等值电路去分析和计算变压器的运行性能。变压器的参数可通过空载试验和短路试验来测定。

2.4.1 空载试验

空载试验是在变压器空载运行情况下进行的,试验的目的是通过测定变压器的空载电流 I_0 和空载损耗 p_0,求得变比 k 和励磁参数 r_m、X_m 和 Z_m。

1. 空载试验的接线

空载试验可以在变压器的任何一侧进行,但为了便于试验和安全起见,通常在低压侧加压试验,高压侧开路。变压器的空载试验电路图如图 2.18 所示。由于空载电流很小,功率因数很低,电压表及功率表的电压线圈必须接在电流表及功率表的电流线圈前面,而且必须使用低功率因数的功率表,以减小测量误差。

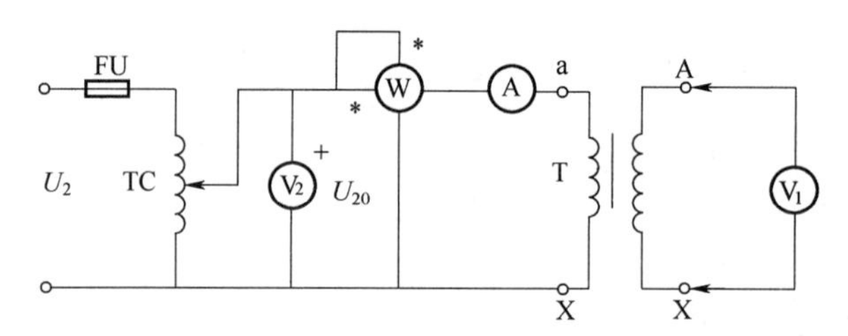

图 2.18 变压器的空载试验电路图

2. 试验方法

空载试验时,调压器输入端接工频的正弦交流电源,输出端接变压器的低压侧,调节调压器的输出电压,使试验电压 U_{20} 由零逐渐升高,至空载电压 U_{20} 达到低压侧的额定电压 U_{2N} 为止,然后测量出它所对应的空载电流 I_0、空载损耗 p_0(空载输入功率)和高压侧的开路电压 U_{1N}。

空载试验时,变压器不输出有功功率,输入功率 p_0 全部用于变压器的内部损耗,即铁损耗和绕组电阻上的铜损耗,故 p_0 又称空载损耗,且 $p_0=p_{Fe}+p_{Cu}$。由于变压器低压侧所加电压为额定值,铁芯中的主磁通达到正常运行数值,因此铁损耗 p_{Fe} 也达到正常运行时的数值。又由于空载电流 I_0 很小,绕组铜损耗相对很小,即 $p_{Cu} \ll p_{Fe}$,因此 p_{Cu} 可忽略不计,$p_0 \approx p_{Fe}$。

变压器空载试验的等效电路如图 2.19 所示,根据等效电路可知,$p_0 \approx p_{Fe} = I_0^2 r_m$。变压器空载时总阻抗 $Z_0=(r_2+jX_2)+(r_m+jX_m) \approx r_m+jX_m=Z_m$。

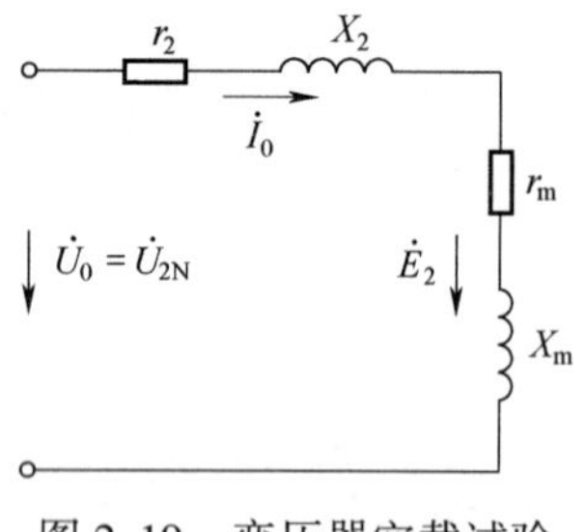

图 2.19 变压器空载试验的等效电路

3. 参数计算

由于 $r_m \gg r_1$、$X_m \gg X_1$,因此 $Z_0 \approx Z_m$,这样根据测量结果,可求得

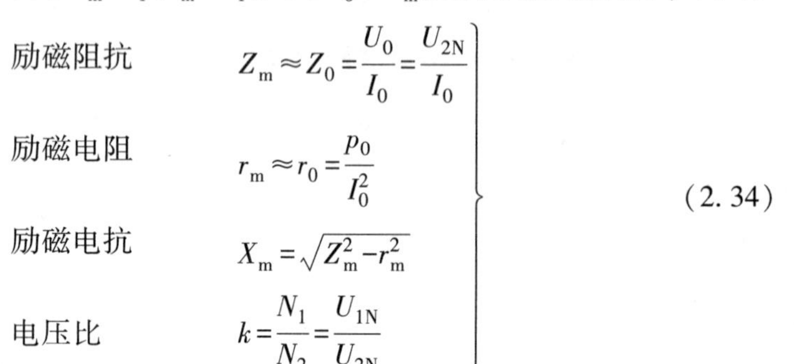

励磁阻抗 $$Z_m \approx Z_0 = \frac{U_0}{I_0} = \frac{U_{2N}}{I_0}$$

励磁电阻 $$r_m \approx r_0 = \frac{p_0}{I_0^2}$$

励磁电抗 $$X_m = \sqrt{Z_m^2 - r_m^2}$$

电压比 $$k = \frac{N_1}{N_2} = \frac{U_{1N}}{U_{2N}} \qquad (2.34)$$

对于三相变压器，应用式(2.34)时，必须采用每相值，即一相的损耗以及相电压和相电流等来进行计算，而 k 值也应取相电压之比。

2.4.2　短路试验

短路试验是在变压器二次绕组短路的条件下进行的，试验的目的是通过测量短路电压 U_k 和短路损耗 p_k，再求得短路参数 r_k、X_k 和 Z_k。

1. 短路试验的接线

由于短路试验外加电源电压很低，一般为额定电压的 5%~10%，电流较大(达到额定值)，因此为了便于测量，一般在高压侧加电压，低压侧短路。变压器短路试验的电路图如图 2.20 所示。短路试验时，所加电压较低，短路电流较大，电流表及功率表的电流线圈必须接在电压表及功率表的电压线圈前面，而且必须使用普通功率表，以减小测量误差。

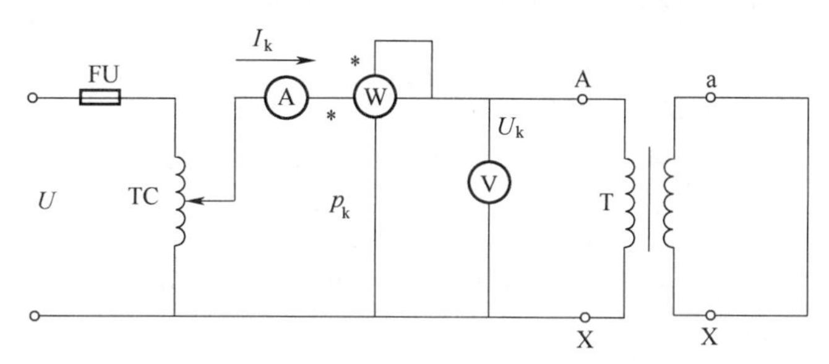

图 2.20　变压器短路试验的电路图

2. 试验方法

短路试验时，调节调压器输出电压 U_k，从零开始缓慢增大，使高压侧短路电流 I_k 从零上升到额定电流 I_{1N} 为止，然后测量 $I_k=I_{1N}$ 时的短路电压 U_k、短路电流 I_k 和短路损耗 p_k(短路输入功率)，并记录试验时的室温 t(℃)。为了避免绕组发热引起电阻变化，试验应尽快进行。

由于短路试验时高压侧外加电压很低，铁芯中的主磁通很小，因此铁芯损耗可忽略不计，这时输入功率 p_k 就可以认为完全用于一、二次绕组电阻的铜损耗，即 $p_k \approx p_{Cu}$。

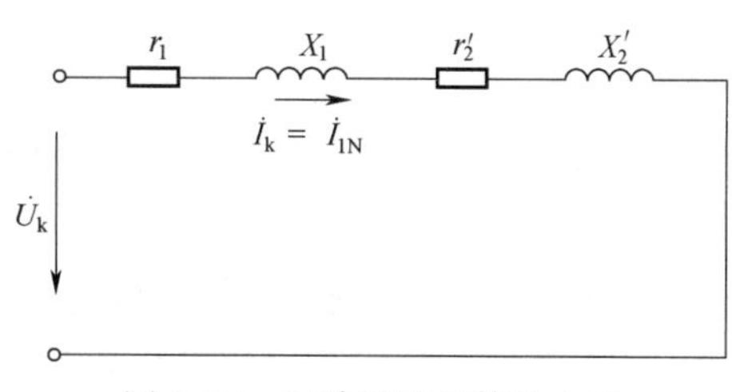

图 2.21　短路试验的等效电路

短路试验的等效电路如图 2.21 所示，由等效电路可知，$p_k \approx p_{Cu} = I_k^2(r_1+r'_2)+I_k^2 r_k$。

3. 参数计算

根据等效电路和测量结果，可计算室温下的短路参数如下：

$$\left.\begin{aligned} &\text{短路阻抗} \quad Z_k = \frac{U_k}{I_k} = \frac{U_k}{I_{1N}} \\ &\text{短路电阻} \quad r_k = \frac{p_k}{I_k^2} = \frac{p_k}{I_{1N}^2} \\ &\text{短路电抗} \quad X_k = \sqrt{Z_k^2 - r_k^2} \end{aligned}\right\} \tag{2.35}$$

由于绕组的电阻值将随温度的变化而变化，而短路试验一般在室温下进行，求得的 r_k 是

室温 θ 条件下的数值，而不是实际运行的变压器的电阻值。所以经过计算所得的电阻必须换算到标准工作温度时的数值。按国家标准规定，变压器的标准工作温度是 75 ℃，因此应将 r_k 换算到 75 ℃时的数值，换算公式如下：

$$\begin{cases} r_{k75\ ℃} = r_k \dfrac{K+75}{K+\theta} \\ Z_{k75\ ℃} = \sqrt{r_{k75\ ℃}^2 + X_k^2} \\ p_{kN75\ ℃} = I_{1N}^2 r_{k75\ ℃} \\ U_{kN75\ ℃} = I_{1N} Z_{k75\ ℃} \end{cases} \tag{2.36}$$

式中：θ——实验时的室温（℃）；

K——常数，对于铜导线 $K=235$，对于铝导线 $K=228$；

$p_{kN75\ ℃}$——标准温度下的额定短路损耗；

$U_{kN75\ ℃}$——标准温度下的额定短路电压。

求出 $r_{k75\ ℃}$ 之后，由于 X_k 与温度无关，则 75 ℃时的短路阻抗为

$$Z_{k75\ ℃} = \sqrt{X_k^2 + r_{k75\ ℃}^2} \tag{2.37}$$

一般不用分开一、二次绕组的参数，求出 $r_{k75\ ℃}$ 和 $Z_{k75\ ℃}$ 即可。对大中型电力变压器，可假设 $r_1 = r'_2 = r_k/2$，$X_1 = X'_2 = X_k/2$。

另外，短路电流等于额定电流时的短路损耗 p_{kN} 和短路电压 U_{kN} 换算到 75 ℃时的数值，即

$$p_{kN75\ ℃} = I_{1N}^2 r_{k75\ ℃} \tag{2.38}$$

$$U_{kN75\ ℃} = I_{1N} Z_{k75\ ℃} \tag{2.39}$$

为了便于比较，常把 $U_{kN75\ ℃}$ 表示为对一次额定电压的相对值的百分数，称为短路电压 u_k，又称阻抗电压，即

$$u_k = \frac{U_{kN75\ ℃}}{U_{1N}} \times 100\% \tag{2.40}$$

一般中小型变压器的 u_k 为 4%~10.5%，大型变压器的 u_k 为 12.5%~17.5%。

需要注意：

(1) 实际工作中，变压器的参数均指标准工作温度下的数值（不再注出下标 75 ℃）。

(2) 空载试验是在低压侧进行的，故测得的励磁参数是低压侧的数值。如果需要得到折算高压侧的数值，必须乘以 k^2，这里的 k 必须是高压侧对低压侧的电压比。

(3) 短路试验是在高压侧进行的，因此测得的短路参数是折算到高压侧的数值。如果要得到低压侧的数值，应除以 k^2。

(4) 对于三相变压器，应用上述公式时，必须采用每相的数值，即相电压、相电流和一相的损耗等进行计算。

【例 2.3】 一台三相电力变压器，型号为 SL-750/10，$S_N = 750$ kV·A，$U_{1N}/U_{2N} = 10\ 000$ V/400 V，Y，yn 接线。在低压侧做空载试验，测得数据为 $U_0 = 400$ V，$I_0 = 60$ A，$p_0 = 3\ 800$ W；在高压侧做短路试验，测得数据为 $U_k = 440$ V，$I_k = 43.3$ A，$p_k = 10\ 900$ W，室温为 20 ℃。试求：折算到高压侧的励磁参数和短路参数。

解

由空载试验数据求励磁参数：

励磁阻抗
$$Z_m=\frac{U_0/\sqrt{3}}{I_0}=\frac{400/\sqrt{3}}{60}\ \Omega=3.85\ \Omega$$

励磁电阻
$$r_m=\frac{p_0/3}{I_0^2}=\frac{3\ 800/3}{60^2}\ \Omega=0.35\ \Omega$$

励磁电抗
$$X_m=\sqrt{Z_m^2-r_m^2}=3.83\ \Omega$$

电压比
$$k=\frac{U_{1N}/\sqrt{3}}{U_{2N}/\sqrt{3}}=\frac{10\ 000/\sqrt{3}}{400/\sqrt{3}}=25$$

折算到高压侧的励磁参数为

$$Z'_m=k^2Z_m=25^2\times 3.85\ \Omega=2\ 406.25\ \Omega$$
$$r'_m=k^2r_m=25^2\times 0.35\ \Omega=218.75\ \Omega$$
$$X'_m=k^2X_m=25^2\times 3.83=2\ 393.75\ \Omega$$

由短路试验数据求短路参数：

短路阻抗
$$Z_k=\frac{U_k/\sqrt{3}}{I_k}=\frac{440/\sqrt{3}}{43.3}\ \Omega=5.87\ \Omega$$

短路电阻
$$r_k=\frac{p_k/3}{I_k^2}=\frac{10\ 900/3}{43.3^2}\ \Omega=1.94\ \Omega$$

短路电抗
$$X_k=\sqrt{Z_k^2-r_k^2}=\sqrt{5.87^2-1.94^2}\ \Omega=5.54\ \Omega$$

换算到 75 ℃的短路参数为

$$r_{k75\ ℃}=\frac{228+75}{228+20}\times 1.94\ \Omega=2.37\ \Omega$$

$$Z_{k75\ ℃}=\sqrt{X_k^2+r_{k75\ ℃}^2}=\sqrt{5.54^2+2.37^2}\ \Omega=6.03\ \Omega$$

额定短路损耗为

$$p_{kN75\ ℃}=3I_{1N}^2r_{k75\ ℃}=3\times 43.3^2\times 2.37\ W=13\ 330.47W$$

短路电压相对值为

$$u_k=\frac{U_{kN75\ ℃}}{U_{1N}}\times 100\%=\frac{43.3\times 6.03}{10\ 000/\sqrt{3}}\times 100\%=4.52\%$$

2.5 变压器的运行特性

变压器的运行特性主要有外特性和效率特性。而表征变压器运行性能的主要指标有电压变化率和效率。下面分别讨论。

2.5.1 变压器的电压变化率和外特性

1. 变压器的电压变化率

变压器在负载运行时，由于变压器内部存在电阻和漏抗，故当负载电流流过时，变压器内部将产生阻抗电压降，使二次电压随负载电流的变化而变化。二次电压的变化程度通常用电压变化率表示。电压变化率是指:一次侧接额定频率的额定电压,负载功率因数 $\cos\varphi_2$ 一定时,从空载到负载运行时二次电压的变化量与额定电压的百分比,用 ΔU 表示,即

$$\Delta U=\frac{U_{20}-U_2}{U_{2N}}\times 100\%=\frac{U_{20}-U_2}{U_{2N}}\times 100\%=\frac{U_{1N}-U'_2}{U_{1N}}\times 100\% \tag{2.41}$$

ΔU 的大小反映了供电电压的稳定性,是表征变压器运行性能的重要指标之一。

电压变化率 ΔU 除用定义求取外,还可通过简化等效电路的相量图求出。电压变化率的实用计算公式为

$$\Delta U=\beta\frac{I_{1N}}{U_{1N}}(r_k\cos\varphi_2+X_k\sin\varphi_2)\times 100\% \tag{2.42}$$

式中:β——变压器负载系数,$\beta=\frac{I_1}{I_{1N}}=\frac{I_2}{I_{2N}}$;

U_{1N}、I_{1N}——一次侧的相电压、相电流。

2. 变压器的外特性

变压器的外特性是指一次绕组加额定电压,负载的功率因数为常数时,二次电压随负载电流变化的规律,即 $U_2=f(I_2)$。

图 2.22 所示是不同性质的负载时变压器的外特性。从图中可知,变压器二次电压的大小不仅与负载电流的大小有关,而且还与负载的功率因数有关。

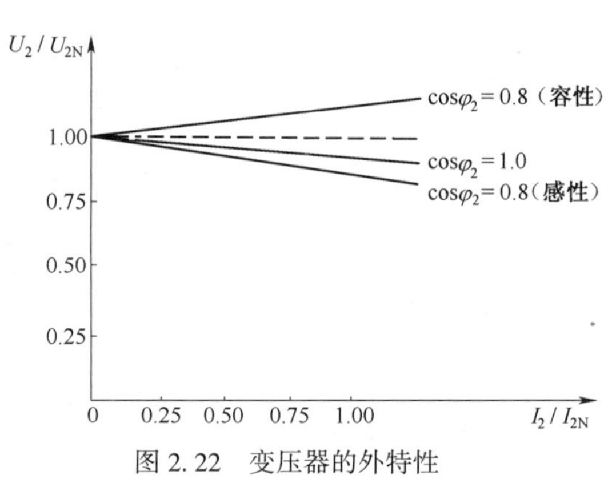

图 2.22 变压器的外特性

在实际变压器中,由于 X_k 比 r_k 大得多,因此对纯电阻负载,$\cos\varphi_2=1$,ΔU 很小且为正值,外特性稍微下降,即 U_2 随 I_2 的增大略微下降;对感性负载($\varphi_2>0$),$\cos\varphi_2>0$,$\sin\varphi_2>0$,ΔU 较大且为正值,外特性下降较多,即 U_2 随 I_2 的增大而下降;对容性负载($\varphi_2<0$),$\cos\varphi_2>0$,$\sin\varphi_2<0$,当 $|X_k\sin\varphi_2|>|r_k\cos\varphi_2|$ 时,ΔU 为负值,外特性是上升的,即 U_2 随 I_2 的增大而升高。

电压变化率 Δu 表征了变压器二次侧供电电压的稳定性,一定程度上反应了电能的质量。ΔU 越大,供电质量越差。一般电力变压器,当 $\cos\varphi_2\approx 1$ 时,额定负载下的电压变化率为 2%~3%,当 $\cos\varphi_2=0.8$(感性)时,额定负载下的电压变化率为 4%~7%,ΔU 大大增加,可见,提高负载的功率因数有利于减小电压变化率,提高供电质量。

2.5.2 变压器的损耗和效率特性

1. 变压器的损耗

由于变压器没有旋转部件,因此在传递能量的过程中没有机械损耗。故其效率比旋转电机高。一般中小型电力变压器的效率在 95%,甚至更高,大型电力变压器的效率可达99%甚至更高。变压器的损耗主要包括铁损耗和铜损耗,即

$$\sum p=p_{Fe}+p_{Cu} \tag{2.43}$$

变压器的铁损耗 p_{Fe} 与外加电源电压的大小有关,而与负载的大小无关。当电源电压一定时,从空载到额定负载(满载)时,铁损耗基本不变,故铁损耗又称不变损耗。

变压器的铜损耗 p_{Cu} 与负载电流的二次方成正比，随负载电流的变化而变化，故铜损耗又称可变损耗。

2. 变压器的效率

变压器的效率是指变压器的输出功率 P_2 与输入功率 P_1 之比，用百分数表示，即

$$\eta = \frac{P_2}{P_1} \times 100\% \tag{2.44}$$

变压器效率的大小反映了变压器运行的经济性能的好坏，是表征变压器运行性能的重要指标之一。

由于变压器的效率很高，一般在 95%以上，用直接负载法测量 P_1 和 P_2 来确定效率往往很难得到准确的结果，工程上常用间接法，即利用空载试验和短路试验，求出变压器的铁损耗 p_{Fe} 和铜损耗 p_{Cu}，然后按式(2.45)计算效率：

$$\eta = \frac{P_2}{P_1} \times 100\% = \left(1 - \frac{\sum p}{P_1}\right) \times 100\% = \left(1 - \frac{p_{Cu} + p_{Fe}}{P_2 + p_{Cu} + p_{Fe}}\right) \times 100\% \tag{2.45}$$

式中，$\sum p = p_{Cu} + p_{Fe}$。

为方便起见，用式(2.45)计算效率时，先作以下几个假设：

(1) 以额定电压下的空载损耗 p_0 作为铁损耗 p_{Fe}，并认为 $p_0 = p_{Fe} =$ 常数；

(2) 以额定电流时的短路损耗 p_{kN} 作为额定电流时的铜损耗 p_{CuN}，并认为铜损耗与负载系数的二次方成正比，即 $p_{Cu} = \left(\frac{I_2}{I_{2N}}\right)^2 p_{kN} = \beta^2 p_{kN}$；

(3) 由于变压器的电压变化率很小，认为 $U_2 \approx U_{2N}$，因此输出功率为

$$P_2 = mU_2 I_2 \cos\varphi_2 = \beta m U_{2N} I_{2N} \cos\varphi_2 = \beta S_N \cos\varphi_2$$

式中：m——变压器的相数；

β——负载系数，$\beta = I_2 / I_{2N}$；

S_N——变压器的额定容量。

于是，式(2.45)可写成

$$\eta = \left(1 - \frac{p_0 + \beta^2 p_{kN}}{\beta S_N \cos\varphi_2 + p_0 + \beta^2 p_{kN}}\right) \times 100\% \tag{2.46}$$

对于已制成的变压器，p_0 和 p_{kN} 是一定的，所以效率与负载的大小及功率因数有关。

3. 效率特性

效率特性是指电源电压和负载的功率因数 $\cos\varphi_2$ 为常数时，变压器的效率与负载系数之间的关系，即 $\eta = f(\beta)$。

根据式(2.46)可绘出效率特性曲线，如图 2.23 所示。从效率特性曲线上可以看出，当负载较小时，效率随负载的增大而快速上升，当负载达到某一数值时，效率最大，然后又开始降低。因此，在 $\eta = f(\beta)$ 曲

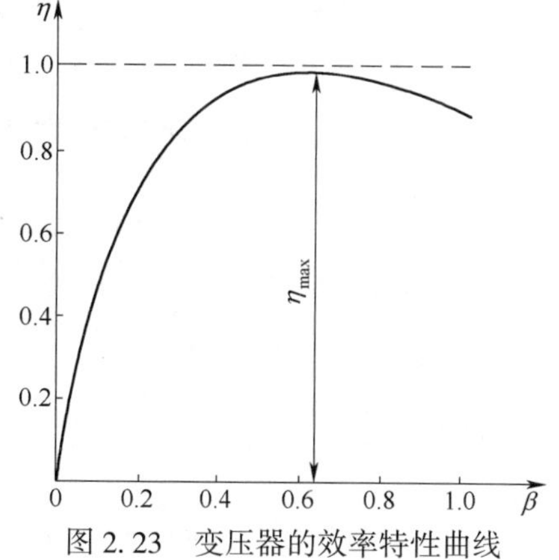

图 2.23　变压器的效率特性曲线

线上有一个最高的效率点 η_{max}。

为了求出在某一负载下的最高效率，可以令 $d\eta/d\beta=0$，便得产生最大效率的条件

$$\beta_m^2 p_{kN}=p_0 \quad 或 \quad \beta_m=\sqrt{\frac{p_0}{p_{kN}}} \tag{2.47}$$

式中：β_m——最大效率时的负载系数。

式(2.47)表明变压器的可变损耗等于不变损耗时，效率达到最大值，将 β_m 代入式(2.46)即可求出变压器的最大效率 η_{max}。

由于变压器长年接在线路上，总有铁损耗，而铜损耗却随负载的变化而变化，同时，变压器不可能总在满载下运行，因此取铁损耗小一些对提高全年的效率比较有利。一般取最大效率发生在 $\beta_m=0.5\sim0.6$ 的范围内。

【例 2.4】 一台三相电力变压器，其铭牌数据见【例 2.3】中的数据，试求：

(1)额定负载且功率因数 $\cos\varphi_2=0.8$(感性)时的二次电压和效率；

(2)功率因数 $\cos\varphi_2=0.8$ (感性)时的最大效率。

解 (1)额定负载且功率因数 $\cos\varphi_2=0.8$(感性)时

电压变化率

$$\Delta U=\beta\left(\frac{I_{1N\Phi}r_k\cos\varphi_2+I_{1N\Phi}X_k\sin\varphi_2}{U_{1N\Phi}}\right)\times100\%$$

$$=1\times\left(\frac{43.3\times2.37\times0.8+43.3\times5.54\times0.6}{10\ 000/\sqrt{3}}\right)\times100\%$$

$$=1\times(0.0178\times0.8+0.0415\times0.6)\times100\%$$

$$=3.91\%$$

二次电压

$$U_2=(1-\Delta U)U_{2N}=(1-0.03914)\times400\ \mathrm{V}\approx384.34\ \mathrm{V}$$

效率

$$\eta=\left(1-\frac{p_0+\beta^2p_{kN}}{\beta S_N\cos\varphi_2+p_0+\beta^2p_{kN}}\right)\times100\%$$

$$=\left(1-\frac{3.8+1^2\times13.330\ 47}{1\times750\times0.8+3.8+1^2\times13.330\ 47}\right)\times100\%$$

$$=97.22\%$$

(2) $\cos\varphi_2=0.8$(滞后)时的最大效率

$$\beta_m=\sqrt{\frac{p_0}{p_{kN}}}=\sqrt{\frac{3.8}{13.330\ 47}}\approx0.53$$

$$\eta_{max}=\left(1-\frac{2p_0}{\beta_mS_N\cos\varphi_2+2p_0}\right)\times100\%$$

$$=\left(1-\frac{2\times3.8}{0.534\times750\times0.8+2\times3.8}\right)\times100\%$$

$$=97.68\%$$

2.6　三相变压器

目前电力系统的输、配电均采用三相制供电，因而三相变压器得到了广泛的应用。三相变压器可以用 3 个单相变压器组成，称为三相组式变压器或三相变压器组。也可由铁轭把 3 个铁芯柱连在一起而构成，称为三相心式变压器。从运行原理来看，三相变压器在对称负载下运行时，各相的电压、电流大小相等，相位上彼此相差 120°，就其一相来说，和单相变压器没有什么区别。因此单相变压器的基本方程式、等效电路和运行特性等可直接运用于三相变压器。本节仅讨论三相变压器的特有问题，即三相变压器的磁路系统和电路系统。

2.6.1　三相变压器的磁路系统

三相变压器的磁路系统按其铁芯结构可分为三相磁路彼此无关联的组式磁路和三相磁路彼此关联的心式磁路。

1. 三相变压器组的磁路

三相变压器组是由 3 台完全相同的单相变压器组成的，相应的磁路为组式磁路，如图 2.24 所示。组式磁路的特点是三相磁通各有自己单独的磁路，互不相关。因此当一次侧外加对称三相电压时，各相的主磁通必然对称，各相空载电流也是对称的。

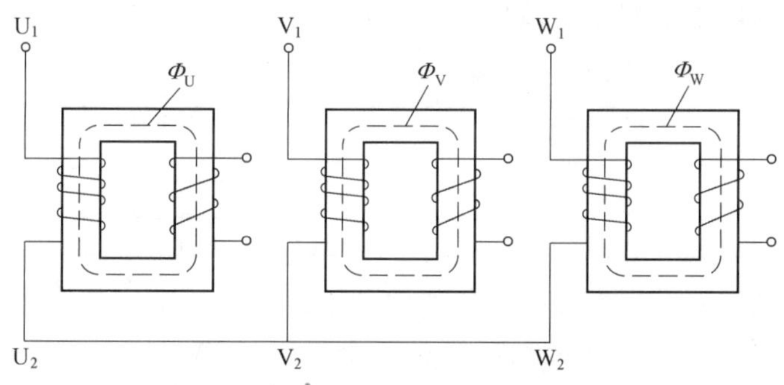

图 2.24　三相变压器组的磁路系统

2. 三相心式变压器的磁路

三相心式变压器的磁路是由三相变压器组演变而来的，如图 2.25(a)所示。这种铁芯构成的磁路的特点是三相磁路互相关联，各相磁通要借另外两相磁路闭合。当外加三相对称电压时，三相主磁通是对称的，但中间铁芯柱内的主磁通为 $\boldsymbol{\Phi}_U+\boldsymbol{\Phi}_V+\boldsymbol{\Phi}_W=0$，因此可将中间铁芯柱省去，即可变成图 2.25(b)所示的结构形式。为了制造方便和节省材料，常把三相铁芯柱布置在同一平面内，即成为目前广泛采用的三相心式变压器的铁芯，如图 2.25(c)所示。

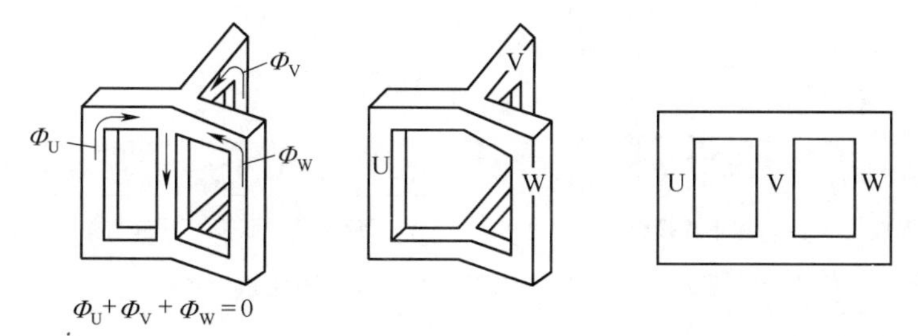

(a)3个单相变压器的铁芯合并　(b)省去中间铁芯柱　(c)三相铁芯柱布置在同一平面内

图 2.25　三相心式变压器的磁路系统

三相心式变压器的磁路特点：

(1)各相磁路彼此相关,每相磁通均以其他两相磁路作为自己的闭合回路。

(2)三相磁路长度不等,磁阻不对称。因此当一次侧外加对称三相电压时,三相空载电流不对称,但由于负载时励磁电流相对于负载电流很小,因此这种不对称对变压器的负载运行影响很小,可忽略不计。

比较以上2种类型的三相变压器的磁路系统可以看出,在相同的额定容量下,三相心式变压器比三相变压器组具有效率高、维护方便、节省材料、占地面积小等优点和磁路不对称的缺点。而三相变压器组中的每个单相变压器都比三相心式变压器的体积小、质量小、运输方便,另外还可减少备用容量,所以现在广泛采用的是三相心式变压器。对于一些超高压、特大容量的三相变压器,为减少制造及运输困难,常采用三相变压器组。

2.6.2 三相变压器电路系统的连接组别

三相变压器的绕组连接是一个很重要的问题,它关系到变压器电磁量中的谐波问题以及并联运行等一些运行上的问题。

1. 三相绕组的连接方法

为了使用三相变压器时能正确连接三相绕组,变压器绕组的每个出线端都应有一个标志,规定变压器绕组首、末端的标志,如表2.2所示。

表2.2 变压器绕组的首、末端的标志

绕组名称	单相变压器		三相变压器		中性点
	首端	末端	首端	末端	
高压绕组	U_1	U_2	U_1、V_1、W_1	U_2、V_2、W_2	N
低压绕组	u_1	u_2	u_1、v_1、w_1	u_2、v_2、w_2	n

三相电力变压器主要采用星形和三角形两种连接方法。把三相绕组的末端U_2、V_2、W_2(或u_2、v_2、w_2)连接在一起,称为中性点,而把3个首端U_1、V_1、W_1(或u_1、v_1、w_1)引出,便是星形连接,用字母Y或y表示,如果有中性点引出,则用YN或yn表示,如图2.26(b)所示;把不同相绕组的首、末端连接在一起,顺次连成一闭合回路,然后从首端U_1、V_1、W_1引出,便是三角形连接,用字母D或d表示,如图2.26(c)、(d)所示。其中,图2.26(c)中,三相绕组的连接次序为$U_1 \to U_2\ W_1 \to W_2\ V_1 \to V_2 U_1$,称为逆序三角形连接;图2.26(d)中,三相绕组的连接次序为$U_1 \to U_2\ V_1 \to V_2\ W_1 \to W_2 U_1$,称为顺序三角形连接。大写字母Y或D表示高压绕组的连接法,小写字母y或d表示低压绕组的连接法。

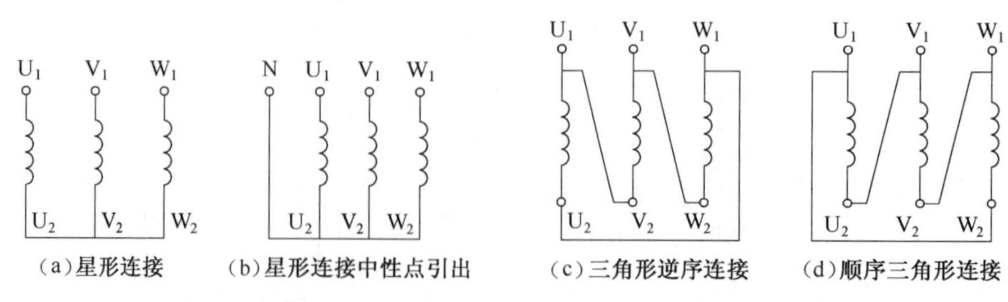

图2.26 三相绕组的星形、三角形连接

2. 单相变压器的连接组

单相变压器的连接组即高、低压绕组的连接方式及其线电动势间的相位关系。

三相变压器就其一相而言和单相变压器没有什么区别,故要想理解三相变压器的连接组,就必须首先理解单相变压器的连接组,即单相变压器高、低压绕组相电动势之间的相位关系。通常采用"时钟表示法"可以形象地表示单相变压器的连接组,即把高压绕组的电动势相量作为时钟的长针,始终指向时钟钟面"0"(即"12")处,把低压绕组的电动势相量作为时钟的短针,短针所指的钟点数为单相变压器的连接组标号。

单相变压器高、低压绕组绕在同一个铁芯柱上,被同一个主磁通所交链。当主磁通交变时,高、低压绕组之间有一定的极性关系,即在同一瞬间,高压绕组某一个端点的电位为正(高电位)时,低压绕组必有一个端点的电位也为正(高电位),这两个具有相同极性的端点,称为同极性端或同名端,在同名端的对应端点旁用符号"·"或"*"表示,如图 2.27 所示。同名端与绕组的绕向有关。对于已制成的变压器,都有同名端的标记。如果既没有标记,又看不出绕组的绕向,可通过试验的方法确定同名端。

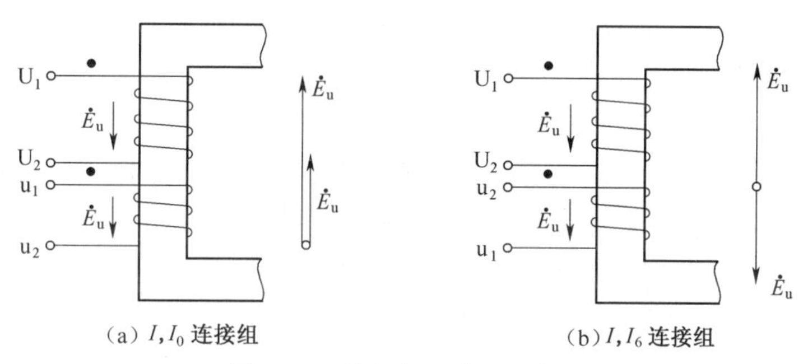

(a) I,I_0 连接组　　(b) I,I_6 连接组

图 2.27　单相变压器的连接组

若规定高、低压绕组相电动势的方向都是从首端指向末端,则单相变压器的连接组有 2 种情况:

(1) 当高、低压绕组的首端(或末端)为同名端时,高、低压绕组的电动势同相,如图 2.27(a)所示,根据"时钟表示法"可确定其连接组标号为 0,故该单相变压器的连接组为 I,I_0。其中逗号前和逗号后的 I 分别表示高、低压绕组均为单相,0 表示连接组标号。

(2) 当高、低压绕组的首端(或末端)为异名端时,高、低压绕组的电动势反相,如图 2.27(b)所示,根据"时钟表示法"可确定其连接组标号为 6,故该单相变压器的连接组为 I,I_6。实际中,单相变压器只采用 I,I_0 连接组。

3. 三相变压器的连接组

三相变压器的连接方法有"Y,yn""Y,d""YN,d""Y,y""YN,y""D,yn""D,y""D,d"等多种组合。其逗号前的大写字母表示高压绕组的连接;逗号后的小写字母表示低压绕组的连接,N(或 n)表示有中性点引出。

由于三相变压器的绕组可以采用不同的连接,从而使得三相变压器高、低压绕组的对应线电动势会出现不同的相位差,因此为了简明地表达高、低压绕组的连接方法及对应线电动势之间的相位关系,把变压器绕组的连接分成各种不同的组合,此组合就称为变压器的连接组,其中高、低压绕组线电动势的相位差用连接组标号来表示。三相变压器的连接组标号仍采用"时钟表示法"来确定,即把高压绕组线电动势(如 $\dot{E}_{UV}$)作为时钟的长针,始终指向时钟钟面"0"(即"12")处,把低压绕组对应的线电动势(如 $\dot{E}_{uv}$)作为时钟的短针,短针所指的钟点数即为三相变压器的连接组标号,将标号数字乘以 30°,就是低压绕组线电动势滞后于高压绕组对应线电动势的相位角。

标识三相变压器的连接组时,表示三相变压器高、低压绕组连接法的字母按额定电压递减的次序标注,且中间以逗号隔开,在低压绕组连接字母之后,紧接着标出其连接组标号,如"Y,y0" "Y,dl1"等。

三相变压器的连接组标号不仅与绕组的同名端及首末端的标记有关,还与三相绕组的连接法有关。三相绕组的连接图按传统的方法,高压绕组位于上面,低压绕组位于下面。

根据绕组连接图,用"时钟表示法"判断连接组标号一般分为 4 个步骤:

(1)标出高、低压绕组相电动势的参考正方向。

(2)作出高压侧的电动势相量图(按 U→V→W 的相序),确定某一线电动势相量(如 $\dot{E}_{UV}$)的方向。

(3)确定高、低压绕组的对应相电动势的相位关系(同相或反相),作出低压侧的电动势相量图,确定对应的线电动势相量(如 $\dot{E}_{uv}$)的方向。为了方便比较,将高、低压侧的电动势相量图画在一起,取 U_1 与 u_1 点重合。

(4)根据高、低压侧对应线电动势的相位关系确定连接组的标号。

下面具体分析不同连接法的三相变压器的连接组。

(1)"Y,y0"连接组和"Y,y6"连接组。对图 2.28(a)所示的接线图,首先,在图 2.28(a)中标出高、低压绕组相电动势的参考正方向;其次,画出高压侧的电动势相量图,即作 $\dot{E}_U$、$\dot{E}_V$、$\dot{E}_W$ 这 3 个相量,使其构成一个星形,并在 3 个矢量的首端分别标上 U、V、W,再依据 $\dot{E}_{UV}=\dot{E}_U-\dot{E}_V$,画出高压侧线电动势的相量 $\dot{E}_{UV}$,如图 2.28(b)所示;由于对应高、低压绕组的首端为同名端,因此高、低压绕组的相电动势同相,据此作相量 $\dot{E}_u$、$\dot{E}_v$、$\dot{E}_w$ 的低压侧电动势相量图(注意使 U 与 u 重合),再依据 $\dot{E}_{UV}=\dot{E}_U-\dot{E}_V$ 画出低压侧的线电动势相量 $\dot{E}_{uv}$,如图 2.28(b)所示;最后由该相量图可知 $\dot{E}_{UV}$ 与 $\dot{E}_{uv}$ 同相,若把相量 $\dot{E}_{UV}$ 作为时钟的长针且指向时钟钟面"0"处,把相量 $\dot{E}_{uv}$ 作为时钟的短针,则短针指向时钟钟面"0"处,所以该连接组的标号是"0",即为"Y,y0"连接组。

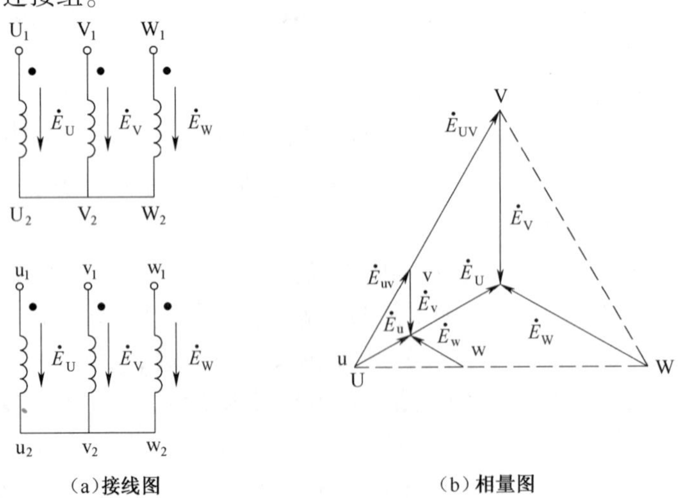

图 2.28 "Y,y0"连接组

在图 2. 28(a)中,如将高、低压绕组的异名端作为首端,则高、低压绕组对应的相电动势反相,如图 2. 29(a)所示。用同样的方法可确定,线电动势 $\dot{E}_{UV}$ 与 $\dot{E}_{uv}$ 的相位差为 180°,如图 2. 29(b) 所示,所以该连接组的标号是“6”,即为“Y,y6”连接组。

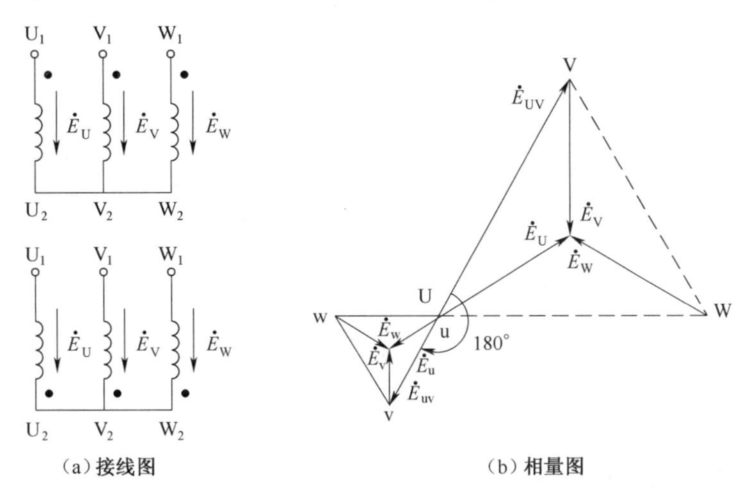

图 2. 29 “Y,y6”连接组

(2)“Y,d11”连接组。对于图 2. 30(a)所示的接线图,根据判断连接组的方法,画出高、低压侧相量图,如图 2. 30(b)所示。此时应注意,低压绕组为三角形连接,作低压侧相量图时,应使相量 $\dot{E}_u$、$\dot{E}_v$、$\dot{E}_w$ 构成一个三角形,并注意 $\dot{E}_{uv}=-\dot{E}_v$,由该相量图可知,$\dot{E}_{uv}$滞后于 $\dot{E}_{UV}$ 330°,当 $\dot{E}_{UV}$指向时钟钟面“0”处时,$\dot{E}_{uv}$指向时钟钟面“11”处,故其连接组为“Y,d11”

变压器连接组的数目很多,为了方便制造和并联运行,对于三相双绕组电力变压器,一般采用“Y,yn0” “Y,d11” “YN,d11” “YN,y0” “Y,y0”等 5 种标准连接组,其中前 3 种最常用。“Y,yn0”用于电压侧电压为 400 ~ 230 V 的配电变压器中,供给动力与照明混合负载;“Y,d11”用在电压侧电压超过 400 V 的线路中;“YN,d11”用在高压侧需接地且低压侧电压超过 400 V 的线路中;“YN,y0”用于高压侧需接地的场合;“Y,y0”只用于三相动力负载。

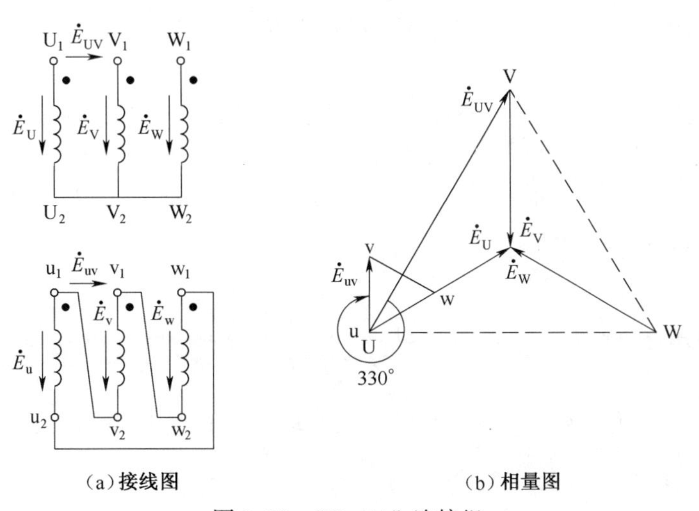

图 2. 30 “Y,d11” 连接组

2.6.3 三相变压器并联运行

变压器的并联运行是指几台变压器的一、二次绕组分别连接到一、二次侧的公共母线上，共同向负载供电的运行方式，如图 2.31 所示。

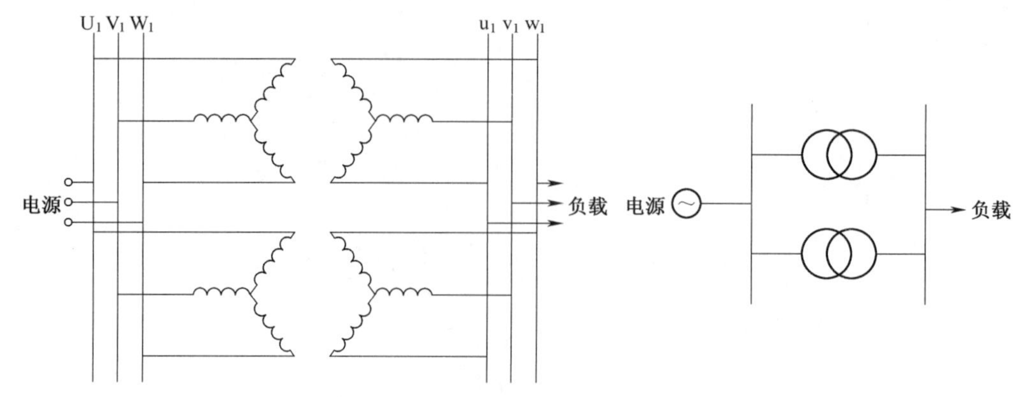

图 2.31 Y,y 连接三相变压器的并联运行

1. 变压器并联运行的理想条件

变压器并联运行的理想情况如下：

(1)空载时并联运行的各变压器绕组之间无环流，以免增加绕组铜损耗。

(2)带负载后，各变压器的负载系数相等，即各变压器所分担的负载电流按各自容量大小成正比例分配，即所谓“各尽所能”。以使并联运行的各台变压器容量得到充分利用。

(3)带负载后，各变压器所分担的电流应与总的负载电流同相位。这样在总的负载电流一定时，各变压器所分担的电流最小。如果各变压器的二次电流一定，则共同承担的负载电流为最大，即所谓“同心协力”。

若要达到上述理想并联运行的情况，并联运行的变压器需满足如下条件：

(1)各变压器一、二次额定电压应分别相等，即变化相同；

(2)各变压器的连接组别必须相同；

(3)各变压器的短路阻抗(或短路电压)的标么值 Z_S^*(或 U_S^*)要相等，且短路阻抗角也相等。

如满足了前 2 个条件则可保证空载时变压器绕组之间无环流。满足第 3 个条件时各台变压器能合理分担负载。在实际并联运行时，同时满足以上 3 个条件不容易，也不现实，所以除第 2 条必须严格保证外，其余 2 条允许稍有差异。

2. 变压器并联运行的优点

变压器并联运行的优点如下：

(1)提高供电的可靠性。并联运行时，如果某台变压器故障或检修时，另几台可继续供电；

(2)可根据负载变化的情况，随时调整投入并联运行的变压器台数，以提高变压器的运行效率；

(3)可以减少变压器的备用容量；

(4)对负荷逐渐增加的变电所，可减少安装时的一次投资。

当然并联运行的变压器台数过多也是不经济的,因为一台大容量变压器的造价要比总容量相同的几台小变压器的造价低,占地面积也小。

2.7　其他常用变压器

在电力系统中,除了普通双绕组变压器外,还常采用多种特殊用途的变压器。本节主要介绍一些较常用的自耦变压器和仪用互感器的工作原理与结构特点。

2.7.1　自耦变压器

自耦变压器的结构特点:一、二次绕组共用一部分绕组,因此其一、二次绕组之间既有磁的耦合,又有电的联系。自耦变压器一、二次侧共用的这部分绕组称为公共绕组,其余部分绕组称为串联分绕组。自耦变压器有单相和三相之分。单相自耦变压器的接线原理图如图 2.32 所示。

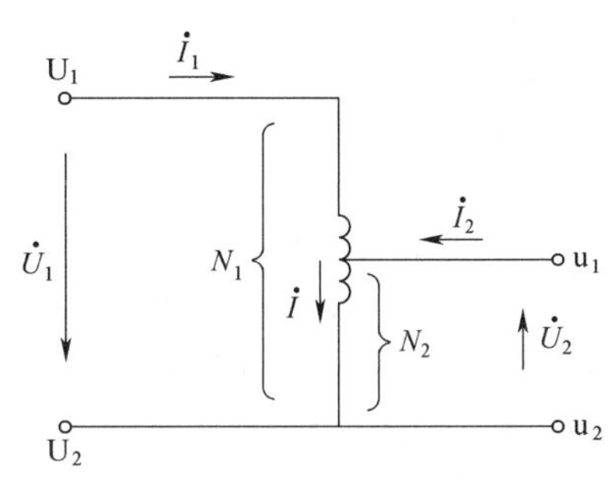

图 2.32　单相自耦变压器的接线原理图

1. 电压、电流关系

(1)电压关系。自耦变压器也是利用电磁感应原理工作的。当一次绕组两端加交流电压 $\dot{U}_1$ 时,铁芯中产生主磁通 Φ_m,并分别在一、二次绕组中产生感应电动势 $\dot{E}_1$ 和 $\dot{E}_2$,若忽略漏阻抗电压降,则

$$U_1 \approx E_1 = 4.44 f N_1 \Phi_m$$
$$U_2 \approx E_2 = 4.44 f N_2 \Phi_m$$

故

$$\frac{U_1}{U_2} \approx \frac{E_1}{E_2} = \frac{N_1}{N_2} = k_u \tag{2.48}$$

式中:k_u——自耦变压器的电压比。

(2)电流关系。由图 2.32 可知其磁动势平衡关系为

$$\dot{I}_1(N_1 - N_2) + (\dot{I}_1 + \dot{I}_2)N_2 = \dot{I}_0 N_1 \tag{2.49}$$

若忽略励磁电流,则

$$\dot{I}_1 N_1 + \dot{I}_2 N_2 = 0$$

即

$$\dot{I}_1 = -\frac{N_2}{N_1}\dot{I}_2 = -\frac{\dot{I}_2}{k_u} \tag{2.50}$$

由图 2.32 可知公共绕组的电流为

$$\dot{I} = \dot{I}_1 + \dot{I}_2 = \left(1 - \frac{1}{k_u}\right)\dot{I}_2 \tag{2.51}$$

由式(2.51)可知,$\dot{I}_1$ 与 $\dot{I}_2$ 相位相反,因此,由式(2.51)又可得以下有效值关系:

$$I = I_2 - I_1 \tag{2.52}$$

2. 容量关系

对普通双绕组变压器而言,其功率全部是通过一、二次绕组之间的电磁感应关系从一次侧传递到二次侧的,因此变压器的容量就等于一次绕组容量或二次绕组容量。但对于自耦

变压器,铭牌容量和绕组的额定容量却不相等。

自耦变压器的额定容量为

$$S_N = U_{1N}I_{1N} = U_{2N}I_{2N} \tag{2.53}$$

根据式(2.52)可得

$$I_{2N} = I_N + I_{1N}$$

把上式代入式(2.53)可得

$$\begin{aligned} S_N &= U_{1N}I_{1N} = U_{2N}I_{2N} \\ &= U_{2N}(I_N + I_{1N}) = U_{2N}I_N + U_{2N}I_{1N} = S_{感应} + S_{传导} \end{aligned} \tag{2.54}$$

由式(2.54)可知,自耦变压器的额定容量可分成2部分:一部分是通过公共绕组的电磁感应作用,由一次侧传递到二次侧的电磁容量 $S_{感应} = U_{2N}I_N$;另一部分是通过串联绕组的电流 I_{1N},由电源直接传导到负载的传导容量 $S_{传导} = U_{2N}I_{1N}$。故自耦变压器负载上的功率不是全部通过磁耦合关系从一次侧得到,而是有一部分功率可直接从电源得到,这是自耦变压器与双绕组变压器的根本区别。

由以上分析可知,额定运行时,自耦变压器的绕组容量小于自耦变压器的额定容量。

3. 自耦变压器的特点

与额定容量相同的双绕组变压器相比,自耦变压器的主要优点如下:

(1)自耦变压器绕组容量小于额定容量,故在同样的额定容量下,自耦变压器的主要尺寸小,有效材料(硅钢片和铜线)和结构材料(钢材)都比较节省,从而降低了成本。

(2)因为耗材少,使得铜损耗和铁损耗也相应减少,因此自耦变压器的效率高。

(3)由于自耦变压器的尺寸小,质量减轻,因此便于运输和安装,且占地面积小。

自耦变压器的主要缺点如下:

(1)由于自耦变压器一、二次绕组间有电的直接联系,因此要求变压器内部绝缘和过电压保护都必须加强,以防止高压侧的过电压传递到低压侧。

(2)和相应的普通双绕组变压器相比,自耦变压器的短路阻抗标么值较小,因此短路电流较大。

(3)为防止高压侧发生单相接地时引起低压侧非接地相对电压升得较高,造成对地绝缘击穿,自耦变压器中性点必须可靠接地。

目前,在高电压、大容量的输电系统中,三相自耦变压器主要用来连接2个电压等级相近的电力网,作为联络变压器之用。在工厂里,三相自耦变压器可用作异步电动机的启动补偿器;在实验室中,自耦变压器二次绕组的引出线制成可在绕组上滑动的形式,以便调节二次电压,这种自耦变压器称为自耦调压器。

2.7.2 仪用互感器

仪用互感器是一种用于测量的专用设备,有电压互感器和电流互感器2种,它们的工作原理与变压器相同。

使用互感器有2个目的:一是使测量回路与高压电网隔离,以保证工作人员的安全;二是可以使用低量程的电压表或电流表测量高电压或大电流。

互感器除了用于测量电压和电流外,还可用于各种继电保护装置的测量系统,其应用很广。下面分别对电压互感器与电流互感器进行简单介绍。

1. 电压互感器

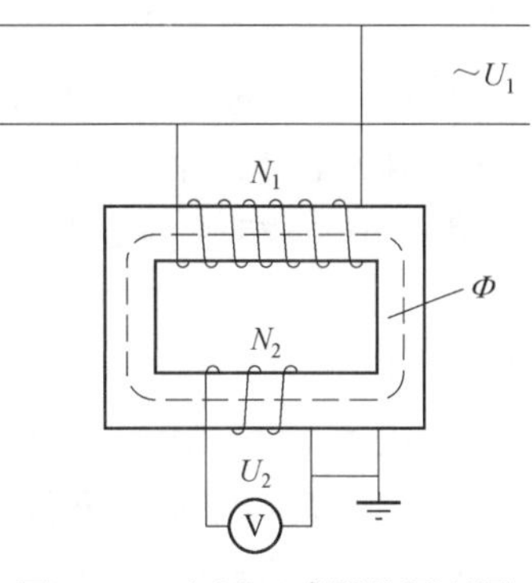

图2.33 电压互感器的原理图

图2.33为电压互感器的原理图。电压互感器在结构上类似普通双绕组变压器,其一次绕组匝数很多、线径较小,并联在被测的高电压上,二次绕组匝数很少、线径较大,并联在高阻抗的测量仪表上(如电压表、功率表的电压线圈等)。

由于电压互感器二次侧所接仪表的阻抗很大,运行时相当于二次侧处于开路状态,因此电压互感器实际上相当于一台空载运行的降压变压器。

若忽略漏阻抗电压降,则有

$$\frac{U_1}{U_2}=\frac{N_1}{N_2}=k_u \tag{2.55}$$

式中:k_u——电压互感器的电压比,是常数。

电压互感器二次额定电压通常设计为100 V,如果电压表与电压互感器配套,则电压表指示的数值已按电压比被放大,可直接读取被测电压数值。电压互感器的额定电压等级有3 000 V/100 V、10 000 V/100 V等。

实际的电压互感器,由于绕组漏阻抗上有电压降,因此电压比 k_u 只是近似于一个常数,必然存在误差。根据误差的大小,将电压互感器的准确度分为0.5、1.0、3.0这3个等级,每个等级允许误差见有关技术指标。

使用电压互感器时须注意以下事项:

(1)二次侧绝对不允许短路。由于电压互感器正常运行时接近空载,因而若二次侧短路,短路电流将很大,会使绕组过热而烧坏互感器。

(2)为了使用安全,短路二次绕组及铁芯应可靠接地,以防绝缘损坏时,一次侧的高电压传到铁芯及二次侧,危及仪表及操作人员安全。

(3)二次侧不宜接过多的仪表,以免影响互感器的精度等级。

2. 电流互感器

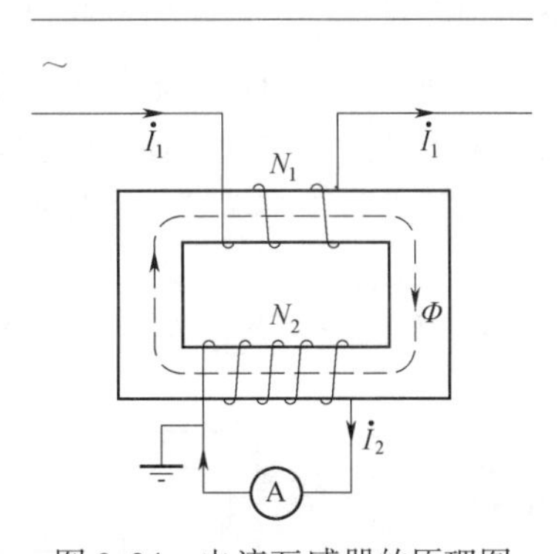

图2.34 电流互感器的原理图

图2.34为电流互感器的原理图。电流互感器一次绕组匝数很少、线径较大,串联在被测电路中,二次绕组匝数很多、线径较小,与阻抗很小的仪表(如电流表和功率表的电流线圈)组成闭合回路。

由于电流互感器二次侧所接仪表的阻抗很小,运行时二次侧相当于短路,因此电流互感器实际运行时相当于一台二次侧短路的升压变压器。

为了减小测量误差,电流互感器铁芯中的磁通密度一般设计得较低,所以励磁电流很小。若忽略励磁电流,由磁动势平衡关系可得

$$\frac{I_1}{I_2}=\frac{N_2}{N_1}=k_i \tag{2.56}$$

式中：k_i——电流互感器的电流比，是常数。

电流互感器的规格各种各样，但其二次侧额定电流通常设计为 5 A 或 1 A。与电压互感器一样，电流表指示的数值已按电流比被放大，可直接读取被测电流。电流互感器的额定电流等级有 100 A/5 A、500 A/5 A、2 000 A/5 A 等。

电流互感器同样存在误差，电流比 k_i 只是近似等于常数。根据误差的大小，电流互感器的准确度可分为 0.2、0.5、1.0、3.0、10.0 这 5 个等级。

使用电流互感器时须注意以下事项：

（1）二次绕组绝对不允许开路。若二次侧开路，电流互感器将空载运行，此时被测电路的大电流将全部成为励磁电流，铁芯中的磁通密度就会猛增，磁路严重饱和，一方面造成铁芯过热而烧坏绕组绝缘，另一方面二次绕组将会感应很高的电压，可能击穿绝缘，危及仪表及操作人员的安全。因此在一次电路工作时如需检修和拆换电流表或功率表的电流线圈，则必须先将互感器二次侧短路。

（2）二次绕组及铁芯应可靠接地。

（3）二次侧所接电流表的内阻抗必须很小，否则会影响测量精度。

2.7.3 电焊变压器

交流电弧焊接在生产实际中的应用十分广泛，而交流电弧焊的电源通常是电焊变压器，实际上它是一种特殊的降压变压器。为了保证电焊的质量和电弧燃烧的稳定性，对电焊变压器有以下几点要求：

（1）电焊变压器应具有 60~75 V 的空载电压，以保证容易起弧，但考虑操作的安全，电压一般不超过 85 V。

（2）电焊变压器应有迅速下降的外特性，如图 2.35 所示，以满足电弧特性的要求。

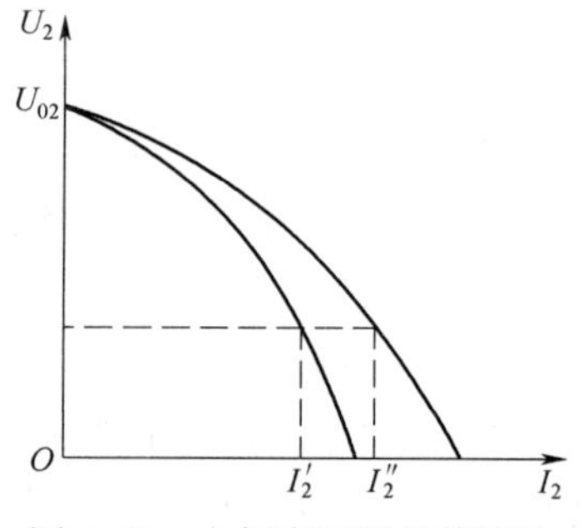

图 2.35　电焊变压器的外特性

（3）为了满足焊接不同工件的需要，要求能够调节焊接电流的大小。

（4）短路电流不应太大，也不应太小。短路电流太大，会使焊条过热、金属颗粒飞溅，易烧穿工件；短路电流太小，会使引弧条件差，电源短路时间过长。一般短路电流不超过额定电流的 2 倍，在工作中电流要比较稳定。

为了满足上述要求，电焊变压器应有较大的可调电抗。电焊变压器的一、二次绕组一般分装在 2 个铁芯柱上，以使绕组的漏抗比较大。改变漏抗的方法很多，常用的有磁分路法和串联可调电抗器法 2 种，如图 2.36 所示。

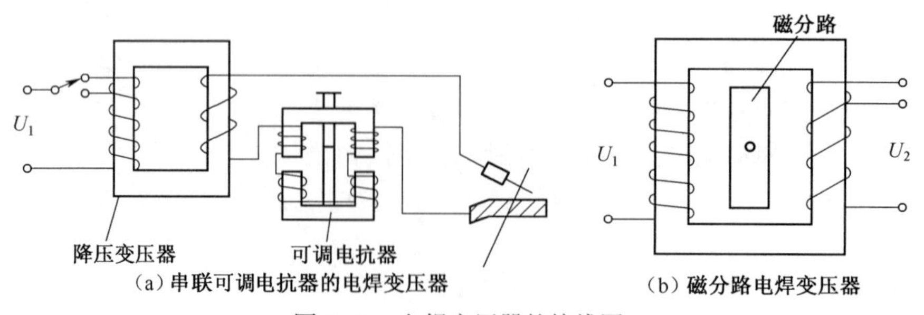

（a）串联可调电抗器的电焊变压器　（b）磁分路电焊变压器

图 2.36　电焊变压器的接线图

(1)串联可调电抗器的电焊变压器。串联可调电抗器的电焊变压器如图2.36(a)所示,是在二次绕组中串联可调电抗器。电抗器中的气隙可以用螺杆调节,当气隙增大时,电抗器的电抗减小,电焊工作电流增大;反之,当气隙减小时,电抗器的电抗增大,电焊工作电流减小。另外,在一次绕组中还备有分接头,以便调节起弧电压的大小。

(2)磁分路电焊变压器。磁分路电焊变压器如图2.36(b)所示。在一、二次绕组铁芯柱中间,加装一个可移动的铁芯,提供了一个磁分路。当磁分路铁芯移出时,一、二次绕组的漏抗减小,电焊变压器的工作电流增大;当磁分路铁芯移入时,一、二次绕组总的漏抗增大,工作电流变小。这样,通过调节磁分路的磁阻,即可调节漏抗大小和工作电流的大小,以满足焊件和焊条的不同要求。在二次绕组中还常备有分接头,以便调节空载时的起弧电压。

2.8 电力变压器的运行维护

2.8.1 电力变压器的容量选择

配电变压器的容量选择非常重要,如容量过小,将会造成过负荷,会烧坏变压器;如容量选择过大,变压器将得不到充分利用,不但增加了设备投资,而且会使功率因数降低,线路损耗和变压器本身的损耗都会变大,效率降低。一般电力变压器的容量可按式(2.57)选择。

$$S=\frac{PK}{\eta\cos\varphi} \tag{2.57}$$

式中:S——变压器容量;

P——用电设备的总容量;

K——同一时间投入运行的设备实际容量与设备总容量的比值,一般为0.7左右;

η——用电设备的效率,一般为0.85~0.9;

$\cos\varphi$——用电设备的功率因数,一般为0.8~0.9。

一般选择变压器容量时,还应考虑到电动机直接启动的电流是额定电流的4~7倍。通常直接启动的电动机中,最大一台的容量不宜超过变压器容量的30%左右。

2.8.2 电力变压器的运行标准

(1)变压器的运行电压一般不应高于该运行分接头额定电压105%,特殊情况下允许在不超过110%的额定电压下运行。

(2)变压器的上层油温一般不应超过85 ℃,最高不应超过95 ℃。

(3)变压器的负荷应根据其容量合理分配,输出电流过大将导致发热严重,容易使绝缘老化,降低使用寿命,甚至造成事故;长期欠载将使功率因数降低,设备得不到充分利用。

(4)对三相不平衡负荷,应监视最大相电流。

(5)变压器中性线电流允许值为额定电流的25%~40%。

2.8.3 变压器的维护

(1)值班人员应根据控制盘上的仪表监视变压器的运行情况,并按规定时间抄录表计。

(2)变压器在过负荷运行时,应严密监视负荷情况,及时抄录表计,变压器的油温可在巡视时同时进行记录。

(3)定时对变压器进行外部巡视检查,并注意运行时声音是否正常。

(4)所有备用中的变压器,均应随时可投入运行,长期停用的备用变压器应定期充电,并投入冷却装置。

(5)变压器运行时,瓦斯继电器应投入信号和跳闸,备用变压器的瓦斯继电器应投入信号,以便监视油面。

(6)油位计上指示的油位异常升高,或油路系统有异常现象时要查明其原因;膜及油污,同时要注意分接头位置是否正确,变换分接头后应测量线圈的直流电阻,检查锁紧位置并对该分接头情况做好记录。

2.8.4 变压器的异常运行及处理

(1)值班人员在变压器运行中发现不正常现象(如漏油、油位过高或过低、温度过高、异常声响、冷却系统异常等)应尽快消除,并报告上级领导且将情况记入运行记录和缺陷记录。

(2)变压器有下列情况之一时,应立即退出运行,检查修理:

①内部响声过大,有爆裂声;

②在正常负荷和冷却条件下,变压器温度不正常,并不断上升;

③储油柜或安全气道喷油;

④严重漏油使油面下降,并低于油位计的指示限度;

⑤油色变化过甚,油内出现炭质;

⑥瓷套管有严重的破损和放电现象。

(3)变压器油温的升高超过许可限度时,应检查变压器的负荷和冷却介质的温度,并与在同一负荷和冷却介质温度下的油面核对。要核对温度表,并检查变压器室内的风扇运行状况或变压器室内的通风情况。

(4)变压器的瓦斯继电器动作后应按如下要求进行处理:

①检查变压器防爆管有无喷油,油面是否降低,油色有无变化及外壳有无大量漏油。

②使用专用工具提取瓦斯继电器内的气体进行试验,瓦斯继电器内的气体若无臭、不可燃,则变压器可以继续运行,但应监视动作间隔时间。

③瓦斯继电器内的气体若有色、可燃应立即进行气体的色谱分析,瓦斯继电器内若无气体则检查二次回路和接线柱及引线绝缘是否良好。

④因油面下降而引起瓦斯继电器瓦斯保护信号与跳闸同时动作,应及时采取补救措施,且未经检查和试验合格不得再投入运行。

(5)变压器自动跳闸或一次侧熔丝熔断,需要进行检查试验,查明跳闸原因,或进行必要的内部检查。

(6)变压器着火时应首先断开电源,再迅速用灭火装置灭火。

小　　结

变压器是一种静止的电气设备,可以实现变压、变流和变换阻抗的功能。

变压器的基本结构是铁芯和绕组,铁芯构成磁路,绕组构成电路。

1. 变压器的运行原理

变压器有空载运行和负载运行 2 种状态,空载运行是负载运行的一种特殊形式。对 2 种运行状态的理论分析主要集中在基本方程式、等效电路及相量图上。基本方程式是电磁关系的数学表达形式;等效电路是从基本方程式出发,用电路形式来模拟实际变压器;相量图是基本方程式的一种相量图形表示法。这 3 者是完全一致的,只是从不同侧面来说明变压器运行的物理关系。在定量计算时,常采用等效电路求解。

通过空载试验和短路试验可求取变压器的励磁参数、电压比和短路参数。

2. 变压器的运行特性

变压器的运行特性有外特性和效率特性。电压变化率和效率是衡量变压器运行性能的主要指标。电压变化率表征了变压器负载运行时二次电压的稳定性和供电质量,而效率则表征了变压器运行的经济性。

3. 三相变压器

三相变压器分为三相组式变压器和三相心式变压器。三相组式变压器每相有独立的磁路,三相心式变压器各相磁路彼此相关。

三相变压器的电路系统是研究变压器绕组的连接法及高、低压侧线电动势之间的相位关系,此相位关系即连接组号,通常用“时钟表示法”来确定。三相变压器连接组不但与三相绕组的连接方式有关,还与绕组绕向和首末端标记有关。

4. 其他常用变压器

其他常用变压器主要介绍了自耦变压器和仪用互感器。自耦变压器的特点:一、二次绕组间不仅有磁的耦合,而且有电的直接联系。仪用互感器是测量用的变压器,使用时应注意将铁芯及二次侧接地,电流互感器二次侧绝不允许开路,而电压互感器二次侧绝不允许短路。

思考与练习

2.1　变压器是根据什么原理进行电压变换的?变压器的主要用途有哪些?

2.2　变压器有哪些主要部件,其功能是什么?

2.3　铁芯在变压器中起什么作用?如何减少铁芯中的损耗?

2.4　变压器有哪些主要额定值?一、二次额定电压的含义是什么?

2.5　变压器二次电流 I_2 若分别为 0、$0.5I_{2e}$ 和 I_{2e} 时,一次电流各为多少?与负载是电阻性、电感性或电容性有关系吗?

2.6　变压器的主磁通和漏磁通的性质有何不同?在等效电路中是如何反映它们的作用的?

2.7　变压器空载电流的性质和作用如何?其大小与哪些因素有关?

2.8　某台单相变压器,$U_{1N}/U_{2N}=220\ V/110\ V$,额定频率为 50 Hz,试问:

(1)如将二次侧接到 220 V 的交流电源上,变压器会产生什么异常现象?

(2)如果电源电压为额定值,但频率比额定频率高 20%,那么变压器铁芯饱和程度、励磁电流、励磁电抗、漏电抗和铁损耗会有何变化?

(3)如果将变压器误接到 220 V 的直流电源上,又会发生什么现象?

2.9　变压器折算的原则是什么?如何将二次侧各量折算到一次侧?

2.10　为什么变压器的空载损耗可以近似看成是铁损耗,短路损耗可以近似看成是铜损耗?

2.11　做变压器空载、短路试验时,电压可加在高压侧,也可加在低压侧。这 2 种方法试验时,电源输入的有功功率是否相同?测得的参数是否相同?

2.12　什么是三相变压器的连接组?影响连接组的因素有哪些?如何用时钟表示法来

表示并确定连接组标号？

2.13　变压器并联运行的理想条件是什么？

2.14　三相变压器的一、二次绕组按图 2.37 连接，试画出它们的电动势相量图，并判断其连接组。

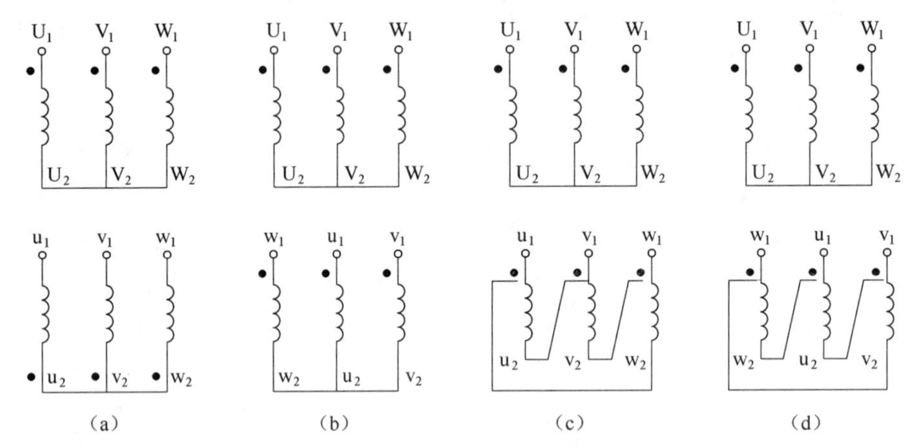

图 2.37　三相变压器的一、二次绕组连接图

2.15　自耦变压器是如何传递功率的？具有什么特点？

2.16　电压互感器和电流互感器的功能是什么？使用时需要注意哪些事项？

2.17　交流互感器运行时，为什么电压互感器不允许短路，而电流互感器不允许开路？

2.18　一台单相变压器，$S_N = 5\ 000$ kV・A，$U_{1N}/U_{2N} = 10$ kV/6.3 kV。试求：一、二次的额定电流。

2.19　有一台 $S_N = 5\ 000$ kV・A，$\dfrac{U_{1N}}{U_{2N}} = 10$ kV/6.3 kV，Y，d 连接的三相变压器。试求：

(1) 变压器的额定电压和额定电流；

(2) 变压器一、二次绕组的额定电压和额定电流。

2.20　三相变压器额定容量为 20 kV・A，额定电压为 10 kV/0.4 kV，额定频率为 50 Hz，Y，y0 连接，高压绕组匝数为 3 300。试求：

(1) 变压器高压侧和低压侧的额定电流；

(2) 高压侧和低压侧的额定相电压；

(3) 低压绕组的匝数。

第3章 三相异步电动机

知识点：

(1)三相异步电动机的工作原理。

(2)三相异步电动机的工作特性。

掌握：

(1)三相异步电动机的基本工作原理。

(2)三相异步电动机的电磁关系、基本方程式。

(3)三相异步电动机的工作特性。

了解：

(1)三相交流绕组的旋转磁场和旋转磁动势。

(2)三相异步电动机的基本结构。

异步电机是一种交流旋转电机,它的转速除了与电网频率有关外,还随负载的大小而变化。异步电机主要用作电动机,按供电电源的不同,异步电动机又可分为三相异步电动机和单相异步电动机两大类。由于异步电动机具有结构简单,制造、使用和维护方便,运行可靠,成本低廉,效率较高等优点而得到广泛应用。但它也存在缺点,一是在运行时要从电网吸取感性无功电流来建立磁场,降低了电网功率因数,增加线路损耗,限制电网的功率传送;二是启动和调速性能较差。异步电机也可作发电机使用,但一般只用于风力发电等特殊场合。

3.1 三相异步电动机的基本工作原理

3.1.1 三相定子绕组的旋转磁场

1. 旋转磁场的产生

在三相异步电动机中实现机电能量转换的前提是必须产生旋转磁场。所谓旋转磁场,就是一种极性不变且以一定转速旋转的磁场。根据理论分析和实践证明,在多相对称绕组中流过多相对称电流时,会产生一种大小恒定的旋转磁场即圆形旋转磁场。

图3.1为三相异步电动机定子绕组结构示意图。3个完全相同的线圈空间彼此互隔120°,分布在定子铁芯内圆的圆周上,构成了三相对称绕组。当三相对称绕组接上三相对称电源时,在绕组中将流过三相对称电流。若各相电流的瞬时表达式为

$$i_{\mathrm{U}} = I_{\mathrm{m}}\cos\omega t$$

$$i_{\mathrm{V}} = I_{\mathrm{m}}\cos(\omega t - 120°)$$

$$i_{\mathrm{W}} = I_{\mathrm{m}}\cos(\omega t + 120°)$$

则各相电流随时间变化的曲线如图3.2所示。该电源将在定子绕组中分别产生磁场。为了便于考察三相电流产生的合成磁效应,下面通过几个特定的瞬间,以窥其全貌。规定:电流

为正值时，电流从每相绕组的首端（U_1、V_1、W_1）流进，末端（U_2、V_2、W_2）流出；电流为负值时，电流从每相绕组的末端流进，首端流出。在表示线圈导线的“○”内，用“×”号表示电流流入，用“·”号表示电流流出。

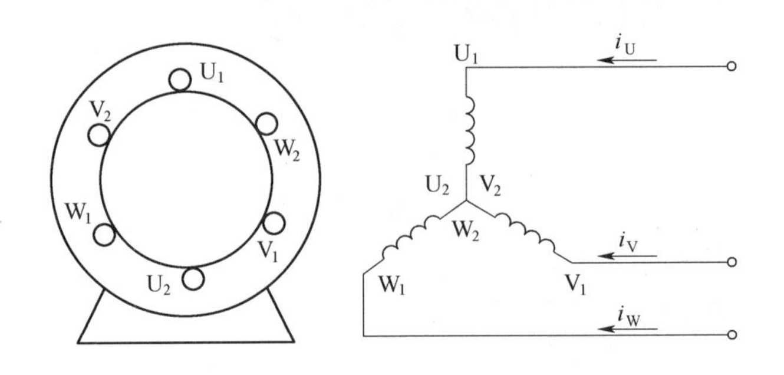

图 3.1　三相异步电动机定子绕组结构示意图（磁极对数 $p=1$）

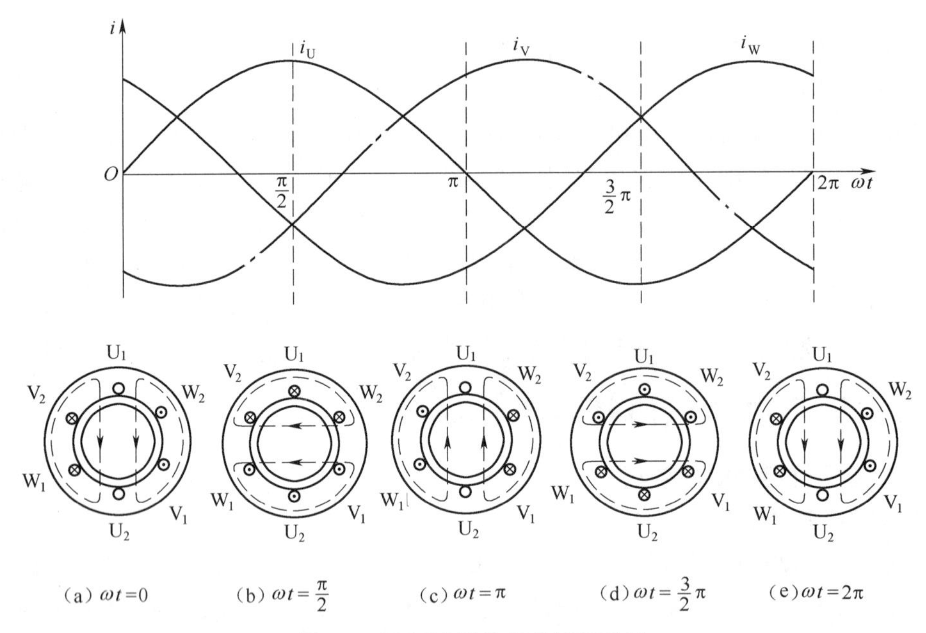

图 3.2　两极定子绕组的旋转磁场

（1）在 $\omega t=0°$ 的瞬间，$i_U=0$，故 U_1U_2 绕组中无电流；i_V 为负，则电流从末端 V_2 流入，从首端 V_1 流出；i_W 为正，则电流从首端 W_1 流入，从末端 W_2 流出。绕组中电流产生的合成磁场如图 3.2(a) 所示。

（2）在 $\omega t=\pi/2$ 的瞬间，i_U 为正，电流从首端 U_1 流入、末端 U_2 流出；i_V 为负，电流仍从末端 V_2 流入、首端 V_1 流出；i_W 为负，电流从末端 W_2 流入、首端 W_1 流出。绕组中电流产生的合成磁场如图 3.2(b) 所示，可见合成磁场顺时针转过了 90°。

（3）继续按上法分析，在 $\omega t=\pi$、$3\pi/2$、2π 的不同瞬间三相交流电在三相定子绕组中产生的合成磁场，可得到如图 3.2(c)、(d)、(e) 所示的变化。

观察这些图中合成磁场的分布规律可见:合成磁场的方向按顺时针方向旋转,并旋转了一周。由此可证明,当三相对称电流通过三相对称绕组时,必然产生一个大小不变,转速一定的旋转磁场。

2. *旋转磁场的旋转方向*

由图 3.2 可以看出,流入三相定子绕组的电流 i_U、i_V、i_W 是按 U→V→W 的相序达到最大值的,产生旋转磁场的旋转方向也是从 U 相绕组轴线转向 V 相绕组轴线,再转向 W 相绕组轴线的,即按 U→V→W 的顺序旋转(图中为顺时针方向),即与三相交流电的变化顺序一致。由此可以得出结论:在三相定子绕组空间排序不变的条件下,旋转磁场的转向取决于三相电流的相序,即从电流超前相转向电流滞后相。若要改变旋转磁场的方向,只需将三相电源进线中的任意两相对调即可。

3. *旋转磁场的转速*

(1)$p=1$。由图 3.2 所示两极($p=1$)定子绕组产生的旋转磁场的旋转情况可知,当三相交流电随时间变化一个周期时,旋转磁场在空间相应地转过 360°,即电流变化一次,旋转磁场转过一周。因此两极电动机中旋转磁场的速度等于三相交流电的变化速度,即 $n_1 = 60f_1$。

(2)$p=2$。如果在定子铁芯上放置如图 3.3 所示的 2 套三相绕组,每套绕组占据半个定子内圆,并将属于同相的 2 个线圈串联,即成为 $p=2$ 的四极三相异步电动机。再通入三相交流电,如图 3.4 所示。采用与前面相似的分析方法,可确定该三相绕组流入三相对称电流时所建立的合成磁场,仍然是一个旋转磁场,不过磁场的极数变为 4 个,即具有 $p=2$ 对磁极,而且当电流变化一次,旋转磁场仅转过 1/2 转,即 $n_1 = 60f_1/2$。

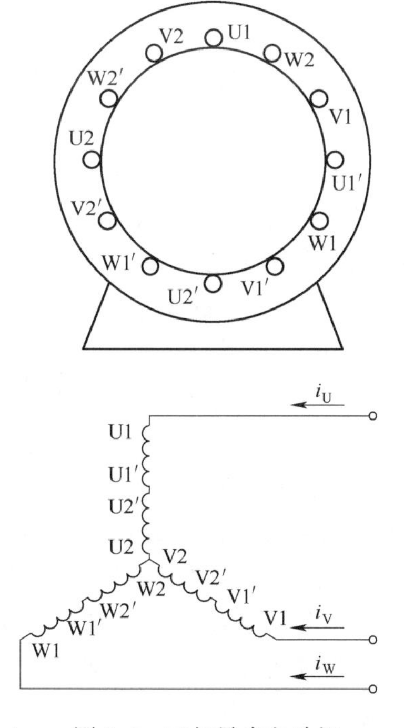

图 3.3　三相异步电动机定子绕组结构示意图($p=2$)

(3)p 对磁极。用同样方法分析,旋转磁场的转速 n_1 与磁极对数 p 之间的关系是一种反比关系,即具有 p 对磁极的旋转磁场,交流电变化一个周期,磁场转过 $1/p$ 转。因此具有 p 对磁极的旋转磁场的转速为

$$n_1 = \frac{60f_1}{p} \tag{3.1}$$

式中:f_1——交流电的频率,Hz;

p——旋转磁场的磁极对数;

n_1——旋转磁场的转速,又称同步转速,r/min。

由于我国交流电的频率为 50 Hz,因此不同磁极对数的异步电动机对应的同步转速也不同。当 $p=1$ 时,$n_1=3\ 000$ r/min;当 $p=2$ 时,$n_1=1500$r/min;当 $p=3$ 时,$n_1=1\ 000$ r/min;当 $p=4$ 时,$n_1=750$ r/min;当 $p=5$ 时,$n_1=600$ r/min。

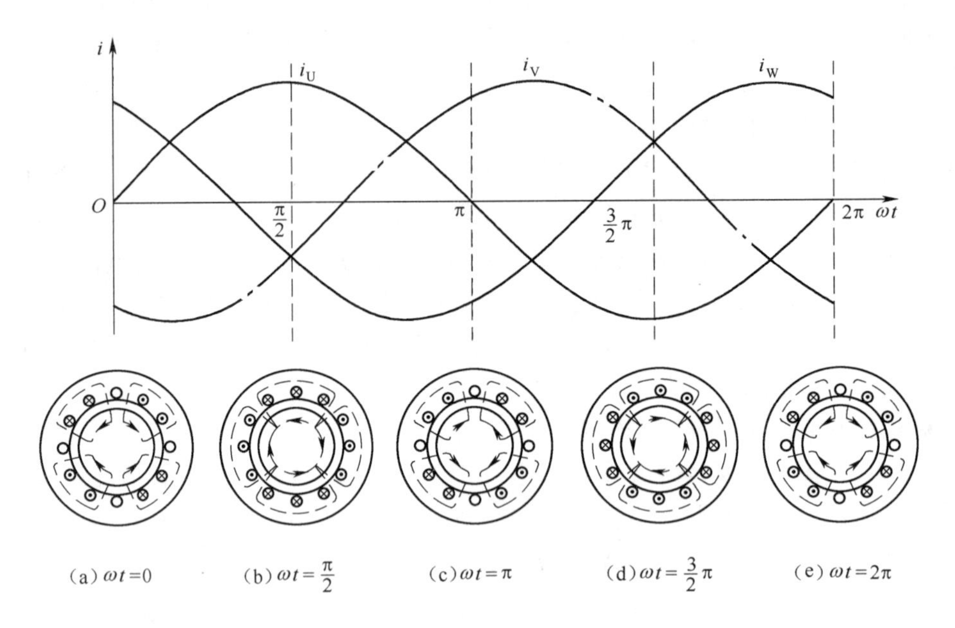

图 3.4　四极定子绕组的旋转磁场

3.1.2　三相异步电动机的工作原理及运行状态

1. 三相异步电动机的工作原理

图 3.5 为一台三相笼形异步电动机的示意图。在定子铁芯里嵌放着对称的三相绕组 U_1U_2、V_1V_2、W_1W_2。转子槽内放有导条，导体两端用短路环短接起来，形成一个笼形的闭合绕组。定子三相绕组可接成星形，也可以接成三角形。

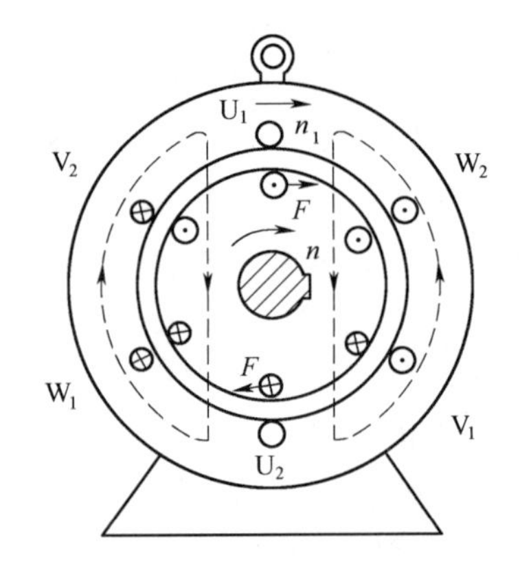

图 3.5　三相笼形异步电动机的示意图

如果向定子三相对称绕组通入三相交流电后，就会在电动机的气隙中形成一个在空间以顺时针方向旋转的磁场，这个旋转磁场的转速 n_1 称为同步转速。该旋转磁场将切割转子导体，在转子导体中产生感应电动势，由于转子导体自成闭合回路，因此该电动势将在转子导体中形成电流，其电流方向可用右手定则判定。在使用右手定则时必须注意，右手定则的磁场是静止的，导体在做切割磁感线的运动，而这里正好相反。为此，可以相对地把磁场看成不动，而导体以与旋转磁场相反的方向（逆时针）去切割磁感线，从而可以判定出在该瞬间转子导体中的电流方向，如图 3.5 中所示，即电流从转子上半部的导体中流出，流入转子下半部导体中。有电流流过的转子导体将在旋转磁场中受电磁力 F 的作用，其方向由“左手定则”确定，如图 3.5 中箭头所示，该电磁力 F 在转子轴上形成电磁转矩，其作用方向与旋转磁场方向一致，拖着转子顺着旋转磁场的旋转方向旋转，将输入的电能变成旋转的机械能。如果电动机轴上带有机械负载，则机械负载随着电动机的旋转而旋转，电动机对机械负载做功。

综上分析可知，三相异步电动机转动的基本工作原理如下：

（1）三相对称绕组中通入三相对称电流产生圆形旋转磁场。

（2）转子导体切割旋转磁场感应电动势和电流。

（3）转子载流导体在磁场中受到电磁力的作用，从而形成电磁转矩，驱使电动机转子转动。

三相异步电动机的旋转方向始终与旋转磁场的旋转方向一致，而旋转磁场的方向又取决于三相异步电动机的三相电流相序，因此，三相异步电动机的转向与电流的相序一致。要改变转向，只要改变三相电流的相序即可，即任意对调三相异步电动机的 2 根电源线，便可使三相异步电动机反转。

异步电动机的转速恒小于旋转磁场转速 n_1，因为只有这样，转子绕组才能产生电磁转矩，使异步电动机旋转。如果 $n = n_1$，转子绕组与定子磁场之间便无相对运动，则转子绕组中无感应电动势和感应电流产生，可见 $n < n_1$ 是异步电动机工作的必要条件。由于电动机转速 n 与旋转磁场转速 n_1 不同步，故称为异步电动机。又因为异步电动机转子电流是通过电磁感应作用产生的，所以又称感应电动机。

2. 转差率

转子转速 n 与同步转速 n_1 之差称为转差 Δn，转差 Δn 与同步转速 n_1 的比值称为转差率，用字母 s 表示，即

$$s = \frac{n_1 - n}{n_1} \tag{3.2}$$

转差率 s 是异步电机的一个基本物理量，它反映异步电机的各种运行情况。对异步电动机而言，当转子尚未转动（如启动瞬间）时，$n = 0$，此时转差率 $s = 1$；当转子转速接近同步转速（空载运行）时，$n \approx n_1$，此时转差率 $s \approx 0$。由此可见，作为异步电动机，转速在 $0 \sim n_1$ 范围内变化，其转差率 s 在 0~1 范围内变化。

异步电动机负载越大，转速就越慢，其转差率就越大；反之，负载越小，转速就越快，其转差率就越小。故转差率直接反映了转子转速的快慢或电动机负载的大小。异步电动机的转速为

$$n = (1 - s)n_1 \tag{3.3}$$

对于普通异步电动机，为了使其在运行时效率较高，通常使它的额定转速略低于同步转速，故额定转差率 s_N 很小，一般在 0.01~0.06 之间。

3. 异步电机的 3 种运行状态

根据转差率的大小和正负，异步电机有 3 种运行状态。

（1）电动机运行状态。当定子绕组接至电源，转子就会在电磁转矩的驱动下旋转，电磁转矩即为驱动转矩，其转向与旋转磁场方向相同，如图 3.6（b）所示，此时电机从电网取得电功率转变成机械功率，由转轴传输给负载。电动机的转速范围为 $n_1 > n > 0$，其转差率范围为 $0 < s < 1$。

（2）发电机运行状态。异步电机定子绕组仍接至电源，该电机的转轴不再接机械负载，而用一台原动机拖动异步电机的转子以大于同步转速（$n > n_1$）并顺旋转磁场方向旋转，如图 3.6（a）所示。显然，此时电磁转矩方向与转子转向相反，起着制动作用，为制动转矩。为克服电磁转矩的制动作用而使转子继续旋转，并保持 $n > n_1$，电机必须不断从原动机吸收机

械功率，把机械功率转变为输出的电功率，因此成为发电机运行状态。此时，$n > n_1$，则转差率 $s < 0$。

(3)电磁制动运行状态。异步电机定子绕组仍接至电源，如果用外力拖着电机逆着旋转磁场的旋转方向转动。此时，电磁转矩与电机旋转方向相反，起制动作用，如图 3.6(c)所示。电机定子仍从电网吸收电功率，同时转子从外力吸收机械功率，这 2 部分功率都在电机内部以损耗的方式转化成热能消耗掉。这种运行状态称为电磁制动运行状态。此种情况下，n 为负值，即 $n < 0$，则转差率 $s > 1$。

由此可知，区分这 3 种运行状态的依据是转差率 s 的大小：

①当 $0 < s < 1$ 为电动机运行状态；

②当 $-\infty < s < 0$ 为发电机运行状态；

③当 $1 < s < +\infty$ 为电磁制动运行状态。

综上所述，异步电机可以作电动机运行，也可以作发电机运行和电磁制动运行，但一般作电动机运行，异步发电机很少使用，电磁制动是异步电机在完成某一生产过程中出现的短时运行状态。例如，起重机下放重物时，为了安全、平稳，需限制下放速度时，就使异步电机短时处于电磁制动运行状态。

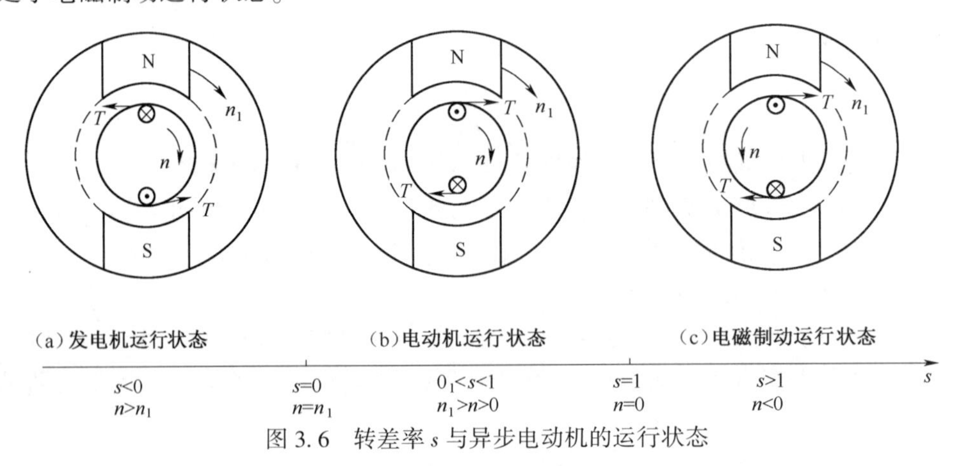

图 3.6 转差率 s 与异步电动机的运行状态

【例 3.1】 某三相异步电动机的额定转速 $n_N = 720$ r/min，电源频率为 50 Hz。试求该异步电动机的额定转差率及磁极对数。

解 同步转速 $n_1 = \dfrac{60f_1}{p}$

当 $p=1$ 时，$n_1 = 3\,000$ r/min；当 $p=2$ 时，$n_1 = 1\,500$ r/min；当 $p=3$ 时，$n_1 = 1\,000$ r/min；当 $p=4$ 时，$n_1 = 750$ r/min；当 $p=5$ 时，$n_1 = 600$ r/min。

由于额定转速略低于同步转速，所以同步转速应比 720 r/min 略高，即 $n_1 = 750$ r/min。则其磁极对数为

$$p = \frac{60f_1}{n_1} = \frac{60 \times 50}{750} = 4$$

其额定转差率为

$$s_N = \frac{n_1 - n_N}{n_1} = \frac{750 - 720}{750} = 0.04$$

3.2　三相异步电动机的基本结构和铭牌

3.2.1　三相异步电动机的基本结构

三相异步电动机种类繁多,从不同角度有不同的分类方法。按其外壳防护方式的不同可分开启型、防护型、封闭型三大类,如图 3.7 所示。由于封闭型结构能防止固体异物、水滴等进入电动机内部,并能防止人与物触及电动机带电部位与运动部位,运行中安全性好,因而成为目前使用最广泛的结构形式。按电动机转子结构的不同又可分为笼形异步电动机和绕线转子异步电动机。图 3.7 为笼形异步电动机外形图,图 3.8 为绕线转子异步电动机外形图。另外异步电动机还可按其工作电压的高低不同分为高压异步电动机和低压异步电动机。按其工作性能的不同分为高启动转矩异步电动机和高转差率异步电动机。按其外形尺寸及功率的大小可分为大型、中型、小型异步电动机等。

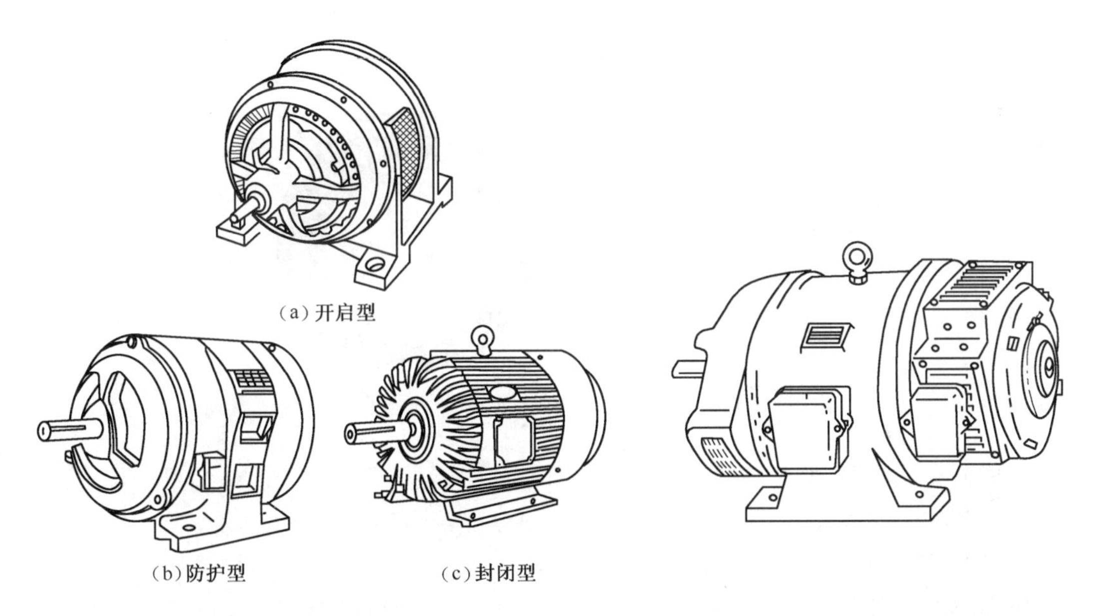

(a) 开启型

(b) 防护型　　(c) 封闭型

图 3.7　笼形异步电动机外形图

图 3.8　绕线转子异步电动机外形图

三相异步电动机虽然种类繁多,但基本结构均由定子和转子两大部分组成,转子装在定子腔内,定、转子之间有一缝隙,称为气隙。图 3.9 为封闭形三相笼形异步电动机组成部件图。

图 3.9 中的主要组成部分如下:

1. 定子部分

定子部分主要由定子铁芯、定子绕组、机座等部分组成。

(1)定子铁芯。定子铁芯是电动机磁路的一部分,为减少铁损耗,一般由 0.5 mm 厚的导磁性能较好的硅钢片叠压而成,安放在机座内。在定子铁芯冲有嵌放绕组的槽,故又称为冲片。定子铁芯及定子冲片如图 3.10 所示。大中型电动机常采用扇形冲片拼成一个圆。为了冷却铁芯,在大容量电动机中,定子铁芯分成很多段,每 2 段之间留有径向通风槽,作为冷却空气的通道。

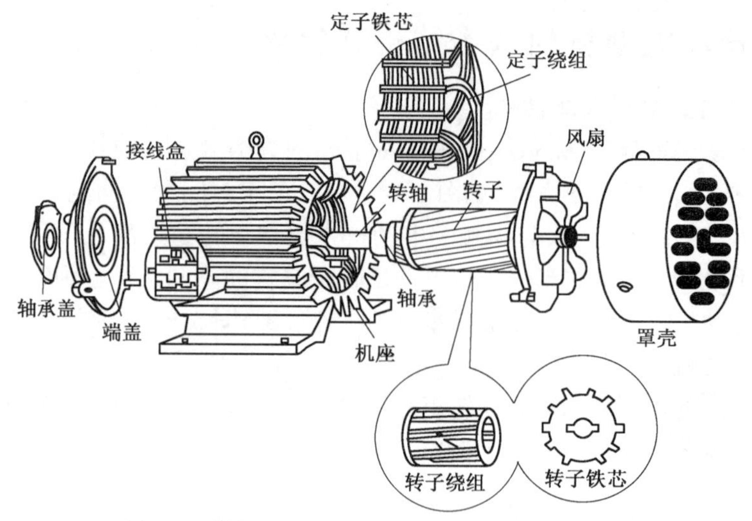

图 3.9　封闭型三相笼形异步电动机组成部件图

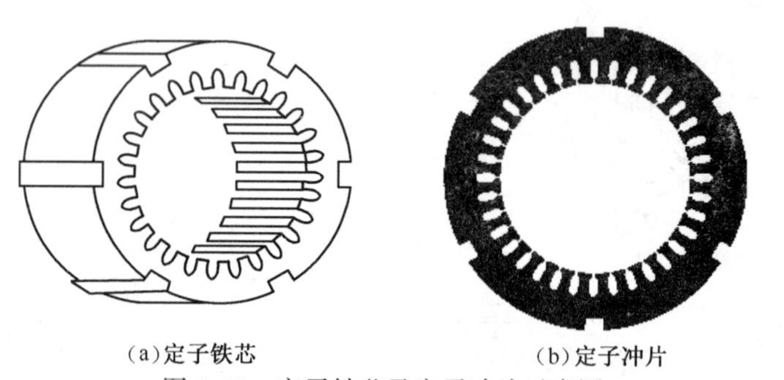

(a)定子铁芯　(b)定子冲片

图 3.10　定子铁芯及定子冲片示意图

定子铁芯的槽型有开口型、半开口型、半闭口型 3 种,如图 3.11 所示。半闭口型槽的优点是电动机的效率和功率因数较高,缺点是绕组嵌线和绝缘都较困难,一般用于小型低压电动机中;半开口型槽可以嵌放成形绕组,故一般用于大中型低压电动机中;开口型槽用以嵌放成形绕组。所谓成形绕组即成形并经过绝缘处理的绕组,因此开口型槽内绕组绝缘方法比半闭口槽方便,主要用在大中型容量的高压电动机中。

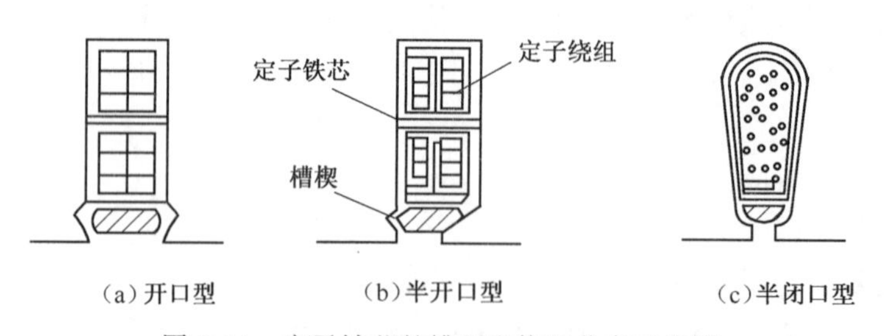

(a)开口型　(b)半开口型　(c)半闭口型

图 3.11　定子铁芯的槽型和绕组分布示意图

(2)定子绕组。定子绕组是电动机的电路部分,通入三相交流电产生旋转磁场。它由许多线圈按一定的规律连接而成,嵌放在定子铁芯的内圆槽内。小型异步电动机定子绕组一般采用高强度漆包圆铜线绕成,大中型异步电动机定子绕组一般采用漆包扁铜线或玻璃丝包扁铜线绕成。

三相异步电动机的定子绕组是一个三相对称绕组，它由 3 个完全相同的绕组所组成，一般有 6 个出线端 U_1、U_2、V_1、V_2、W_1、W_2 置于机座外部的接线盒内，根据需要接成星形(Y)或三角形(△)，如图 3.12 所示。

(3)机座。机座的作用是固定定子铁芯和定子绕组，并通过两侧的端盖和轴承来支承电动机转子。同时可保护整台电动机的电磁部分和发散电动机运行中产生的热量。

中小型异步电动机一般采用铸铁机座，大型异步电动机一般采用钢板焊接的机座，而有些微型异步电动机的机座则采用铸铝件以降低电动机的质量。封闭型电动机的机座外面有散热筋以增加散热面积，防护型电动机的机座两端端盖开有通风孔，使电动机内外的空气可以直接对流，以利于散热。

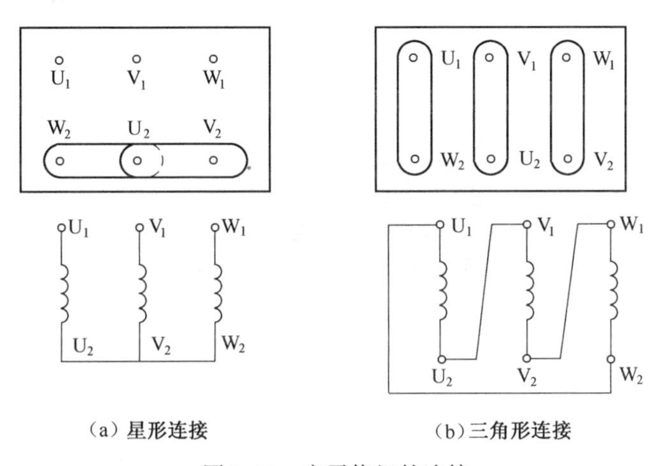

(a) 星形连接　　(b) 三角形连接

图 3.12　定子绕组的连接

(4)端盖。借助置于端盖内的滚动轴承将电动机转子和机座连成一个整体。端盖一般均为铸钢件，微型电动机则用铸铝件。

2. 转子部分

转子主要由转子铁芯、转子绕组和转轴 3 部分组成。整个转子靠端盖和轴承支撑。转子的主要作用是产生感应电流，形成电磁转矩，以实现机电能量的转换。

(1)转子铁芯。转子铁芯是电动机磁路的一部分，一般也用 0.5 mm 厚的硅钢片叠压而成，硅钢片外圆冲有均匀分布的孔，用来安置转子绕组。通常都是用定子铁芯冲落后的硅钢片来冲制转子铁芯。一般小型异步电动机的转子铁芯直接压装在转轴上，而大中型异步电动机(转子直径在 300~400 mm 以上)的转子铁芯则借助于转子支架压在转轴上。

(2)转子绕组。转子绕组用来切割定子旋转磁场，产生感应电动势和电流，并在旋转磁场的作用下受力而使转子转动。根据转子绕组的结构，异步电动机分为笼形转子和绕线转子 2 种。

①笼形转子。在转子铁芯的每个槽中，插入一根裸导条，在铁芯两端分别用 2 个短路环把导条连接成一个整体，形成一个自身闭合的多相对称短路绕组。如去掉转子铁芯，整个绕组犹如一个“松鼠笼子”，因此称为笼形转子，如图 3.13 所示。大型电动机的笼形转子则采用铜导条，如图 3.13(a)所示。中小型电动机的笼形转子一般都采用铸铝的，如图 3.13(b)所示。

② 绕线转子。绕线转子绕组与定子绕组相似,它是在绕线转子铁芯的槽内嵌有绝缘导线组成的三相绕组,一般作星形连接,3 个端头分别接在与转轴绝缘的 3 个滑环上,再经一套电刷引出来与外电路相连,如图 3.14 所示。

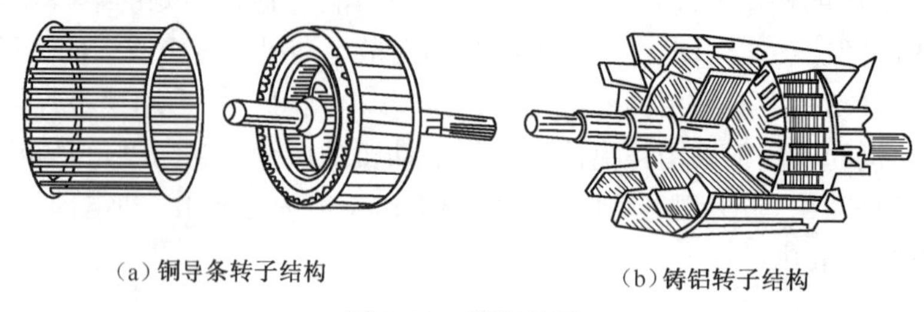

(a) 铜导条转子结构　　(b) 铸铝转子结构

图 3.13　笼形转子

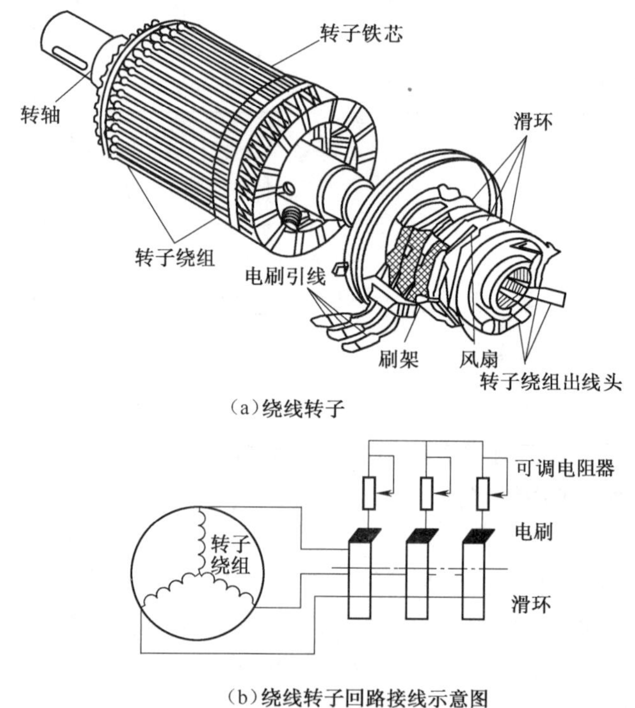

(a) 绕线转子

(b) 绕线转子回路接线示意图

图 3.14　绕线转子

一般绕线转子异步电动机在转子回路中串电阻器,若仅用于启动,则为了减少电刷的摩擦损耗,还装有提刷装置。

(3) 转轴。转轴是支撑转子铁芯和输出转矩的部件,一般用强度和刚度较高的低碳钢制成。

3. 气隙

异步电动机的气隙是均匀的。气隙大小对异步电动机的运行性能和参数影响较大,由于励磁电流由电网供给,气隙越大,励磁电流也就越大,而励磁电流又属无功性质,它要影响电网的功率因数,因此异步电动机的气隙大小往往为机械条件所能允许达到的最小数值,中小型异步电动机一般为 0.2~1.5 mm。

3.2.2 三相异步电动机的铭牌

在三相异步电动机的机座上均装有一块铭牌,如图3.15所示。铭牌上都标注了电动机的型号、额定值和额定运行情况下的有关技术数据。按铭牌上所规定的额定值和工作条件下运行,称为额定运行。

三相异步电动机					
型号	Y112M-2	功率	4 kW	频率	50 Hz
电压	380 V	电流	8.2 A	接法	△
转速	2 890 r/min	绝缘等级	B	工作方式	连续
××××年××月		编号	××××	××电机厂	

图3.15 三相异步电动机的铭牌

下面对铭牌中的型号、额定值、接线及电动机的防护等级等分别介绍。

1. 型号

异步电动机的型号主要包括产品代号、设计序号、规格代号和特殊环境代号等,产品代号表示电动机的类型,用大写印刷体的汉语拼音字母表示。如Y表示异步电动机,YR表示绕线转子异步电动机等。设计序号系指电动机产品设计的顺序,用阿拉伯数字表示。规格代号是用中心高、铁芯外径、机座号、机座长度、铁芯长度、功率、转速或磁极数表示。

例如,Y112M-2的"Y"为产品代号,代表异步电动机;"112"代表机座中心高为112 mm;"M"为机座长度代号(S、M、L分别表示短、中、长机座);"2"代表磁极数为2,即2个磁极。

2. 额定值

额定值是制造厂对电动机在额定工作条件下所规定的量值,是选用、安装和维护电动机的依据。

(1)额定电压U_N。额定电压是指在额定状态下运行时,加在电动机定子绕组上的线电压值,单位为V或kV。

(2)额定电流I_N。额定电流是指在额定状态下运行时,流入电动机定子绕组中的线电流值,单位为A或kA。

(3)额定功率P_N。额定功率是指在额定状态下运行时,转子轴上输出的机械功率,单位为W或kW。

对于三相异步电动机,其额定功率为

$$P_N = \sqrt{3} U_N I_N \cos\varphi_N \eta_N \tag{3.4}$$

式中:η_N——电动机的额定效率;

$\cos\varphi_N$——电动机的额定功率因数。

(4)额定频率f_N。在额定状态下运行时,电机定子侧电压的频率称为额定频率,单位为Hz。我国电网$f_N = 50$ Hz。

(5)额定转速n_N。额定转速指额定运行时电动机的转速,单位为r/min。

3. 接线

接线是指在额定电压下运行时,电动机定子三相绕组的连接。有星形连接和三角形连接2种,如图3.12所示。

4. 防护等级

电动机外壳防护等级的标志,是以字母 IP 和后面的 2 位数字表示的。IP 为国际防护的缩写。IP 后面第 1 位数字代表一种防护形式(防尘)的等级,共分 0~6 这 7 个等级。第 2 位数字代表第 2 种防护形式(防水)的等级,共分 0~8 这 9 个等级,数字越大,表示防护的能力越强。

【例 3.2】 一台三相异步电动机的额定数据如下:$P_N=55$ kW, $U_N=380$ V, $\eta_N=0.79$, $\cos\varphi_N=0.89$, $n_N=570$ r/min,定子绕组为三角形连接。试求:

(1)同步转速 n_1;

(2)磁极对数 p;

(3)额定电流 I_N;

(4)额定负载时的转差率 s_N。

解 (1)因电动机额定运行时转速接近同步转速,故同步转速为 600 r/min。

(2)电动机磁极对数

$$p=\frac{60f_1}{n_1}=\frac{60\times 50}{600}=5$$,即为 10 极电动机。

(3)额定电流

$$I_N=\frac{P_N\times 10^3}{\sqrt{3}U_N\cos\varphi_N\cdot\eta_N}=\frac{55\times 10^3}{\sqrt{3}\times 380\times 0.89\times 0.79}\text{ A}=119\text{ A}$$

(4)转差率

$$s_N=\frac{n_1-n_N}{n_N}=\frac{600-570}{600}=0.05$$

3.2.3 三相异步电动机的主要系列简介

我国统一设计和生产的异步电动机经历了 3 次换代。第 1 次是 1953 年设计的 J 系列和 JO 系列;第 2 次是 1958 年设计的 J2 系列和 JO2 系列;第 3 次是 20 世纪 70 年代设计的 Y 系列,从 20 世纪 80 年代开始,Y(IP23)系列替代 J2 系列,Y(IP44)系列替代 JO2 系列,IP 是防护的英文缩写,指外壳结构防护形式。

Y 系列产品效率高、节能、启动转矩大、噪声小、振动小,其性能指标、规格参数和安装尺寸等完全符合国际电工委员会(IEC)标准,便于进出口产品的配套。常用 Y 系列三相异步电动机的型号、结构特点如表 3.1 所示。

表 3.1 常用 Y 系列三相异步电动机的型号、结构特点

型号	名称	容量/kW	结构特点	用途	取代老产品型号
Y	封闭型三相笼形异步电动机	0.55~160	铸铁外壳,自扇冷式,外壳上有散热片,铸铝转子;定子绕组为铜线,均为 B 级绝缘	一般拖动用,适用于灰尘多、尘土飞溅的场所,如球磨机、碾米机、磨粉机及其他农村机械、矿山机械等	J、JO、JO2
Y2	封闭型三相笼形异步电动机	0.55~315	铸铁外壳,自扇冷式,外壳上有散热片,铸铝转子;定子绕组为铜线,均为 F 级绝缘	一般拖动用,适用于灰尘多、尘土飞溅的场所,如球磨机、碾米机、磨粉机及其他农村机械、矿山机械等	JO2、Y
YQ	高启动转矩三相异步电动机	0.6~100	结构同 Y 系列电动机,转子导体电阻较大	用于启动静止负载或惯性较大的机械,如压缩机、传送带、粉碎机等	JQ、JQO

续表

型号	名称	容量/kW	结构特点	用途	取代老产品型号
YD	变极式多速三相异步电动机	0.6~100	有双速、三速、四速等	适用于需要分级调速的一般机械设备,可以简化或代替传动齿轮箱	JD、JDO2
YH	高转差率三相异步电动机	0.6~100	结构同 Y 系列电动机,转子用合金铝浇铸	适用于拖动飞轮、转矩较大、具有冲击性负载的设备,如剪床、冲床、锻压机械和小型起重、运输机械等	JH、JHO2
YR	三相绕线转子异步电动机	2.8~100	转子为绕线转子,刷握装于后端盖内	适用于需要小范围调速的传动装置;当配电网容量小,不足以启动笼形电动机或要求较大启动转矩的场合	JR、JRO
YZ YZR	起重冶金用三相异步电动机	1.5~100	YZ 转子为笼形转子 YZR 转子为绕线转子	适用于各种形式的起重机械及冶金设备中辅助机械的驱动。按断续方式运行	JZ、JZR
YLB	深井水泵异步电动机	11~100	防滴水式自扇冷式,底座有单列向心推力球轴承	专供驱动立式深井水泵,为工矿、农业及高原地带提取地下水用	JLB2、DM、JTB
YQS	井用潜水异步电动机	4~115	充水湿式,转子为铸铝笼形转子,机体密封	用于井下直接驱动潜水泵,吸取地下水供农业灌溉,工矿用水	JQS
YB	隔爆异步电动机	0.6~100	电动机外壳适应隔爆的要求	用于有爆炸性混合物的场所	JB、JBS

注:凡有新系列产品的电动机均尽量选用新系列产品。

3.3 三相异步电动机的定子绕组和感应电动势

三相异步电动机的绕组是实现机电能量转换的重要部件。绕组分为定子绕组和转子绕组,本节主要讨论三相定子绕组。对发电机而言,定子绕组的作用是产生感应电动势和输出电功率。而对电动机而言,定子绕组的作用是通电后建立旋转磁场,该旋转磁场切割转子导体,在转子导体中形成感应电流,彼此相互作用产生电磁转矩,使电动机旋转,输出机械能。

三相异步电动机定子绕组的种类很多,按槽内层数分,有单层、双层和单双层混合绕组;按绕组端部分的形状分,单层绕组又分为链式、交叉式和同心式;双层绕组又分为叠绕组和波绕组。

单层绕组和双层绕组相比,电气性能稍差,但槽利用率高,制造工时少,因此小容量电动机(P_N<10 kW),一般都采用单层绕组。

3.3.1 交流绕组的基本知识

1. 线圈

线圈又称绕组元件,是构成绕组的最基本的元件,它可由一匝或多匝串联而成;多个线圈连接成一组就称为线圈组;由多个线圈或线圈组按照一定的规律连接在一起就形成一相绕组,三相异步电动机定子有三相绕组。

图 3.16 是常用的菱形线圈示意图。图中,线圈嵌入铁芯槽内的直线部分称为有效边,是进行电磁能量转换的部分;伸出槽外的部分称为端部,仅起连接作用。

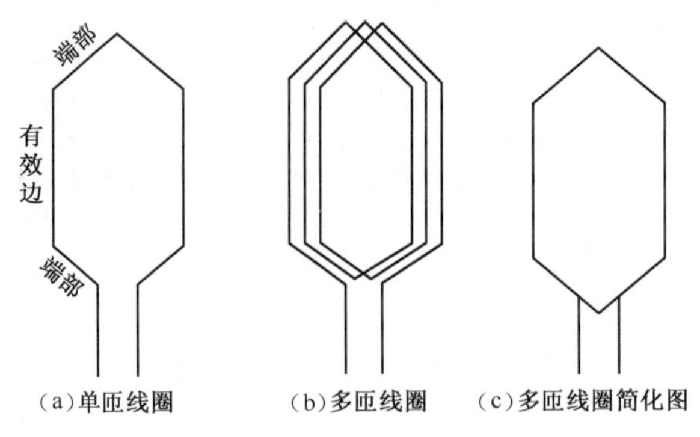

图 3.16　线圈示意图

2. 极距 τ

两个相邻磁极轴线之间沿定子铁芯内表面的距离称为极距 τ，极距一般用每个极面下所占的槽数来表示。如图 3.17 所示，定子槽数为 Z_1，磁极对数为 p，则

$$\tau = \frac{Z_1}{2p} \tag{3.5}$$

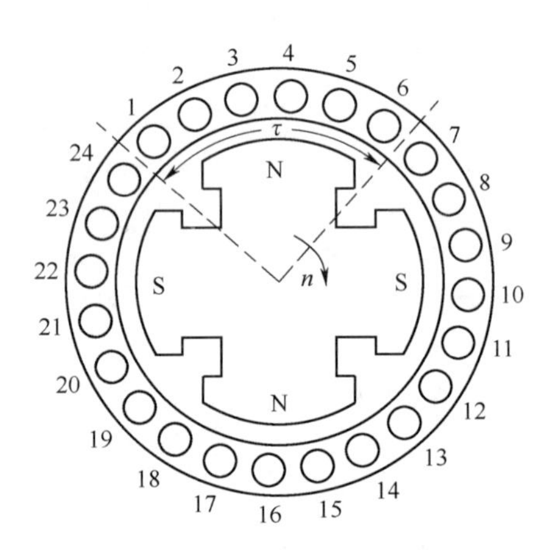

图 3.17　交流电机的极距

3. 线圈节距 y

一个线圈的 2 个有效边之间所跨过的距离称为线圈的节距 y。节距一般用线圈跨过的槽数来表示。为使每个线圈获得尽可能大的电动势或磁动势，节距 y 应等于或接近于极距。$y = \tau$ 的绕组称为整距绕组，$y < \tau$ 的绕组称为短距绕组，$y > \tau$ 的绕组称为长距绕组。

实际应用中，常采用短距绕组和整距绕组，长距绕组一般不采用，因其端部较长，用铜量较多。

4. 机械角度和电角度

电机圆周的几何角度恒为 360°，称为机械角度。从电磁观点来看，若转子上有一对磁极，它旋转一周，定子导体就掠过一对磁极，导体中感应电动势就变化一个周期，即 360° 电角度。若电机的磁极对数为 p，则转子转一周，定子导体中感应电动势就变化 p 个周期，即变化 $p \times 360°$，因此，电机整个圆周对应的机械角度为 360°，而对应的空间电角度则为 $p \times 360°$，则有

$$\text{电角度} = p \times \text{机械角度} \tag{3.6}$$

5. 槽距角 α

相邻两个槽之间的电角度称为槽距角 α，如图 3.18 所示。因为定子槽在定子圆周上是均匀分布的，所以若定子槽数为 Z_1，电机磁极对数为 p，则

$$\alpha = \frac{p \times 360^\circ}{Z_1} \tag{3.7}$$

6. 每极每相槽数 q

每个极面下每相绕组所占有的槽数为每极每相槽数 q，若绕组相数为 m_1，则

$$q = \frac{Z}{2pm_1} \tag{3.8}$$

对三相定子绕组，$m_1 = 3$。

7. 相带

每个极距内属于同一相的槽所连续占有的区域称为相带。因为一个极距为 180°电角度，而三相绕组在每个极距内均分，占有等分相同的区域，所以在每个极距内每相绕组占有的区域为 60° 电角度，即每个相带为 60° 电角度，这样排列的三相对称绕组为 60° 相带绕组。

三相异步电动机一般都采用 60° 相带绕组，如图 3.18 所示。其中图 3.18(a)和图 3.18(b)分别为对应二极和四极的 60° 相带。由于 U、V、W 三相对称绕组的轴线在空间互隔 120°电角度，因此一对磁极范围内相带的排列顺序为 U_1、W_2、V_1、U_2、W_1、V_2。

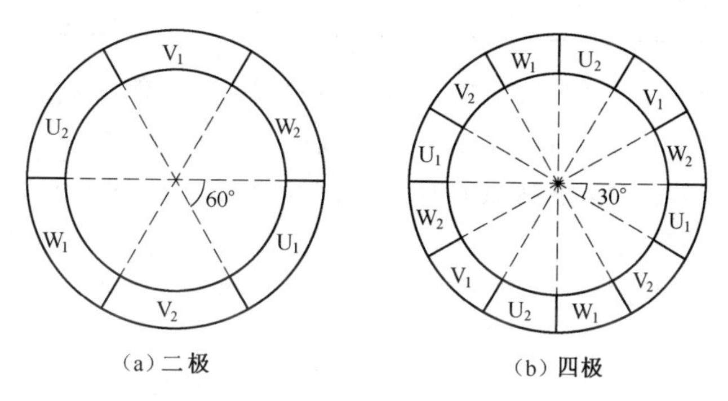

图 3.18　60°相带三相绕组

3.3.2　交流绕组的排列和连接

三相对称绕组由 3 个在空间互差 120°电角度的独立绕组所组成，所以只要以给定的槽数和极数为依据，按照所建立的旋转磁场要求，确定一相绕组在定子槽内的排列及线圈间的连接，其余两相绕组按空间彼此互差 120°电角度的原则，再进行相似的排列和连接，就可构成整个三相对称绕组。

1. 三相单层绕组

单层绕组的每个槽内只放置一个线圈边，整台电机的线圈总数等于定子槽数的一半。单层绕组分为链式绕组、交叉式绕组和同心式绕组。

(1)单层链式绕组。单层链式绕组是由形状、几何尺寸和节距都相同的线圈连接而成的。就整个外形来看，形如长链，故称为链式绕组。下面以 $Z_1 = 24$，$2p = 4$ 的三相异步电动机定子绕组为例，来说明链式绕组的构成。

【例 3.3】　有一台极数 $2p = 4$，槽数 $Z_1 = 24$，三相单层链式绕组的电机，说明单层绕组的构成原理并绘出绕组展开。

解

①计算绕组数据：包括极距 τ、每极每相槽数 q 和槽距角 α。

$$\tau = \frac{Z_1}{2p} = \frac{24}{4} = 6$$

$$q = \frac{Z_1}{2m_1 p} = \frac{24}{2 \times 3 \times 2} = 2$$

$$\alpha = \frac{p \times 360^\circ}{Z_1} = \frac{2 \times 360^\circ}{24} = 30^\circ(\text{电角度})$$

②划分相带。在平面上画 24 根垂直直线表示定子的 24 个槽和槽中的线圈边,并且按 1,2,3,…的顺序编号;按每极每相槽数 $q=2$ 来划分相带,即相邻 2 个槽组成 1 个相带,2 对磁极共有 12 个相带。每对磁极按 U_1、W_2、V_1、U_2、W_1、V_2 的顺序给相带命名,如表 3.2 所示。由表可知,划分相带实际上是给定子每个槽划分相属,如属于 U 相绕组的槽号有 1、2、7、8、13、14、19、20 这 8 个槽。

表 3.2 相带与槽号对应表

槽号 \ 相带	U_1	W_2	V_1	U_2	W_1	V_2
第 1 对磁极	1、2	3、4	5、6	7、8	9、10	11、12
第 2 对磁极	13、14	15、16	17、18	19、20	21、22	23、24

③组成线圈,构成一相绕组。将属于 U 相的槽 2 与槽 7,槽 8 与槽 13,槽 14 与槽 19,槽 20 与槽 1 号线圈边分别连接成 4 个节距相等的线圈。并按电动势相加的原则,将 4 个线圈按"头接头、尾接尾"的规律相连,构成 U 相绕组,展开图如图 3.19 所示。这种接法称为链式绕组。

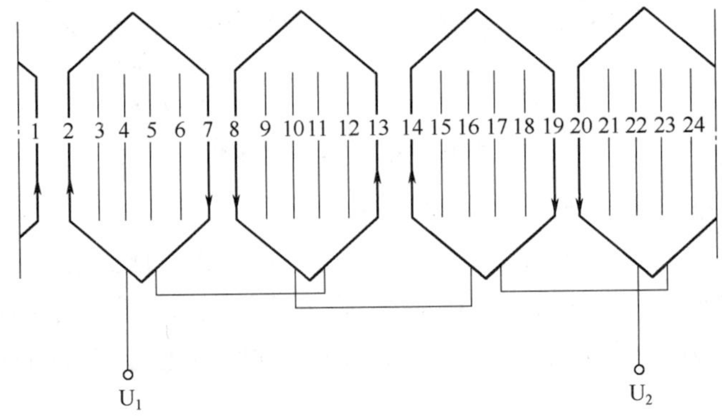

图 3.19 单层链式绕组 U 相的展开图

同样,V、W 两相绕组的首端依次与 U 相首端相差 120° 和 240° 空间电角度,可画出 V、W 两相展开图。

可见,链式绕组的每个线圈节距相等并且制造方便;线圈端部连线较短并且省铜。

(2)单层交叉式绕组。交叉式绕组是由线圈个数和节距都不相等的 2 种线圈组构成的,同一组线圈的形状、几何尺寸和节距均相同,各线圈组的端部都互相交叉。

【例 3.4】 一台三相交流电机,$Z_1 = 36$、$2p=4$,试绘出三相单层交叉式绕组展开图。

解 ① 计算绕组数据:包括极距 τ、每极每相槽数 q 和槽距角 α。

$$\tau = \frac{Z_1}{2p} = \frac{36}{4} = 9$$

$$q = \frac{Z_1}{2m_1 p} = \frac{36}{4 \times 3} = 3$$

$$\alpha = \frac{p \times 360^\circ}{Z_1} = \frac{2 \times 360^\circ}{36} = 20^\circ$$

②划分相带。由 $q=3$，按 U_1、W_2、V_1、U_2、W_1、V_2 相带顺序列表，如表 3.3 所示。

表 3.3　相带与槽号对应表

槽号 \ 相带	U_1	W_2	V_1	U_2	W_1	V_2
第 1 对极	1,2,3	4,5,6	7,8,9	10,11,12	13,14,15	16,17,18
第 2 对极	19,20,21	22,23,24	25,26,27	28,29,30	31,32,33	34,35,36

③组成线圈，构成一相绕组。根据 U 相绕组所占槽数不变原则，把 U 相所属的每个相带内的槽导体分成 2 部分，一部分的槽 2 与槽 10、槽 3 与槽 11 内导体分别相连，形成 2 个节距 $y=8$ 的"大线圈"，并串联构成一组；另外一部分的槽 1 与槽 30 内导体有效边相连，组成另一个节距 $y=7$ 的"小线圈"。同样第 2 对极下槽 20 与槽 28，槽 21 与槽 29 组成 $y=8$ 的线圈，槽 19 与槽 12 组成 $y=7$ 的线圈，然后根据电动势相加的原则，把这 4 组线圈按"头接头、尾接尾"规律相连，即得 U 相交叉式绕组，其展开图如图 3.20 所示。

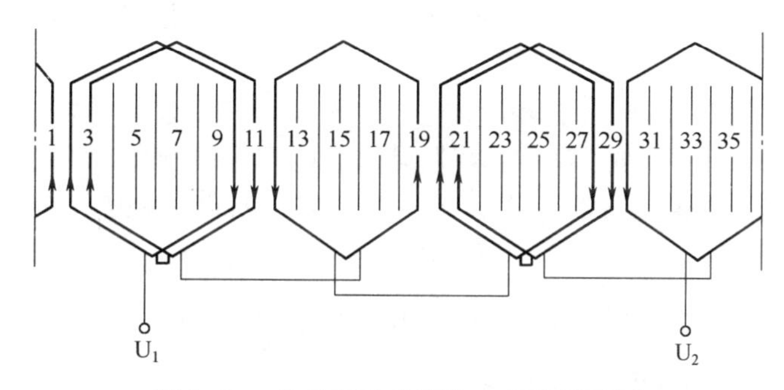

图 3.20　单层交叉式绕组 U 相的展开图

同样，可根据对称原则画出 V、W 相绕组展开图。

可见，这种绕组由两大一小线圈交叉布置，故称为交叉式绕组。交叉式绕组的端部连接线较短，有利于节约材料，广泛用于 $q>1$。且为奇数的小型三相异步电动机中。

(3)单层同心式绕组。同心式绕组是由几个几何尺寸和节距不等的线圈连成同心形状的线圈组构成。

【例 3.5】　一台三相交流电机，$Z=24$，$2p=2$，试绘出三相单层同心式绕组展开图。

解　①计算绕组数据：包括极距 τ、每极每相槽数 q 和槽距角 α。

$$\tau=\frac{Z}{2p}=\frac{24}{2}=12$$

$$q=\frac{Z}{2m_1p}=\frac{24}{2\times 3}=4$$

$$\alpha=\frac{p\times 360^\circ}{Z}=\frac{1\times 360^\circ}{24}=15^\circ$$

②划分相带。由 $q=4$ 和 60°相带的划分顺序，分相列表，填入表 3.4 中。

③组成线圈，构成一相绕组。同样把属于 U 相的每一相带内的槽分为 2 部分，把槽 3 和槽 14 内有效边导体连成一个节距 $y=11$ 的线圈，槽 4 和槽 13 内导体连成一个节距 $y=9$ 的线圈，这 2 个线圈串联组成一组同心式线圈，同样槽 15 和槽 2，槽 1 和槽 16 内导体构成另外一

个同心式线圈。把两组同心式线圈依次按“头接头、尾接尾”的反串规律相连，这样就得到了U相同心式绕组展开图如图3.21所示。

表 3.4　相带与槽号对应表

槽号 \ 相带	U_1	W_2	V_1	U_2	W_1	V_2
第1对极	1,2 3,4	5,6 7,8	9,10 11,12	13,14 15,16	17,18 19,20	21,22 23,24

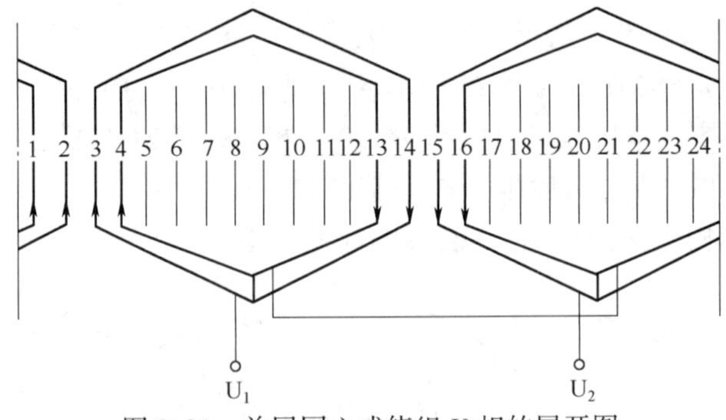

图 3.21　单层同心式绕组U相的展开图

同样可画出V、W两相绕组展开图。

综上分析，单层绕组的线圈节距在不同形式的绕组中是不同的，从表面上看，也不是整距绕组，但从电动势的计算角度来看，每相绕组中的线圈电动势均属于2个相差180°空间电角度的相带内线圈边电动势的相量和，所以它仍是整距绕组，但电动势波形不够理想。因此单层绕组不宜用于大中型电机。

单层绕组的优点是，它不存在层间绝缘问题，不会在槽内发生层间或相间绝缘击穿故障；其次它的线圈数仅为槽数的一半，故绕线及嵌线所费工时较少、工艺简单，因而被广泛应用于10 kW以下的异步电动机。

2. 三相双层绕组

双层绕组每个槽内放置上下两层线圈的有效边，线圈的一个有效边放置在某一槽的上层，另一个有效边则放置在相隔节距为y的另一槽的下层。因此整台电机的线圈总数等于定子槽数。双层绕组所有线圈尺寸相同，这有利于绕制；端部排列整齐，有利于散热。通过合理地选择节距y，还可以改善电动势和磁动势波形。双层绕组按线圈形状和端部连接线的连接方式不同分为双层叠绕组和双层波绕组。双层叠绕组的绕组展开图如图3.22所示。

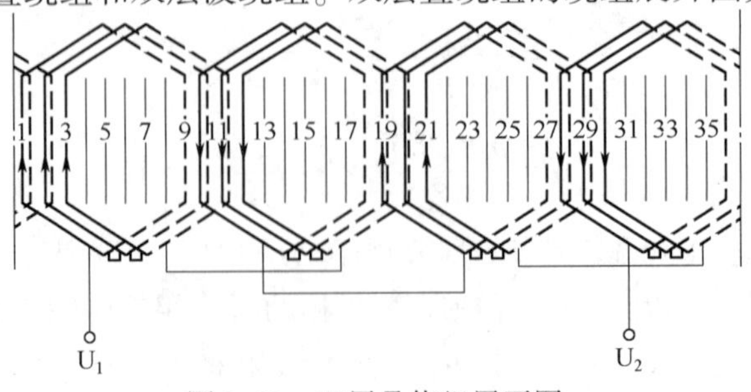

图 3.22　双层叠绕组展开图

由于双层绕组是按上层分相的,线圈的另一个有效边是按节距放在下层的,所以可以任意选择合适的节距来改善电动势或磁动势波形,故其技术性能优于单层绕组。一般稍大容量的电机均采用双层绕组。

3.3.3　交流绕组的感应电动势

异步电动机气隙中的磁场旋转时,定子绕组切割旋转磁场将产生感应电动势,经推导,每相定子绕组的基波感应电动势为

$$E_1 = 4.44f_1 N_1 k_{w1} \Phi_1 \tag{3.9}$$

式中:f_1——定子绕组的电流频率,即电源频率,Hz;

Φ_1——每极基波磁通,Wb;

N_1——每相定子绕组的串联匝数;

k_{w1}——定子绕组的基波绕组系数,它反映了集中、整距绕组(如变压器绕组)变为分布、短距绕组后,基波电动势应打的折扣,一般 $0.9< k_{w1} <1$。

式(3.9)不但是异步电动机每相定子绕组电动势有效值的计算公式,也是交流绕组感应电动势有效值的计算公式。该公式与变压器一次绕组的感应电动势公式 $E_1 = 4.44f_1N_1\Phi_m$ 在形式上相似,只多了一个绕组系数 k_{w1},这是因为变压器绕组是集中绕在一个铁芯上的,故在任意瞬间穿过绕组的各个线圈中的主磁通大小及方向都相同,整个绕组的电动势为各线圈电动势的代数和。而在异步电动机中,同一相的定子绕组是分别嵌放在若干个槽内,这种绕组称为分布绕组,整个绕组的电动势是各个线圈中电动势的相量和,比起代数和来要小些。若是 $k_{w1}=1$,这2个公式就一致了。这说明变压器的绕组是集中整距绕组,其 $k_{w1}=1$;异步电动机的绕组是分布短距绕组,其 $k_{w1}<1$。故 N_1k_{w1},也可以理解为每相定子绕组基波电动势的有效串联匝数。

虽然异步电动机的绕组采用分布、短距后,基波电动势略有减小,但是可以证明,由磁场的非正弦引起的高次谐波电动势将大大削弱,使电动势波形接近正弦波,这将有利于电动机的正常运行。因为高次谐波电动势会产生高次谐波电流,增加杂散损耗,对电动机的效率、温升以至启动性能都会产生不良影响;高次谐波还会增大电动机的电磁噪声和振动。

同理可得转子转动时每相转子绕组的基波感应电动势为

$$E_{2s} = 4.44f_2 N_2 k_{w2} \Phi_1 \tag{3.10}$$

式中:f_2——转子绕组的转子电流频率,Hz;

N_2——每相转子绕组的串联匝数;

k_{w2}——转子绕组的基波绕组系数。

3.4　三相异步电动机的空载运行

三相异步电动机的定子和转子之间只有磁的耦合,没有电的直接联系,它是靠电磁感应作用,将能量从定子传递到转子的。这一点和变压器完全相似。三相异步电动机的定子绕组相当于变压器的一次绕组,转子绕组则相当于变压器的二次绕组。因此对三相异步电动机的运行分析,可以参照变压器的分析方法进行。

3.4.1　空载运行时的电磁关系

三相异步电动机的空载运行是指电动机的定子绕组接三相交流电源,轴上不带机械负载时的运行状态。

根据磁通经过的路径和性质的不同,异步电动机的磁通可分为主磁通和漏磁通两大类。

1. 主磁通

当三相异步电动机定子绕组通三相对称交流电时,将产生旋转磁动势,该磁动势产生的磁通绝大部分穿过气隙,并同时交链于定、转子绕组,这部分磁通称为主磁通,用 Φ_0 表示。其路径为定子铁芯 → 气隙 → 转子铁芯 → 气隙 → 定子铁芯,构成闭合磁路。

主磁通同时交链定、转子绕组并在其中分别产生感应电动势。转子绕组为三相或多相短路绕组,在电动势的作用下,转子绕组中有电流通过。转子电流与定子磁场相互作用产生电磁转矩,实现异步电动机的机电能量转换,因此,主磁通起了转换能量的媒介作用。

2. 漏磁通

除主磁通外的磁通称为漏磁通,用 Φ_σ 表示。漏磁通仅与定子绕组相交链,因此不能起能量转换的媒介作用,并且主要通过空气闭合,受磁路饱和的影响较小,在一定条件下,漏磁通的磁路可以看成线性磁路。

3. 空载电流和空载磁动势

当电动机空载,定子三相绕组接到对称的三相电源时,在定子绕组中流过的电流称为空载电流 I_0,其大小为额定电流的20%~50%。三相空载电流将产生一个旋转磁动势,称为空载磁动势,用 F_0 表示。

异步电动机空载运行时,由于轴上不带机械负载,其转速很高,接近同步转速,即 $n \approx n_1$,s 很小。此时定子旋转磁场与转子之间的相对速度几乎为零,于是转子感应电动势 $E_2 \approx 0$,转子电流 $I_2 \approx 0$,转子磁动势 $F_2 \approx 0$。所以空载时电动机气隙磁场完全由定子磁动势所产生。空载时的定子磁动势即为励磁磁动势,空载时的定子电流即为励磁电流。

与分析变压器时一样,空载电流 $\dot{I}_0$ 由 2 部分组成:一部分专门用来产生主磁通 Φ_0 的无功分量电流 $\dot{I}_{0Q}$,另一部分专门用来供给铁损耗的有功分量电流 $\dot{I}_{0P}$。即

$$\dot{I}_0 = \dot{I}_{0P} + \dot{I}_{0Q} \tag{3.11}$$

由于,$I_{0Q} >> I_{0P}$ 故空载电流基本上为无功性质的电流,即 $\dot{I}_0 \approx \dot{I}_{0Q}$

4. 电磁关系

电磁关系如图 3.23 所示。

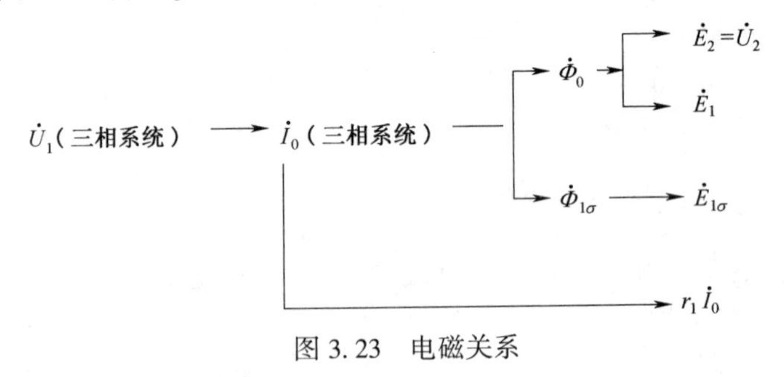

图 3.23 电磁关系

3.4.2 空载时电压平衡方程式和等效电路

1. 主、漏磁通感应的电动势

主磁通在定子绕组中感应的电动势为

$$\dot{E}_1 = -j4.44f_1N_1k_{w1}\dot{\Phi}_0 \tag{3.12}$$

和变压器一样,定子漏磁通在定子绕组中感应的漏磁电动势可用漏抗电压降的形式表示,即

$$\dot{E}_{1\sigma} = -\mathrm{j}X_1\dot{I}_0 \tag{3.13}$$

式中:X_1——定子漏电抗,它是对应于定子漏磁通的电抗。

2. 空载时电压平衡方程式

设定子绕组上外加电压为 $\dot{U}_1$,相电流为 $\dot{I}_0$,主磁通 Φ_0 在定子绕组中感应的电动势为 $\dot{E}_1$,定子漏磁通在定子每相绕组中感应的电动势为 $\dot{E}_{1\sigma}$,定子每相电阻为 r_1,类似于变压器空载时的一次侧,根据基尔霍夫第二定律,可列出电动机空载时每相的定子电压平衡方程式。

$$\begin{aligned}\dot{U}_1 &= -\dot{E}_1 - \dot{E}_{1\sigma} + r_1\dot{I}_0 = -\dot{E}_1 + \mathrm{j}X_1 I_0\dot{I} + r_1\dot{I}_0 \\ &= -\dot{E}_1 + (r_1 + \mathrm{j}X_1)\dot{I}_0 = -\dot{E}_1 + Z_1\dot{I}_0\end{aligned} \tag{3.14}$$

式中:Z_1——定子绕组的漏阻抗,$Z_1 = r_1 + \mathrm{j}X_1$。

与分析变压器时相似,可写出

$$\dot{E}_1 = -(r_m + \mathrm{j}X_m)\dot{I}_0 \tag{3.15}$$

式中:$r_m + \mathrm{j}X_m = Z_m$——励磁阻抗,其中 r_m 为励磁电阻,是反映铁损耗的等效电阻,X_m 为励磁电抗,与主磁通 Φ_0 相对应。

与变压器一样,励磁电阻 r_m 随电源频率和铁芯饱和程度的增大而增大,X_m 随铁芯饱和程度的增大急剧减小,因此励磁阻抗 Z_m 也不是一个常量。但是,电动机在实际运行时,电源电压波动不大,所以铁芯主磁通的变化也不大,Z_m 可基本认为是常量。

3. 等效电路

由式(3.14)和式(3.15),即可画出异步电动机空载时的等效电路,如图3.24所示。

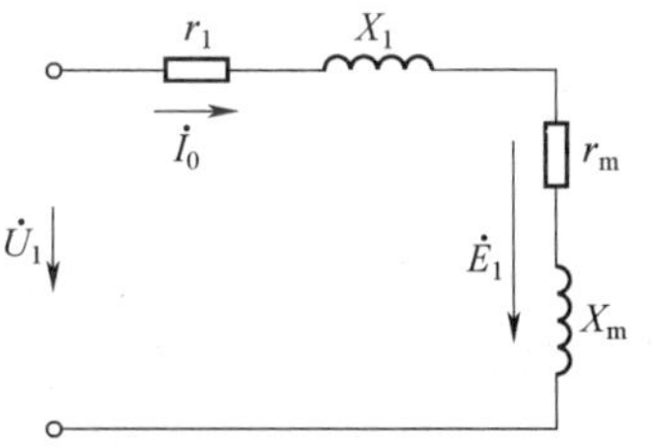

图3.24　异步电动机空载时的等效电路

3.5　三相异步电动机的负载运行

负载运行是指异步电动机的定子外施对称三相电压,转子带上机械负载时的运行状态。

3.5.1　负载运行时的物理情况

当异步电动机带上机械负载时,转子转速下降,定子旋转磁场切割转子绕组的相对速度 $\Delta n = n_1 - n$ 增大,转子感应电动势 $\dot{E}_2$ 和转子电流 $\dot{I}_2$ 增大。此时,定子三相电流 $\dot{I}_1$ 合成产生基波旋转磁动势 F_1,转子对称的多相(或三相)电流 $\dot{I}_2$ 合成产生基波旋转磁动势 F_2,这2个旋转磁动势共同作用于气隙中,两者同速、同向旋转,处于相对静止状态,因此形成合成磁动势 $(F_1 + F_2 = F_0)$,电动机就在这个合成磁动势作用下产生交链于定子绕组、转子绕组的主磁通 Φ_0,并分别在定子绕组、转子绕组中感应电动势 $\dot{E}_1$ 和 $\dot{E}_{2s}(\dot{E}_2)$。同时定、转子磁动势 F_1 和 F_2 分别产生只交链于本侧的漏磁通 $\Phi_{1\sigma}$ 和 $\Phi_{2\sigma}$,感应出相应的漏磁电动势 $\dot{E}_{1\sigma}$ 和 $\dot{E}_{2\sigma}$。其电磁关系如图3.25所示。

3.5.2　转子绕组各电磁量

转子不转时,气隙旋转磁场以同步转速 n_1 切割转子绕组,当转子以转速 n 旋转后,旋转

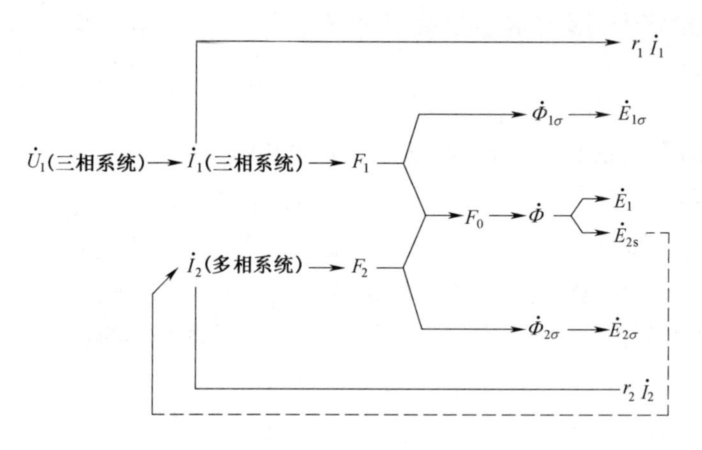

图 3.25　电磁关系

磁场就以(n_1-n)的相对速度切割转子绕组,因此,当转子转速 n 变化时,转子绕组各电磁量将随之变化。

1. 转子电动势的频率

感应电动势的频率正比于导体与磁场的相对切割速度,故转子电动势的频率为

$$f_2=\frac{p(n_1-n)}{60}=\frac{n_1-n}{n_1}\times\frac{pn_1}{60}=sf_1 \tag{3.16}$$

式中:f_1——电网频率,为一定值,故转子绕组感应电动势的频率 f_2 与转差率 s 成正比。

当转子不转(如启动瞬间)时,$n=0,s=1$,则 $f_2=f_1$,即转子不转时转子感应电动势频率与定子感应电动势频率相等;当转子接近同步转速(如空载运行)时,$n\approx n_1$,$s\approx 0$,则 $f_2\approx 0$。异步电动机在额定状态下运行时,转差率很小,通常在 0.01 ~ 0.06 之间,若电网频率为 50 Hz,则转子感应电动势频率仅在 0.5~3 Hz 之间,所以异步电动机在正常运行时,转子绕组感应电动势的频率很低。

2. 转子绕组的感应电动势

由前面分析可知,转子旋转时的转子绕组感应电动势 E_{2s} 为

$$E_{2s}=4.44f_2N_2k_{w2}\Phi_0 \tag{3.17}$$

若转子不转,其感应电动势频率 $f_2=f_1$,故此时感应电动势 E_2 为

$$E_2=4.44f_1N_2k_{w2}\Phi_0 \tag{3.18}$$

把式(3.16)和式(3.18)代入式(3.17),得

$$E_{2s}=sE_2 \tag{3.19}$$

当电源电压 U_1 一定时,Φ_0 就一定,故 E_2 为常数,则 $E_{2s}\propto s$,即转子绕组感应电动势也与转差率成正比。

当转子不转时,转差率 $s=1$,主磁通切割转子的相对速度最快,此时转子电动势最大。当转子转速增加时,转差率将随之减小。因正常运行时转差率很小,故转子绕组感应电动势也很小。

3. 转子绕组的漏阻抗

由于电抗与频率成正比,故转子旋转时的转子绕组漏电抗 X_{2s} 为

$$X_{2s}=2\pi f_2L_2=2\pi sf_1L_2=sX_2 \tag{3.20}$$

式中：$X_2=2\pi f_1L_2$——转子不转时的漏电抗，其中，L_2 为转子绕组的漏电感。

显然，X_2 是个常数，故转子旋转时的转子绕组漏电抗也正比于转差率 s。

同样，在转子不转（如启动瞬间）时，$s=1$，转子绕组漏电抗最大。当转子转动时，它随转子转速的升高而减小。

转子绕组每相漏阻抗为

$$Z_{2s}=r_2+\mathrm{j}X_{2s}=r_2+\mathrm{j}sX_2 \tag{3.21}$$

式中：r_2——转子绕组电阻。

4. 转子绕组的电流

异步电动机的转子绕组正常运行时处于短接状态，其端电压 $U_2=0$，所以，转子绕组电动势平衡方程为

$$\dot{E}_{2s}-Z_{2s}\dot{I}_2=0 \text{ 或 } \dot{E}_{2s}=(r_2+\mathrm{j}X_{2s})\dot{I}_2 \tag{3.22}$$

其电路如图 3.26 所示，转子每相电流 $\dot{I}_2$ 为

$$\dot{I}_2=\frac{\dot{E}_{2s}}{Z_{2s}}=\frac{\dot{E}_{2s}}{r_2+\mathrm{j}X_{2s}}=\frac{s\dot{E}_2}{r_2+\mathrm{j}sX_2} \tag{3.23}$$

其有效值为

$$I_2=\frac{sE_2}{\sqrt{r_2^2+(sX_2)^2}} \tag{3.24}$$

式(3.24)说明，转子绕组电流 I_2 也与转差率 s 有关。当 $s=0$ 时，$I_2=0$；当转子转速降低时，转差率 s 增大，转子电流也随之增大。

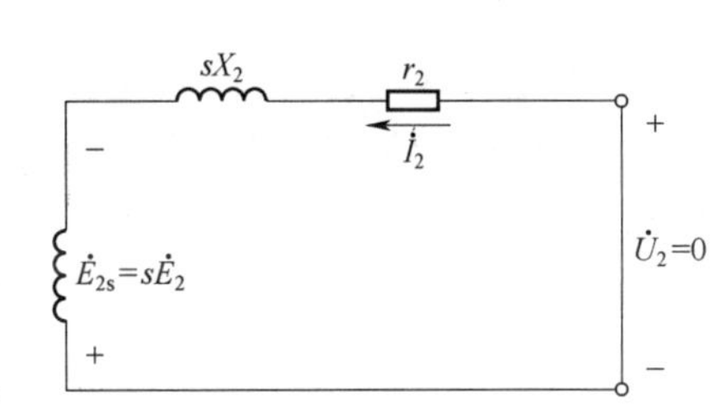

图 3.26　转子绕组一相电路

5. 转子绕组功率因数

$$\cos\varphi_2=\frac{r_2}{\sqrt{r_2^2+(sX_2)^2}} \tag{3.25}$$

式(3.25)说明，转子回路功率因数也与转差率 s 有关。当 $s=0$ 时，$\cos\varphi_2=1$；当 s 增加时，$\cos\varphi_2$ 减小。

6. 转子旋转磁动势

异步电动机的转子为多相（或三相）绕组，它通过多相（或三相）电流，也将产生旋转磁动势，其性质如下：

（1）幅值 $F_2=\frac{m_2}{2}\times0.9\times\frac{N_2k_{w2}}{p}I_2$。

（2）转向与转子电流相序一致。转子电流相序与定子旋转磁动势方向一致，由此可知，转子旋转磁动势转向与定子旋转磁动势转向一致。

（3）转子磁动势相对于转子的转速为

$$n_2=\frac{60f_2}{p}=\frac{60sf_1}{p}=sn_1=n_1-n \tag{3.26}$$

即转子磁动势的转速也与转差率成正比。

由于转子磁动势相对于定子的转速为

$$n_2 + n = (n_1 - n) + n = n_1 \tag{3.27}$$

由此可见,无论转子转速怎样变化,定、转子磁动势总是以同速、同向在空间旋转,二者在空间始终保持相对静止。

综上所述,转子各电磁量除 r_2 外,其余各量均与转差率 s 有关,因此,转差率 s 是异步电动机的一个重要参数。转子各电磁量随转差率变化的情况如图 3.27 所示。

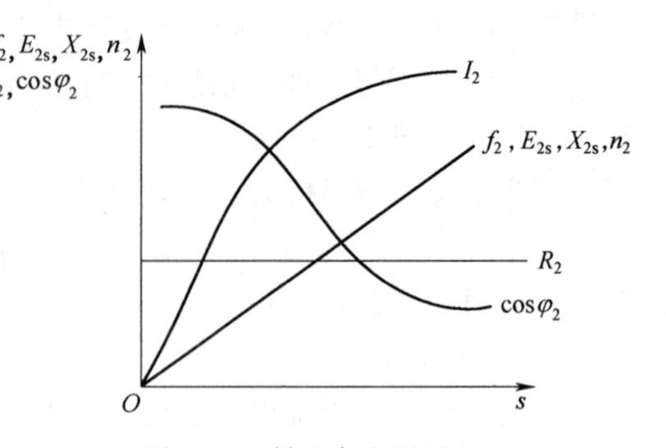

图 3.27　转子各电磁量随转差率变化的情况

【例 3.6】　一台三相异步电动机接到 50 Hz 的交流电源上,其额定转速 n_N = 1 455 r/min,

试求:(1)该电动机的磁极对数 p;

(2)额定转差率 s_N;

(3)额定转速运行时,转子电动势的频率。

解　(1)因异步电动机额定转差率很小,故可根据电动机的额定转速 n_N = 1 455 r/min,直接判断出最接近 n_N 的气隙旋转磁场的同步转速 n_1 = 1 500 r/min,于是

$$p = \frac{60f}{n_1} = \frac{60 \times 50}{1\ 500} = 2$$

或

$$p = \frac{60f}{n_1} \approx \frac{60f}{n} = \frac{60 \times 50}{1\ 455} = 2.06$$

取 $p = 2$。

(2) $s_N = \dfrac{n_1 - n}{n_1} = \dfrac{1\ 500 - 1\ 455}{1\ 500} = 0.03$

(3) $f_2 = s_N f_1 = 0.03 \times 50\ \text{Hz} = 1.5\ \text{Hz}$

3.5.3　负载运行时的基本方程式

1. 磁动势平衡方程式

异步电动机负载运行时,定子电流产生定子磁动势 F_1,转子电流产生转子磁动势 F_2。这 2 个磁动势在空间同速、同向旋转,相对静止。F_1 与 F_2 的合成磁动势即为励磁磁动势 F_0,则有磁动势平衡方程式

$$F_1 + F_2 = F_0 \tag{3.28}$$

式(3.28)中,每个磁动势与对应的相电流的关系分别为

$$\begin{cases} F_1 = \dfrac{m_1}{2} \times 0.9 \times \dfrac{N_1 k_{w1}}{p} I_1 \\ F_2 = \dfrac{m_2}{2} \times 0.9 \times \dfrac{N_2 k_{w2}}{p} I_2 \\ F_0 = \dfrac{m_1}{2} \times 0.9 \times \dfrac{N_1 k_{w1}}{p} I_0 \end{cases} \tag{3.29}$$

式中：m_1、m_2——定、转子绕组的相数。

将式(3.29)代入式(3.28)中，经整理得

$$\dot{I}_1 + \frac{\dot{I}_2}{k_i} = \dot{I}_0 \tag{3.30}$$

式中：k_i ——异步电动机的电流比，$k_i = = \frac{m_1 N_1 k_{w1}}{m_2 N_2 k_{w2}}$。

式(3.30)是用电流相量表达的磁动势平衡方程式，该式经变换可得

$$\dot{I}_1 = \dot{I}_0 + \left(-\frac{1}{k_i}\dot{I}_2\right) = \dot{I}_0 + (-\dot{I}'_2) \tag{3.31}$$

式(3.31)说明，三相异步电动机负载运行时，定子电流可看成由2部分组成：一部分是励磁电流 $\dot{I}_0$，用以产生主磁通 Φ_1；另一部分是负载电流 $\dot{I}'_2$，用以抵消转子电流所产生的磁效应。

2. 电动势平衡方程式

仿照变压器的分析，可得三相异步电动机负载运行时定、转子绕组的电动势平衡方程式分别为

$$\dot{U}_1 = -\dot{E}_1 - \dot{E}_{1\sigma} + \dot{I}_1 r_1 = -\dot{E}_1 + j\dot{I}_1 X_1 + \dot{I}_1 r = -\dot{E}_1 + \dot{I}_1 Z_1 \tag{3.32}$$

$$\dot{E}_{2s} = \dot{E}_{2\sigma s} + \dot{I}_2(r_2 + R_p) = j\dot{I}_2 X_{2s} + \dot{I}_2 r_2 + \dot{I}_2 R_p = \dot{I}_2 Z_{2s} + \dot{I}_2 R_p \tag{3.33}$$

式中：Z_{2s} ——转子转动时每相转子绕组的漏阻抗，$Z_{2s} = r_2 + jX_{2s}$；

R_p ——转子电路的外串电阻，若为笼形转子，则 $R_p = 0$。

式中 $E_1 = 4.44 f_1 N_1 k_{w1} \Phi_0$，转子不动时的转子绕组感应电动势 $E_2 = 4.44 f_1 N_2 k_{w2} \Phi_0$，两者之比用 k_e 来表示，称为电动势变比，即

$$\frac{E_1}{E_2} = \frac{N_1 k_{w1}}{N_2 k_{w2}} = k_e \tag{3.34}$$

3.5.4 三相异步电动机负载运行时的等效电路

对笼形三相异步电动机，外串电阻 $R_p = 0$，根据定、转子电路的电动势平衡方程式，可分别作出电动机的等效定、转子电路，如图3.28所示。

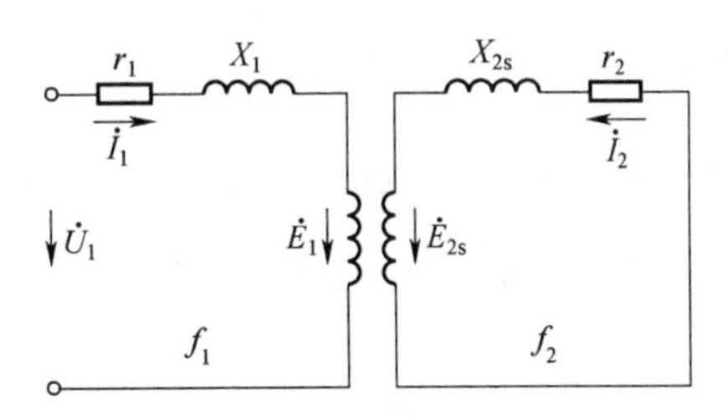

图3.28　三相异步电动机的定、转子电路

由于图3.28所示的电动机电路因定、转子电路的频率不同，要得到像变压器那样的T形等效电路，首先必须进行频率折算，然后再和变压器一样进行绕组折算。

1. 频率折算

三相异步电动机的频率折算实质上就是用一个具有定子频率的等效转子电路去代换实际的转子电路。折算的原则是：保持转子电路对定子电路的电磁效应不变；等效转子电路的各种功率和损耗和实际转子电路一样。

因为 $f_2 = sf_1$，当转子静止时，$f_2 = f_1$，这说明转子频率和定子频率相等时，转子是静止的，所以要进行频率折算，就需用一个静止的转子电路去代换实际转动的转子电路。

由式(3.23)可知，转子旋转时的转子电流为

$$\dot{I}_2=\frac{\dot{E}_{2s}}{r_2+\mathrm{j}X_{2s}}=\frac{s\dot{E}_2}{r_2+\mathrm{j}sX_2}(\text{频率为}f_2) \tag{3.35}$$

将式(3.35)分子、分母同除以 s，得

$$\dot{I}_2=\frac{\dot{E}_2}{\frac{r_2}{s}+\mathrm{j}X_2}(\text{频率为}f_1) \tag{3.36}$$

比较式(3.36)和式(3.35)可见，频率折算方法只要把原转子电路中的 r_2 变换为 $\frac{r_2}{s}$，即在原转子旋转的电路中串一个 $\frac{r_2}{s}-r_2=\frac{1-s}{s}r_2$ 的附加电阻即可，如图 3.29 所示。由此可知，变换后的转子电路中多了一个附加电阻 $\frac{1-s}{s}r_2$。实际旋转的转子在转轴上有机械功率输出并且转子还会产生机械损耗，而经频率折算后，因转子等效为静止状态，转子就不再有机械功率输出及机械损耗了，但却在电路中多了一个附加电阻 $\frac{1-s}{s}r_2$。根据能量守恒及总功率不变原则，该电阻所消耗的功率 $m_2I_2^2\frac{1-s}{s}r_2$ 就应等于转轴上的机械功率和转子的机械损耗之和，这部分功率称为总机械功率，附加电阻 $\frac{1-s}{s}r_2$ 称为模拟机械功率的等效电阻。

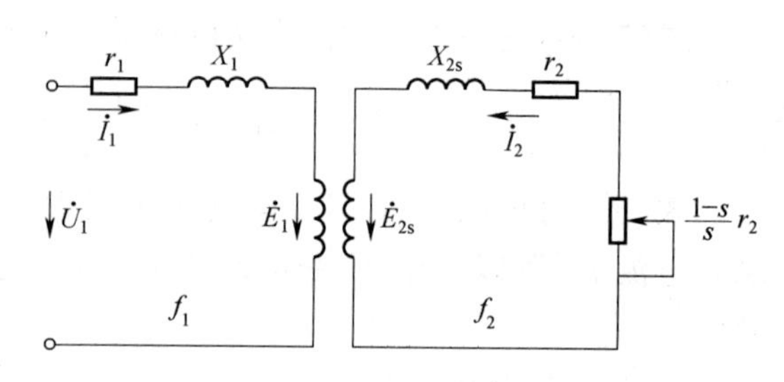

图 3.29　频率折算后异步电动机的定、转子电路

由图 3.29 可知，频率折算后的异步电动机转子电路和一个二次侧接有附加电阻 $\frac{1-s}{s}r_2$ 的变压器二次电路相似，因此从等效电路角度，可把 $\frac{1-s}{s}r_2$ 看作异步电动机的“负载电阻”，把转子电流 $\dot{I}_2$ 在该电阻上的电压降看成是转子回路的端电压，即 $\dot{U}_2=\dot{I}_2\frac{1-s}{s}r_2$，这样转子回路电动势平衡方程式就可写成

$$\dot{U}_2=\dot{E}_2-(r_2+\mathrm{j}X_2)\dot{I}_2 \tag{3.37}$$

2. 转子绕组折算

通过频率折算，异步电动机的定、转子绕组就相当于双绕组变压器的一、二次绕组。为了得到异步电动机的等效电路，可以仿照分析变压器的方法，对转子绕组进行折算，即用一个和定子绕组具有相同相数 m_1、匝数 N_1 及绕组系数 k_{w1} 的等效转子绕组来取代相数为 m_2、匝数为 N_2 及绕组系数 k_{w2} 的实际转子绕组。

为了区别起见，折算后的各转子物理量均加“′”表示。

(1)电流的折算。根据折算前、后转子磁动势不变的原则，可得

$$\frac{m_1}{2}\times0.9\times\frac{N_1k_{w1}}{p}I_2'=\frac{m_2}{2}\times0.9\times\frac{N_2k_{w2}}{p}I_2$$

折算后的转子电流为

$$I'_2 = \frac{m_2 N_2 k_{w2}}{m_1 N_1 k_{w1}} I_2 = \frac{I_2}{k_i} \tag{3.38}$$

式中：k_i ——电流比，$k_i = \dfrac{m_1 N_1 k_{w1}}{m_2 N_2 k_{w2}}$。

(2)电动势的折算。根据折算前、后传递到转子侧的视在功率不变的原则，可得

$$m_1 E'_2 I'_2 = m_2 E_2 I_2$$

折算后的转子电动势为

$$E'_2 = \frac{N_1 k_{w1}}{N_2 k_{w2}} E_2 = k_e E_2 \tag{3.39}$$

式中：k_e ——电动势变比，$k_e = \dfrac{N_1 k_{w1}}{N_2 k_{w2}}$。

根据式(3.39)及式(3.34)可得

$$E'_2 = k_e E_2 = \frac{E_1}{E_2} E_2 = E_1 \tag{3.40}$$

(3)阻抗的折算。根据折算前、后转子铜损耗不变的原则，可得

$$m_1 I'_2 2 r'_2 = m_2 I_2^2 r_2$$

折算后的转子电阻为

$$r'_2 = \frac{m_2}{m_1} r_2 \left(\frac{I_2}{I'_2}\right) = \frac{m_1}{m_2} \left(\frac{N_1 k_{w1}}{N_2 k_{w2}}\right)^2 r_2 = k_e k_i r_2 \tag{3.41}$$

式中：$k_e k_i$ ——阻抗变比。

同理，根据磁场储能不变，可得折算后的转子电抗为

$$X'_2 = k_e k_i X_2 \tag{3.42}$$

所以

$$Z'_2 = k_e k_i Z_2$$

注意：折算只改变转子各物理量的大小，并不改变其相位。

3. T 形等效电路

经过频率折算和绕组折算后，三相异步电动机的基本方程组变为

$$\begin{cases} \dot{U}_1 = -\dot{E}_1 + (r_1 + jX_1)\dot{I}_1 \\ \dot{U}'_2 = \dot{E}'_2 - (r'_2 + jX'_2)\dot{I}'_2 \\ \dot{I}'_1 + \dot{I}'_2 = \dot{I}_0 \\ \dot{E}_1 = -(r_m + jX_m)\dot{I}_0 \\ \dot{E}'_2 = \dot{E}'_1 \\ \dot{U}'_2 = \dfrac{1-s}{s} r'_2 \dot{I}'_2 \end{cases} \tag{3.43}$$

根据基本方程式，再仿照变压器的分析方法，首先可画出异步电动机的等效定、转子电路如图 3.30(a)所示，然后再演变为图 3.30(b)所示的 T 形等效电路。

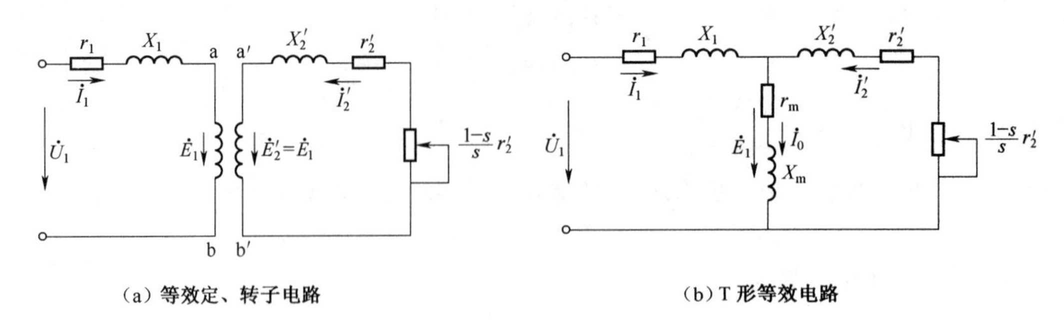

图 3.30 三相异步电动机的等效电路

4. 近似等效电路

T形等效电路为串、并联混联电路，计算比较麻烦，因此实际应用时常需要进行简化。在实际应用时，常把励磁支路前移到输入端，如图3.31所示。这样电路就简化为单纯的并联电路，使计算简单，这种等效电路称为异步电动机的近似等效电路。但根据此电路算出的定、转子电流比用T形等效电路算出的稍大，且电动机越小，相对偏差越大。

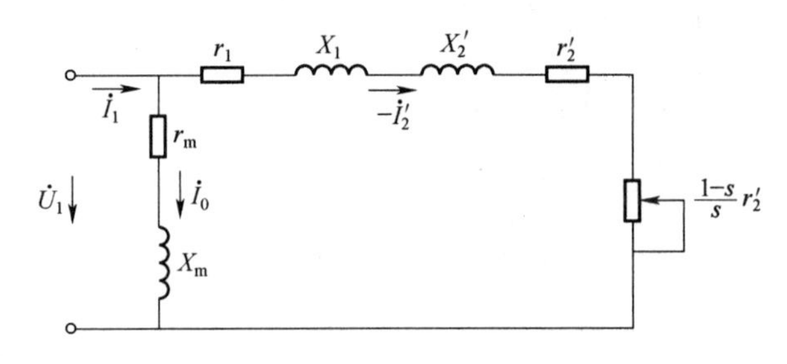

图 3.31 异步电动机的近似等效电路

必须注意：三相异步电动机的电动势平衡方程式和等效电路都是针对每相绕组而言的。

3.6 三相异步电动机的功率平衡和转矩平衡

三相异步电动机的机电能量转换过程和直流电动机的相似，不过异步电动机中的电磁功率在定子绕组中发生，然后经由气隙送给转子，扣除一些损耗以后，从轴上输出。异步电动机在能量转换过程中产生的一些损耗，其种类与性质也和直流电动机的相似。下面仅就功率转换过程加以说明，然后推导其功率平衡方程式和相应的转矩平衡方程式。

3.6.1 功率平衡方程式

1. 功率转换过程

异步电动机运行时，定子从电网吸收电功率，转子向拖动的机械负载输出机械功率。电动机在实现机电能量转换的过程中，必然会产生各种损耗。根据能量守恒定律，输出功率应等于输入功率减去总损耗。

异步电动机负载运行时，由电网供给电动机的功率称为输入功率 P_1，P_1 的一小部分消耗在定子电阻上的定子铜损耗 p_{Cu1}，还有一小部分消耗在定子铁芯中的铁损耗 p_{Fe}，其余的大部分电功率借助于气隙旋转磁场由定子传到转子，这部分功率就是异步电动机的电磁功率 P_{em}。电磁功率 P_{em} 传递到转子以后，转子电流在转子电阻上又产生了转子铜损耗 p_{Cu2}。气隙旋转磁场在传递电磁功率的过程中，与转子铁芯存在着相对运动，在转子铁芯中引起铁损耗，但实际上由于电动机正常运行时，转差率很小，以致转子铁芯中磁通变化的频率很低，通常仅为1~3 Hz，所以转子铁损耗可以略去不计。这样，从定子传递到转子的电磁功率仅需扣除转子铜损耗，便是使转子旋转的总机械功率 P_m。

总机械功率 P_m 还不是输出的机械功率，因为电动机运行时还有轴承摩擦和风磨耗等机械损耗 p_m 以及高次谐波和转子铁芯中的横向电流引起的附加损耗 p_{ad}。电动机的附加损耗很小，一般在大型异步电动机中，p_{ad} 约为 0.5% P_N；而在小型异步电动机中，p_{ad} 可达(1%~3%) P_N 或更大些。所以总机械功率补偿了机械损耗 p_m 和附加损耗 p_{ad} 后，才是轴上输出的机械功率 P_2。

异步电动机功率和能量转换的关系可形象地用功率流程图来表示，如图 3.32 所示。

2. 功率平衡方程式

根据上述功率转换过程，可知从输入功率 P_1 中扣除定子铜损耗 p_{Cu1} 和定子铁损耗 p_{Fe} 剩余的功率便是由气隙磁场通过电磁感应关系由定子传递到转子侧的电磁功率 P_{em}，即

$$P_{em} = P_1 - (p_{Cu1} + p_{Fe}) \tag{3.44}$$

传递到转子的电磁功率扣除转子铜损耗为电动机的总机械功率 P_m，即

$$P_m = P_{em} - p_{Cu2} \tag{3.45}$$

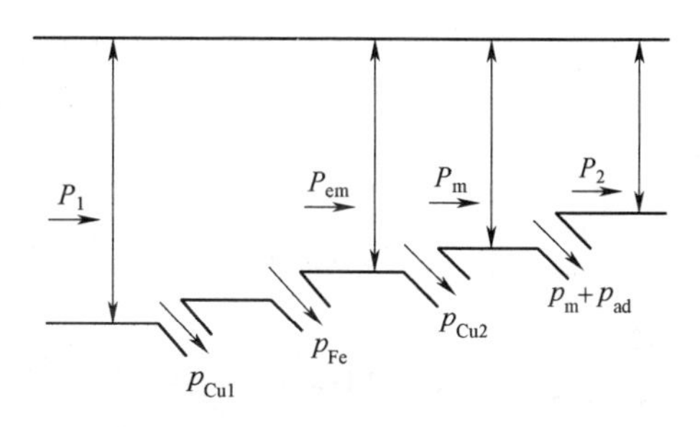

图 3.32　异步电动机功率流程图

总机械功率 P_m 扣除机械损耗 p_m 和附加损耗 p_{ad}，才是电动机转轴上输出的机械功率 P_2，即

$$P_2 = P_m - (p_m + p_{ad}) \tag{3.46}$$

可见异步电动机运行时，从电源输入功率 P_1 到转轴上输出功率 P_2 的全过程为

$$P_2 = P_1 - p_{Cu1} - p_{Fe} - p_{Cu2} - p_m - p_{ad} = P_1 - \sum p \tag{3.47}$$

式中：$\sum p$ ——电动机的总损耗。

三相异步电动机的效率为

$$\eta = \frac{P_2}{P_1} \times 100\% \tag{3.48}$$

另外，由 T 形等效电路可知：

$$P_1 = m_1 U_1 I_1 \cos\varphi_1 \tag{3.49}$$

$$p_{Cu1} = m_1 r_1 I_1^2 \tag{3.50}$$

$$p_{Fe} = m_1 r_m I_0^2 \tag{3.51}$$

$$P_{em} = m_1 E'_2 I'_2 \cos\varphi_2 = m_1 I'^2_2 \frac{r'_2}{s} \tag{3.52}$$

$$p_{Cu2} = m_1 r'_2 I'^2_2 \tag{3.53}$$

$$P_m = m_1 \frac{1-s}{s} r'_2 I'^2_2 \tag{3.54}$$

由式(3.52)和式(3.53)可得

$$p_{Cu2} = sP_{em} \tag{3.55}$$

由式(3.52)和式(3.54)可得

$$P_m = (1 - s)P_{em} \tag{3.56}$$

由式(3.55)和式(3.56)可知,由定子经空气隙传递到转子侧的电磁功率有一小部分 sP_{em} 转变为转子铜损耗 p_{Cu2} ,故转子铜损耗又称转差功率;其余绝大部分 $(1 - s)P_{em}$ 转变为总机械功率。

3.6.2 转矩平衡方程式

由动力学可知,旋转体的机械功率等于作用在旋转体上的转矩与其机械角速度 Ω 的乘积,将式(3.46)的两边同除以转子机械角速度 Ω 便得到稳态时异步电动机的转矩平衡方程式为

$$\frac{P_2}{\Omega} = \frac{P_m}{\Omega} - \frac{p_m + p_{ad}}{\Omega}$$

即

$$T_{em} = T_2 + T_0 \tag{3.57}$$

式中: T_{em} ——电动机的电磁转矩, $T_{em} = \frac{P_m}{\Omega} = 9.55\frac{P_m}{n}$

T_2 ——电动机轴上输出的机械负载转矩, $T_2 = \frac{P_2}{\Omega} = 9.55\frac{P_2}{n}$

T_0 ——电动机的空载转矩, $T_0 = \frac{p_m + p_{ad}}{\Omega} = 9.55\frac{p_m + p_{ad}}{n}$

式(3.57)说明,电磁转矩 T_{em} 与输出的机械负载转矩 T_2 和空载转矩 T_0 相平衡。稳态运行时,电动机的输出转矩 T_2 也等于负载转矩 T_L , T_L 和 T_2 均为制动转矩,它们与驱动性质的电磁转矩 T_{em} 方向相反。

电动机在额定运行时, $P_2 = P_N$, $T_2 = T_N$, $n = n_N$,则

$$T_N = 9.55\frac{P_2}{n_N} \tag{3.58}$$

从式(3.56)可推得

$$T_{em} = \frac{P_{MEC}}{\Omega} = \frac{(1 - s)P_{em}}{\frac{2\pi n}{60}} = \frac{P_{em}}{\frac{2\pi n_1}{60}} = \frac{P_{em}}{\Omega_1} \tag{3.59}$$

式中: Ω_1——同步机械角速度, $\Omega_1 = \frac{2\pi n_1}{60}(\text{rad/s})$ 。

由此可知,电磁转矩从转子方面看,它等于总机械功率除以转子机械角速度;从定子方面看,它又等于电磁功率除以同步机械角速度。

在计算中,若功率单位为 W,机械角速度单位为 rad/s,则转矩单位为 N·m。

【例 3.7】 一台笼形异步电动机, $P_N = 7.5$ kW, $U_N = 380$ V, $f_1 = 50$ Hz , $n_N = 960$ r/min,定子星形连接。额定负载时 $\cos\varphi_1 = 0.824$, $p_{Cu1} = 474$ W , $p_{Fe} = 2\ 341$ W , $p_m + p_{ad} = 82.5$ W。当电动机额定运行时,试求:

(1)额定转差率 s_N 、转子频率 f_2、转子铜损耗 p_{Cu2} 、总机械功率 P_m 、额定效率 η_N 、定子额定电流 I_{1N} 。

(2)额定输出转矩 T_{2N} 、空载转矩 T_0 和电磁转矩 T_{em}。

解　(1)额定转差率 s_N。根据额定转速 $n_N=960\ \text{r/min}$ 可以判断同步转速为 1 000 r/min，因此

$$s_N=\frac{n_1-n_N}{n_1}=\frac{1\,000-960}{1\,000}=0.04$$

转子频率 f_2 为

$$f_2=s_N f_1=0.04\times 50\ \text{Hz}=2\ \text{Hz}$$

总机械功率 P_m 为

$$P_m=P_2+p_m+p_{ad}=(7\,500+82.5)\ \text{W}=7\,582.5\ \text{W}$$

$$P_{em}=\frac{P_m}{1-s_N}=\frac{7\,582.5}{1-0.04}\ \text{W}=7\,898.4\ \text{W}$$

转子铜损耗 P_{Cu2} 为

$$p_{Cu2}=s_N P_{em}=0.038\times 7\,898.4=315.9\ \text{W}$$

输入功率 P_1 为

$$\begin{aligned}P_1&=P_m+p_{Cu1}+p_{Fe}+p_{Cu2}\\&=(7\,582.5+474+231+315.9)\ \text{W}=8\,603.4\ \text{W}\end{aligned}$$

额定效率 η_N 为

$$\eta_N=\frac{P_N}{P_1}\times 100\%=\frac{7\,500}{8\,603.4}\times 100\%=87.2\%$$

定子额定电流 I_{1N} 为

$$I_{1N}=\frac{P_1}{\sqrt{3}U_1\cos\varphi_1}=\frac{8\,603.4}{\sqrt{3}\times 380\times 0.824}\ \text{A}=15.86\ \text{A}$$

(2)额定输出转矩 T_2 为

$$T_{2N}=9.55\frac{P_N}{n_N}=9.55\times\frac{7.5\times 10^3}{960}\text{N}\cdot\text{m}=74.61\ \text{N}\cdot\text{m}$$

空载转矩 T_0 为

$$T_0=9.55\frac{p_m+p_{ad}}{n_N}=9.55\times\frac{82.5}{960}\text{N}\cdot\text{m}=0.82\ \text{N}\cdot\text{m}$$

电磁转矩 T_{em} 为

$$T_{em}=T_2+T_0=(74.61+0.82)\ \text{N}\cdot\text{m}=75.43\ \text{N}\cdot\text{m}$$

3.7　三相异步电动机的工作特性

异步电动机的工作特性是指在额定电压和额定频率运行时，电动机的转速 n、电磁转矩 T_{em}、定子电流 I_1、功率因数 $\cos\varphi_1$、效率 η 与输出功率 P_2 之间的关系曲线。即 $U_1=U_N$，$f_1=f_N$ 时，n、T_{em}、I_1、$\cos\varphi_1$、$\eta=f(P_2)$ 的值。

3.7.1　转速特性

电动机的转速 n 与输出功率 P_2 的关系曲线 $n=f(P_2)$ 称为三相异步电动机的转速特性。

由 $p_{Cu2}=sP_{em}$ 可得

$$s=\frac{p_{\mathrm{Cu2}}}{P_{\mathrm{em}}}=\frac{m_1 r_2' I_2'^2}{m_1 E_2' I_2' \cos\varphi_2}$$

空载时，$P_2=0$，转子电流很小，$I_2\approx 0$，所以 $p_{\mathrm{Cu2}}\approx 0$，$s\approx 0$，$n\approx n_1$。随着负载增加，即 P_2 增大时，转子电流也增大，p_{Cu2} 和 P_{em} 也随之增大。因此，随着负载的增大，s 也增大，转速 n 则降低。额定运行时，转差率很小，一般 $s_{\mathrm{N}}=0.01\sim0.06$，相应的转速 $n_{\mathrm{N}}=(1-s_{\mathrm{N}})n_1=(0.99\sim0.94)n_1$，与同步转速 n_1 接近，故转速特性 $n=f(P_2)$ 是一条稍向下倾斜的曲线，如图 3.33 所示，与并励直流电动机的转速特性极为相似，为硬特性。

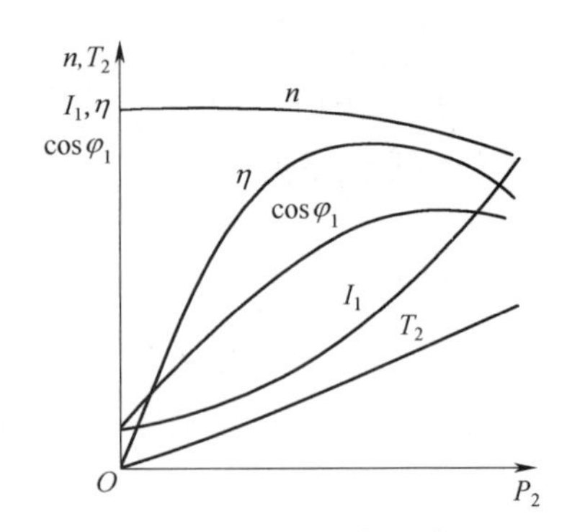

图 3.33　三相异步电动机的工作特性曲线

3.7.2　定子电流特性

电动机的定子电流 I_1 与输出功率 P_2 的关系曲线 $I_1=f(P_2)$ 为三相异步电动机的定子电流特性。

由磁动势平衡方程式 $\dot{I}_1=\dot{I}_0+(-\dot{I}_2')$ 可知，当空载时，$\dot{I}_2'\approx 0$，故 $\dot{I}_1\approx\dot{I}_0$。负载时，随着输出功率 P_2 的增加，转子电流增大，于是定子电流负载分量也随之增大，来抵消转子电流产生的磁动势，以保持磁动势关系的平衡；当 P_2 增大到一定数值时，由于转子转速下降较多，转差率较大，转子功率因数较低，这时平衡较大的负载转矩需要更大的转子电流，因而 I_1 的增长比原先更快些。所以三相异步电动机的定子电流特性几乎是一条向上倾斜的直线，只是负载较大时，曲线开始向上弯曲，如图 3.33 所示。

3.7.3　功率因数特性

电动机的定子功率因数 $\cos\varphi_1$ 与输出功率 P_2 的关系曲线 $\cos\varphi_1=f(P_2)$ 为三相异步电动机的功率因数特性。

三相异步电动机运行时需要从电网吸收感性无功功率来建立磁场，所以异步电动机的功率因数总是滞后的。

空载时，定子电流主要是无功励磁电流，因此功率因数很低，通常不超过 0.2。负载运行时，随着负载的增加，功率因数逐渐上升，在额定负载附近，功率因数达到最大值；超过额定负载后，由于转速降低，转差率 s 增大，转子功率因数 $\cos\varphi_2$ 下降较多，于是转子电流无功分量增大，相应的定子无功分量也增大，因此定子功率因数 $\cos\varphi_1$ 反而下降，如图 3.31 所示。对小型异步电动机，额定功率因数在 0.76~0.90 的范围内，因此电动机长期处于轻载或空载运行，是很不经济的。

3.7.4　转矩特性

电动机的输出转矩 T_2 与输出功率 P_2 的关系曲线 $T_{\mathrm{em}}=f(P_2)$ 为三相异步电动机的转矩特性。

因输出转矩 $T_2=P_2/\Omega$，考虑到异步电动机从空载到满载过程中，转速 Ω 变化不大，可以认为 T_2 与 P_2 成正比，所以 $T_2=f(P_2)$ 近似于一直线，且斜率为 $1/\Omega$，如图 3.33 所示。

3.7.5　效率特性

电动机的效率 η 与输出功率 P_2 的关系曲线 $\eta=f(P_2)$ 为三相异步电动机的效率特性。

根据效率的定义，异步电动机的效率为

$$\eta = \frac{P_2}{P_1} \times 100\% = \frac{P_2}{P_2 + \sum p} \times 100\%$$

与直流电动机的效率特性相似，异步电动机中的损耗也可分为不变损耗（铁损耗 p_{Fe} 、机械损耗 p_m ）和可变损耗（定、转子铜损耗 p_{Cu1} 和 p_{Cu2} 、附加损耗 p_{ad} ）2 部分。

电动机空载时，$P_2 = 0$，$\eta = 0$。当负载增加时，随着输出功率 P_2 的增大，可变损耗增加较慢，所以效率上升很快，当负载增大到使可变损耗等于不变损耗时，效率达最大值。若负载继续增大，则可变损耗增加很快，故效率反而随着降低。对于中小型异步电动机，最大效率大约出现在额定负载的 3/4 时，电动机容量越大，其效率越高。

由于额定负载附近的功率因数及效率均较高，因此电动机应运行在额定负载附近。若电动机长期欠载运行，效率及功率因数均低，很不经济。所以在选用电动机时，应注意其容量与负载相匹配。

3.8　三相异步电动机的参数测定

异步电动机的参数包括励磁参数（ Z_m 、r_m 、X_m ）和短路参数（ r_k 、X_k ）。知道了这些参数，就可以用等效电路计算异步电动机的运行特性，励磁参数和短路参数可分别通过空载试验和短路试验来测定。

3.8.1　空载试验

空载试验的目的是通过测取异步电动机的空载电流 I_0 及空载损耗 p_0 分别与电动机空载电压 U_1 的关系曲线，来确定电动机的铁损耗 p_{Fe} 和机械损耗 p_m ，励磁参数 r_m 和 X_m 。

1. 空载试验

空载试验时，电动机轴上不带任何负载，定子接到额定频率的对称三相电源上，当电源电压达额定值时，让电动机运行一段时间，使其机械损耗达到稳定值。用调压器改变外加电压大小，使其从（1.1~1.3）U_N 开始，逐渐降低电压，直到电动机转速发生明显变化为止。此过程共记录 7~9 组数据，每次记录端电压 U_1（相电压）、空载电流 I_0（相电流）、空载功率 P_0（三相总功率）和转速 n 。

试验中应注意，记数开始后电压要单方向下调，并在额定点附近取点密一些，以保证试验的准确性。根据记录数据，画出异步电动机的空载特性曲线 $I_0 = f(U_1)$ 和 $P_0 = f(U_1)$ ，如图 3.34 所示。

2. 铁损耗和机械损耗的分离

当异步电动机空载时，转差率 s 很小，转子电流很小，转子铜损耗可以忽略。此时输入功率消耗在定子铜损耗 p_{Cu1} 、铁损耗 p_{Fe} 和机械损耗 p_m 上，即

$$p_0 = 3r_1 I_0^2 + p_{Fe} + p_m$$

异步电动机的空载电流较大，空载时的定子铜损耗不能忽略，同时转子有机械损耗，因此求励磁电阻 r_m 要先从空载损耗中分离出铁损耗来，步骤如下：

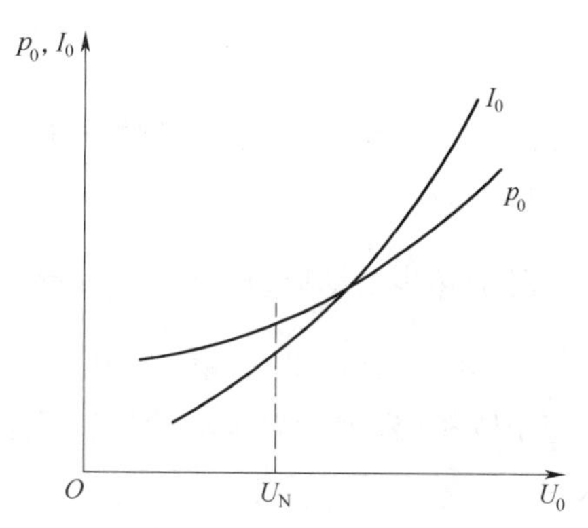

图 3.34　异步电动机的空载特性曲线

从空载损耗中减去空载定子铜损耗，就可得铁损耗和机械损耗之和

$$p_0 - 3r_1I_0^2 = p_{\mathrm{Fe}} + p_{\mathrm{m}} = p_0'$$

由于铁损耗与磁通的二次方成正比，即与电压的二次方成正比；而机械损耗的大小仅与转速有关，与端电压的大小无关。因此，把不同电压下的机械损耗和铁损耗之和与端电压的二次方值的关系绘成曲线 $p_{\mathrm{Fe}} + p_{\mathrm{m}} = f(U_1^2)$，并把这一曲线延长到纵轴 $U_1 = 0$ 处，得交点 O'，过 O' 点作与横轴平行的虚线，虚线以下部分就是与电源电压大小无关的机械损耗，虚线以上部分就是与电压二次方成正比的铁损耗，如图 3.35 所示。

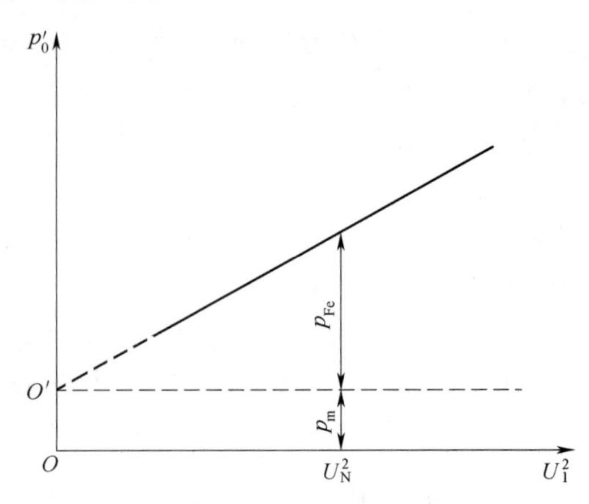

图 3.35　铁损耗和机械损耗的分离

3. *励磁参数的计算*

定子加额定电压时，根据空载试验测得的数据 I_0 和 P_0，可以算出

空载阻抗　　$Z_0 = \dfrac{U_1}{I_0}$

空载电阻　　$r_0 = \dfrac{p_0}{3I_0^2}$

空载电抗　　$X_0 = \sqrt{Z_0^2 - r_0^2}$

电动机空载时，转差率 $s \approx 0$，$I_2 \approx 0$，T 形等效电路中的附加电阻 $\dfrac{1-s}{s}r_2' \approx \infty$，则等效电路呈短路状态。根据电路计算，可得励磁参数

$$x_{\mathrm{m}} + X_1 = X_0 \approx \frac{U_1}{I_0}$$

式中，X_1 可由下面短路试验测得。

$$r_{\mathrm{m}} = \frac{p_{\mathrm{Fe}}}{m_1I_0^2} \tag{3.60}$$

$$Z_{\mathrm{m}} = \sqrt{r_{\mathrm{m}}^2 + X_{\mathrm{m}}^2} \tag{3.61}$$

3.8.2　短路试验与短路参数的测定

1. *短路试验*

对于异步电动机，短路是指 T 形等效电路中的附加电阻 $\dfrac{1-s}{s}r_2' = 0$ 的状态。在这种情况下，$s=1$，$n=0$，即电动机在外施电压下处于静止状态。如果是绕线转子异步电动机，转子绕组应予以短路(笼形异步电动机转子本身已短路)，并将转子堵住不转，故短路试验又称堵转试验。

为了在做短路试验时不出现过电流，应降低试验电压，试验电压 U_1 一般从 $0.4U_{\mathrm{N}}$ 开始，

然后逐渐降低电压。为避免绕组过热烧坏，试验应尽快进行。每次记录电动机的外加电压 U_1、定子短路电流 I_k 和短路功率 p_k。还应测量定子绕组每相电阻 r_1。从而画出电动机的短路特性 $I_k = f(U_1)$ 和 $p_k = f(U_1)$ 曲线，如图3.36所示。

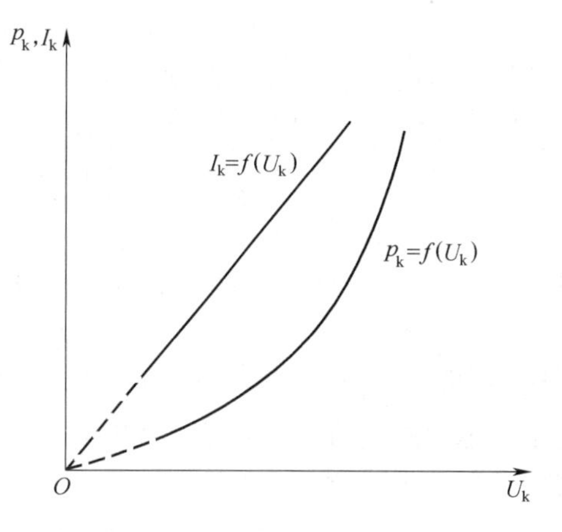

图3.36　异步电动机的短路试验

2. 短路参数的计算

电动机堵转时，由于堵转电压很低，磁通较低，因此励磁电流很小，$I_0 \approx 0$，可认为励磁支路开路，铁损耗忽略不计。定子全部的输入功率都消耗在定、转子的电阻上，即

$$P_k = 3r_1I_1^2 + 3(I_2')^2r_2' \tag{3.62}$$

由于 $I_0 \approx 0$，则有 $I_2' \approx I_1 = I_k$，所以

$$P_k = 3(r_1 + r_2')I_k^2 \tag{3.63}$$

根据短路试验数据，可求出短路阻抗 Z_k、短路电阻 r_k 和短路电抗 X_k。

$$\begin{cases} Z_k = \dfrac{U_1}{I_k} \\ r_k = \dfrac{P_k}{3I_k^2} \\ X_k = \sqrt{Z_k^2 - r_k^2} \end{cases} \tag{3.64}$$

式中：$r_s = r_1 + r_2'$；$X_k = X_1 + X_2'$。

从 r_s 中减去定子电阻 r_1，即得 r_2'。对于 X_1 和 X_2' 无法用实验的办法分开。对大中型异步电动机，可认为

$$X_1 \approx X_2' \approx \frac{X_s}{2} \tag{3.65}$$

小　　结

1. 三相异步电动机的工作原理

在三相异步电动机的对称三相定子绕组中通以对称三相交流电流时产生圆形的旋转磁动势及旋转磁场，旋转磁场的同步转速 $n_1 = 60f_1/p$，其转向决定于三相绕组的空间排序和三相电流的相序。这种旋转磁场以同步转速 n_1，切割转子绕组，则在转子绕组中感应出电动势及电流，转子电流与旋转磁场相互作用产生电磁转矩，使转子旋转。

异步电动机的旋转方向始终与旋转磁场的旋转方向一致，而旋转磁场的方向又取决于异步电动机的三相电流相序，因此，三相异步电动机的转向与电流的相序一致。要改变转向，只要改变电流的相序即可，即任意对调电动机的两根电源线，便可使电动机反转。

一般情况下，异步电动机的转速恒小于旋转磁场转速 n_1，因为只有这样，转子绕组才能产生电磁转矩，使电动机旋转，可见 $n < n_1$ 是异步电动机工作的必要条件。由于电动机转速 n 与旋转磁场转速 n_1 不同步，故称为异步电动机。通常用转差率 s 来表示转差与同步转速之

比。转差率是异步电动机的重要参量,它的大小反映了电动机负载的大小,它的存在是异步电动机旋转的必要条件。根据转差率的大小可区分异步电动机的运行状态。

2. 三相异步电动机的基本结构和铭牌

三相异步电动机由定子和转子两大部分组成。其中,定、转子的铁芯均由 0.5 mm 厚的硅钢片叠压而成。三相定子绕组按一定规律对称放置在定子铁芯槽内,根据电动机的额定电压和电源的额定电压连接成星形或三角形。

异步电动机按转子结构不同,分笼形异步电动机和绕线转子异步电动机 2 种,它们的定子结构相同,而转子结构不同。笼形转子铁芯槽中的导条与槽外的端环自成闭合回路;绕线转子铁芯中放置对称三相绕组,连接成星形后,可经集电环和电刷引至外电路的变阻器上,有助于启动和调速。

3. 三相异步电动机的定子绕组和绕组感应电动势

异步电动机的定子绕组是一种交流绕组,交流绕组的形式很多,最常见的是按 60° 相带排列的单层绕组和双层绕组,它们均是 $q>1$ 的分布绕组。三相绕组的构成原则是力求获得最大的基波电动势和磁动势,尽可能地削弱谐波电动势和磁动势,并保证三相绕组产生的电动势(磁动势)对称。其排列和连接方法如下:

(1)计算极距和每极每相槽数;

(2)划分相带;

(3)画定子绕组展开图,先组成线圈,再构成一相绕组。

实际中,单层绕组一般采用链式绕组、交叉式绕组和同心式绕组,因为它们嵌线方便、端部省铜、工艺简单,但在电磁本质上均等效为整距叠绕组,其电磁性能较差。双层绕组通常采用双层短距叠绕组,以更有效地削弱高次谐波电动势,改善电磁性能,但它嵌线工艺复杂。

异步电动机气隙中的磁场旋转时,定子绕组切割旋转磁场将产生感应电动势,每相定子绕组的基波感应电动势为 $E_1 = 4.44 f_1 N_1 k_{w1} \Phi_1$,转子转动时每相转子绕组的基波感应电动势为 $E_{2s} = 4.44 f_2 N_2 k_{w2} \Phi_1$,这与变压器绕组的感应电动势公式在形式上相似,只是前者多了一个绕组因数。

4. 三相异步电动机的空载运行

三相异步电动机空载运行时,异步电动机的转速接近于同步转速,转子电流接近于零,定子电流近似地等于励磁电流。空载时电动机气隙磁场完全由定子磁动势 $\dot{F}_0$ 所产生。空载时的定子磁动势 $\dot{F}_0$ 即为励磁磁动势,空载时的定子电流即为励磁电流。空载电流 $\dot{I}_0 = \dot{I}_{0\alpha} + \dot{I}_{0r}$。电动机空载时每相的定子电压方程式为 $\dot{U}_1 = -\dot{E}_1 + Z_1 \dot{I}_0$。

5. 三相异步电动机的负载运行

三相异步电动机负载运行时,转速下降,转差率增大,旋转磁场与转子绕组的相对运动增大,此时气隙中的旋转磁场由定、转子绕组磁动势共同建立。从空载到负载运行时,由于电源电压为额定电压,定子绕组中漏阻抗电压降很小,因此气隙磁场基本不变。通过磁动势平衡和电磁感应的作用,电功率由电源输入到定子绕组,机械功率从转子轴上输出。

从基本电磁关系看,异步电动机与变压器极为相似,因此其基本方程式和等效电路不论是形式还是推导过程都很相似。等效电路是分析异步电动机的有效工具。可用“折算”方法,将转子频率与转子绕组“折算”到定子。“折算”的物理意义是用一个静止的转子去代替实际转动的转子,等效转子绕组和定子绕组的相数、每相串联匝数及绕组系数完全相同,而它与定子的电磁关系及其本身的功率又与实际转子等效。转子进行折算以后,可导出等效电路,等效电路中的参数可用试验的方法确定。

6. 三相异步电动机的功率平衡和转矩平衡

异步电动机运行时,定子从电网吸收电功率,转子向拖动的机械负载输出机械功率。电动机在实现机电能量转换的过程中,必然会产生各种损耗。根据能量守恒定律,输出功率应等于输入功率减去总损耗。

电磁转矩从转子方面看,它等于总机械功率除以转子机械角速度;从定子方面看,它又等于电磁功率除以同步机械角速度。

在功率与转矩的关系中,应充分理解电磁转矩与电磁功率及总机械功率的关系。

7. 三相异步电动机的工作特性

三相异步电动机的工作特性是,当电源的电压和频率均为额定值时,异步电动机的转速、定子电流、功率因数、电磁转矩及效率与输出功率的关系。这些特性可衡量电动机性能的优劣。从工作特性可知,异步电动机基本上也是一种恒速电动机,但在任何负载下功率因数始终是滞后的,这是异步电动机的一个不足之处。

思考与练习

3.1 简述三相异步电动机的基本工作原理。

3.2 将变压器的分析方法应用到异步电机中,二者有哪些相同之处和哪些不同之处?异步电动机的电压比,电流比和阻抗变比各等于什么?

3.3 异步电机作发电机运行和作电磁制动运行时,电磁转矩和转子转向之间的关系是否一样?怎样区分这2种运行状态?

3.4 把三相异步电动机接到电源的3个接线头,对调2根后,电动机的转向是否会改变?为什么?

3.5 简述三相异步电动机的基本结构和各部分的主要功能。

3.6 在额定工作情况下的三相异步电动机,已知其转速为960 r/min,试问电动机的同步转速是多少?有几对磁极对数?转差率是多大?

3.7 一台三角形连接的三相异步电动机,其 $P_N = 7.5\ kW$,$U_N = 380\ V$,$n_N = 1\ 440\ r/min$,$\eta_N = 87\%$,$\cos\varphi_N = 0.82$。求其额定电流和对应的相电流。

3.8 什么是60°相带?如何用60°相带法划分三相绕组槽的编号?

3.9 试比较单层绕组与双层绕组各有什么优缺点?为什么容量稍大的电机采用双层绕组?

3.10 一台三相异步电动机接于电网工作时,其每相感应电动势 $E_1 = 350\ V$,定子绕组的每相串联匝数 $N_1 = 132$ 匝,绕组系数 $k_{w1} = 0.96$,试问每极磁通 Φ_1 为多大?

3.11 与同容量的变压器相比,异步电动机空载电流大,还是变压器的空载电流大?

3.12 三相异步电动机等效电路的 $\frac{1-s}{s}r'_2$ 代表什么含义?能否用电感器或电容器代替,为什么?

3.13 异步电动机定子绕组与转子绕组没有直接联系，为什么负载增加时，定子电流和输入功率会自动增加，试说明其物理过程。从空载到满载，异步电动机主磁通有无变化？

3.14 异步电动机运行时，内部有哪些损耗？当电动机从空载变化到额定负载运行时，这些损耗中哪些参量基本不变？哪些参量是随负载变化的？

3.15 一台三相六级异步电动机，额定电压为 380 V，电源频率为 $f_1 = 50$ Hz，额定容量 $P_N = 280$ kW，额定转速 $n_N = 950$ r/min，额定负载时定子功率因数 $\cos\varphi_1 = 0.88$，定子铜损耗、铁损耗共为 2.2 kW，机械损耗为 1.1 kW，忽略附加损耗。试计算在额定负载时的下列各值：

(1) 转差率 S_N；

(2) 转子铜损耗；

(3) 效率 η_N；

(4) 定子电流；

(5) 转子电流频率。

3.16 一台三相异步电动机的输入功率为 10.7 kW，定子铜损耗为 450 W，铁损耗为 200 W，转差率为 $S = 0.029$，试计算电动机的电磁功率、转子铜损耗及总机械功率。

3.17 有一台四极异步电动机，$P_N = 10$ kW，$U_N = 380$ V，$f = 50$ Hz，转子铜损耗 $P_{Cu2} = 314$ W，附加损耗 $p_s = 102$ W，机械损耗 $p_m = 175$ W，求异步电动机的额定转速及额定电磁转矩。

3.18 一台星形连接的六极三相异步电动机，$P_N = 145$ kW，$U_N = 380$ V，$f_N = 50$ Hz。额定运行 $p_{Cu2} = 3\ 000$ W，$\cos\varphi_1 = 0.8$，$p_m + p_s = 2\ 000$ W，$p_{Cu1} + p_{Fe} = 5\ 000$ W，试求：

(1) 额定运行时的电磁功率 P_{em}、额定转差率 s_N、额定效率 η_N 和额定电流 I_N。

(2) 额定运行时的电磁转矩 T、额定转矩 T_N 和空载制动转矩 T_0。

3.19 已知一台三相异步电动机定子输入功率为 60 kW，定子铜损耗为 600 W，铁损耗为 400 W，转差率为 0.03，试求：电磁功率 P_{em}、总机械功率 P_Ω 和转子铜损耗 P_{Cu2}。

3.20 一台 $P_N = 5.5$ kW、$U_N = 380$ V、$f_1 = 50$ Hz 的三相四极异步电动机，在某运行情况下，自定子方面输入的功率为 6.32 kW，$p_{Cu1} = 314$ W，$p_{Cu2} = 237.5$ W，$p_{Fe} = 167.5$ W，$p_m = 45$ W，$p_s = 29$ W，试绘出该电动机的功率流程图，并计算在该运行情况下，电动机的效率、转差率、转速、空载转矩、输出转矩和电磁转矩。

3.21 设有一台三相、380 V，星形连接，50 Hz，1 440 r/min 的异步电动机，$r_1 = r'_2 = 0.2\ \Omega$，$x_1 = x'_2 = 0.6\ \Omega$；额定电压时空载电流 $I_0 = 12$ A，$\cos\varphi_0 = 0.11$，机械损耗 p_m 为空载输入功率的 8.7%，附加损耗 p_s 为额定输入功率的 1%，试用等效电路求出满载时的 P_1，P_2，P_M，P_Ω，p_{Cu1}，p_{Fe}，p_{Cu2}，p_m，p_s 及效率 η。

第4章 直流电动机的电力拖动

知识点：

(1)直流电动机的机械特性。

(2)直流电动机的启动、制动、调速。

掌握：

(1)直流电动机的运动方程式。

(2)生产机械负载转矩特性。

(3)直流电动机启动、制动、调速的原理及方法。

了解：

(1)直流电动机的启动要求。

(2)直流电动机的调速指标。

在现代工业生产过程中，为了实现各种生产工艺过程，需要使用各种各样的生产机械。各种生产机械的运转，一般采用电动机来拖动。以电动机作为原动机拖动生产机械，完成一定生产任务的拖动方式，称为电力拖动。电力拖动方式是现代化大生产中最优越并且用得最多的拖动方式。

电力拖动系统一般由电动机，工作机构，生产机械的传动机构、控制设备及电源5个部分组成，如图4.1所示。其中电动机作为整个系统的动力，拖动生产机械的传动机构；电动机和工作机构不同轴时，两者之间有传动机构，用以变速或变换运动方式；控制设备用来控制电动机的运动实现自动控制；电源为电动机和控制设备提供电能。

本章主要介绍电力拖动系统的运动方程式、运动状态、他励直流电动机的机械特性、启动、反转、调速及制动等。

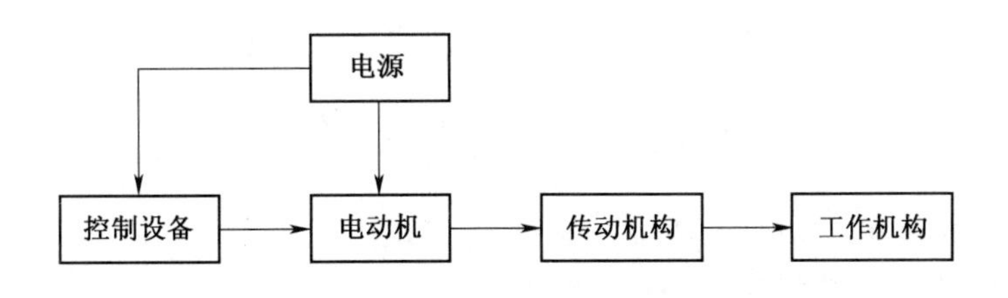

图4.1 电力拖动系统的组成

4.1 电力拖动系统的动力学基础

在电力拖动系统中，电动机有不同的种类和特性，生产机械的负载性质也各不相同，运动形式各种各样,但从动力学的角度来看,它们都服从动力学的统一规律,所以在研究电力拖动系统时,必须先分析电力拖动系统的动力学问题。

4.1.1 电力拖动系统的运动方程式

1. 单轴电力拖动系统运动方程式

单轴电力拖动系统就是电动机的轴与生产机械的轴直接连接的系统,如图 4.2(a)所示。作用在该连接轴上的转矩有电动机的电磁转矩 T、电动机的空载转矩 T_0 及生产机械的负载转矩 T_L。设转轴的角速度为 Ω,系统的转动惯量为 J(包括电动机转子、联轴器和生产机械的转动惯量),系统各物理量的参考方向如图 4.2(b)所示,则根据动力学定律,可得到系统的运动方程为(T_0 很小,可忽略)

$$T - T_L = J\frac{d\Omega}{dt} \tag{4.1}$$

式中:T——电动机的电磁转矩,N·m;

T_L——电动机的负载转矩,N·m;

J——电动机轴上的总转动惯量,kg·m²;

Ω——电动机的角速度,rad/s。

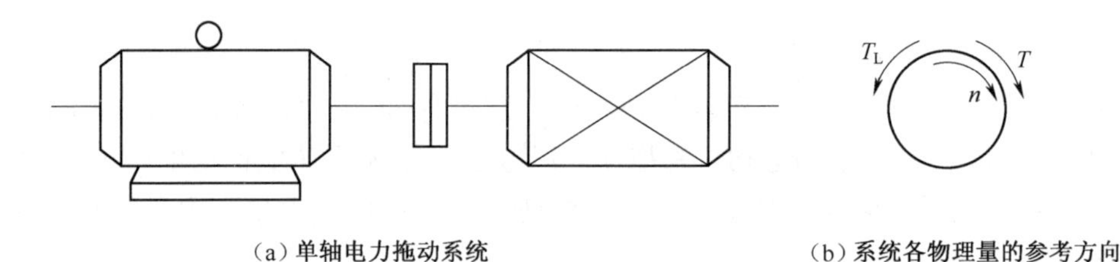

(a) 单轴电力拖动系统　　(b) 系统各物理量的参考方向

图 4.2　单轴电力拖动系统及各物理量的参考方向

式(4.1)称为单轴电力拖动系统的运动方程式,它描述了作用于单轴拖动系统的转矩与速度之间的关系,是研究电力拖动系统各种运动状态的基础。

在工程计算中,通常用转速 n 代替角速度 Ω;用飞轮矩 GD^2 代替转动惯量 J。n 与 Ω 的关系为

$$\Omega = \frac{2\pi}{60}n \tag{4.2}$$

J 与 JD^2 之间的关系为

$$J = m\rho^2 = \frac{G}{g}\left(\frac{D}{2}\right)^2 = \frac{GD^2}{4g} \tag{4.3}$$

式中:m——系统转动部分的质量,kg;

G——系统转动部分的重力,N;

ρ——系统转动部分的回转半径,m;

D——系统转动部分的回转直径,m;

g——重力加速度,可取 $g = 9.81\ m/s^2$。

把式(4.1)中的 Ω 和 J 用 n 和 GD^2 代替,可得电力拖动系统运动方程式的实用形式

$$T - T_L = \frac{GD^2}{375} \cdot \frac{dn}{dt} \tag{4.4}$$

式中：GD^2——系统转动部分的总飞轮矩，$N \cdot m^2$；

$375 = 4g \times 60/(2\pi)$ ——具有加速度量纲的系数。电动机和生产机械的 GD^2 可从产品样本和有关设计资料中查到。

2. 运动方程式中转矩正、负号的规定

在电力拖动系统中，随着生产机械负载类型和工作状况的不同，电动机的运行状态将发生变化，即作用在电动机转轴上的电磁转矩（拖动转矩）T 和负载转矩（阻转矩）T_L 的大小和方向都可能发生变化。因此运动方程式(4.4)中的转矩 T 和 T_L 是带有正、负号的代数量。在应用运动方程式时，必须注意转矩的正、负号。一般规定如下：

首先选定电动机处于电动状态时的旋转方向为转速 n 的正方向，然后按照下列规则确定转矩的正、负号。

(1) 电磁转矩 T 与转速 n 的正方向相同时为正；相反时为负。

(2) 负载转矩 T_L 与转速 n 的正方向相反时为正；相同时为负。

(3) 惯性转矩 $\frac{GD^2}{375} \cdot \frac{dn}{dt}$ 的大小及正、负号由 T 和 T_L 代数和决定。

转速的正方向可任意选取，即选顺时针或逆时针，但工程上一般对起重机械选取提升重物时的转速方向为正，龙门刨床工作台则以切削时的转速方向为正。

4.1.2 电力拖动系统的运动状态分析

式(4.4)描述了电力拖动系统的转矩与转速变化率之间的关系，由此式可知电力拖动系统的转速变化率 dn/dt（加速度）是由 $T - T_L$ 决定的，$T - T_L$ 称为动态转矩，因此根据式(4.4)可分析电力拖动系统的运动状态。

首先规定某一旋转方向为转速的正方向，即 $n > 0$。在此旋转方向下，根据式(4.4)分析电力拖动系统的运动状态如下：

(1) 当 $T - T_L > 0$ 时，$dn/dt > 0$，系统处于加速运行状态，即处于动态过程。

(2) 当 $T - T_L < 0$ 时，$dn/dt < 0$，系统处于减速运行状态，即处于动态过程。

(3) 当 $T = T_L$ 时，$dn/dt = 0$，系统以恒定的转速旋转或静止不动，即处于稳态。

由分析可知，当 $T = T_L$ 时，系统处于稳定运转状态。但当受到外界的干扰时，如负载转矩 T_L 的增加或减小，电源电压的变化等影响时，平衡将被打破，转速将发生变化。对于一个稳定的电力拖动系统来说，当系统的平衡状态被打破后，应具有恢复新的平衡状态的能力，在新的平衡状态下稳定运行。

在图 4.2 所示的拖动系统中，电动机和工作机构直接相连，这时工作机构的转速等于电动机的转速，若忽略电动机的空载转矩，则工作机构的负载转矩就是作用在电动机轴上的阻转矩，这种系统称为单轴系统。实际的电力拖动系统往往不是单轴系统，而是通过一套传动机构，把电动机和工作机构连接起来的多轴电力拖动系统，如图 4.3(a)所示。电动机与负载之间装有变速装置，如齿轮减速箱、蜗轮蜗杆、带轮等。分析多轴的运动状态时，通常是把实际的多轴电力拖动系统折算为一个等效的单轴系统，折算的原则是保持拖动系统在折算前后，其传送的功率和储存的动能不变。如图 4.3(b)所示，多轴多速的电力拖动系统可简化等效为单轴系统。具体的折算方法在此不作阐述,读者可查阅其他相关书籍。

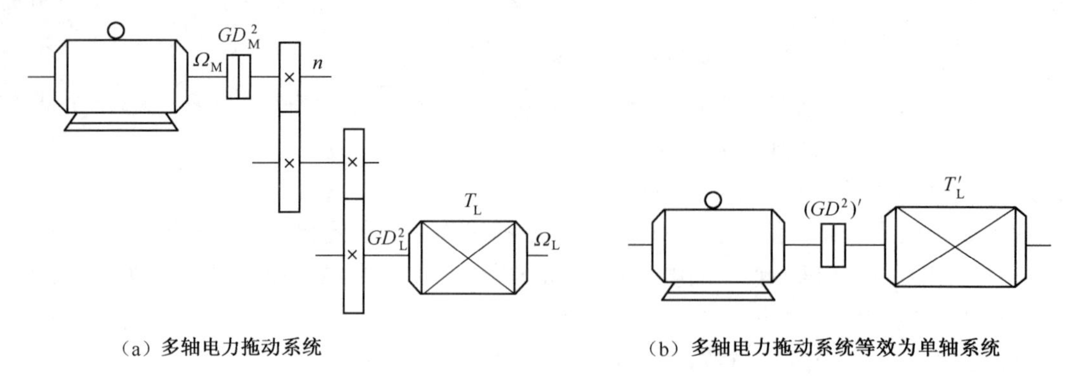

(a) 多轴电力拖动系统　　(b) 多轴电力拖动系统等效为单轴系统

图 4.3　多轴电力拖动系统及其等效

4.2　生产机械的负载转矩特性

电力拖动系统的运动方程式中包括了电动机的电磁转矩 T 、生产机械的负载转矩 T_L 与转速 n 之间的关系,定量地描述了拖动系统的运动规律。但是,要对运动方程式求解,首先必须知道电动机的机械特性和负载特性。

负载转矩特性是指生产机械工作机构的转矩与转速之间的函数关系,即 $T_L = f(n)$ 。不同的生产机械其负载转矩特性也不同,本节介绍几种典型的负载转矩特性。

4.2.1　恒转矩负载特性

负载转矩 T_L 的大小为一恒定值,与转速 n 无关,这种特性称为恒转矩负载特性。恒转矩负载的特点是无论转速 n 如何变化,负载转矩都保持恒值。根据转矩负载的方向是否与转向有关,恒转矩负载又分为反抗性负载和位能性负载 2 种。

1. 反抗性恒转矩负载特性

反抗性恒转矩负载转矩是由摩擦阻力产生的转矩,因此是阻碍运动的制动性质转矩。它的特点是不管生产机械的运动方向如何,其作用方向总是与旋转方向相反,而绝对值的大小则是不变的。属于这一类的生产机械有起重机的行走机构、带运输机和轧钢机等。

从反抗性恒转矩负载的性质可知,当 $n > 0$ 时, $T_L > 0$(常数);当 $n < 0$ 时, $T_L < 0$(常数),且 T_L 的绝对值相等,因此,在 n 、T_L 直角坐标系中,反抗性恒转矩负载特性是位于第一象限或第三象限且与纵轴平行的直线,如图 4.4 所示。

2. 位能性恒转矩负载特性

位能性恒转矩负载的转矩是由重力作用产生的。其特点是工作机构的转矩绝对值大小恒定不变,而且作用方向也保持不变。当 $n > 0$ 时, $T_L > 0$, T_L 是阻碍运动的制动转矩;当 $n < 0$ 时, $T_L > 0$, T_L 是帮助运动的拖动转矩。在 n 、T_L 坐标系中,位能性恒转矩负载特性是穿过第一、四象限的直线,如图 4.5 所示。

起重机的提升机构、矿井卷扬机等生产机械都具有位能性恒转矩负载特性。对于起重机的提升机构或是矿井卷扬机来说,无论是提升或下放重物,重力作用始终不变。在提升时,重力作用与运动方向相反,它是阻碍运动的制动转矩;在下放时,重力方向与运动方向相同,它是促进运动的拖动转矩。

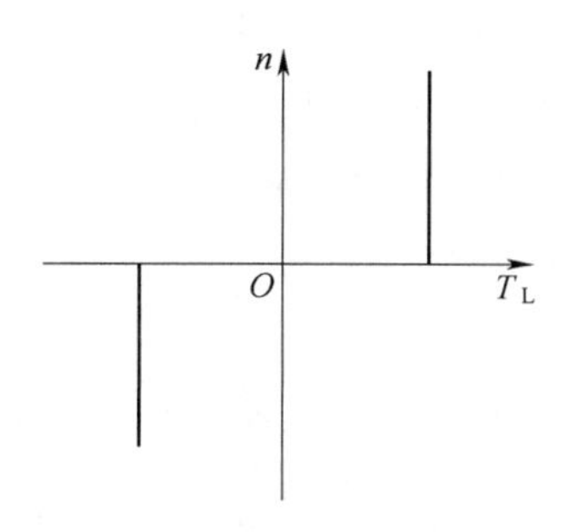

图 4.4　反抗性恒转矩负载特性

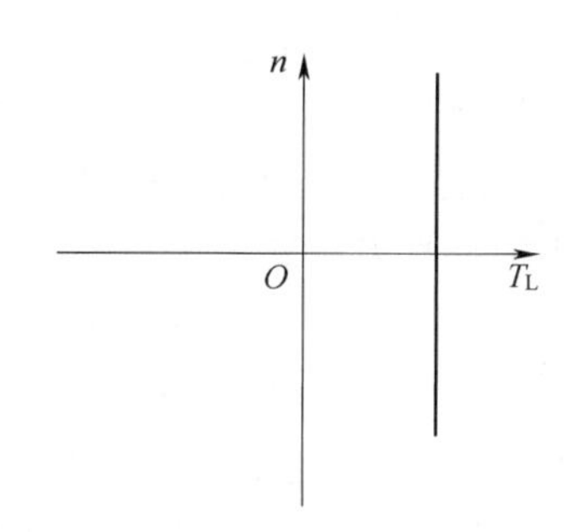

图 4.5　位能性恒转矩负载特性

4.2.2　恒功率负载转矩特性

恒功率负载的特点是负载的功率为一恒定值，即 $P_L = T_L\Omega = T_L\dfrac{2\pi n}{60}$ = 常数，也就是负载转矩 T_L 与转速 n 成反比。转速升高时，负载转矩减小；转速降低时，负载转矩增大，负载功率不变。恒功率负载特性是一条双曲线，如图 4.6 所示。

某些生产机械，例如车床，在粗加工时，切削量大，切削阻力大，负载转矩大，用低速切削；在精加工时，切削量小，切削阻力小，往往用高速切削，负载功率恒定。

应当指出，所谓恒功率负载是指一种工艺要求，例如车床在加工零件时，根据切削量不同，选用不同的转速，以使切削功率保持不变，对这种工艺要求，体现为负载的转速与转矩之积为常数，即恒功率负载特性，但是在进行每次切削时，切削量都保持不变，因而切削转矩为常数，为恒转矩负载特性。

4.2.3　风机、泵类负载转矩特性

鼓风机、水泵、输油泵等流体机械，其转矩与转速的二次方成正比，即 $T_L \propto n^2$。这类生产机械只能单方向旋转，其负载转矩特性如图 4.7 所示。

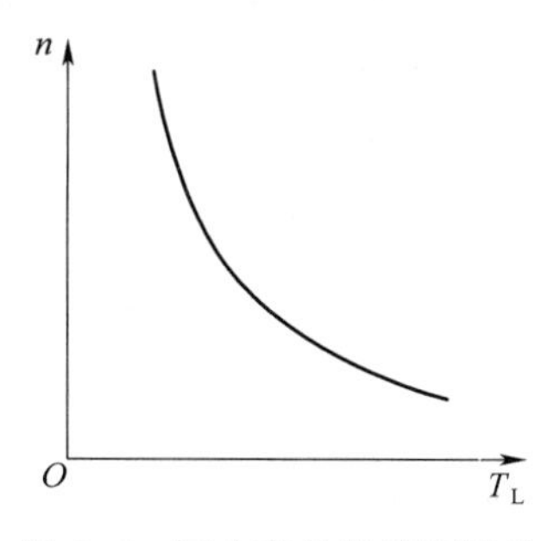

图 4.6　恒功率负载转矩特性

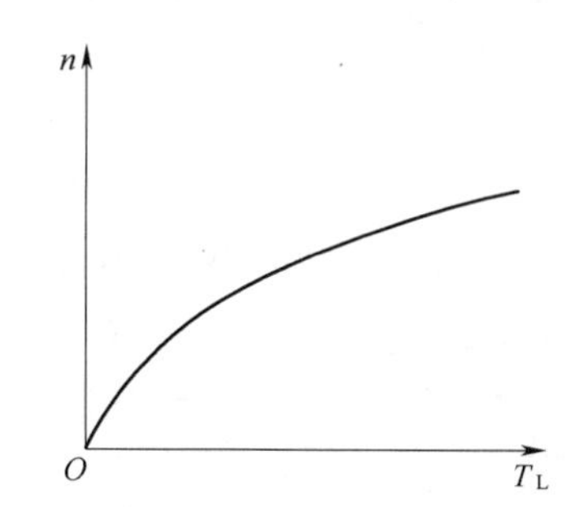

图 4.7　风机泵类负载转矩特性

以上 3 类负载转矩特性都是很典型的，实际负载可能是一种类型，也可能是几种类型的综合。例如，高炉卷扬机，当料车沿着倾斜的轨道向炉顶送料时就兼有位能和反抗性 2 类恒转矩负载特性。

4.3　他励直流电动机的机械特性

机械特性是电动机的主要特性，是分析电动机启动、制动、调速等问题的重要工具。本节以他励直流电动机为例，阐述直流电动机的机械特性。

在电力拖动系统中,实际上是由电动机产生的电磁转矩 T,带动拖动系统以转速 n 旋转。T 和 n 是生产机械对电动机提出的 2 项基本要求。直流电动机的机械特性是指当电源电压、励磁电流以及电枢回路总电阻为恒定值时,电动机的电磁转矩与转速之间的函数关系,即 $n=f(T)$ 。

4.3.1 机械特性方程式

从数学的角度出发,他励直流电动机的机械特性是指当电源电压 U 、气隙磁通 Φ 以及电枢回路总电阻 R_a+R_c 均为常数时,电动机的电磁转矩与转速之间的函数关系,即 $n=f(T)$ 。机械特性有 3 种表达形式:机械特性的定义(如前所述)、机械特性方程式、机械特性曲线。为了推导机械特性方程式,首先给出他励直流电动机拖动系统原理图,如图 4.8 所示。根据图中给出的正方向,可写出电枢回路的电压平衡方程式

$$U=E_a+(R_a+R_c)I_a=E_a+RI_a \tag{4.5}$$

把电枢电动势公式 $E_a=C_e\Phi n$ 及电磁转矩公式 $T=C_T\Phi I_a$ 代入式(4.5),整理后可得

$$n=\frac{U}{C_e\Phi}-\frac{R_a+R_c}{C_e\Phi C_T\Phi}T \tag{4.6}$$

式中:R_a ——电枢电路电阻;

R_c ——电枢电路外电阻;

C_e ——电动势常数,$C_e=\frac{pN}{60a}$;

C_T ——转矩常数,$C_T=\frac{pN}{2\pi a}$。

C_e 和 C_T 之间的关系为

$$C_T=\frac{pN\times 60a}{60a\times 2\pi a}=\frac{60a}{2\pi a}C_e=9.55C_e \tag{4.7}$$

当 U 、Φ 及 R_a+R_c 都保持为常数时,式(4.6)表示 n 与 T 之间的函数关系,即为他励直流电动机的机械特性方程式。可以把式(4.6)写成如下形式

$$n=n_0-\beta T=n_0-\Delta n \tag{4.8}$$

式中:n_0——理想空载转速,$n_0=U/(C_e\Phi)$;

β ——机械特性的斜率,$\beta=(R_a+R_c)/(C_e\Phi C_T\Phi)$;

Δn ——转速降,$\Delta n=RT/(C_eC_T\Phi^2)=\beta T$ 。

式(4.8)可用图 4.9 表示,它是穿越 3 个象限的一条直线。

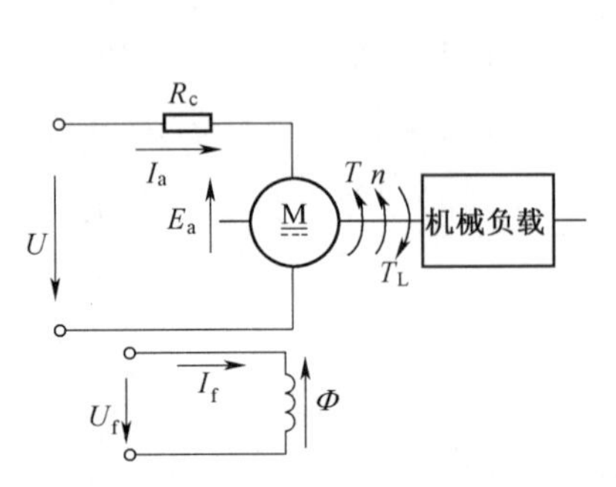

图 4.8 他励直流电动机拖动系统原理图

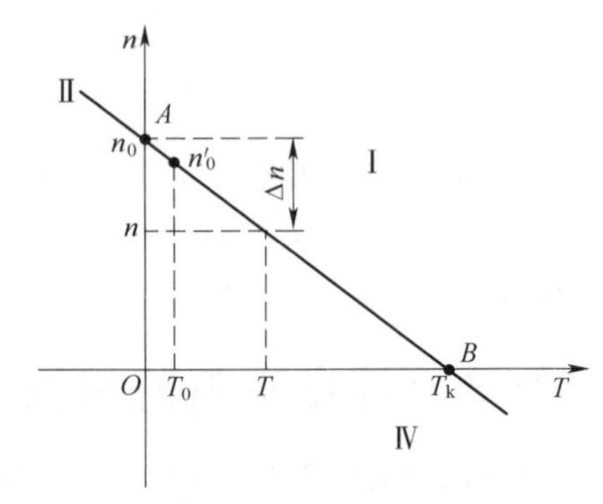

图 4.9 他励直流电动机的拖动特性

下面首先讨论机械特性上的 2 个特殊点。

1. 理想空载点

图 4.9 中的 A 点即为理想空载点。在 A 点 $T=0$，$I_a=0$，电枢电压降 $I_a(R_a+R_c)=0$，电枢电动势 $E_a=U$，电动机的转速 $n=n_0=U/(C_e\Phi)$。

电动机在实际的空载状态下运行时，其输出转矩 $T_2=0$，但是电动机必须产生电磁转矩用以克服空载转矩 T_0，所以实际空载转速 n_0' 为

$$n_0'=n_0-\beta T_0 \tag{4.9}$$

由式(4.9)可知，$n_0'<n_0$，这并不是说理想空载转速不能实现，当电动机空载运行时，如果在电动机轴上施加一个与转速 n 方向相同的转矩，用来克服空载转矩 T_0，维持电动机继续旋转，使电磁转矩 $T=0$，这时电动机的转速即可达到理想空载转速 n_0。由于 T_0 很小，在一般情况下，可以将它忽略不计，认为电磁转矩近似与电动机的输出转矩相等。这样就使问题简化了。

2. 堵转点

图 4.9 的 B 点即为堵转点。在 B 点，$n=0$，因而 $E_a=0$。此时外加电压 U 与电枢电压降 $I_a(R_a+R_c)$ 平衡，电枢电流 $I_a=U/(R_a+R_c)=I_K$，称为堵转电流，它仅由电动机外加电压 U 及电枢回路中的总电阻 R_a+R_c 决定。与 I_K 相对应的电磁转矩 $T_K=C_T\Phi I_K$ 称为堵转转矩。

在 A 点和 B 点，由于电动机的电磁功率都为零，所以不能实现机电能量转换。

4.3.2　固有机械特性

当电动机外加电压为额定电压 U_N，气隙磁通为额定磁通 Φ_N，且电枢回路不外串电阻器时，电动机的机械特性称为固有机械特性。固有机械特性方程式为

$$n=\frac{U_N}{C_e\Phi_N}-\frac{R_a}{C_e\Phi_N C_T\Phi_N}T \tag{4.10}$$

图 4.10 为他励直流电动机的固有机械特性，它是一条向下倾斜的直线。固有机械特性的理想空载转速及斜率分别为 $n_0=U_N/(C_e\Phi_N)$ 及 $\beta_N=R_a/(C_e\Phi_N C_T\Phi_N)$，所以固有机械特性也可表示为

$$n=n_0-\beta_N T \tag{4.11}$$

在固有机械特性上，当电磁转矩为额定转矩时，转速也为额定转速，即

$$n_N=n_0-\beta_N T_N=n_0-\Delta n_N \tag{4.12}$$

式中：Δn_N ——额定转速降，$\Delta n_N=\beta_N T_N=n_0-n_N$。

由于电枢回路只有很小的电枢绕组电阻 R_a，所以 β_N 的值较小，属于硬特性。

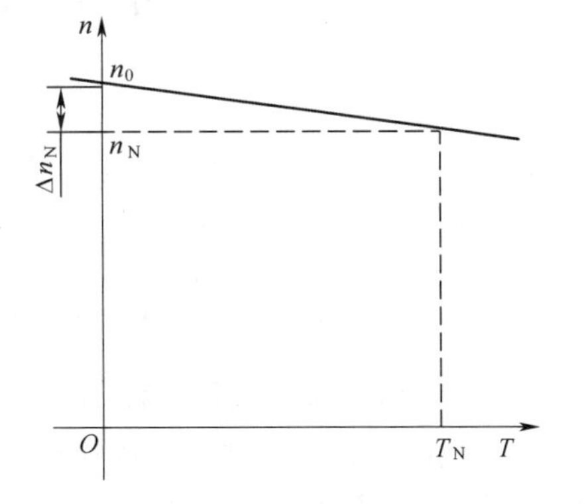

图 4.10　他励直流电动机的固有机械特性

4.3.3　人为机械特性

在机械特性方程式中，电源电压 U、磁通 Φ 以及电枢回路中串电阻 R_c 等参数都可以人为地改变。当改变上述任意一个参数时，电动机的机械特性也将随之发生变化。他励直流电动机的人为机械特性就是通过改变这些参数得到的机械特性。人为机械特性共有 3 种，现分述如下：

1. 电枢串电阻器的人为机械特性

当保持电动机电枢电压 $U=U_N$、磁通 $\Phi=\Phi_N$，而在电枢回路串电阻器 R_c 时，电动机的机械特性称为电枢串电阻器的人为机械特性。其机械特性方程式为

$$n=\frac{U_N}{C_e\Phi_N}-\frac{R_a+R_c}{C_e\Phi_N C_T\Phi_N}T \tag{4.13}$$

电枢串电阻器时的接线图如图 4.11 所示，机械特性如图 4.12 所示。由图 4.12 可见，由于想空载转速 n_0 与电枢外串电阻器无关，所以该人为机械特性上，理想空载转速 n_0 不变，而机械特性的斜率 β 则随电枢外串电阻器 R_c 的增加而增大，使机械特性变软，当 R_c 为不同值时，可以得到一簇放射性人为机械特性曲线。

2. 改变电源电压的人为机械特性

改变电动机的供电电压时，其机械特性方程式为

$$n=\frac{U}{C_e\Phi_N}-\frac{R_a}{C_e\Phi_N C_T\Phi_N}T \tag{4.14}$$

可见，改变电源电压的人为机械特性是在 $\Phi=\Phi_N$ 以及电枢回路不串电阻器的条件下，对应于不同电枢电压的机械特性，由于受直流电动机绕组绝缘及换向器的限制，电动机电枢电压不能超过额定值，只能在额定电压以下改变电源电压 U。因此，改变电源电压的人为机械特性在固有机械特性的下方，如图 4.13 所示。在该机械特性上，理想空载转速 n_0 与电源电压 U 成正比，但是机械特性的斜率不变，与固有机械特性的斜率相同。所以当电源电压为不同值时，人为机械特性曲线是一组与固有机械特性平行的曲线。

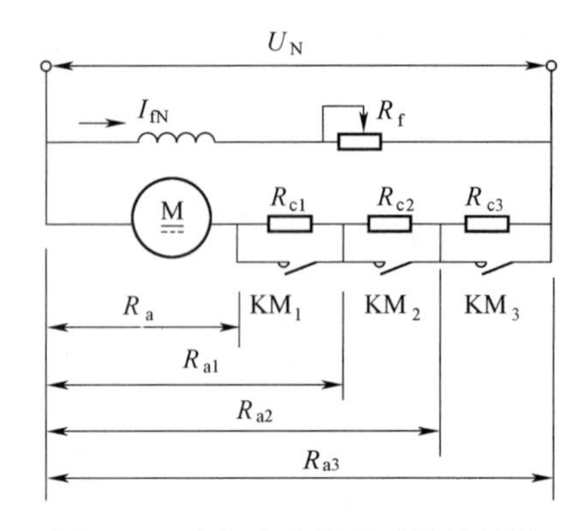

图 4.11　电枢串电阻器时的接线图

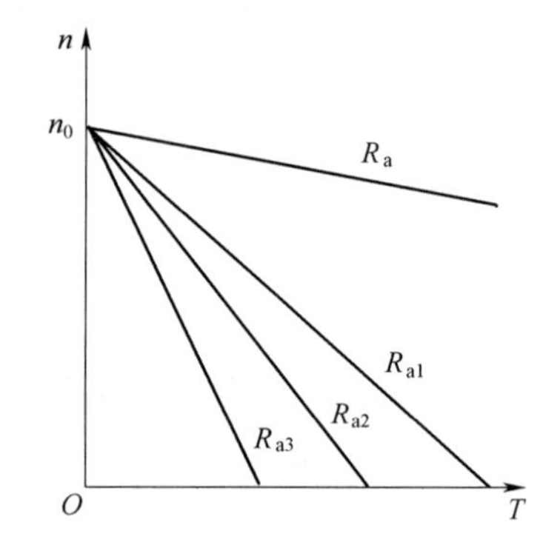

图 4.12　电枢串电阻器时的机械特性

3. 改变磁通的人为机械特性

一般情况下，他励直流电动机在额定磁通下运行时，电机磁路已接近饱和。因此，改变磁通实际上只能是减弱磁通。

减弱磁通的人为机械特性是指 $U=U_N$、$R_c=0$，只调节磁通 Φ 的机械特性。其机械特性方程式变为

$$n=\frac{U_N}{C_e\Phi}-\frac{R_a}{C_e\Phi C_T\Phi}T \tag{4.15}$$

其特点如下：

(1)理想空载转速 n_0 与磁通 Φ 成反比，因此减弱磁通会使 n_0 升高；

（2）减弱磁通人为机械特性的斜率 β 与 Φ^2 成反比，因此减弱磁通会使斜率 β 加大；

（3）减弱磁通的人为机械特性是一簇直线，但即不平行，又非放射。磁通减弱时，特性上移而且变软。

图 4.14 是他励直流电动机减弱磁通时的人为机械特性。减弱磁通可以用于平滑调速，由于磁通只能减弱，所以只能从额定转速向上调速。

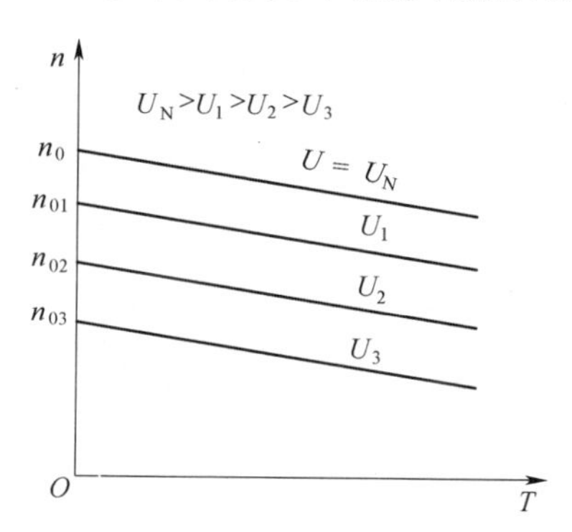

图 4.13　改变电源电压的人为机械特性

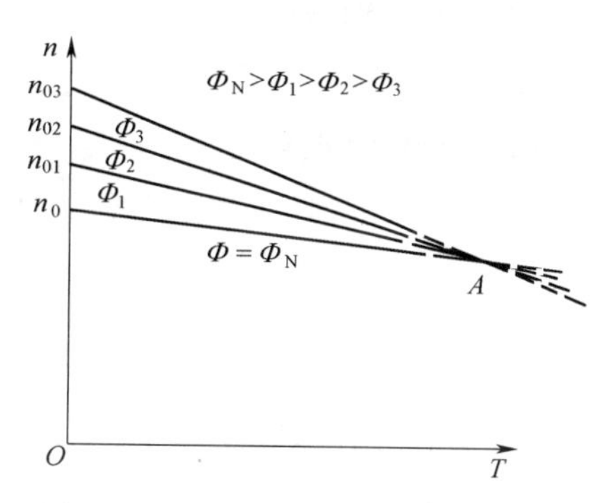

图 4.14　减弱磁通时的人为机械特性

4.3.4　机械特性曲线的绘制

在工程设计中，通常是根据产品目录或电动机铭牌数据计算和绘制机械特性的。

1. 固有机械特性的绘制

忽略电枢反应的去磁效应时，他励直流电动机的固有机械特性是一条直线。众所周知，两点可以确定一条直线，因此只要找到机械特性上的两个点，就可以绘出固有机械特性。通常选择以下两点：

（1）理想空载点 $n = n_0$，$T = 0$；

（2）额定工作点 $n = n_N$，$T = T_N$。

其中 $C_e\Phi_N$ 可根据额定运行时的电压平衡方程式求出：

$$C_e\Phi_N = \frac{U_N - I_N R_a}{n_N} \tag{4.16}$$

求出 $C_e\Phi_N$ 后即可根据式（4.17）计算出额定电磁转矩：

$$T_N = C_T\Phi_N I_N = 9.55 C_e\Phi_N I_N \tag{4.17}$$

在电动机的铭牌上可以查到 U_N、I_N 及 n_N 这 3 个数据，只要再知道电枢回路电阻 R_a 就能算出 n_0 及 T_N。求 R_a 有下述 2 种方法：

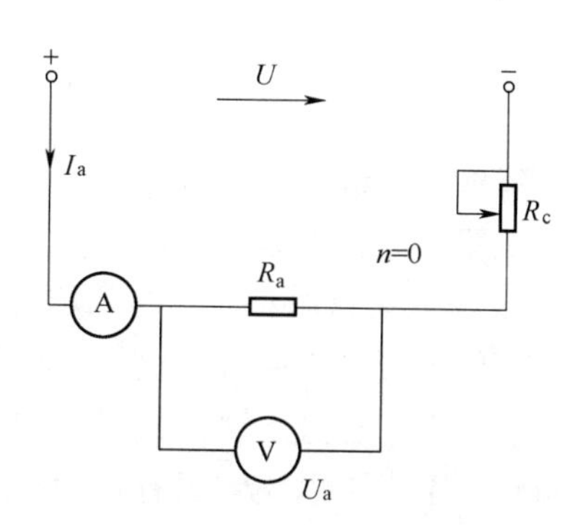

图 4.15　用伏安法测量电枢电阻的电路图

（1）实测。如果有电动机，可以实际测量 R_a。由于电枢回路含有电刷和电刷与换向器的接触面，当电流很小时，接触电阻很大，与实际运行时的数值不符，因此不能用万用表测量电枢电阻，需用伏安法测量。具体测量电路如图 4.15 所示，图中 R_c 是为限制电流而串入的可调电阻器。实测时励磁绕组开路，卡住电动机转子，避免电动机在剩磁的作用下旋转。然后在 $0.5I_N < I_N <$

$1.2I_N$ 之间测量数点 U_a、I_a，计算 $R_a = U_a/I_a$，再求平均值。

(2)估算。在设计过程中，如果尚未得到电动机，则可以根据电动机铭牌数据估算电枢电阻 R_a 的值。估算的依据是，普通电流电动机在额定状态下运行时，额定铜耗约占总损耗的 $\frac{1}{2} \sim \frac{2}{3}$，而特殊电机除外。

电动机的总损耗为

$$\sum p_N = U_N I_N - P_N$$

电动机的额定铜损耗为

$$P_{CuaN} = I_N^2 R_a$$

则

$$I_N^2 R_a = \left(\frac{1}{2} \sim \frac{2}{3}\right)(U_N I_N - P_N)$$

所以估算电枢电阻的公式为

$$R_a = \left(\frac{1}{2} \sim \frac{2}{3}\right)\frac{U_N I_N - P_N}{I_N^2} \tag{4.18}$$

式中：P_N ——电动机的额定功率，W。

综上所述，根据铭牌数据计算电动机固有机械特性的步骤如下：

①根据 U_N、P_N、I_N 按式(4.18)估算 R_a；

②按式(4.16)计算 $C_e\Phi_N$

③求 $n_0 = U_N/(C_e\Phi_N)$；

④按式(4.17)计算 T_N。

在坐标纸上标出(n_0,0)，(n_N，T_N)两点，过这两点连成一条直线，就是固有机械特性曲线。

2. 电枢串电阻器人为机械特性的绘制

前面求出 R_a、$C_e\Phi_N$ 后，人为机械特性就容易计算了。计算电枢串电阻器的人为机械特性时，首先计算理想空载转速 $n_0 = U_N/(C_e\Phi_N)$，得出理想空载点($n = n_0$，$T = 0$)，再根据已知的电枢外串电阻器 R_c 以及额定电磁转矩 $T_N = 9.55C_e\Phi_N I_N$，计算在额定负载转矩下电动机的转速

$$n_{RN} = n_0 - \frac{R_a + R_c}{9.55(C_e\Phi_N)^2}T_N \tag{4.19}$$

得出额定负载下的运行点($n = n_{RN}$，$T = T_N$)。过这两点连成一条直线，就得到了电枢串电阻器的人为机械特性。

3. 降低电源电压的人为机械特性的绘制

降低电源电压的人为机械特性上，其理想空载转速与电源电压成正比，降压时特性与固有特性平行且下移，因此，只要求出降压后的理想空载转速，就可以绘制出降压后的机械特性。下面举例说明固有特性和人为机械特性的绘制。

【例 4.1】 一台他励直流电动机，铭牌数据如下：P_N =40 kW，U_N =220 V，I_N =210 A，n_N =750 r/min。试求：

(1)固有机械特性;

(2) $R_c=0.4\ \Omega$ 的人为机械特性;

(3) $U=110$ V 的人为机械特性;

(4) $\Phi=0.8\Phi_N$ 的人为机械特性。

解　(1)固有机械特性:

估算电枢电阻 R_a:

$$R_a \approx \frac{1}{2}\left(\frac{U_N I_N - P_N \times 10^3}{I_N^2}\right) = \frac{1}{2}\left(\frac{220 \times 210 - 40 \times 10^3}{210^2}\right)\Omega = 0.07\ \Omega$$

计算 $C_e\Phi_N$:

$$C_e\Phi_N = \frac{U_N - I_N R_a}{n_N} = \frac{220 - 210 \times 0.07}{750} = 0.273\ 7$$

计算理想空载转速 n_0:

$$n_0 = \frac{U_N}{C_e\Phi_N} = \frac{220}{0.273\ 7}\text{r/min} = 804\ \text{r/min}$$

计算额定电磁转矩 T_N:

$$T_N = 9.55 C_e\Phi_N I_N = 9.55 \times 0.273\ 7 \times 210\ \text{N}\cdot\text{m} = 549\ \text{N}\cdot\text{m}$$

根据理想空载点($n_0=8.4$ r/min , $T=0$)及额定运行点($n=n_N=750$ r/min , $T_N=549$ N · m)绘制固有机械特性,如图 4. 16 中直线 1。

(2) $R_c=0.4\ \Omega$ 的人为机械特性。理想空载转速行 $n_0=804$ r/min, $T=T_N$ 时电动机的转速 n_{RN}:

$$n_{RN} = n_0 - \frac{R_a + R_c}{9.55\,(C_e\Phi_N)^2}T_N = \left(804 - \frac{0.07 + 0.4}{9.55 \times 0.273\ 7^2} \times 549\right)\text{r/min} = 443\ \text{r/min}$$

通过($n=n_0=804$ r/min , $T=0$)及($n=n'=443$ r/min , $T=T_N=549$ N · m)两点连一直线,即得 $R_c=0.4\ \Omega$ 的人为机械特性,如图 4. 16 中直线 2 所示。

(3) $U=110$ V 的人为机械特性。理想空载转速 n'_0:

$$n'_0 = \frac{U}{C_e\Phi_N} = \frac{110}{0.273\ 7}\ \text{r/min} = 402\ \text{r/min}$$

$$T=T_N \text{ 时的转速 } n_{UN} = n'_0 - \frac{R_a}{9.55\,(C_e\Phi_N)^2}T_N$$

$$= 402 - \frac{0.07}{9.55 \times 0.273\ 7^2} \times 549\ \text{r/min} = 348\ \text{r/min}$$

通过($n=n'_0=402$ r/min, $T=0$)及($n=n_{UN}=348$ r/min, $T=T_N=549$ N · m)两点连成一条直线,即为 $U=110$ V 的人为机械特性,如图 4. 16 中直线 3 所示。

(4) $\Phi=0.8\Phi_N$ 的人为机械特性。减弱磁通时,特性上移变软,因此其人为机械特性上的理想空载点及对应额定电枢电流时的电磁转矩及转速都将发生变化。

理想空载转速 n'_0:

$$n'_0 = \frac{U_N}{0.8C_e\Phi_N} = \frac{220}{0.8 \times 0.273\ 7}\ \text{r/min} = 1\ 005\ \text{r/min}$$

$I_a = I_N$ 时的电磁转矩 T''：

$$T'' = 0.8 \times 9.55 \times C_e\Phi_N I_N = 0.8 \times 9.55 \times 0.2737 \times 210\ \mathrm{N \cdot m} \approx 439.2\ \mathrm{N \cdot m}$$

$T = T''$ 时电动机的转速 n''：

$$n'' = n''_0 - \frac{R_a}{0.8^2 \times 9.55\,(C_e\Phi_N)^2}T'' = \left(1\,005 - \frac{0.07 \times 439.2}{0.8^2 \times 9.55 \times 0.2737^2}\right)\mathrm{r/min} \approx 968\ \mathrm{r/min}$$

通过 $n = n''_0 = 1\,005$ r/min，$T = 0$ 及 $n = n'' = 938$ r/min，$T = T'' = 439.2$ N·m 两点连成一条直线，即为 $\Phi = 0.8\Phi_N$ 时的人为机械特性，如图 4.16 中直线 4 所示。

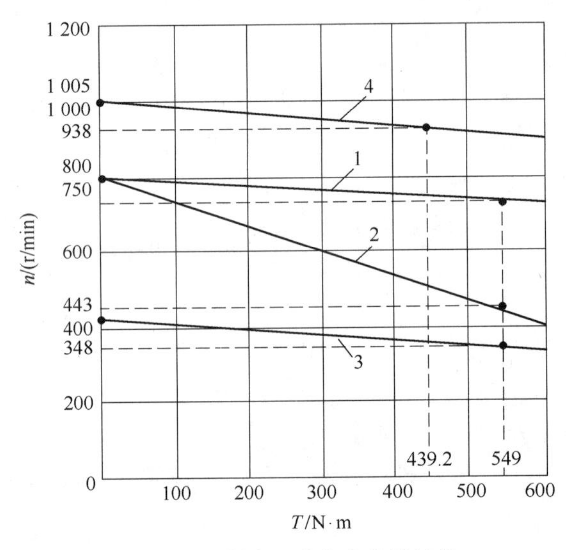

图 4.16 【例 4.1】人为机械特性

1—固有机械特性；2—R_c = 0.4 Ω 的机械特性；3—U = 110 V 的机械特性；4—$\Phi = 0.8\Phi_N$ 的机械特性

4.3.5 电力拖动系统稳定运行的条件

电力拖动系统是由电动机和生产机械负载构成的，在分析电力拖动系统的运动情况时，应将电动机的机械特性和负载转矩特性结合起来，研究电力拖动系统的稳定运行问题。通常是把电动机的机械特性和负载转矩特性画在同一直角坐标系内，如图 4.17 所示。其中直线 1 为电动机的机械特性，直线 2 为负载转矩特性，两条直线交点为 A，在 A 点，系统以 n_a 的转速恒速运行，此时系统处于平衡状态。这表明两条特性交点处（即 $T = T_L$），就是系统的平衡状态。但是系统处于平衡状态并不代表系统能够稳定运行，$T = T_L$ 只是系统稳定运行的一个必要条件。如果交点处两特性配合不好，系统也有可能不能稳定运行。

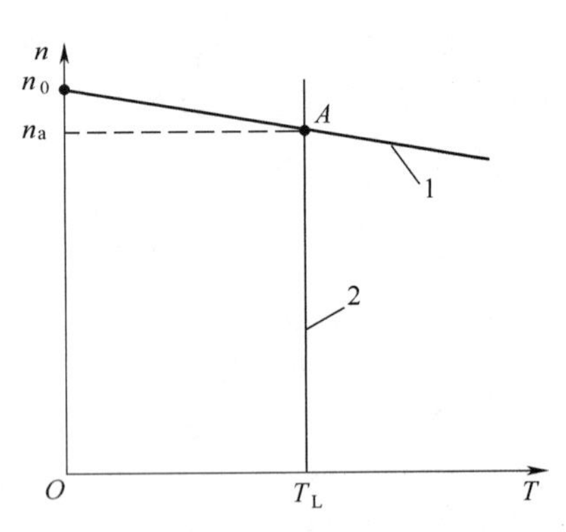

图 4.17 电力拖动系统得平衡状态

1—电动机的机械特性 2—负载转矩特性

电力拖动系统稳定运行的充分条件是：如果系统原来在某一转速下稳定运行，由于受到某种扰动，如电网电压的波动或负载转矩的微小变化等，导致系统的转速发生变化而离开了原来的平衡位置，当扰动消失后，系统能自动恢复到原来的转速下继续运行。下面举例说明电力拖动系统稳定运行的条件。

【例 4.2】　他励直流电动机拖动恒转矩负载，当电网电压上下波动时的情况如图 4.18(a)所示。系统原工作在平衡点 A 处，由于某种原因，电网电压向下波动，从 U_1 降到 U_2。由于机械惯性的影响，转速 n 不能突变。而电磁惯性较小可忽略不计，则 I_a 突然减小，T 也突然减小，从 A 点平移到 B 点，所以 $T < T_L$，破坏了原来的平衡状态。由电力拖动系统运动方程式可知，此时系统要减速。随着 n 的下降，反电势 E_a 减小，I_a 增大，T 增大，系统沿 BC 特性减速，直到 C 点，$n = n_c$，$T = T_L$，系统又以 n_c 转速恒速运行。如果扰动消失，电压从 U_2 升到 U_1，系统从 C 点平移到 D 点，然后沿新的特性回到 A 点稳定运行。也就是当扰动消失后，该系统还能回到原来的平衡位置。所以这个平衡是稳定的。

【例 4.3】　他励直流电动机拖动恒转矩负载，当负载有微小变化时两特性配合情况如图 4.18(b)所示。系统原来运行在平衡点 A，由于某种原因，负载由 T_{LA} 增大到 T_{LB} 瞬间，电动机转矩 T 的数值没有发生变化，所以 $T < T_L$，系统减速，直到 $T = T_L$，达到新的平衡点 B。若扰动消失，负载转矩又从 T_{LB} 减小到 T_{LA}，则 $T > T_L$，系统加速，又回到原来的平衡点。所以这个平衡是稳定的。

【例 4.4】　上翘的机械特性与恒转矩负载特性配合情况如图 4.18(c)所示。当考虑电枢反应的影响及在负载较大时，造成电动机机械特性在电磁转矩较大时出现上翘现象，如图 4.18(c)中的曲线 2 所示。当系统在 A 点运行，出现干扰时，如负载转矩 T_L 增大，则 $T < T_L$，转速 n 下降，如图 4.18(c)所示中的 C 点，由机械特性可以看出，电磁转矩 T 也下降，使得转速 n 进一步下降；反之，如负载转矩 T_L 稍有下降，则 $T > T_L$，转速 n 上升，如图 4.18(c)中的 B 点所示，电磁转矩 T 增大，使得转速 n 进一步上升。由此可见，在 A 点虽能满足稳定运行的条件 $T = T_L$，但负载转矩稍有增加或减小时，都不能稳定运行在新的平衡点。

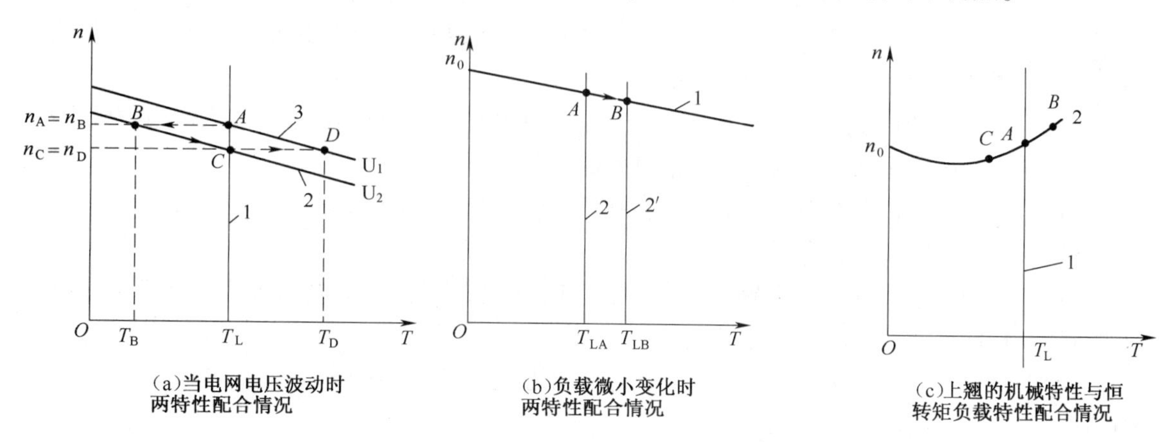

图 4.18　他励直流电动机的稳定运行

通过以上的分析可以看出，在电动机机械特性与负载转矩特性的交点上，不一定都能够稳定运行，也就是说 $T = T_L$ 仅是系统稳定运行的必要条件，但还不够充分。可以证明，电力拖动系统稳定运行的充分必要条件是

$$\frac{\mathrm{d}T}{\mathrm{d}n} < \frac{\mathrm{d}T_L}{\mathrm{d}n} \qquad (\text{在 } T = T_L \text{ 处}) \tag{4.20}$$

在实际中可用式(4.20)判断系统的稳定性，满足此条件，系统就是稳定的，否则系统就

是不稳定的。

推广到一般情况,如果电动机的机械特性与负载转矩特性在交点处能满足下列要求,则系统的运行是稳定的;否则是不稳定的。

在交点所对应的转速之上应保证 $T < T_L$(即高于平衡点的速度时,系统应做减速运行);在交点所对应的转速之下应保证 $T > T_L$(即低于平衡点的速度时,系统应做加速运行),只有这样的配合才能保证系统有恢复原转速的能力。

4.4 他励直流电动机的启动和反转

电动机接通电源后,转子转速从静止状态开始加速,转速逐渐升高,直到转速稳定,这一过程为电动机的启动过程,简称启动。电动机启动时,首先应在电动机的励磁绕组中通入励磁电流,建立磁场,然后在电枢绕组通入电枢电流,带电的电枢绕组在磁场中受力产生转矩,电动机转子受到电磁转矩而转动起来。

在启动瞬间,电动机的转速 n 为零,反电势 E_a 也为零,启动瞬间启动电流为

$$I_{st} = I_a = \frac{U_N - E_a}{R_a} = \frac{U_N}{R_a} \tag{4.21}$$

由于电枢电阻 R_a 很小,在 R_a 上加上额定电压 U_N,必然产生过大的电枢电流,通常可达到电动机额定电流的 10~20 倍。由此产生的后果是:

(1)大电流将使电动机换向困难,主要是在换向器表面产生强烈的火花,甚至产生环火。

(2)大电流在电枢绕组中产生过大的电动应力,损坏电动机的绕组。

(3)大电流使电动机产生过大的电磁转矩,因为电动机的电磁转矩与电枢电流成正比,因此电磁转矩也与之成正比地增长 10~20 倍,这样大的转矩突然加到传动机构上,将损坏机械部件的薄弱环节,例如传动机构的轮齿等。

(4)大电流将使供电电网的电压上下波动,特别是电动机容量较大时,会使电网电压波动较大,将影响在同一电网上运行的其他设备的正常运行。

因此,除了个别容量很小的电动机外,一般不允许电动机在额定电压下直接启动。

对直流电动机启动的要求如下:

(1)启动时的启动转矩要足够大,启动转矩应大于负载转矩,使电动机能够在负载情况下顺利启动,且启动过程的时间尽量短一些。

(2)启动电流不能太大,要限制在一定的范围之内。否则会使电动机换向困难,产生较强的火花,损坏电动机。

(3)启动控制设备简单、经济可靠、操作方便。

4.4.1 他励直流电动机的启动

限制启动电流的措施有 2 个:一是降低电源电压 U;二是加大电枢回路电阻。因此直流电动机启动方法主要有降低电源电压启动和电枢回路串电阻器启动 2 种。

1. 降低电源电压启动

图 4.19(a)是降低电源电压启动时的接线图。电动机的电枢由可调直流电源(直流发电机或可控整流器)供电。启动时,先将励磁绕组接通电源,并将励磁电流调到额定值,然后从低向高调节电枢回路的电压。启动瞬间加到电枢两端的电压为 U,在电枢回路中产生的电

流不应超过 1.5~2 I_N 。这时电动机的机械特性为图 4.19(b)中的直线 1,此时电动机的电磁转矩大于负载转矩,电动机开始旋转。随着转速升高,E_a 增大,电枢电流 $I_a=(U_1-E_a)/R_a$ 逐渐减小,电动机的电磁转矩也随着减小。当电磁转矩下降到 T_2 时,将电源电压提高到 U_2,其机械特性为图 4.19(b)中的直线 2。在升压瞬间,n 不变,E_a 也不变,因此引起 I_a 增大,电磁转矩增大,直到 T_1,电动机将沿着机械特性直线 2 升速。逐级升高电源电压,直到 $U=U_N$ 时电动机将沿着图 4.19(b)中的点 $a \to b \to c \to \cdots \to k$,最后加速到 p 点,电动机稳定运行,降低电源电压启动过程结束。

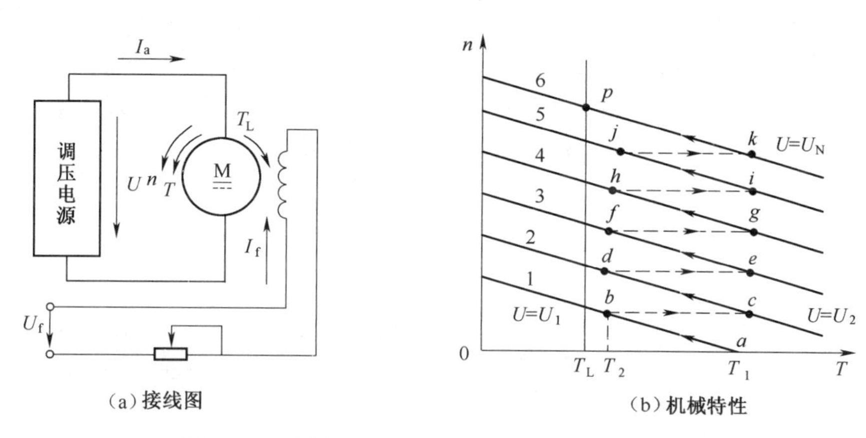

图 4.19　降低电源电压启动时的接线图及机械特性

值得注意的是在调节电源电压时,不能升得太快,否则会引起过大的冲击。

降压启动方法在启动过程中能量损耗小,启动平稳,便于实现自动化,但需要一套可调节的直流电源,增加了初投资。

2. 电枢串电阻器启动

电动机启动时,在电枢回路中串启动电阻器以限制启动电流,称为串电阻器启动。启动电流 I_{st} 应限制在允许值范围(1.5~2) I_N 内,启动电流为 $I_{st}=U_N/(R_a+R_{st})$,则启动电阻为

$$R_{st}=\frac{U_N}{I_{st}}-R_a \tag{4.22}$$

在启动过程中,将串入电枢回路的启动电阻器再分级切除,这种启动方法称为电枢串电阻器分级启动。如果把启动电阻器一次全部切除,会引起过大的电流冲击,因此在启动电流的允许值范围内,先切除一部分,待转速升高后,再切除一部分,如此逐步地每次切除一部分,直到启动电阻器全部切除为止,启动过程结束。启动级数不宜过多,一般为 2~5 级。

在分级启动过程中,如果忽略电枢回路电感,并合理地选择每次要切除的电阻值,就能做到每切除一段启动电阻器,电枢电流就瞬间增大到最大启动电流 I_1。此后随着转速上升,电枢电流就下降。每当电枢电流下降到某一数值 I_2 时就切除一段电阻器,电枢电流就又突增至 I_1。这样在启动过程中就可以把电枢电流限制在 I_1 和 I_2 之间。I_2 称为切换电流。

下面以 3 级启动为例,说明 3 级启动过程。图 4.20(a)为 3 级启动时的接线图,启动电阻器分为 3 段, R_{st1} 、R_{st2} 和 R_{st3} ,接触器的三个动合触点分别并联在三个分级电阻上。启动过程如下。

启动瞬间,KM_1、KM_2、KM_3 都断开,电枢回路的总电阻为 $R_3=R_a+R_{st1}+R_{st2}+R_{st3}$,电动

机运行点为图 4.20(b)中 a 点,启动电流为 I_1。启动转矩为 T_{st1} ,且 $T_{st1} > T_L$,电动机从 a 点开始启动。转速沿着 R_3 的机械特性 ab 上升,启动电流下降,到图 4.20(b)中的 b 点时,启动电流降到切换电流 I_2,这时 KM_3 闭合,切除启动电阻器 R_{st3} ,电枢总电阻变为 $R_2 = R_a + R_{st1} + R_{st2}$,电动机运行由 R_3 的机械特性切换到 R_2 的机械特性上。切除电阻器瞬间转速不能突变,电流则突增至 I_1,运行点过渡到 c 点。此后电动机又沿着直线 cd 升速,启动流下降。当转速升到图 4.20(b)中 d 点,启动电流又下降到 I_2,此刻闭合 KM_2,切除第二段电阻器 R_{st2} ,电枢回路总电阻变为 $R_1 = R_a + R_{st1}$,电动机的机械特性为直线 ef,运行点从 d 点过渡到 e 点,启动电流又从 I_2 增加到切换电流 I_1,电动机沿 ef 段升速,启动电流又开始下降。当转速升高到 f 点时,启动电流又降到 I_2。此刻闭合触点 KM_1,切除最后一段电阻器 R_{st1} ,运行点从 f 点过渡到固有机械特性上的 g 点,电流再一次增加到 I_1。此后电动机在固有机械特性上升速,直到额定工作点 h 处, $T = T_L$,电动机稳定运行,启动过程结束。

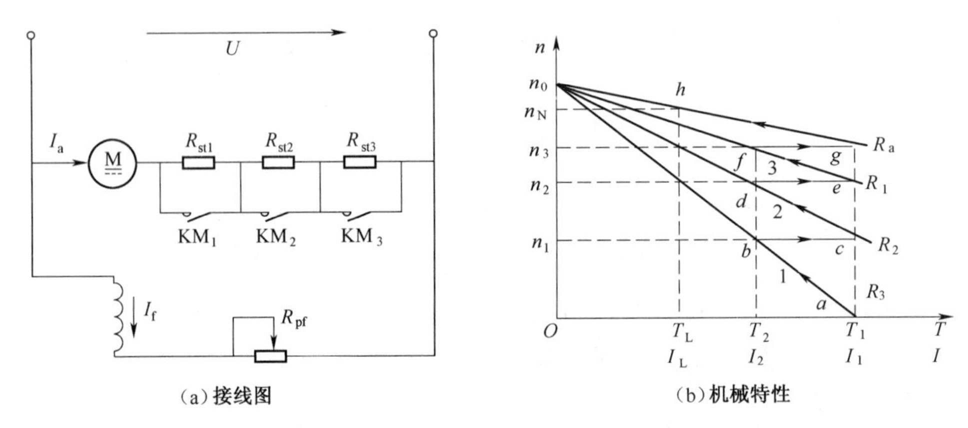

图 4.20　电枢电路串电阻器 3 级启动时的接线图及机械特性

在电动机的启动过程中,为减小启动时对系统生产机械的冲击,各级启动电流的计算,应以在启动过程中最大启动电流 I_1(或最大启动转矩 T_1)及切换电流 I_2(或切换转矩 T_2)不变为原则。对普通型直流电动机通常取

$$I_1 = (1.5 \sim 2)I_N \tag{4.23}$$

$$I_2 = (1.1 \sim 1.2)I_N \tag{4.24}$$

各级启动电阻的计算可用图解法和解析法进行计算,在此不再阐述,具体的计算方法可参阅其他书籍。

4.4.2　他励直流电动机的反转

由于生产工艺需要,有些电力拖动系统要求电动机具有正反转的功能。

由前面可知,电动机运行时的旋转方向与转矩方向一致,若要改变旋转方向,就必须改变电动机电磁转矩的方向。由 $T = C_T \Phi I_a$ 可知,电磁转矩的方向取决于磁通和电枢电流的相互作用,所以只要改变磁通 Φ 和电流 I_a 中任意一个量的方向,则可改变电磁转矩方向,即电动机的转动方向。具体方法有 2 种。

1. *改变励磁电流的方向*

保持电枢绕组两端电源电压的极性不变,将励磁绕组反接,使励磁电流反向,从而改变磁通 Φ 的方向。

2. 改变电枢绕组两端电源电压的极性

保持励磁绕组的电压极性不变,将电枢绕组反接,使电枢电流改变方向。

如果励磁绕组和电枢绕组同时反接,磁通 Φ 和电流 I_a 同时都改变方向,则达不到电动机反转的目的。

由于他励直流电动机的励磁匝数较多,电感较大,励磁电流由正向到反向的时间较长,建立反向励磁的过程缓慢,反向过程不能迅速进行。另外,在励磁绕组断开瞬间,会产生很高的感应电动势,使绕组绝缘击穿。所以在实际应用中,大多采用反接电枢绕组(改变电枢电压极性)的方法来实现直流电动机的正反转。但对于一些容量较大的电动机也可采用改变励磁电流的方向来实现反转。

4.5 他励直流电动机的制动

所谓制动,就是使拖动系统从某一稳定转速很快减速停车(如可逆轧机),或是为了限制电动机转速的升高(如起重机下放重物、电车下坡等),使其在某一转速下稳定运行,以确保设备和人身安全。

电动机在运行时,若电动机的电磁转矩 T 与转速 n 方向相同时,T 是拖动性质转矩,这时电动机的工作状态为电动状态;当电动机的电磁转矩 T 与转速 n 方向相反时,T 是制动性质转矩,这时电动机的工作状态为制动状态。电动状态时,电机将电能转换成机械能;制动状态时,电机将机械能转换成电能。

电动机在正常运行时,如果切断电源,拖动系统的转速会慢慢地下降,直到转速为零而停止,这一制动过程称为自由停车。这是靠很小的摩擦阻转矩实现的,因此制动时间较长。

电力拖动系统的制动,通常采用机械制动和电气制动2种方法进行。机械制动是利用摩擦力产生阻转矩来实现的,如电磁抱闸,若采用此方法,闸皮磨损严重,维护工作量增加,所以对频繁启动、制动和反转的生产机械,一般都不采用机械制动而采用电气制动;电气制动就是使电动机产生一个与转速方向相反的电磁转矩,电气制动方法便于控制,易于实现自动化,也比较经济。下面仅讨论电气制动。

电气制动的方法有3种:能耗制动、反接制动和回馈制动。

4.5.1 能耗制动

能耗制动是把正处于电动运行状态的电动机电枢绕组从电网上断开,并立即与一个附加制动电阻 R_{bk} 相连接构成闭合电路,如图4.21所示。能耗制动又可分为能耗制动停车和能耗制动运行。

1. 能耗制动停车

在图4.21(a)中,当接触器 KM_1 的常开触点闭合,将电源接入电枢后,电动机拖动恒转矩负载在正向电动状态下运行。为实现快速停车,先将 KM_1 断开,电动机电枢与电源脱离,电压 U 为零;再将 KM_2 闭合,电枢通过电阻器 R_{bk} 构成闭合电路。在电路切换的瞬间,由于机械惯性作用,电动机转速不能突变,转速 n 仍保持原电动状态的大小和方向,因此电枢电动势 E_a 的大小和方向不变。忽略电枢电感时,电枢电流 $I_a=-E_a/(R_a+R_{bk})$ 为负,说明电枢电流方向与电动状态时的方向相反,因此产生的电磁转矩反向,与转速方向相反,成为制动转矩,如图4.21(a)所示。

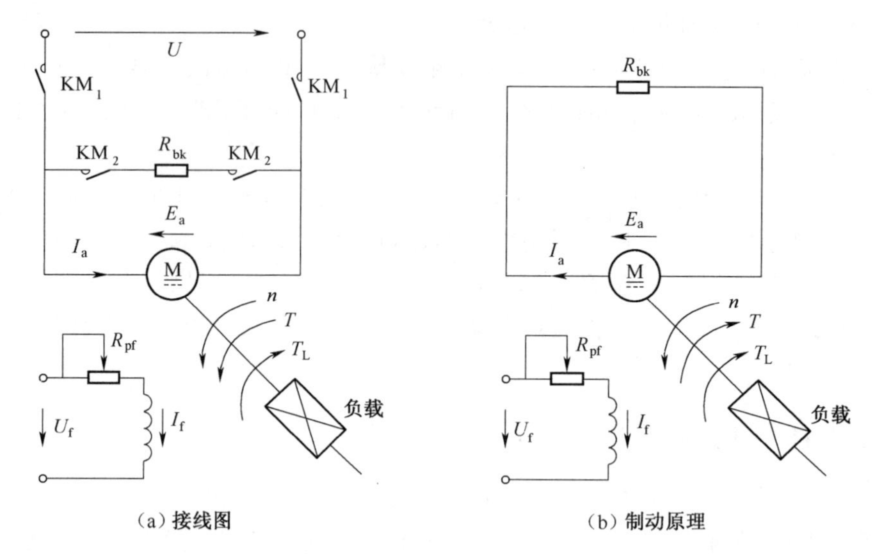

图 4.21　他励直流电动机能耗制动时的接线图及制动原理

在制动转矩的作用下,转速 n 迅速下降,当 $n = 0$ 时, $E_a = 0$, $I_a = 0$, $T = 0$,制动过程结束。

在制动过程中,由于 $U = 0$,电动机与电源没有能量转换关系,输入功率 $P_1 = 0$;电磁功率 $P_{em} = E_a I_a = T\Omega < 0$,说明电动机由生产机械的惯性作用拖动而发电,将生产机械储存的动能转换为电能消耗在电阻器 $(R_a + R_{bk})$ 上,直到电动机停止转动为止。所以这种制动方式称为能耗制动。

能耗制动时, $U = 0$, $\Phi = \Phi_N$,其机械特性方程式为

$$n = -\frac{R_a + R_{bk}}{C_e \Phi_N} I_a = -\frac{R_a + R_{bk}}{C_e C_T \Phi_N^2} T \tag{4.25}$$

由式(4.25)可知其机械特性曲线为一条通过原点,位于第二象限的直线,如图 4.22 所示。设电动机在固有特性的 A 点稳定运行,切换到能耗制动的瞬间,转速 n_A 不能突变,电动机的工作点从 A 点过渡到能耗制动机械特性的 B 点上,B 点的电磁转矩 $T_B < 0$,与负载转矩同方向,拖动系统在负载转矩和电磁转矩的共同作用下,迅速减速,运行点沿能耗制动特性曲线 BO 下降,直到原点,电磁转矩及转速都降为零,如果负载为反抗性负载,电动机停车。能耗制动开始瞬间的电枢电流与电枢电路总电阻 $(R_a + R_{bk})$ 成反比, R_{bk} 越小,制动电流及制动转矩就越大,制动效果越好,停车迅速。但 R_{bk} 不宜太小,因 I_a 受电动机换向条件限制不能太大,所以规定制动开始时的最大允许制动电流 $I_{bk} \leqslant (2 \sim 2.5) I_N$,则制动电阻 R_{bk} 应为

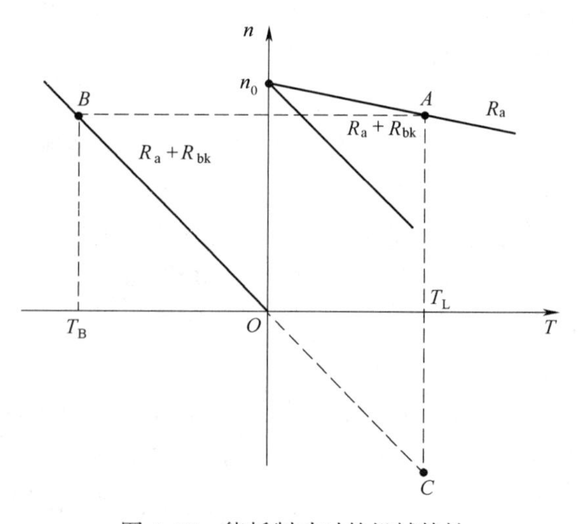

图 4.22　能耗制动时的机械特性

$$R_{\mathrm{bk}} \geqslant \frac{E_{\mathrm{a}}}{I_{\mathrm{bk}}} - R_{\mathrm{a}} \tag{4.26}$$

式中：E_{a} ——制动开始时电动机的电枢电动势。

I_{bk} ——制动开始时的电枢电流。

2. 能耗制动运行

图 4.23 为电动机拖动位能性负载能耗制动接线图。若要使电动机拖动位能性负载下放重物，可设电动机拖动位能性负载在固有特性的 A 点运行，以转速 n_{A} 提升重物。首先采用能耗制动使电动机停止，这时工作点由 A 点跳至 B 点，再沿特性下降至 O 点，若过程中，当工作点到达 O 点时，在该点电磁转矩和转速均为零。此时拖动系统在位能负载转矩 T_{L} 的作用下使电动机反转，并反向加速，$n < 0$，$E_{\mathrm{a}} < 0$，$I_{\mathrm{a}} > 0$，$T > 0$，T 与 n 的方向相反，电动机运行在第四象限的机械特性上，如图 4.22 中的虚线 OC 段所示。随着转速的反向升高，电枢电动势 E_{a} 增加，电枢电流 I_{a} 增加，电磁转矩也增加，直到 $T = T_{\mathrm{L}}$ 时，在 C 点稳定运行，匀速下放重物，电动机处于能耗制动运行状态。

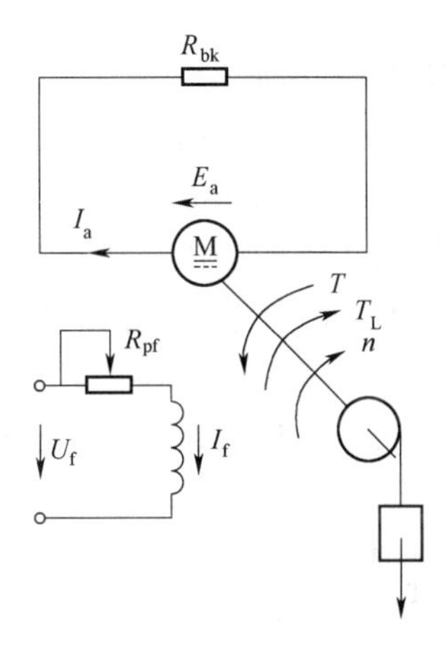

图 4.23　他励直流电动机能耗制动接线图

能耗制动运行状态时的电枢电流和机械特性方程式与能耗制动停车时相同。功率关系也是完全一样的，不同的只是在能耗制动运行状态下，机械功率的输入是靠重物下降时减少的位能提供的，将机械能转换为电能，供给电枢电路。能耗制动运行方法的控制比较简单，运行可靠，且比较经济。制动转矩 T 随转速 n 的下降而减小，因此制动比较平稳，便于准确停车。它适用于要求准确停车的场合制动停车或提升装置均匀下放重物。

【例 4.5】　一台他励直流电动机的铭牌数据为 $P_{\mathrm{N}} = 2.5\ \mathrm{kW}$，$U_{\mathrm{N}} = 220\ \mathrm{V}$，$I_{\mathrm{N}} = 12.5\ \mathrm{A}$，$n_{\mathrm{N}} = 1\ 500\ \mathrm{r/min}$，电枢电阻 $R_{\mathrm{a}} = 0.8\ \Omega$。试求：

(1) 当电动机以 1 200 r/min 的转速运行时采用能耗制动停车，若限制最大制动电流为 $2I_{\mathrm{N}}$，则电枢电路应串多大的电阻？

(2) 若负载为位能性负载，负载转矩为 $T_{\mathrm{L}} = 0.9T_{\mathrm{N}}$，采用能耗制动使负载以 120 r/min 的速度下放重物时，电枢电路应串多大的电阻？

解　(1)
$$C_e\Phi_{\mathrm{N}} = \frac{U_{\mathrm{N}} - I_{\mathrm{N}}R_{\mathrm{a}}}{n_{\mathrm{N}}} = \frac{220 - 12.5 \times 0.8}{1\ 500} = 0.14$$

当转速 $n = 1\ 200\ r/\mathrm{min}$ 时，电动势为

$$E_{\mathrm{a}} = C_e\Phi n = 0.14 \times 1\ 200\ \mathrm{V} = 168\ \mathrm{V}$$

应串入的制动电阻为

$$I_{\mathrm{bk}} = \frac{E_{\mathrm{a}}}{2I_{\mathrm{N}}} - R_{\mathrm{a}} = \left(\frac{168}{2 \times 12.5} - 0.8\right)\Omega = 5.92\ \Omega$$

(2)
$$T_{\mathrm{L}} = 0.9T_{\mathrm{N}} = 0.9 \times 9.55\frac{P_{\mathrm{N}}}{n_{\mathrm{N}}} = 0.9 \times 9.55 \times \frac{2.5 \times 10^3}{1\ 500}\mathrm{N \cdot m} = 14.3\ \mathrm{N \cdot m}$$

忽略空载转矩，$T = T_{\mathrm{L}}$，将已知数据代入能耗制动机械特性：

$$n=-\frac{R_a+R_{bk}}{C_eC_T\Phi_N^2}T$$

即
$$-120=-\frac{0.8+R_{bk}}{9.55\times 0.14^2}\times 14.3$$

解得
$$R_{bk}=0.77\ \Omega$$

4.5.2　反接制动

反接制动根据具体的实现方法，可分为电源反接制动和倒拉反接制动。

1. 电源反接制动

为了实现快速停车，在生产中除采用能耗制动外，还采用电源反接制动。电源反接制动是在制动时将电源极性对调，反接在电枢两端，同时还要在电枢电路中串一制动电阻器，电路原理接线图如图 4.24(a)所示。当接触器 KM_1 的常开触点闭合，KM_2 的常开触点断开时，电动机拖动负载在 A 点稳定运行，如图 4.24(b)所示。电动机制动时，KM_1 的触点断开，KM_2 的触点闭合，电枢所加电压反向，同时在电枢电路中串入了电阻器 R_{bk}，这时 $U=-U_N$，电枢电流则为

$$I_a=\frac{-U_N-E_a}{R_a+R_{bk}}=-\frac{U_N+E_a}{R_a+R_{bk}}<0 \tag{4.27}$$

由式(4.27)可知电枢电流 I_a 变为负值而改变方向，电磁转矩 $T=C_T\Phi I_a$ 也随之变为负值而改变方向，与原转速方向相反，成为制动转矩，使电动机处于制动状态。

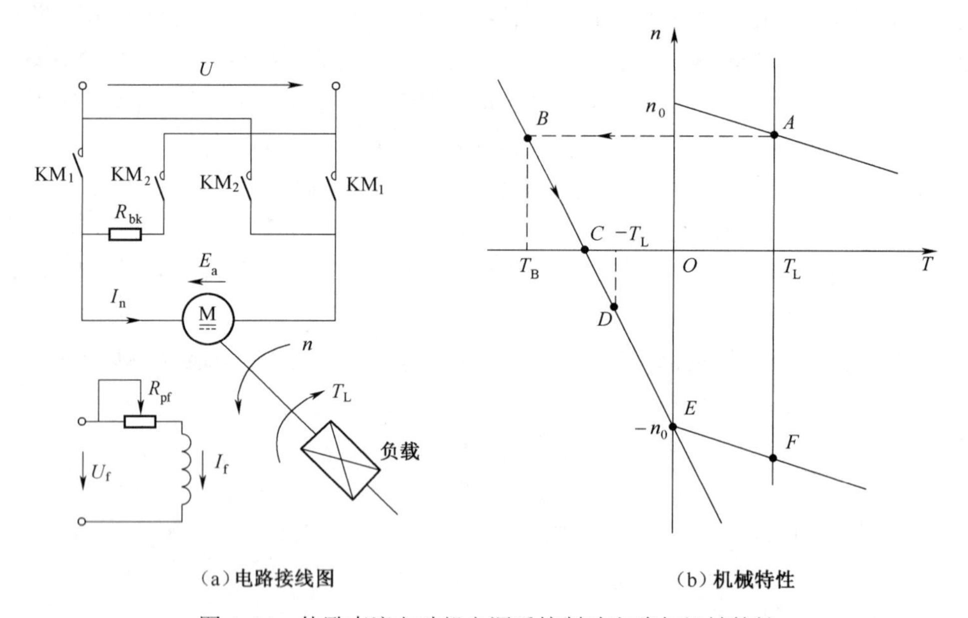

(a)电路接线图　　(b)机械特性

图 4.24　他励直流电动机电源反接制动电路与机械特性

电源反接制动时电动机的机械特性方程式为

$$n=\frac{-U_N}{C_e\Phi_N}-\frac{R_a+R_{bk}}{C_eC_T\Phi_N^2}T=-n_0-\frac{R_a+R_{bk}}{C_eC_T\Phi_N^2}T \tag{4.28}$$

相应的机械特性如图 4.24(b)所示的第二象限的直线段部分。在电源反接切换的瞬间，

转速 n_A 不变,电动机的工作点由 A 点跳至 B 点,电磁转矩 T 反向, $T<0$, $n>0$,电磁转矩 T 为制动转矩,电动机开始减速,沿机械特性的 BC 段下降,至 C 点时, $n=0$。如果负载为反抗性恒转矩负载,且 $|T_C| \leqslant |T_L|$ 时,电动机就停止转动,制动过程结束;若 $|T_C| > |T_L|$,这时在反向转矩作用下,电动机将反向启动,并沿特性曲线加速到 D 点,进入反向电动状态下稳定运行。当制动的目的就是为了停车时,在电动机转速接近于零时,必须立即断开电源。

电源反接制动过程中,电动机仍与电网连接,从电网吸取电能,同时随着转速的降低,系统储存的动能减少,减少的动能从电动机轴上输入转换为电能,这些电能全部消耗在电枢电路的电阻器上。

电动状态时,电枢电流的大小由电源电压 U_N 与电动势 E_a 之差决定,而反接制动时,电枢电流的大小由电源电压 U_N 与电动势 E_a 之和决定。因此,反接制动时,电枢电流是非常大的。为了限制过大的电枢电流,反接制动时必须在电枢电路中串入制动电阻器 R_{bk} 。R_{bk} 的大小应使反接制动时电枢电流不超过电动机的最大允许电流 $I_{max}=(2 \sim 2.5)I_N$,应串入的制动电阻值为

$$R_{bk} \geqslant \frac{U_N+E_a}{I_{max}}-R_a \approx \frac{2U_N}{(2 \sim 2.5)I_N}-R_a \tag{4.29}$$

电源反接制动的特点是:设备简单、操作方便、制动转矩较大。但制动过程中能量损耗较大,在快速制动停车时,如不及时切断电源可能反转,不易实现准确停车。

电源反接制动适用于要求迅速停车的生产机械,对于要求迅速停车并立即反转的生产机械更为理想。

2. 倒拉反接制动

倒拉反接制动的方法适用于电动机拖动位能性负载,由提升重物转为下放重物的系统中,将重物低速匀速下放,制动控制电路接线图如图 4.25(a)所示。其接线与提升重物时的电动状态基本相同,只是在电枢电路串联一个大的电阻器 R_{bk} 。

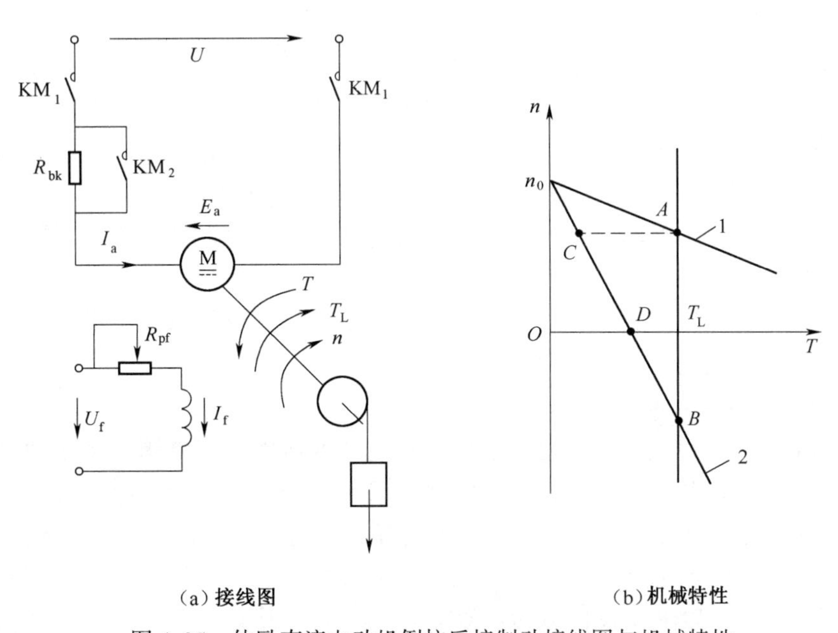

图 4.25　他励直流电动机倒拉反接制动接线图与机械特性

当电动机提升重物时，接触器的常开触点 KM_1 和 KM_2 闭合，电动机在机械特性的 A 点稳定运行，如图 4.25(b) 所示。下放重物时，将 KM_2 的触点断开，电枢电路串入一个较大的电阻器 R_{bk}，在 KM_2 断开的瞬间，电动机的转速 n_A 不能突变，工作点由 A 点跳至人为机械特性的 C 点，由于电枢串入了较大电阻器，这时电枢电流变小，电磁转矩 T 变小，即 $T<T_L$，因此系统不能将重物提升。在负载重力的作用下，转速迅速沿特性下降到 $n=0$，如图 4.25(b) 的 D 点所示，在该点，电磁转矩还是小于负载转矩，即 $T<T_L$，电动机开始反转，又称倒拉反转，使转速反向，电动机的电动势方向也随之改变，而与电源电压方向相同，于是电枢电流为

$$I_a=\frac{U_N-(-E_a)}{R_a+R_{bk}}=\frac{U_N+E_a}{R_a+R_{bk}}>0 \tag{4.30}$$

由式(4.30)可知，电枢电流仍是正值，未改变方向，以致电磁转矩 T 也是正值，未改变方向，但转速已改变方向，因此电磁转矩 T 与转速 n 方向相反，为制动转矩，电动机处于制动状态。由式(4.30)可知，随着转速的升高，电枢电流增大，电磁转矩也增大，直到 $T=T_L$ 时，如图 4.25(b) 的 B 点所示，电动机将在 B 点稳定运行，开始匀速下放重物。

倒拉反接制动的机械特性方程式与电动状态时电枢串电阻器的人为机械特性方程式一样，即

$$n=\frac{U_N}{C_e\Phi_N}-\frac{R_a+R_{bk}}{C_eC_T\Phi_N^2}T=n_0-\frac{R_a+R_{bk}}{C_eC_T\Phi_N^2}T \tag{4.31}$$

不过由于电枢电路串联的电阻器 R_{bk} 较大，使得 $n=n_0-\dfrac{R_a+R_{bk}}{C_eC_T\Phi_N^2}T<0$，因此 n 为负值，倒拉反接制动的机械特性是电动状态时电枢串电阻器的人为机械特性在第四象限的延伸部分。

倒拉反接制动时的制动电阻为

$$R_{bk}=\frac{U_N+E_a}{I_{bk}}-R_a \tag{4.32}$$

倒拉反接制动的功率关系与电源反接制动的功率关系相同，区别在于电源反接制动时，电动机输入的机械功率由系统储存的动能提供；而倒拉反转制动则是由位能性负载以位能减少来提供的。

倒拉反接制动的特点是：设备简单、操作方便、电枢电路串入的电阻器较大、机械特性较软、转速稳定性差、能量损耗较大。倒拉反接制动适用于位能性负载低速下放重物。

4.5.3 回馈制动

若在外部条件的作用下，使电动机的实际转速高于理想空载转速时，电动机即可运行在回馈制动状态。回馈制动一般有下面 2 种情况：

1. 位能性负载拖动电动机时

电动机拖动位能性负载提升重物时，将电源反接，电路接线与电源反接制动时的完全一样，如图 4.24(a) 所示，电动机进入电源反接制动状态，转速将沿电源反接时的机械特性 BC 段迅速下降至 C 点，如图 4.24(b) 所示。当转速降为零时，不断开电源，电动机开始反向启动，转速反向升高至 E 点时，电磁转矩 $T=0$，但负载转矩 $T_L>0$，电动机在位能负载 T_L 的作用下沿机械特性的 EF 段继续反向升速（这时 $R_{bk}=0$），工作点进入机械特性的第四象限部

分,电动机的转速还要继续增加,直至 $T = T_L$ 时,在 F 点稳定运行,匀速下放重物。

当下放转速超过理想空载转速时, $|E_a| > |-U_N|$,这时电动机的电流为

$$I_a = \frac{-U_N - E_a}{R_a} = \frac{-U_N + |E_a|}{R_a + R_{bk}} > 0 \tag{4.33}$$

即电流方向改变,变为正值,则转矩也变为正值,与转速的方向相反,变为制动转矩。于是电动机变为发电状态,把系统的动能转变成电能回馈电网。所以回馈制动状态又称再生制动状态。

回馈制动时的机械特性方程式与电源反接制动状态时的完全一样。回馈制动时,为防止拖动系统的转速过高,通常在电枢电路不串电阻器,让电动机工作在固有机械特性上,如图 4.24(b)的 EF 段所示。

回馈制动稳定运行时,系统减少的位能变换为电能,除电枢电路电阻器消耗一小部分外,大部分电能回馈给电网,因此回馈制动能量损耗小,很经济,但只能高速下放重物,安全性差。

2. 电动机降压调速时

在电动机降压调速的过程中,若突然降低电枢电压,感应电动势还来不及变化,就会发生 $E_a > U$ 的情况,即出现了回馈制动状态。

如图 4.26 所示,当电压从 U_N 降到 U_1 时,转速从 n_N 降到 n_{01} 的期间,由于 $E_a > U_1$,将产生回馈制动,此时电枢电流及电磁转矩方向将与正向电动状态时相反,而转速方向未改变。如果减速到 n_{01} ,则不再降低电压,转速将降到低于 n_{01} ,使 $E_a < U_1$,此时电枢电流及电磁转矩方向将与正向电动状态时的相同,电动机恢复到电动状态下工作。

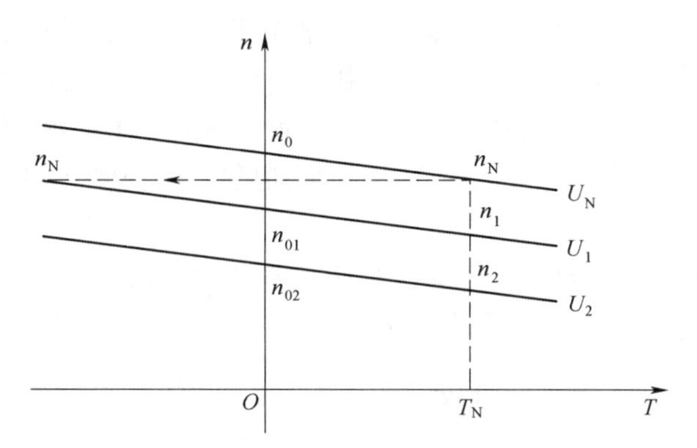

图 4.26　他励直流电动机降压调速过程中的回馈制动

4.5.4　他励直流电动机的四象限运行

他励直流电动机机械特性方程式的一般形式为

$$n = \frac{U}{C_e \Phi} - \frac{R_a + R_c}{C_e C_T \Phi^2} T \tag{4.34}$$

当按规定的正方向用曲线表示机械特性时,电动机的固有机械特性及人为机械特性将位于直角坐标系的 4 个象限之中。在第一、第三象限内为电动状态;第二、第四象限内为制动状态。

电动机的负载有反抗性负载、位能性负载及风机泵类负载等。它们的转矩特性也位于直角坐标系的 4 个象限之中。

在电动机机械特性与负载机械特性的交点处，$T = T_L$，$dn/dt = 0$，电动机稳定运行。该交点即为电动机的工作点。所谓运转状态就是指电动机在各种情况下稳定运行时的工作状态。他励直流电动机的各种运转状态如图 4.27 所示。电动机在工作点以外的机械特性上运行时，$T \neq T_L$，系统将处于加速或减速的过程中。利用位于 4 个象限的电动机机械特性和负载转矩特性就可以分析运转状态的变化情况，其方法如下：

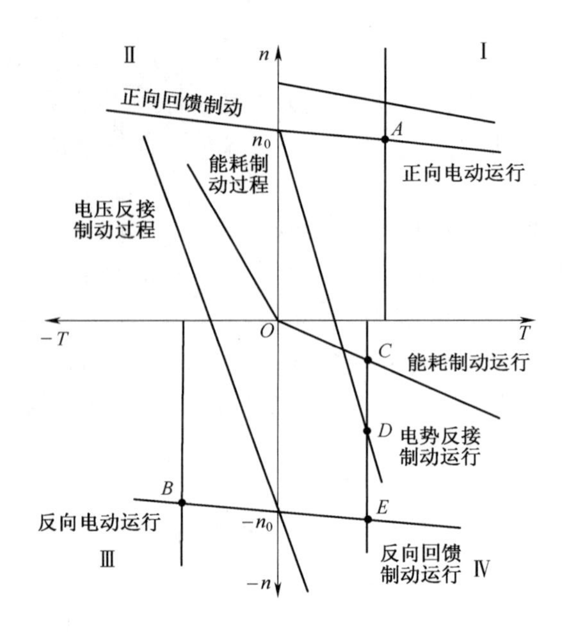

图 4.27　他励直流电动机的各种运转状态

假设电动机原来运行于机械特性的某点上，处于稳定运转状态。当人为地改变电动机的参数时，例如降低电源电压、减弱磁通或在电枢回路中串电阻器等，电动机的机械特性将发生相应的变化。在改变电动机参数瞬间，转速 n 不能突变，电动机将以不变的转速从原来的运转点过渡到新特性上来。在新特性上电磁转矩将不再与负载转矩相等，因而电动机便运行于过渡过程之中。这时转速是升高还是降低，由 $T - T_L$ 为正或负来决定。此后运行点将沿着新机械特性变化，最后可能有 2 种情况：

(1)电动机的机械特性与负载转矩特性相交，得到新的工作点，在新的稳定状态下运行。

(2)电动机将处于静止状态。例如，电动机拖动反抗性恒转矩负载，在能耗制动过程中，当 $n = 0$ 时，$T = 0$。

上述方法是分析电力拖动系统运动过程中最基本的方法，它不仅适用于他励直流电动机拖动系统，也适用于交流电动机拖动系统。

4.6　他励直流电动机的调速

在生产实践中，有许多生产机械需要调速。例如，龙门刨床在切削过程中，当刀具进刀和退出工件时要求较低的转速；切削过程用较高的转速；工作台返回时则用高转速。又如轧钢机，在轧制不同品种和不同厚度的钢材时，也必须采用不同的速度。可见生产机械的转速要求能够人为地进行调节，以满足是生产工艺的要求，提高生产率和产品质量。

调节生产机械的转速有 2 种方法：

(1)采用改变传动机构速比的方法来改变生产机械的转速，称为机械调速。

(2)通过改变电动机参数，以改变电动机转速的方法来改变生产机械的转速，称为电气调速。在生产实践中应用最多的是电气调速。

改变电动机参数就是人为地改变电动机的机械特性，从而使负载工作点发生变化，转速随之变化。可见,在调速前后,电动机必然运行在不同的机械特性上。必须指出,调速与机械特性不变,因负载变化而引起的速度变化是不同的。

根据他励直流电动机的机械特性方程式

$$n = \frac{U}{C_e\Phi} - \frac{R_a + R_c}{C_e C_T \Phi^2}T \tag{4.35}$$

可以看出,当转矩 T 不变时,改变电枢电路串联的电阻器 R_c 、电枢两端电压 U 和气隙磁通 Φ 都可以改变电动机的转速。因此,他励直流电动机有 3 种调速方法。

4.6.1　调速的性能指标

在实际工作中,生产机械为了选择合适的调速方法,统一规定了一些技术和经济指标,作为调速的依据。

1. 调速范围

调速范围是指电动机在额定负载下,电力拖动系统所能达到的最高转速和最低转速之比,用 D 表示,即

$$D = \frac{n_{max}}{n_{min}} \tag{4.36}$$

最高转速受电动机换向条件及机械强度的限制,一般取额定转速,即 $n_{max} = n_N$ 。在额定转速以上,转速提高的范围是不大的。最低转速则受生产机械对转速的相对稳定性要求的限制。

不同的生产机械对调速范围的要求不同,例如车床要求 $D=20\sim120$,龙门刨床要求 $D=10\sim40$,轧钢机要求 $D=3\sim120$,造纸机械要求 $D=3\sim20$ 等。

2. 调速的平滑性

一般以电动机相邻两级的转速之比来衡量调速的平滑性,即

$$\varphi = \frac{n_i}{n_{i-1}} \tag{4.37}$$

式中:φ ——平滑系数。

在一定的调速范围内,级数越多,相邻两级转速的差值越小,φ 越接近于 1,平滑性越好。不同的生产机械对平滑性的要求不同。

3. 静差率

静差率是指电动机在某一条机械特性上运行时,由理想空载到额定负载运行的转速降 Δn_N 与理想空载转速 n_0 之比(用百分数表示),用 δ 表示,即

$$\delta = \frac{\Delta n_N}{n_0} \times 100\% = \frac{n_0 - n_N}{n_0} \times 100\% \tag{4.38}$$

静差率的大小反映了静态转速的相对稳定性,即负载转矩变化时,转速变化的程度。转速变化小,稳定性就好。由他励直流电动机的机械特性可知,机械特性越硬,静差率越小,稳定性越好。

由式(4.38)可知,静差率取决于理想空载转速 n_0 及在额定负载下的额定转速降。在调速时若 n_0 不变,那么,机械特性越软,在额定负载下的转速降就越大,静差率也大。例如图 4.28所示的他励直流电动机固有机械特性和电枢串电阻器的人为机械特性,在 $T_L = T_N$

时，它们的静差率不相同。前者静差率小，后者静差率大。所以，在电枢串电阻器调速时，外串电阻器电阻值越大，转速就越低，在 $T_L = T_N$ 时的静差率也越大。如果生产机械要求静差率不能超过某一最大值 δ_{max}，那么，电动机在 $T_L = T_N$ 时的最低转速 n_{min} 也就确定了。于是，满足静差率 δ_{max} 要求的调速范围也就相应地被确定了。

如果在调速过程中理想空载转速变化，但机械特性的斜率不变，例如，他励直流电动机改变电源电压调速就是如此。这时，由于各条人为机械特性都与固有机械特性平行，$T_L = T_N$ 时，转速降相等，都等于 Δn_N。因此理想空载转速越低，静差率就越大。当电动机电源电压最低的一条人为机械特性在 $T_L = T_N$ 时的静差率能满足要求时，其他各条机械特性的静差率就都能满足要求。这条电压最低的人为机械特性，在 $T_L = T_N$ 时的转速就是调速时的最低转速 n_{min}，于是，调速范围 D 也就确定了，如图 4.29 所示。

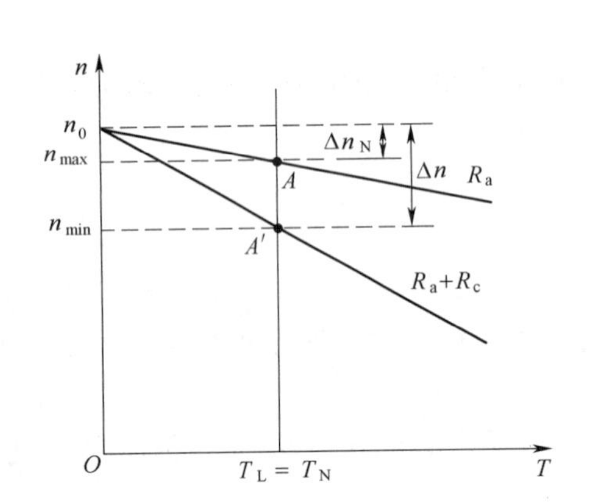

图 4.28　电枢串电阻器调速时静差率及调速范围

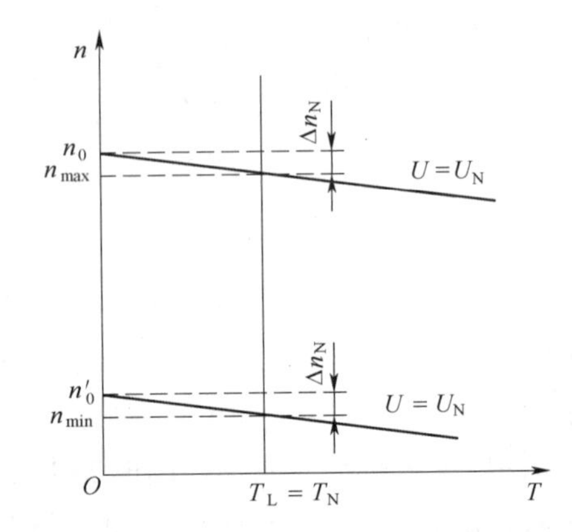

图 4.29　降低电源电压调速时静差率及调速范围

现利用图 4.29 中的特性，推导调速范围 D 与低速静差率 δ 的关系。

$$D = \frac{n_{max}}{n_{min}} = \frac{n_{max}}{n'_0 - \Delta n_N} = \frac{n_{max}}{n'_0\left(1 - \dfrac{\Delta n_N}{n'_0}\right)} = \frac{n_{max}}{\dfrac{\Delta n_N}{\delta}(1 - \delta)} = \frac{n_{max}\delta}{\Delta n_N(1 - \delta)} \tag{4.39}$$

式中：δ ——用小数值表示的静差率；

Δn_N ——低速特性额定负载下的转速降。

一般设计调速方案前，D 与 δ 已由生产机械的要求确定下来，这时可算出允许的转速降 Δn_N，式(4.39)可写成另外一种形式

$$\Delta n_N = \frac{n_{max}\delta}{D(1 - \delta)} \tag{4.40}$$

通过以上分析可以看出，调速范围 D 与静差率仍互相制约。当对静差率要求不高时，可以得到较大的调速范围；反之，如果要求的静差率小，调速范围就不能太大。当静差率一定时，采用不同的调速方法，得到的调速范围也不同。由此可见，对需要调速的生产机械，必须同时给出静差率和调速范围这 2 项指标，这样才能合理地确定调速方法。

各种生产机械对静差率和调速范围的要求不是一样的，例如，车床主轴要求 $\delta \leqslant 30\%$，$D=10 \sim 40$，龙门刨床 $\delta \leqslant 10\%$，$D=10 \sim 40$；造纸机 $\delta \leqslant 0.1\%$，$D=3 \sim 20$。

4. 调速时的允许输出

调速时的允许输出是指在额定电流条件下调速时,电动机允许输出的最大转矩或最大功率。允许输出的最大转矩与转速无关的调速方法,称为恒转矩调速;允许输出的最大功率与转速无关的调速方法,称为恒功率调速。

5. 调速的经济性

调速的经济性是指对调速设备的投资、运行过程中的电能损耗、维护费用等进行综合性比较,在满足一定的技术指标下,确定调速方案,力求投资设备少、电能损耗小,且维护方便。

4.6.2 他励直流电动机的调速方法

1. 电枢电路串电阻器调速

电枢电路串电阻器调速是指保持电源电压和励磁磁通为额定值,通过在电枢电路串联不同电阻器进行调速。电枢电路串电阻器调速时,电动机的机械特性如图 4.30 所示。从图中可以看出,负载转矩 T_L 不变,串入的电阻器 R_c 越大,转速越低,机械特性越软。电枢电路未串电阻器时,电动机稳定运行在固有机械特性的 A 点上,转速为 n_A ,当串入电阻器 R_{c1} 时,因转速不能突变,工作点从 A 点跳至人为机械特性的 A' 点,之后沿该机械特性运行,转速下降,到 B 点后在该点稳定运行,转速变为 n_B 。若串入 R_{c2} ($R_{c2} > R_{c1}$)后,稳定工作点在 C 点,转速为 n_c 。电枢电路串入不同的电阻器,可得到不同的转速,达到了调速的目的。下面对调速的物理过程进行分析。

设电动机在电枢电压、励磁电流及负载转矩均保持不变时,运行在机械特性的 A 点,此时 $T = T_L$,电枢电流为 I_a 。开始调速时,在电枢电路串入电阻器 R_{c1} ,由于机械惯性,电动机转速不能突变,电枢电动势仍为 $E_a = C_e\Phi n_a$,而电枢电流 $I_a = (U_N - E_a)/(R_a + R_{c1})$ 减小, $T = C_T\Phi I_a$ 减小,运行点由 A 点平移到人为机械特性的 A' 点,此时由于 $T < T_L$,电动机开始减速,在 $R_a + R_{c1}$ 的机械特性上运行,随着转速的降低,电枢电动势减小,电枢电流和电磁转矩上升,当回升到原来的 I_a 及 T 时, $T = T_L$,在 B 点稳定运行,转速为 n_B ,调速过程结束。同理,如再改变电阻,由 R_{c1} 增大到 R_{c2} ,可使转速继续下降,如图 4.30 中的 C 点,稳定运行转速为 n_C 。

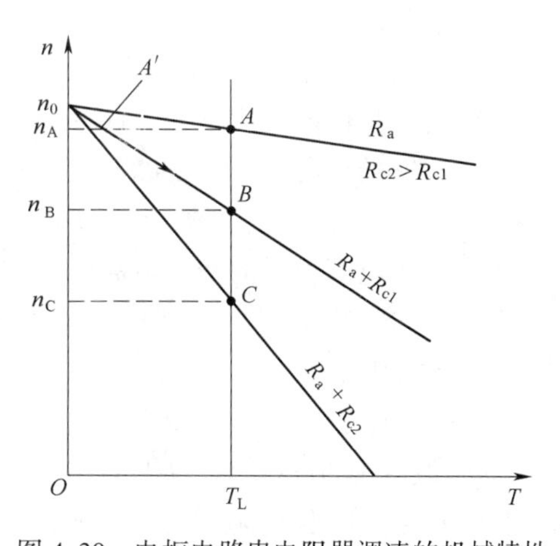

图 4.30 电枢电路串电阻器调速的机械特性

电枢电路串电阻器调速的方法具有以下特点:

(1)转速只能从额定值往下调,且机械特性变软,转速降 Δn_N 增大,静差率明显增大,转速的稳定性变差,因此调速范围较小,一般情况下 $D=1\sim3$。

(2)调速电阻器中有较大电流 I_a 流过,消耗较多的电能,不经济。

(3)调速电阻器 R_c 不易实现连续调节,只能分段有级调节,调速平滑性差。

(4)调速时 Φ 和电枢电流 I_a 均不变,允许输出的转矩 $T = C_e\Phi I_a$ 不变,属于恒转矩调速。

(5)调速设备投资少,调速方法简单。

这种调速方法适用于小容量电动机运行速度较低,且调速性能要求不高的生产机械,如中小型的起重机械和运输牵引装置等。

2. 降低电枢电压调速

降低电枢电压调速是指保持磁通为额定值，且电枢电路不串联电阻器，通过降低电枢两端电压 U 进行调速。降低电枢电压调速时的机械特性如图 4.31 所示。从图中可以看出，负载转矩 T_L 不变，电动机在额定电压工作时，稳定运行在固有机械特性的 A 点，转速为 n_A，电枢电压降至 U_1 后，稳定运行工作点移至 C 点，转速为 n_C，电压继续降至 U_2 时，稳定运行工作点为 D 点，转速为 n_D，由此可见，降低电压可调节电动机的转速。若电压连续可调，则转速 n 随电压连续变化。

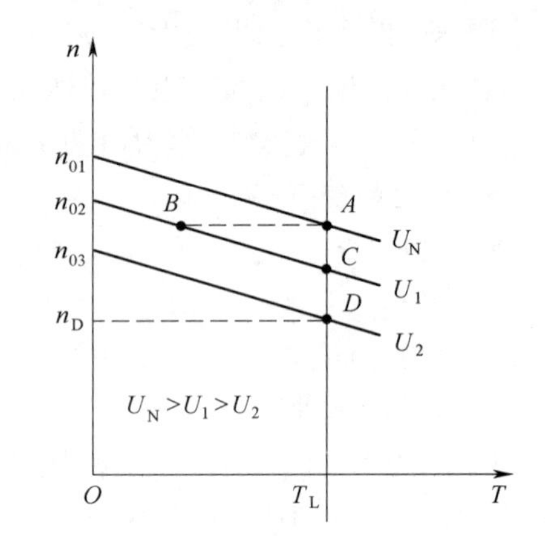

图 4.31　降低电枢电压调速时的机械特性

降低电枢电压调速的物理过程：当 $\Phi = \Phi_N$，$R_C = 0$，负载转矩为 T_L 时，电动机在机械特性的 A 点上稳定运行。当电枢电压从 U_N 降为 U_1 时，由于机械惯性，转速不能突变，工作点由 A 点移至 B 点，此时 $T < T_L$，电动机开始减速，转速 n 降低，电枢电动势 E_a 降低，电枢电流 I_a 升高，电磁转矩 $T = C_T\Phi I_a$ 增大，直到 $T = T_L$ 时，电动机在 C 点稳定运行，转速变为 n_C。若电压继续降低至 U_2 时，同理可知电动机在 D 点稳定运行，转速变为 n_D。

降低电枢电压调速的方法具有以下特点：

(1) 机械特性的硬度不变，静差率较小，调速性能稳定。

(2) 调速的范围大、平滑性好，可实现无级调速。

(3) 功率损耗小、效率高。

(4) 调压电源设备的费用较高。

降低电枢电压调速的性能优越，广泛应用于对调速性能要求较高的电力拖动系统中，如轧钢机、精密机床等。

3. 弱磁调速

弱磁调速是指保持电动机的电枢电压为额定值，电枢电路不串联电阻器，通过减小磁通 Φ 进行调速。通常可用增大励磁电路电阻来减小磁通 Φ，但磁通不能太小。弱磁调速时的机械特性如图 4.32 所示。从图中可以看出，负载转矩 T_L 不变，若电动机在 A 点上稳定运行，当磁通 Φ 减小至 Φ_1（略微减小）时，电枢电动势 $E_a = C_e\Phi n$ 减小，电枢电流 $I_a = (U_N - E_a)/R_a$ 增大较多，电磁转矩 $T = C_T\Phi I_a$ 仍增大，工作点由 A 点平移至 B 点，转速上升，随着转速的逐渐升高，电动势 E_a 回升，电流 I_a 回降，当 T 降到 $T = T_L$ 时，电动机在机械特性的 C 点稳定运行，转速变为 n_C。

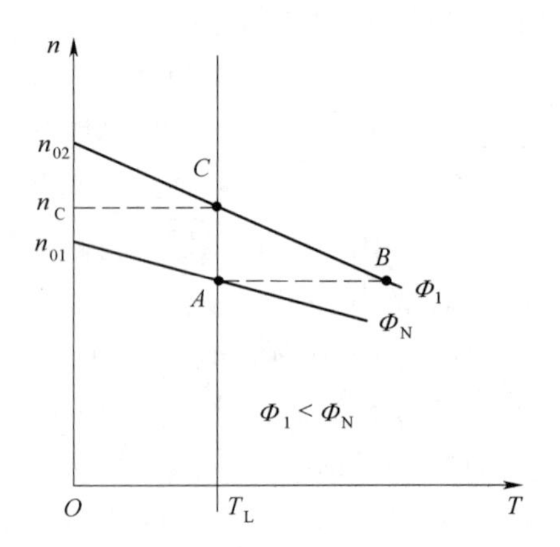

图 4.32　弱磁调速时的机械特性

弱磁调速的方法具有以下特点：

(1)弱磁调速只能在额定转速以上调速。

(2)在电流较小的励磁回路内进行调节，因此控制方便，功率损耗小。

(3)用于调节励磁电流的变阻器功率小，可以较平滑地调节转速。如果采用可以连续可调的直流电源控制励磁电压进行弱磁，则可实现无级调速。

(4)由于受电动机换向能力和机械强度的限制，弱磁调速时转速不能升得太高。一般只能升到 $1.2 \sim 1.5 n_N$。特殊设计的弱磁调速电动机，则可升到 $3 \sim 4 n_N$。

在实际生产中，通常把降低电枢电压调速和弱磁调速配合起来使用，以实现双向调速，扩大转速的调节范围。

【例 4.6】　一台他励直流电动机的铭牌数据为 $P_N = 22$ kW，$U_N = 220$ V，$I_N = 115$ A，$n_N = 1\,500$ r/min，$R_a = 0.1\ \Omega$，该电动机拖动额定负载运行，要求把转速降低到 1 000 r/min，不计电动机的空载转矩 T_0，试计算：

(1)用电枢电路串电阻器调速时需串入的电阻值。

(2)用降低电枢电压调速时需把电枢电压降低到多少伏？

解　(1) $C_e\Phi_N = \dfrac{U_N - I_N R_a}{n_N} = \dfrac{220 - 115 \times 0.1}{1\,500} = 0.139$

理想空载转速为

$$n_0 = \frac{U_N}{C_e\Phi_N} = \frac{220}{0.139}\ \text{r/min} = 1\,582.7\ \text{r/min}$$

额定转速降为

$$\Delta n_N = n_0 - n_N = (1\,582.7 - 1\,500)\ \text{r/min} = 82.7\ \text{r/min}$$

在人为机械特性上运行时的转速降为

$$\Delta n = n_0 - n = (1\,582.7 - 1\,000)\ \text{r/min} = 582.7\ \text{r/min}$$

因为 $T = T_N$，有

$$\frac{\Delta n}{\Delta n_N} = \frac{R_a + R_c}{R_a}$$

所以

$$R_c = \left(\frac{\Delta n}{\Delta n_N} - 1\right) R_a = \left(\frac{582.7}{82.7} - 1\right) \times 0.1\ \Omega = 0.604\ \Omega$$

上述电枢电路串电阻器调速时串入的电阻值是应用转速降与电阻成正比的方法计算的。也可用其他的方法，例如直接利用人为机械特性的公式计算，方法如下：

由 $n = \dfrac{U_N - (R_a + R_c) I_N}{C_e\Phi_N}$ 可知

$$R_c = \frac{U_N - C_e\Phi_N n}{I_N} - R_a = \left(\frac{220 - 0.139 \times 1\,000}{115} - 0.1\right)\Omega = 0.604\ \Omega$$

(2)降压后的理想空载转速为

$$n_{01} = n + \Delta n_N = (1\,000 + 82.7)\ \text{r/min} = 1\,082.7\ \text{r/min}$$

降压后的电源电压为

$$U_1=\frac{n_{01}}{n_0}U_N=\frac{1\ 082.7}{1\ 582.7}\times 220\ \text{V}=150.5\ \text{V}$$

另外,本问也可直接利用人为机械特性的公式计算,方法如下:

由 $n=\frac{U_1}{C_e\Phi_N}-\frac{R_a}{C_e\Phi_N}I_N$ 可知

$$U_1=C_e\Phi_N n+R_aI_N=(0.139\times 1\ 000+0.1\times 115)\text{V}=150.5\ \text{V}$$

【例 4.7】 电动机的铭牌数据与【例 4.6】相同,采用弱磁调速,$\Phi=0.8\Phi_N$,如果不使电动机超过额定电枢电流,试求:

(1) Φ 减少瞬间的电动势和电枢电流。

(2)调速后的稳定速度。

解 (1)弱磁调速瞬间,转速 $n=n_N$ 不变,Φ 减小,根据 $E_a=C_e\Phi n$ 可知 E_a 与 Φ 成正比,则 $\Phi=0.8\Phi_N$ 瞬间的电动势为

$$E_a=\frac{\Phi}{\Phi_N}E_{aN}=0.8\times 208.5\ \text{V}=166.8\ \text{V}$$

根据 $U_N=E_a+I_aR_a$ 可得

$$I_a=\frac{U_N-E_a}{R_c}=\frac{220-166.8}{0.1}\text{A}=532\ \text{A}$$

(2) 弱磁调速后稳定运行时,$T=T_L$

由于 $T=C_T0.8\Phi_NI'_a$,$T_L=T_N=C_T\Phi_NI_N$

可得稳定运行时的电枢电流

$$I'_a=\frac{\Phi_N}{0.8\Phi_N}I_N=\frac{1}{0.8}\times 115\ \text{A}=143.75\ \text{A}$$

根据

$$U_N=E'_a+I'_aR_a$$

可得稳定运行时的电枢电动势

$$E'_a=U_N-I'_aR_a=(220-143.75\times 0.1)\text{V}=205.63\ \text{V}$$

由于

$$E'_a=C_e0.8\Phi_Nn',\ E_{aN}=C_e\Phi_Nn_N$$

所以,可得稳定运行时的速度

$$n'=\frac{\Phi_N}{0.8\Phi_N}\frac{E'_a}{E_{aN}}n_N=\left(\frac{1}{0.8}\times\frac{205.63}{208.5}\times 1\ 500\right)\text{r/min}=1\ 849\ \text{r/min}$$

小　　结

1. 电力拖动系统的动力学基础

电力拖动系统的运动方程式是分析电力拖动系统的基本表达式,单轴电力拖动系统的运动方程式为

$$T-T_L=\frac{GD^2}{375}\frac{dn}{dt}$$

若 $T=T_L$,则 $\frac{dn}{dt}=0$,系统恒速稳定运行,工作点是电动机机械特性曲线与负载机械特性曲线的交点。

若 $T > T_L$，则 $\frac{dn}{dt} > 0$，系统加速运行；若 $T < T_L$，则 $\frac{dn}{dt} < 0$，系统减速运行。加速与减速运行，都属于过渡过程。

在应用运动方程式时，必须注意各物理量的正方向及各量自身的正、负号。

2. 生产机械的负载转矩特性

生产机械的负载转矩特性是指生产机械工作机构的转矩与转速之间的函数关系，即 $T_L = f(n)$。不同的生产机械其负载转矩特性也不相同，生产机械的负载转矩特性大致分为恒转矩负载特性（包括反抗性负载和位能性负载 2 种）、恒功率负载转矩特性和风机泵类负载转矩特性。实际生产机械往往是以某种类型负载为主，其他类型负载也同时存在。

3. 他励直流电动机的机械特性

直流电动机的机械特性是指当电源电压、励磁电流以及电枢回路总电阻为恒定值时，电动机的电磁转矩与转速之间的函数关系，即 $n = f(T)$。

他励直流电动机的机械特性方程为

$$n = \frac{U}{C_e \Phi} - \frac{R}{C_e C_T \Phi^2} T = n_0 - \beta T = n_0 - \Delta n$$

他励直流电动机的机械特性曲线是一条向下倾斜的直线。当 $U = U_N$、$\Phi = \Phi_N$、$R = R_a$ 时，为固有机械特性。分别改变 U、R、Φ 可以得到人为特性。电枢电路串电阻器时，n_0 不变，斜率 β 增大，倾斜程度加大，特性变软；降低电压时，机械特性向下平移；减小磁通时，机械特性上移，同时倾斜程度稍有增大，特性变软。

在分析电力拖动系统的运动情况时，通常把电动机的机械特性和负载转矩特性画在同一直角坐标系内。电力拖动系统稳定运行的充分必要条件是电动机机械特性与负载转矩特性有交点，即 $T = T_L$，且在交点处满足

$$\frac{dT}{dn} < \frac{dT_L}{dn}$$

4. 他励直流电动机的启动和反转

直流电动机启动时，要求启动转矩要足够大，启动转矩应大于负载转矩，使电动机能够在负载情况下顺利启动，且启动过程的时间尽量短一些；启动电流不能太大，要限制在一定的范围内。否则会使电动机换向困难，产生较强的火花，损坏电动机。

直流电动机启动时，因为外加电压全部加在电枢电阻器 R_a 上，该电阻又很小，致使启动电流很大，一般不允许直接启动。为了限制过大的启动电流，多采用电枢串电阻器和降压启动。

他励电动机的反转是通过改变电枢电压极性或励磁电流方向两者中的任意一个来实现的。

5. 他励直流电动机的制动

制动能够使电动机快速停车，或位能性负载匀速下放重物。他励直流电动机的制动方法有 3 种，即反接制动（包括电源反接制动和倒拉反接制动 2 种）、能耗制动和回馈制动。应重点掌握各种制动状态如何实现、制动特性、制动过程、能量关系、特点和应用等。能耗制动的控制设备简单，制动平稳可靠，制动效果不强烈，适于平稳、准确停车的场合和低速匀速下

放重物。电源反接制动的制动转矩大,制动强烈,但能量损耗大,转速降为零时必须及时切断电源,否则可能反转,适用于迅速停车,并立即反转的场合。倒拉反接制动,设备简单、操作方便,但机械特性较软、转速稳定性差、能量损耗大,适于低速匀速下放重物。回馈制动的能量损耗小、比较经济,但转速高于理想空载转速,只适于高速下放重物。

6. 他励直流电动机的调速

电动机的调速有降低电枢电压调速、电枢电路串电阻器调速和弱磁调速 3 种。降低电枢电压调速时,机械特性的硬度不变、调速稳定性好、调速平滑、可达到无级调速;电枢电路串电阻器调速时,机械特性较软、静差率变大、平滑性不好、调速范围受限制;弱磁调速时,转速仅限于往高调,但不能太高,范围受限制,特性较软,调速平滑,可实现无级调速。

因为他励直流电动机的机械特性是一条直线,所以可用点绘方法计算和绘制其机械特性。

负载的机械特性指折算到电动机轴上后的转矩 T_L 与转速 n 的函数关系,即 $T_L=f(n)$。

根据机械特性不同,负载分成如下几种类型:反抗性恒转矩负载、位能性恒转矩负载、恒功率负载及泵类负载。实际生产机械往往是以某种类型负载为主,其他类型负载也同时存在。

思考与练习

4.1 电力拖动系统由哪几部分组成,各起什么作用?

4.2 电力拖动系统运动方程式中各量的物理意义是什么?它们的正、负号如何确定?

4.3 怎样判断运动系统处于动态还是稳态?

4.4 生产机械的负载转矩特性常见的有哪几类?何谓反抗性负载和位能性负载?

4.5 他励直流电动机的机械特性指的是什么?机械特性方程式是根据哪几个方程式推导出来的?

4.6 什么是他励直流电动机的固有机械特性?为什么它是一条略为向下倾斜的直线?

4.7 什么是人为机械特性?说明下列情况下,他励电动机机械特性曲线有何变化?

(1)增大电枢回路电阻;

(2)减小电枢电压;

(3)减弱磁通。

4.8 电力拖动系统稳定运行的必要条件和充分条件是什么?怎样判别系统是稳定的还是不稳定的?

4.9 他励直流电动机有哪些启动方法?能否采用直接并网全压启动?为什么?

4.10 怎样实现他励直流电动机的能耗制动?试说明在位能性恒转矩负载下,能耗制动过程中的 n、E_a、I_a、T 的变化情况?

4.11 他励直流电动机的制动方法有哪几种?各有什么特点?适用于哪些场合?

4.12 当提升机下放重物时:

(1)要使他励电动机在低于理想空载转速下运行,应采用什么制动方法?

(2)若在高于理想空载转速下运行,又应采用什么制动方法?

4.13 实现倒拉反接制动和回馈制动的条件各是什么?

4.14 他励直流电动机有哪几种调速方法？各有什么特点？

4.15 电动机的调速指标有哪些？

4.16 什么是静差率？它与哪些因素有关？为什么低速时的静差率较大？

4.17 一台他励直流电动机，$P_N = 40$ kW，$U_N = 220$ V，$I_N = 207.5$ A，$R_a = 0.067\ \Omega$。

(1)若电枢回路不串电阻器直接启动，则启动电流为额定电流的几倍？

(2)若将启动电流限制为 $1.5I_N$，求电枢回路应串入的电阻大小。

(3)若将启动电流限制为 $1.5I_N$，启动电压应为何值？

4.18 一台他励直流电动机，$P_N = 17$ kW，$U_N = 220$ V，$I_N = 92.5$ A，$R_a = 0.16\ \Omega$，$n_N = 1\,000$ r/min，电动机允许的最大电流 $I_{amax} = 1.8I_N$，电动机拖动负载 $T_L = 0.8T_N$ 电动运行。试求：

(1)若采用能耗制动停车，电枢回路应串入多大电阻器？

(2)若采用反接制动停车，电枢回路应串入多大电阻器？

4.19 一台他励直流电动机，$P_N = 5.5$ kW，$U_N = 220$ V，$I_N = 30.5$ A，$R_a = 0.45\ \Omega$，$n_N = 1\,500$ r/min。电动机拖动额定负载运行，保持励磁电流不变，要把转速降到 1 000 r/min，试求：

(1)若采用电枢回路串电阻器调速，应串入多大电阻器？

(2)若采用降压调速，电枢电压应降到多少？

(3)这2种方法调速时电动机的效率各是多少？

第5章 三相异步电动机的电力拖动

知识点：

(1)三相异步电动机的机械特性。

(2)三相异步电动机的运行性能。

掌握：

(1)三相异步电动机的机械特性。

(2)三相异步电动机的启动、制动和调速的方法。

了解：

(1)三相异步电动机的电磁转矩的表达式。

(2)三相异步电动机的启动、制动和调速的特点。

随着电力电子技术的发展和交流调速技术的日益成熟,使得异步电动机调速性能获得改善。目前,异步电动机的电力拖动已被广泛地应用在各个工业电气自动化领域中,并逐步成为电力拖动的主流。

本章首先研究三相异步电动机的机械特性,然后以机械特性为理论基础,研究三相异步电动机的启动、制动和调速等问题。

5.1 三相异步电动机的机械特性

5.1.1 电磁转矩的3种表达式

与直流电动机相同,三相异步电动机的机械特性也是指电动机的转速 n 与电磁转矩 T_{em} 之间的关系,即 $n=f(T_{em})$ 。因为异步电动机的转速 n 与转差率 s 之间存在着一定的关系,所以异步电动机的机械特性通常也用 $T_{em}=f(s)$ 的形式表示。

三相异步电动机的电磁转矩有3种表达式,分别为物理表达式、参数表达式和实用表达式,现分别介绍如下:

1. 物理表达式

异步电动机的电磁转矩是由主磁通与转子电流相互作用产生的,它的大小和电磁场传递的电磁功率成正比,即与主磁通及转子电流的有功分量的乘积成正比。电磁转矩的表达式为

$$T_{em} = C_T \Phi_m I'_2 \cos\varphi_2 \tag{5.1}$$

式中:C_T ——转矩常数, $C_T = m_1 p N_1 k_{w1} / \sqrt{2}$,对于已制成的电动机, C_T 为一常数。

物理表达式虽然反映了异步电动机电磁转矩产生的物理本质,但并没有直接反映出电磁转矩与电动机参数之间的关系,更没有明显地表示电磁转矩与转速之间的关系,因此,分析或计算异步电动机的机械特性时,一般不采用物理表达式,而是采用下面介绍的参数表达式。

2. 参数表达式

异步电动机的电磁转矩为

$$T_{em}=\frac{P_{em}}{\Omega_1}=\frac{m_1 I_2'^2 r_2'/s}{2\pi f_1/p} \tag{5.2}$$

根据简化等效电路得到

$$I_2'=\frac{U_1}{\sqrt{\left(r_1+\frac{r_2'}{s}\right)^2+(X_1+X_2')^2}} \tag{5.3}$$

将式(5.3)代入式(5.2)中,可以得到异步电动机机械特性的参数表达式

$$T_{em}=\frac{m_1 p U_1^2 \frac{r_2'}{s}}{2\pi f_1\left[\left(r_1+\frac{r_2'}{s}\right)^2+(X_1+X_2')^2\right]} \tag{5.4}$$

由此可见,当 U_1 不变,频率 f_1 不变,电动机的参数(r_1、r_2'、X_1、X_2'、p 及 m_1)为常值时,电磁转矩是转差率 s 的函数。当电动机的转差率 s(或转速 n)变化时,可由式(5.4)算出相应的电磁转矩 T_{em},因而可以作出图 5.1 所示的机械特性曲线。

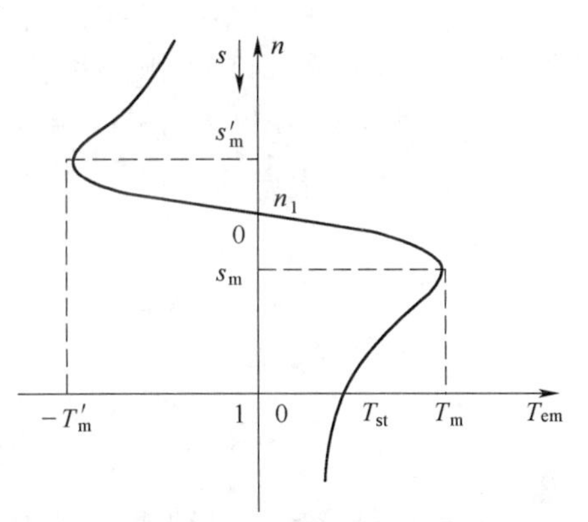

图 5.1　三相异步电动机的机械特性曲线

当 s 为某一个值时,电磁转矩有一个最大值 T_m。

令 $dT/ds=0$,可求得产生最大电磁转矩 T_m 时的临界转差率 s_m。

$$s_m=\frac{r_2'}{\sqrt{r_1^2+(X_1+X_2')^2}} \tag{5.5}$$

$$T_m=\frac{m_1 p U_1^2}{4\pi f_1\left[r_1+\sqrt{r_1^2+(X_1+X_2')^2}\right]} \tag{5.6}$$

通常 $r_1 \ll (X_1+X_2')$,故式(5.5)、式(5.6)可以近似为

$$s_m \approx \frac{r_2'}{X_1+X_2'} \tag{5.7}$$

$$T_m \approx \frac{m_1 p U_1^2}{4\pi f_1 (X_1+X_2')} \tag{5.8}$$

由式(5.7)、式(5.8)可得:

(1)当电动机各参数与电源频率不变时,T_m 与 U_1^2 成正比,而 s_m 与 U_1 无关;

(2)当电源频率、电压与电动机其他各参数不变时,s_m 与 r_2' 成正比,而 T_m 与 r_2' 无关;

(3)当电源频率及电压不变时,T_m 和 s_m 都近似地与 (X_1+X_2') 成反比。

T_m 是异步电动机可能产生的最大转矩。电动机运行时,若负载转矩短时突然增大,且大于最大电磁转矩,则电动机将因为承载不了而停转。为了保证电动机不会因短时过载而停

转，一般电动机都具有一定的过载能力。显然，最大电磁转矩愈大，电动机短时过载能力愈强，因此，把最大电磁转矩与额定转矩之比称为电动机的过载能力，用 λ_{m} 表示，即

$$\lambda_{m}=\frac{T_{m}}{T_{N}} \tag{5.9}$$

λ_{m} 是表征电动机运行性能的重要参数，它反映了电动机短时过载能力的大小。一般电动机的过载能力 $\lambda_{m}=1.8\sim3.0$，对于起重冶金机械专用电动机其 λ_{m} 可达 3.5。

除了最大转矩 T_{m} 以外，机械特性曲线(见图 5.1)上还反映了异步电动机的另一个重要参数，即启动转矩 T_{st}，它是异步电动机接至电源开始启动瞬间的电磁转矩。将 $s=1(n=0$ 时) 代入式(5.4)得启动转矩为

$$T_{st}=\frac{m_{1}pU_{1}^{2}r_{2}'}{2\pi f_{1}[(r_{1}+r_{2}')^{2}+(X_{1}+X_{2}')^{2}]} \tag{5.10}$$

由式(5.10)可得：

(1)当电动机各参数与电源频率不变时，T_{st} 与 U_{1}^{2} 成正比。

(2)当电源频率及电压不变时，电抗参数 $(X_{1}+X_{2}')$ 愈大，T_{st} 愈小。

(3)当电源频率、电压与电动机其他各参数不变时，在一定范围内增大 r_{2}' 时，T_{st} 增大。

由于 s_{m} 随 r_{2}' 正比增大，而 T_{m} 与 r_{2}' 无关，所以绕线转子异步电动机可以在转子回路串入适当的电阻器来增大启动转矩，从而改善电动机的启动性能。如果在转子电路中串入一适当电阻器使启动转矩增大到最大转矩，则此时临界转差率 $s_{m}=1$。

对于笼形异步电动机，无法在转子回路中串电阻器，启动转矩大小只能在设计时考虑，在额定电压下，其 T_{st} 是一个恒值。T_{st} 与 T_{N} 之比称为启动转矩倍数，用 k_{st} 表示，即

$$k_{st}=\frac{T_{st}}{T_{N}} \tag{5.11}$$

k_{st} 是表征笼形异步电动机性能的另一个重要参数，它反映了电动机启动能力的大小。显然，只有当启动转矩大于负载转矩，即 $T_{st}>T_{L}$ 时，电动机才能启动。一般笼形异步电动机的 $k_{st}=1.0\sim2.0$；起重和冶金专用的笼形异步电动机，$k_{st}=2.8\sim4.0$。

3. 实用表达式

机械特性的参数表达式对于分析各种参数对机械特性的影响是很方便的。但是，由于在电动机的产品目录中，定子及转子的内部参数是查不到的，欲求得其机械的参数表达式显然是困难的。因此希望能够利用电动机的技术数据和铭牌数据求得电动机的机械特性，即机械特性的实用表达式。

在忽略 r_{1} 的条件下，用电磁转矩公式(5.4)除以最大转矩公式(5.8)，并考虑到临界转差率公式(5.7)，化简后可得电动机机械特性的实用表达式

$$T_{em}=\frac{2T_{m}}{\frac{s}{s_{m}}+\frac{s_{m}}{s}} \tag{5.12}$$

式(5.12)中的 T_{m} 和 s_{m} 可根据电动机额定数据用下述方法求出：

$$T_{m}=\lambda_{m}T_{N}=\lambda_{m}\frac{9.55P_{N}}{n_{N}} \tag{5.13}$$

忽略 T_0，将 $T \approx T_N$，$s = s_N$ 代入式(5.12)中，可得

$$s_m = s_N(\lambda_m + \sqrt{\lambda_m^2 - 1}) \tag{5.14}$$

如果考虑到 $\frac{s}{s_m} << \frac{s_m}{s}$，即认为 $\frac{s}{s_m} \approx 0$，则式(5.12)可简化为

$$T_{em} = \frac{2T_m}{s_m}s \tag{5.15}$$

式(5.15)为电磁转矩的简化使用表达式，又称直线表达式，用起来更简单。为了减小误差，式(5.15)中 s_m 的计算应采用式(5.16)：

$$s_m = 2\lambda_m s_N \tag{5.16}$$

上述异步电动机机械特性的 3 种表达式，虽然都能表征电动机的运行性能，但其应用场合各有不同。一般来说，物理表达式适用于对电动机的运行作定性分析；参数表达式适用于分析各种参数对电动机运行性能的影响；实用表达式适用于电动机机械特性的工程计算。

5.1.2　固有机械特性

三相异步电动机的固有机械特性是指电动机在额定电压和额定频率下，按规定的接线方式接线，定子和转子电路不外串电阻器或电抗器时的机械特性。当电机处于电动机运行状态时，其固有机械特性如图 5.2 所示。

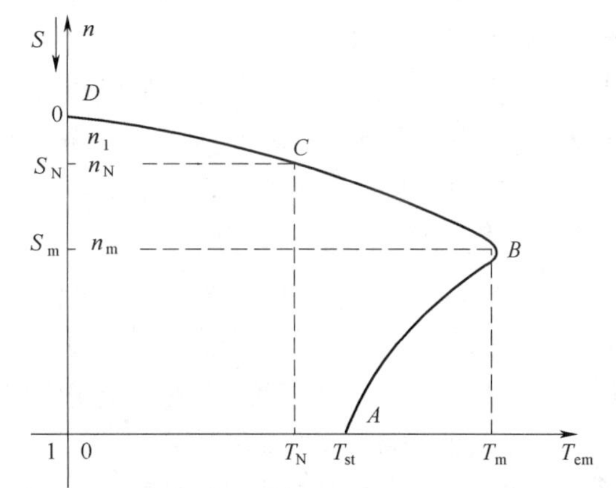

图 5.2　三相异步电动机的固有机械特性

为了描述机械特性的特点，下面对固有特性上的几个特殊点进行说明。

1. *启动点 A*

电动机接通电源开始启动瞬间，其工作点位于 A 点，此时，$n=0$，$s=1$，$T_{em}=T_{st}$，定子电流 $I_1 = I_{st} = (4 \sim 7)I_N$（$I_N$ 为额定电流）。

2. *最大转矩点 B*

B 点是机械特性曲线中线性段(DB)与非线性段(BA)的分界点，此时，$s=s_m$，$T_{em}=T_m$。通常情况下，电动机在线性段上工作是稳定的，而在非线性段上工作是不稳定的，所以 B 点也是电动机稳定运行的临界点，临界转差率 s_m 也是由此而得名。

3. *额定运行点 C*

电动机额定运行时，工作点位于 C 点，此时，$n = n_N$，$s=s_N$，$T_{em}=T_N$，$I_1 = I_N$。额定运行时转差率很小，一般 $s_N = 0.01 \sim 0.06$，所以电动机的额定转速 n_N 略小于同步转速 n_1，这也说明了固有特性的线性段为硬特性。

4. *同步转速点 D*

D 点是电动机的理想空载点，即转子转速达到了同步转速。此时，$n=n_1$，$s=0$，$T_{em}=0$，转子电流 $I_2 = 0$，显然，如果没有外界转矩的作用，异步电动机本身不可能达到同步转速点。

5.1.3　人为机械特性

三相异步电动机的人为机械特性是指人为地改变电源参数或电动机参数而得到的机

械特性。由电磁转矩的参数表达式可知,人为地改变任何一个可以改变的参数(U_1、f_1、p、r_1、X_1、r'_2、X'_2 等),都可以得到不同的人为机械特性。这里介绍 2 种常见的人为机械特性。

1. 降低定子电压时的人为机械特性

如果在异步电动机的其他条件都与固定特性相同,仅人为地降低定子电压 U_1 时,T_{em}(包括 T_{st} 和 T_m)与 U_1^2 成正比减小,s_m 和 n_1、U_1 无关而保持不变。因此,降低定子电压的人为机械特性是一组通过同步点的曲线族。图 5.3 绘出 $U_1 = U_N$ 的固有机械特性和 $U_1 = 0.8U_N$ 及 $U_1 = 0.5U_N$ 时的人为机械特性。

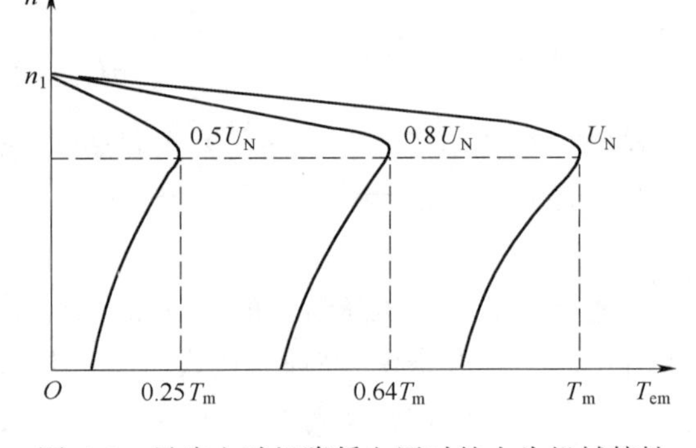

图 5.3 异步电动机降低电压时的人为机械特性

由图 5.3 可见,降低电压后的人为机械特性,其线性段的斜率变大,即特性变软。如果电动机在某一负载下运行,若降低电压 U_1,则电动机 n 降低,s 增大,转子电流将因转子电动势 $E_{2s} = sE_2$ 的增大而增大,从而引起定子电流增大,导致电动机过载。长期欠电压过载运行,必然使电动机过热,电动机的使用寿命缩短。另外电压下降过多,可能出现最大转矩小于负载转矩,这时电动机将停转。

2. 转子电路串联对称电阻器时的人为机械特性

在绕线转子异步电动机的转子三相电路中,可以串联三相对称电阻器 R_s 。由前面的分析可知,此时 n_1、T_m 不变,而 s_m 则随外串电阻器 R_s 的增大而增大。其人为机械特性为一组通过同步点的曲线族,如图 5.4 所示。

由图 5.4 可见,在一定范围内增加转子电阻,可以增大电动机的启动转矩。当所串联的电阻器使其 $s_m = 1$ 时,对应的启动转矩将达到最大转矩,如果再增大转子电阻,启动转矩反而会减小。另外,转子串联对称电阻器后,其机械特性曲线线性段的斜率增大,特性变软。

转子电路串联对称电阻器适用于绕线转子异步电动机的启动、制动和调速,这些内容将在以后几节中讨论。

除了上述 2 种人为机械特性外,关于改变电源频率、改变定子绕组磁极对数的人为机械特性,将在异步电动机调速一节中介绍。

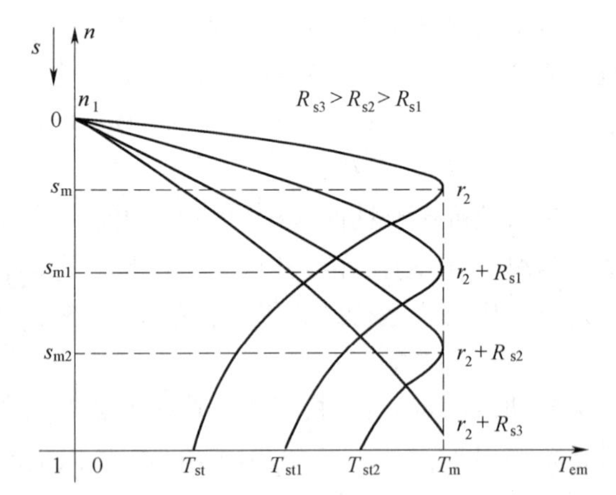

图 5.4 异步电动机转子串电阻时的机械特性

5.2 三相异步电动机的启动

电动机的启动是指电动机接通电源后,由静止状态加速到稳定运行状态的过程。一般情况下,电力拖动系统对异步电动机的启动性能的要求是:启动电流要小,以减小对电网的冲击;启动转矩要大,以加速启动过程,缩短启动时间;启动设备尽可能简单、经济、操作方便。

本节分别介绍笼形异步电动机和绕线转子异步电动机的启动方法。

5.2.1　三相笼形异步电动机的启动

三相笼形异步电动机的启动方法有:直接启动、降压启动和软启动3种启动方法。下面分别进行介绍。

1. 直接启动

利用刀开关或接触器将电动机定子绕组直接接到额定电压的电网上,这种启动方法称为直接启动,又称全压启动。直接启动是一种最简单的启动方法,不需要复杂的启动设备。但是,它的启动电流大,因为启动时 $n=0$, $s=1$,转子电动势很大,所以转子电流很大,根据磁动势平衡关系,定子电流也必然很大。对于普通笼形异步电动机,启动电流可达额定电流的4~7倍。

对于经常启动的电动机,过大的启动电流对电网电压的波动及电动机本身均会带来不利影响,因此,直接启动一般只在小容量电动机中使用,一般7.5 kW以下的电动机可采用直接启动。如果电网容量很大,就可允许容量较大的电动机直接启动。若电动机的启动电流倍数 k_i 满足电动机容量与电网容量的经验公式[式(5.17)]:

$$k_i=\frac{I_{\mathrm{st}}}{I_{\mathrm{N}}}\leqslant\frac{1}{4}\left[3+\frac{\text{电网容量(kV·A)}}{\text{电动机容量(kW)}}\right]\tag{5.17}$$

则电动机便可直接启动,否则应采用降压启动方法,通过降压,将启动电流限制到允许的范围内。

2. 降压启动

降压启动是指电动机在启动时降低加在定子绕组上的电压,待电动机转速上升到一定数值时,再使电动机承受额定电压,保证电动机在额定电压下稳定工作。降压启动虽然能降低电动机启动电流,但由于启动转矩与电压的二次方成正比,因此降压启动时电动机的启动转矩减小较多,所以降压启动只适用于电动机空载或轻载启动。下面介绍几种常见的降压启动方法。

(1)定子串电阻器或电抗器的降压启动。启动时,在定子回路中串入电阻器或电抗器,启动电流在电阻器或电抗器上产生电压降,降低了定子绕组上的电压,从而减小了启动电流。启动后,切除电阻器或电抗器,进入正常运行。

定子串电阻器或电抗器的降压启动接线图如图5.5所示。启动时把换接开关 S_1 投向“启动”的位置,此时定子电路串入电阻器或电抗器,然后闭合主开关 S_1,电动机开始旋转,待转速接近稳定转速时,把开关 S_2 投向“运行”的位置,使电源电压直接加到定子绕组上。

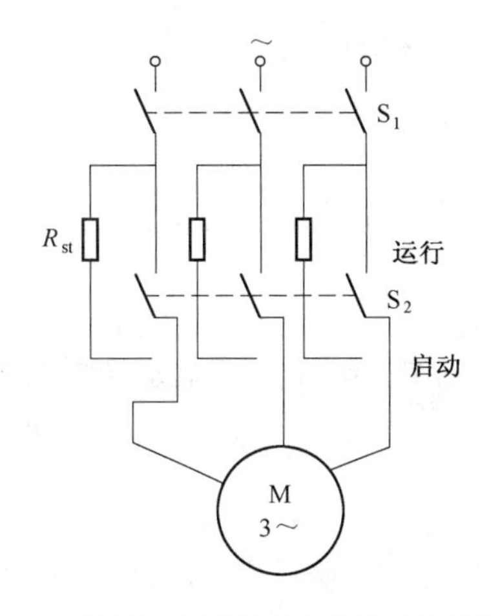

图5.5　定子串电阻器或电抗器的降压启动

设电动机全电压 U_{N} 启动时启动电流为 I_{st},

启动转矩为 T_{st}，串入电阻器后定子电压为 U'_1，这时的启动电流为 I'_{st}，设

$$\frac{U'_1}{U_N}=\frac{1}{a} \tag{5.18}$$

根据 $I_{st}\propto U_1$，$T_{st}\propto U_1^2$ 可得

$$\frac{I'_{st}}{I_{st}}=\frac{1}{a} \tag{5.19}$$

$$\frac{T'_{st}}{T_{st}}=\frac{1}{a^2} \tag{5.20}$$

串电阻器降压启动时耗能较大，因此一般仅用于较小容量的电动机，容量较大的电动机多采用串电抗器降压启动。由于串电阻器降压或串电抗器降压启动时能量损耗较多，故目前已被其他方法所取代。

(2) Y-△降压启动。Y-△降压启动，即星形-三角形降压启动，启动时定子绕组接成Y形，运行时定子绕组接成△形。此方法只适用于正常运行时定子绕组为三角形连接的电动机。Y-△降压启动接线原理图如图 5.6 所示。启动时先将开关 S_2 投向“启动”侧，将定子绕组接成星形(Y形)，然后合上开关 S_1 进行启动。待转速上升至一定数值时，将 S_2 投向“运行”侧，恢复定子绕组为三角形(△)连接，使电动机在全电压下运行。

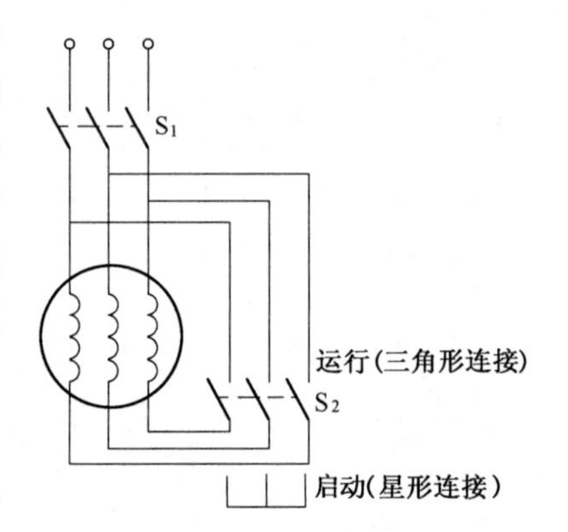

图 5.6 Y-△降压启动接线原理图

下面讨论Y-△降压启动时启动电流和直接启动电流的关系。

设电动机额定电压为 U_N，每相漏阻抗为 Z_σ，由简化等效电路可得：

Y连接时的启动电流为

$$I_{stY}=\frac{U_N/\sqrt{3}}{Z_\sigma} \tag{5.21}$$

△连接时的启动电流(线电流)，即直接启动电流为

$$I_{st\triangle}=\sqrt{3}\,\frac{U_N}{Z_\sigma} \tag{5.22}$$

于是，得到启动电流减小的倍数为

$$I_{stY}=\frac{1}{3}I_{st\triangle} \tag{5.23}$$

根据 $T_{st}\propto U_1^2$，可得启动转矩减小的倍数为

$$\frac{T_{stY}}{T_{st\triangle}}=\left(\frac{U_N/\sqrt{3}}{U_N}\right)^2=\frac{1}{3} \tag{5.24}$$

可见，Y-△降压启动时，启动电流和启动转矩都降为直接启动时的 $\frac{1}{3}$。

Y-△降压启动操作方便，启动设备简单，但它仅适用于正常运行时定子绕组作三角形连

接的电动机，且启动转矩小。

(3) 自耦变压器降压启动。自耦变压器降压启动是通过自耦变压器降低加到电动机定子绕组上的电压以减小启动电流，其接线原理图如图 5.7 所示。

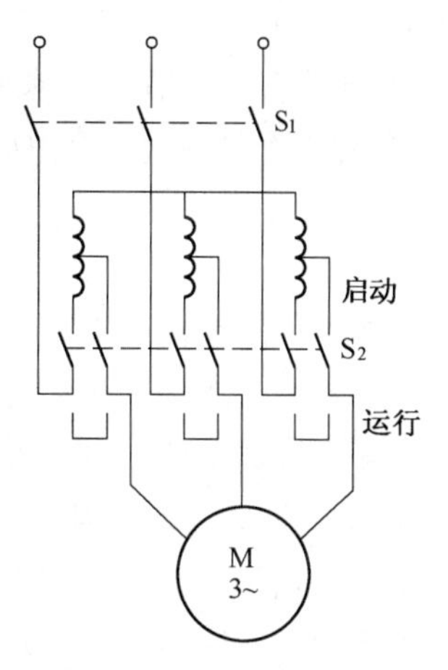

图 5.7　自耦变压器降压启动接线原理图

启动时，把开关 S_2 投向"启动"侧，并合上开关 S_1，这时自耦变压器一次绕组加全电压，而电动机定子电压为自耦变压器二次电压，电动机在低压下启动。待转速上升至一定数值时，再把开关 S_2 切换到"运行"侧，切除自耦变压器，电动机在全电压下运行。

设自耦变压器的变比为 k，则

$$k=\frac{U_N}{U'_1}=\frac{I'_{1st}}{I'_{st}}=\frac{N_1}{N_2} \tag{5.25}$$

式中：U_N ——自耦变压器一次侧相电压，也是电动机直接启动时的额定相电压；

U'_1 ——自耦变压器的二次侧相电压，也是电动机降压启动时的相电压；

I'_{1st} ——自耦变压器二次侧的电流，也是电压降至后流过定子绕组的启动电流；

I'_{st} ——自变压器一次侧的电流，也是降压后电网供给的启动电流。

设电动机的短路阻抗为 Z_s，则

直接启动时的启动电流为

$$I_{st}=\frac{U_N}{Z_s} \tag{5.26}$$

降压后自耦变压器二次侧供给电动机的启动电流为

$$I'_{1st}=\frac{U'_1}{Z_s}=\frac{U_N/k}{Z_s} \tag{5.27}$$

自耦变压器一次侧的电流，即电网提供的启动电流为

$$I'_{st}=\frac{1}{k}I'_{1st}=\frac{1}{k^2}\cdot\frac{U_N}{Z_s} \tag{5.28}$$

由式(5.27)、式(5.28)可得电网提供的启动电流减小倍数为

$$\frac{I'_{st}}{I_{st}}=\frac{1}{k^2} \tag{5.29}$$

启动转矩减小倍数为

$$\frac{T'_{st}}{T_{st}}=\left(\frac{U'_1}{U_N}\right)^2=\frac{1}{k^2} \tag{5.30}$$

式(5.29)、式(5.30)表明，采用自耦变压器降压启动时，启动电流和启动转矩都降低到直接启动时的 $1/k^2$。

自耦变压器降压启动适用于容量较大的低压电动机，这种方法可获得较大的启动转矩，且自耦变压器二次侧一般有 3 个抽头，可以根据需要选用，故这种启动方法在 10 kW 以上的

三相异步电动机中得到了广泛应用。

启动用自耦变压器有 QJ2 和 QJ3 这 2 个系列。QJ2 型的 3 个抽头比分别为 55%、64%和 73%;QJ3 型的 3 个抽头比分别为 40%、60%和 80%。

3. 软启动

前面介绍的几种降压启动方法都属于有级启动,启动的平滑性不高。软启动是指电动机在启动过程中,装置输出电压按一定规律上升,被控电动机电压由起始电压平滑地升到全电压,其转速随控制电压变化而发生相应的软性变化,即由零平滑地加速至额定转速的全过程,称为软启动。应用软启动器可以实现笼形异步电动机的无级平滑软启动。软启动器可分为磁控式与电子式 2 种。磁控式软启动器现已被先进的电子式软启动器取代。

(1)软启动器简介。软启动器是一种集电机软启动、软停车、轻载节能和多种保护功能于一体的新型电动机控制装置,国外称为 Soft Starter。它的主要构成是串联于电源与被控电动机之间的三相反并联晶闸管及其电子控制电路。运用串联于电源与被控电动机之间的软启动器,以不同的方法,控制其内部晶闸管的导通角,使电动机输入电压从零以预设函数关系逐渐上升,直至启动结束,赋予电动机全电压。在软启动过程中,电动机启动转矩逐渐增加,转速也逐渐增加。软启动器实际上是个调压器,用于电动机启动时,输出只改变电压并没有改变频率。

下面以 eSTAR03 系列软启动器为例介绍软启动器构成和基本工作原理。

eSTAR03 系列软启动器的原理示意图如图 5.8 所示,其主要由以下 3 个部分构成:

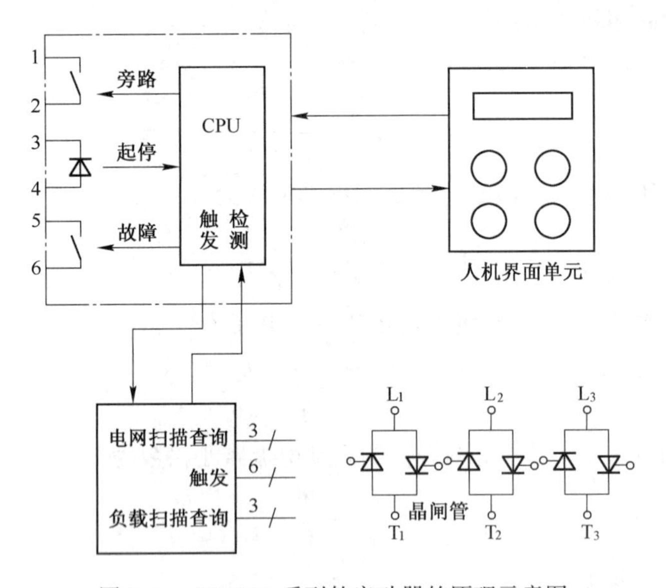

图 5.8 eSTAR03 系列软启动器的原理示意图

①主回路。由 6 只晶闸管组成,以实现对三相交流电源进行调压,输出给电动机。

②控制和保护电路。包括微控制器电路、光电隔离电路、过零检测电路、晶闸管触发电路、电流检测电路、温度检测电路等,是软启动器的核心部分。控制晶闸管的导通和关闭,从而完成对电动机的启动和停车的理想化控制。

③人机界面单元。用以实现用户的参数设置、显示设备的运行状态等,给用户提供简单

易用的人机界面。

（2）软启动的方式。软启动一般有下面几种启动方式：

①斜坡升压软启动。这种启动方式最简单，不具备电流闭环控制，仅调整晶闸管导通角，使之与时间成一定函数关系增加。其缺点是，由于不限流，在电动机启动过程中，有时要产生较大的冲击电流致使晶闸管损坏，对电网影响较大，实际很少应用。

②斜坡恒流软启动。这种启动方式是在电动机启动的初始阶段启动电流逐渐增加，当电流达到预先所设定的值后保持恒定，直至启动完毕。启动过程中，电流上升变化的速率是可以根据电动机负载调整设定。电流上升速率大，则启动转矩大，启动时间短。该启动方式是应用最多的启动方式，尤其适用于风机、泵类负载的启动。

③阶跃启动。开机后以最短时间使启动电流迅速达到设定值，即为阶跃启动。通过调节启动电流设定值，可以达到快速启动效果。

④脉冲冲击启动。在启动开始阶段，让晶闸管在极短时间内，以较大电流导通一段时间后回落，再按原设定值线性上升，进入恒流启动。该启动方法，在一般负载中较少应用，适用于重载并需要克服较大静摩擦的启动场合。

目前，一些生产厂已经生产出各种类型的电子软启动装置，供不同类型的用户选用。笼形异步电动机的降压启动方法历经星形-三角形启动器以及自耦补偿启动器，发展到磁控式软启动器，目前又发展到先进的电子式软启动器。在实际应用中，当笼形异步电动机不能采用全压启动方法时，应首先考虑选用软启动方法。

【例 5.1】　一台三相笼形异步电动机，$P_N = 75$ kW，$n_N = 1\ 470$ r/min，$U_N = 380$ V，定子三角形连接，$I_N = 137.5$ A，启动电流倍数 $k_1 = 6.5$，启动转矩倍数 $k_{st} = 1.0$，拟带半载启动，电网容量为 1 000 kV·A，试选择适当的启动方法。

解　（1）直接启动。电网允许电动机直接启动的条件为

$$k_1 \leqslant \frac{1}{4}\left(3 + \frac{\text{电网容量}}{\text{电动机容量}}\right) = \frac{1}{4}\left(3 + \frac{1\ 000}{75}\right) = 4.08$$

因为电动机的 $k_1 = 6.5 > 4.08$，故不能采用直接启动。

（2）Y-△启动：

$$I'_{st} = \frac{1}{3}I_{st} = \frac{1}{3}k_1 I_N = \frac{1}{3} \times 6.5 I_N = 2.17 I_N$$

$$T'_{st} = \frac{1}{3}T_{st} = \frac{1}{3}k_{st} T_N = \frac{1}{3}T_N = 0.33 T_N$$

因为，$T'_{st} < 0.5 T_N$，所以不能采用Y-△降压启动。

（3）自耦变压器启动。选用 QJ2 系列，其电压抽头比为 55%、64%、73%。

选用 55%抽头时有：

$$k = \frac{1}{0.55} = 1.82$$

$$I'_{st} = \frac{1}{k^2}I_{st} = \frac{1}{1.82^2} \times 6.5 I_N = 1.96 I_N$$

$$T'_{st} = \frac{1}{k^2}T_{st} = \frac{1}{1.82^2} \times 1 \times T_N = 0.3 T_N < 0.5 T_N$$

可见启动转矩不满足要求。

选用64%抽头时，计算结果与上相似，启动转矩也不满足要求。

选用73%抽头时有：

$$k=\frac{1}{0.73}=1.37$$

$$I'_{st}=\frac{1}{1.37^2}\times 6.5I_N=3.46I_N<4I_N$$

$$T'_{st}=\frac{1}{1.37^2}\times 1\times T_N=0.53T_N>0.5T_N$$

可见，选用73%抽头时，启动电流和启动转矩均满足要求，所以该电动机可以采用73%抽比的自耦变压器降压启动。

4. 改善启动性能的三相笼形异步电动机

笼形异步电动机的优点显著，但启动转矩较小、启动电流较大。为了改善这种电动机的启动性能，可以从转子槽形着手，设法利用“集肤效应”，使启动时转子电阻增大，以增大启动转矩并减小启动电流，在正常运行时转子电阻又能自动减小。深槽式异步电动机及双笼形异步电动机均可满足这种要求。

(1)深槽式异步电动机。深槽式异步电动机的转子槽形深而窄，通常槽深与槽宽之比大到10~12或以上。当转子导条中流过电流时，槽漏磁通的分布如图5.9(a)所示。由图可见，与导条底部相交链的漏磁通比槽口部分相交链的漏磁通多得多，因此若将导条看成是由若干个沿槽高划分的小导体(小薄片)并联而成，则越靠近槽底的小导体具有越大的漏电抗，而越接近槽口部分的小导体的漏电抗越小。在电动机启动时，由于转子电流的较高，转子导条的漏电抗较大，因而各小导体中电流的分配将主要决定于漏电抗，漏电抗越大则电流越小。这样在由气隙主磁通所感应的相同电动势的作用下，导条中靠近槽底处的电流密度将很小，而越靠近槽口则越大，因此沿槽高的电流密度分布如图5.9(b)所示，这种现象称为电流的集肤效应，由于电流好像是被挤到槽口处，所以又称挤流效应。集肤效应的效果相当于减小了导条的高度和截面，增大了转子电阻，从而满足了启动的要求，如图5.9(c)所示。

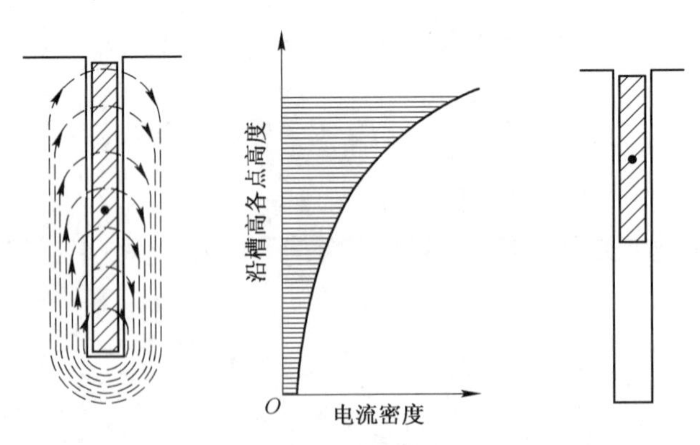

(a) 槽漏磁通的分布　(b) 导条内电流密度分布　(c) 导条的有效截面

图5.9　深槽式异步电动机转子导条中电流的集肤效应

随着转速的升高，转子电流频率逐渐降低，各并联导条的漏电抗也逐渐减小，集肤效应逐渐减弱。启动结束后,电动机正常运行时,由于转子电流频率很低,一般为 1~3 Hz,转子导条的漏电抗比转子电阻小得多,其电流密度主要决定于其电阻的大小,使转子电流均匀地分布在转子导条的整个截面上,集肤效应基本消失,转子导条电阻恢复(减小)为自身的直流电阻。可见,正常运行时,转子电阻能自动变小,从而满足了减小转子铜损耗,提高电动机效率的要求。

(2)双笼形异步电动机。双笼形异步电动机的转子上有 2 套笼形绕组,即上笼和下笼,如图 5.10(a)所示。上笼导条截面积较小,并用黄铜或铝青铜等电阻系数较大的材料制成,电阻较大,但上笼交链的漏磁通少,漏电抗小;下笼导条的截面积较大,并用电阻系数较小的紫铜制成,电阻较小,但下笼交链的漏磁通多,漏电抗大。

启动时,转子电流频率较高,转子漏电抗大于电阻,上、下笼的电流分配主要决定于漏电抗。由于下笼的漏电抗比上笼大得多,电流主要从上笼流过。因此启动时上笼起主要作用,由于它的电阻较大,可以产生较大的启动转矩,限制启动电流,所以把上笼称为启动笼。

正常运行时,转子电流频率很低,转子漏电抗远比电阻小,上、下笼的电流分配主要决定于电阻,于是电流大部分从电阻较小的下笼流过,产生正常运行时的电磁转矩,所以把下笼称为运行笼。

双笼形异步电动机的机械特性曲线可以看成是上、下笼两条特性曲线的合成,如图 5.10(b)所示。改变上、下笼的参数就可以得到不同的机械特性曲线,以满足不同的负载要求,这是双笼形异步电动机的一个突出优点。

双笼形异步电动机的启动性能比深槽异步电动机好,但深槽异步电动机结构简单,制造成本较低。它们的共同缺点是转子漏电抗较普通笼形异步电动机大,因此功率因数和过载能力都比普通笼形异步电动机低。

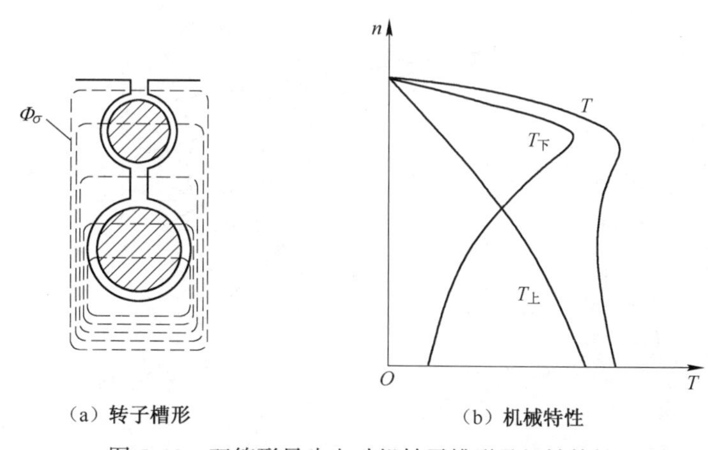

(a) 转子槽形　　(b) 机械特性

图 5.10　双笼形异步电动机转子槽形及机械特性

5.2.2　三相绕线转子异步电动机的启动

对于绕线转子异步电动机,若转子回路串入适当的电阻器,既能限制启动电流,又能增大启动转矩,同时克服了笼形异步电动机启动电流大、启动转矩不大的缺点,这种启动方法适用于大中容量异步电动机重载启动。绕线转子异步电动机的启动分为转子串电阻器和转子串频敏电阻器 2 种启动方法。

1. 转子串电阻器启动

为了在整个启动过程中得到较大的加速转矩,并使启动过程比较平滑,应在转子回路中串入多级对称电阻器。启动时,随着转速的升高,逐段切除启动电阻器,这与直流电动机电枢串电阻器启动类似,称为电阻分级启动。图 5.11 为三相绕线转子异步电动机转子串对称电阻器分级启动的接线图和对应的机械特性。

下面介绍转子串电阻器的启动过程和启动电阻的计算方法。

(1)启动过程。启动开始时,图 5.11(a)中的开关 S 闭合,S_1、S_2、S_3 断开,启动电阻器全部串入转子回路中,转子每相电阻为 $R_3 = r_2 + R_{st1} + R_{st2} + R_{st3}$,对应的机械特性如图5.11(b)中曲线 R_3 所示。启动瞬间,转速 $n = 0$,电磁转矩 $T_{em} = T_1$(T_1 称为最大加速转矩),因 T_1 大于负载转矩 T_L,于是电动机从 a 点沿曲线 R_3 开始加速。随着 n 上升,T_{em} 逐渐减小,当减小到 T_2 时(对应于 b 点),S_3 闭合,切除 R_{st3},切换电阻时的转矩值 T_2 称为切换转矩。切除 R_{st3} 后,转子每相电阻变为 $R_2 = r_2 + R_{st1} + R_{st2}$,对应的机械特性变为曲线 R_2。切换瞬间,转速 n 不突变,电动机的运行点由 b 点跃变到 c 点,T_{em} 由 T_2 跃升为 T_1。此后,n、T_{em} 沿曲线 R_2 变化,待 T_{em} 又减小到 T_2 时(对应 d 点),触点 S_2 闭合,切除 R_{st2}。此后转子每相电阻变为 $R_1 = r_2 + R_{st1} + R_{st2}$,电动机运行点由 d 点跃变到 e 点,工作点(n、T_{em})沿曲线 R_1 变化。最后在 f 点触点 S_1 闭合,切除 R_{st1},转子绕组直接短路,电动机运行点由 f 点变到 g 点后沿固有特性加速到负载点 h 稳定运行,启动结束。

在启动过程中,一般取最大加速转矩 $T_1 = (0.7 \sim 0.85)T_m$,切换转矩 $T_2 = (1.1 \sim 1.2)T_L$。

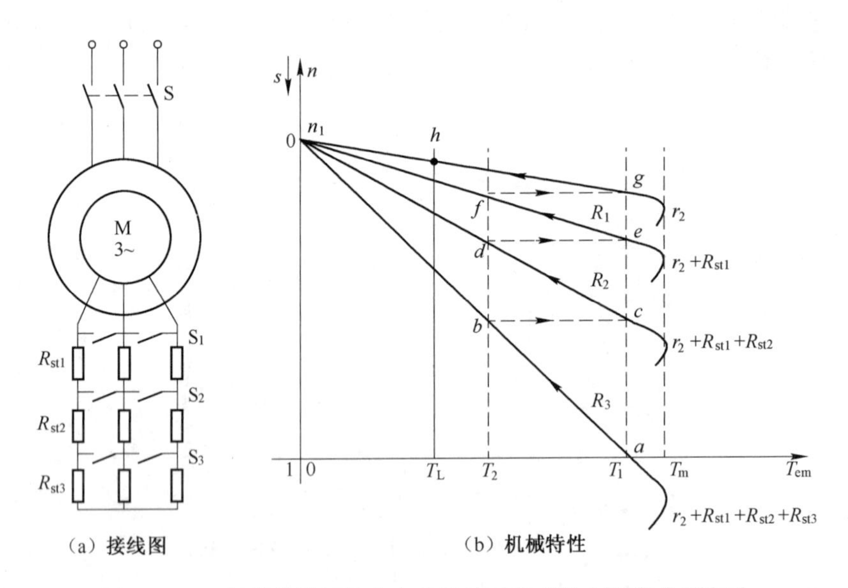

图 5.11　三相绕线转子异步电动机转子串对称电阻器分级启动

(2)启动电阻的计算。启动电阻的计算可以采用图解法和解析法,这里只介绍解析法。

由图 5.11(b)可见,分级启动时,电动机的运行点在每条机械特性的线性段($0 < s < s_m$)上变化。根据机械特性的线性表达式可知,当电动机的最大转矩 T_m 保持不变,临界转差率 s_m 与转子电阻成正比变化。设 β 为启动转矩比,则

$$\beta = \frac{T_1}{T_2} = \frac{R_1}{r_2} = \frac{R_2}{R_1} = \frac{R_3}{R_2} \tag{5.31}$$

若已知转子每相电阻 r_2 和启动转矩比 β 时，则各级电阻为

$$\begin{cases} R_{P1} = \beta r_2 \\ R_{P2} = \beta R_{P1} = \beta^2 r_2 \\ R_{P3} = \beta R_{P2} = \beta^3 r_2 \end{cases} \tag{5.32}$$

当启动级数为 m 时，最大启动电阻为

$$R_{\mathrm{m}} = \beta^{\mathrm{m}} r_2 \tag{5.33}$$

由图 5.9(b)中的 h 点(额定点)和 a 点(启动点)可写出式(5.34)、式(5.35)。

$$T_{\mathrm{N}} \propto \frac{2T_{\mathrm{m}}}{r_2} s_{\mathrm{N}} \tag{5.34}$$

$$T_1 \propto \frac{2T_{\mathrm{m}}}{R_m} \cdot 1 \tag{5.35}$$

这里启动级数 $m = 3$，故 $R_m = R_3$。由式(5.34)、式(5.35)可得

$$\frac{R_m}{r_2} = \frac{T_{\mathrm{N}}}{s_{\mathrm{N}} T_1} \tag{5.36}$$

由式(5.33)、式(5.36)可得

$$\beta = \sqrt[m]{\frac{R_m}{r_2}} = \sqrt[m]{\frac{T_{\mathrm{N}}}{s_{\mathrm{N}} T_1}} \tag{5.37}$$

$$m = \frac{\lg\left(\dfrac{T_{\mathrm{N}}}{s_{\mathrm{N}} T_1}\right)}{\lg\beta} \tag{5.38}$$

在实际应用中，计算启动电阻时，启动级数 m 可能是已经确定，也可能是未知的，故计算启动电阻可分为 2 种情况。

根据上述各式，现分 2 种情况说明启动电阻的计算步骤。

(1)已知启动级数 m，计算启动电阻的步骤如下：

①按要求在 $T_1 = (0.7 \sim 0.85)T_{\mathrm{m}}$ 的范围内选取 T_1。

②计算 $\beta = \sqrt[m]{\dfrac{T_{\mathrm{N}}}{s_{\mathrm{N}} T_1}}$。

③检验 T_2，应满足 $T_2 = \dfrac{T_1}{\beta} \geqslant (1.1 \sim 1.2)T_{\mathrm{L}}$，如不满足，应重新选取较大的 T_1 值或增加启动级数 m。

④计算 $r_2 = \dfrac{s_{\mathrm{N}} E_{2\mathrm{N}}}{\sqrt{3} I_{2\mathrm{N}}}$。

⑤计算各级启动电阻和各分段电阻

$$\begin{cases}R_1=\beta r_2\\R_2=\beta^2 r_2\\ \quad\vdots\\R_m=\beta^m r_2\end{cases}\tag{5.39}$$

$$\begin{cases}R_{st1}=R_1-r_2\\R_{st2}=R_2-R_1\\ \quad\vdots\\R_{stm}=R_m-R_{(m-1)}\end{cases}\tag{5.40}$$

(2)当启动级数 m 未知时,计算启动电阻的步骤如下:

①按要求在 $T_1=(0.7\sim0.85)T_m$, $T_2=(1.1\sim1.2)T_N$ 的范围内预选 T_1、T_2。

②计算 $\beta=\dfrac{T_1}{T_2}$。

③计算 $m=\dfrac{\lg\left(\dfrac{T_N}{s_N T_1}\right)}{\lg\beta}$,整数后按式(5.34)修正 β 值,按 $T_2=\dfrac{T_1}{\beta}$ 修正 T_2 值。

④计算 $r_2=\dfrac{s_N E_{2N}}{\sqrt{3}I_{2N}}$。

⑤按式(5.39)、式(5.40)计算各级启动电阻和各分段电阻。

【例 5.2】 一台绕线转子异步电动机, $P_N=28$ kW, $n_N=1\ 420$ r/min, $\lambda_T=2$, $E_{2N}=250$ V, $I_{2N}=71$ A,启动级数 $m=3$,负载转矩 $T_L=0.5T_N$ 。求各级启动电阻。

解

$$s_N=\frac{1\ 500-1\ 420}{1\ 500}=0.053\ 3$$

取 $T_1=1.7T_N$

$$\beta=\sqrt[m]{\frac{T_N}{s_N T_1}}=\sqrt[3]{\frac{1}{0.053\ 3\times1.7}}=2.22$$

$$T_2=\frac{T_1}{\beta}=\frac{1.7T_N}{2.22}=0.766T_N>(1.1\sim1.2)T_L$$

$$r_2=\frac{s_N E_{2N}}{\sqrt{3}I_{2N}}=\frac{0.053\ 3\times250}{\sqrt{3}\times71}\Omega=0.108\ \Omega$$

各级启动电阻为

$$R_1=\beta r_2=2.22\times0.108\ \Omega=0.24\ \Omega$$
$$R_2=\beta^2 r_2=2.22^2\times0.108\ \Omega=0.532\ \Omega$$
$$R_3=\beta^3 r_2=2.22^3\times0.108\ \Omega=1.182\ \Omega$$

各段启动电阻为

$$R_{st1}=R_1-r_2=(0.24-0.108)\ \Omega=0.132\ \Omega$$
$$R_{st2}=R_2-R_1=(0.532-0.24)\ \Omega=0.292\ \Omega$$

$$R_{st3} = R_3 - R_2 = (1.182 - 0.532)\ \Omega = 0.65\ \Omega$$

2. 转子串频敏电阻器启动

绕线转子异步电动机采用转子串电阻器启动时,若想在启动过程中保持有较大的启动转矩且启动平稳,则必须采用较多的启动级数,这必然导致启动设备复杂化。为了克服这个问题,可以采用串频敏电阻器启动。频敏电阻器是绕线转子异步电动机较为理想的启动装置,常用于2.2~3 300 kW的380 V低压绕线转子异步电动机的启动控制。

频敏电阻器是一个铁损耗很大的三相电抗器。从结构上看,它类似于一个没有二次绕组的三相心式变压器,其铁芯用较厚的钢板叠成。3个绕组分别绕在3个铁芯柱上并作Y形连接,然后接到转子滑环上,如图5.12(a)所示。图5.12(b)所示为频敏电阻器每相的等效电路,其中r_1为频敏电阻器绕组的电阻,X_m为带铁芯绕组的电抗,r_m为反映铁损耗的等效电阻。当频敏电阻器的三相绕组通入交流电时,铁芯中产生交变磁通,引起铁芯损耗。因铁芯为厚钢板制成,故会产生很大涡流,使铁损耗很大。频率越高、涡流越大,铁损耗也越大,可等效地看作电阻越大。因此,频率变化时,铁损耗变化,相当于电阻的值在变化。

用频敏电阻器启动的过程如下:启动时触点S_2断开,转子串入频敏电阻器,当触点S_1闭合时,电动机接通电源开始启动。启动瞬间,$n = 0$,$s = 1$,转子电流频率$f_2 = sf_1 = f_1$(最大),频敏电阻器的铁芯中与频率二次方成正比的涡流损耗最大,即铁损耗大,反映铁损耗大小的等效电阻器r_m大,此时相当于转子回路中串入一个较大的电阻器。启动过程中,随着n上升,s减小,$f_2 = sf_1$,逐渐减小,频敏电阻器的铁损耗逐渐减小,r_m也随之减小,这相当于在启动过程中逐渐切除转子回路串入的电阻器。启动结束后,触点S_2闭合,切除频敏电阻器,转子电路因为频敏电阻器的等效电阻r_m是随频率f_2的变化而自动变化的,因此称为"频敏"电阻器,它相当于一种无触点的电阻器。在启动过程中,它能自动、无级地减小电阻,如果参数选择适当,可以在启动过程中保持转矩近似不变,使启动过程平稳、快速。这时电动机的带电抗机械特性如图5.12(c)曲线2所示。曲线1是电动机的固有机械特性。

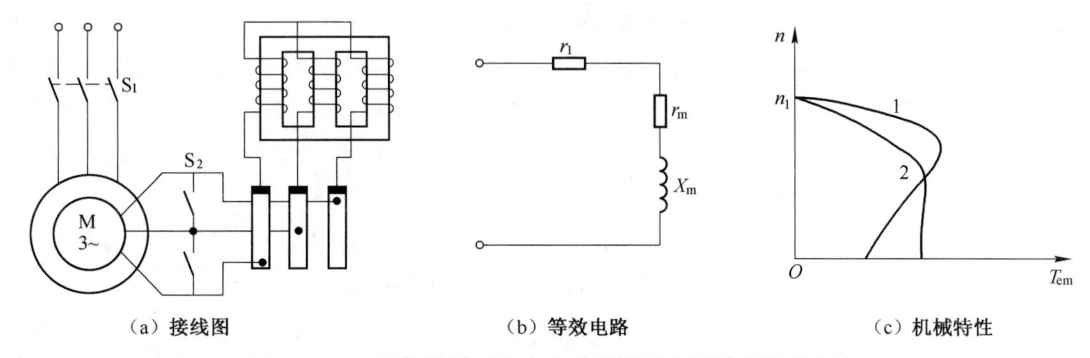

(a) 接线图　　(b) 等效电路　　(c) 机械特性

图5.12　三相绕线转子异步电动机转子串频敏电阻器启动

频敏电阻器的结构简单、运行可靠、使用维护方便,因此使用广泛。

5.3　三相异步电动机的制动

三相异步电动机除了运行于电动状态外,还时常运行于制动状态。运行于电动状态时,

T_{em} 与 n 方向相同，T_{em} 是驱动转矩，电动机从电网吸收电能并转换成机械能从轴上输出，其机械特性位于第一象限或第三象限；运行于制动状态时，T_{em} 与 n 方向相反，T_{em} 是制动转矩，电动机从轴上吸收机械能并转换成电能，该电能或消耗在电动机内部，或反馈回电网，其机械特性位于第二象限或第四象限。

异步电动机制动的目的是使电力拖动系统快速停车或者使拖动系统尽快减速，对于位能性负载，制动运行可获得稳定的下降速度。

异步电动机制动的方法有能耗制动、反接制动和回馈制动 3 种。

5.3.1 能耗制动

异步电动机的能耗制动接线图如图 5.13(a)所示。制动时，接触器触点 S_1 断开，电动机脱离电网，同时触点 S_2 闭合，在定子绕组中通入直流电流(称为直流励磁电流)，于是定子绕组便产生一个恒定的磁场。转子因惯性而继续旋转并切割该恒定磁场，转子导体中便产生感应电动势及感应电流。由图 5.13(b)可以判定，转子感应电流与恒定磁场作用产生的电磁转矩为制动转矩，因此转速迅速下降，当转速下降至零时，转子感应电动势和感应电流均为零，制动过程结束。此制动方法是将电动机旋转的动能转变为电能，消耗在转子回路电阻器上，故称为能耗制动。

机械特性表达式的推导比较复杂，其曲线形状与接到交流电网上正常运行时的是相似的，只是它要通过坐标原点，如图 5.14 所示。图中曲线 1 和曲线 2 具有相同的转子电阻，但曲线 2 比曲线 1 具有较大的直流励磁电流；曲线 1 和曲线 3 具有相同的直流励磁电流，但曲线 3 比曲线 1 具有较大的转子电阻。

由图 5.14 可见，转子电阻较小时(曲线 1)，初始制动转矩比较小。对于笼形异步电动机，为了增大初始制动转矩，就必须增大直流励磁电流(曲线 2)。对绕线转子异步电动机，可以采用转子串电阻器的方法来增大初始制动转矩(曲线 3)。

能耗制动过程可分析如下：设电动机原来工作在固有特性曲线上的 A 点，在制动瞬间，因转速不突变，工作点便由 A 点平移至能耗制动特性(如曲线 1)上的 B 点，在制动转矩的作用下，电动机开始减速，工作点沿曲线 1 变化，直到原点，$n=0$，$T_{em}=0$，如果拖动的是反抗性负载，则电动机便停转，实现了快速制动停车；如果拖动的是位能性负载，当转速过零时，若要停车，必须立即用机械抱闸将电动机轴刹住，否则电动机将在位能性负载转矩的倒拉下反转，直到进入第四象限中的 C 点($T_{em}=T_L$)，系统处于稳定的能耗制动运行状态，这时重物保持匀速下降。C 点称为能耗制动运行点。由图 5.14 可见，改变制动电阻器 R_B 或直流励磁电流的大小，可以获得不同的稳定下降速度。

对于绕线转子异步电动机采用能耗制动时，按照最大制动转矩为 $(1.2 \sim 2.2)T_N$ 的要求，可用式(5.41)、式(5.42)计算直流励磁电流和转子应串联电阻的大小。

$$I=(2 \sim 3)I_0 \tag{5.41}$$

$$R_B=(0.2 \sim 0.4)\frac{E_{2N}}{\sqrt{3}I_{2N}}-r_2 \tag{5.42}$$

式中：I_0——异步电动机的空载电流。

能耗制动广泛应用于要求平稳准确停车的场合，也可应用于起重机一类带位能性负载的机械上，用来限制重物下降的速度，使重物保持匀速下降。

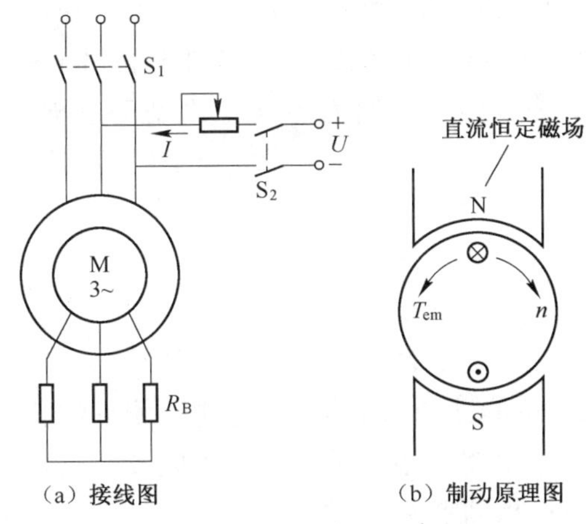

图5.13　三相异步电动机的能耗制动

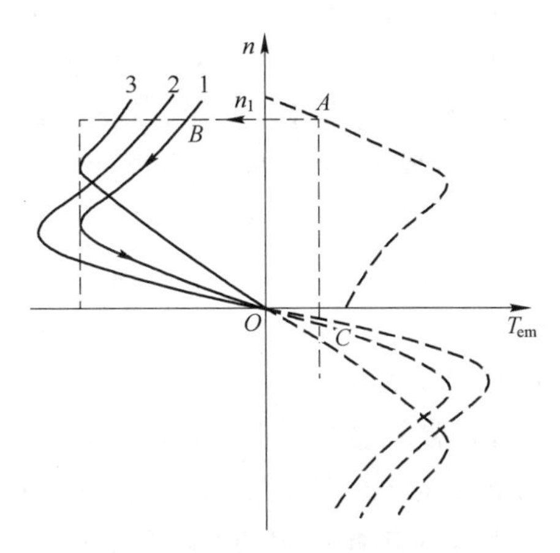

图5.14　异步电动机能耗制动时的机械特性

5.3.2　反接制动

当异步电动机转子的旋转方向与定子磁场的旋转方向相反时，电动机便处于反接制动状态。它有2种情况：一是在电动状态下突然将电源的任意两相反接，使定子旋转磁场的方向反向，这种制动称为电源反接制动；二是保持定子磁场的转向不变，而转子在位能负载作用下进入倒拉反转，这种制动称为倒拉反接制动。

1. 电源反接制动

实现电源反接制动的方法是将三相异步电动机任意两相定子绕组的电源进线对调。这种制动类似于他励直流电动机的电压反接制动。

反接制动前，设电动机处于正向电动状态，以速度 n 逆时针旋转，拖动负载运行于固有特性曲线上的 A 点，如图5.15(b)所示。当把定子两相绕组出线端对调时如图5.15(a)所示，由于改变了定子电压的相序，所以定子旋转磁场方向变为顺时针方向，电磁转矩方向也随之改变，变为制动性质，其机械特性曲线变为图5.15(b)中曲线2，其对应的理想空载转速为 $-n_1$。

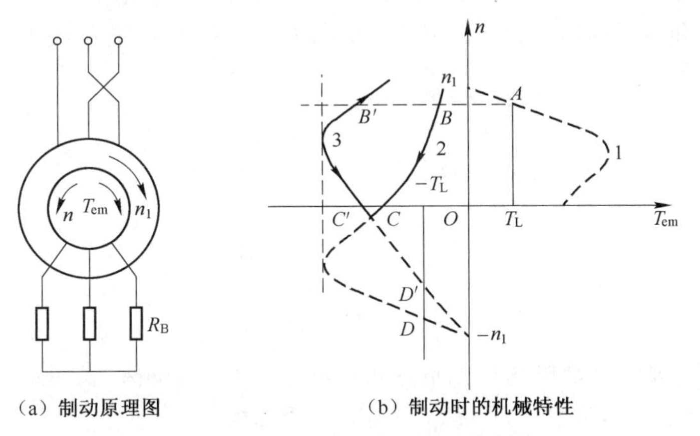

图5.15　异步电动机的电源反接制动

在定子两相反接瞬间，转速来不及变化，工作点由 A 点平移到 B 点，这时系统在制动的电磁转矩和负载转矩共同作用下迅速减速，工作点沿曲线2移动，当到达 C 点时，转速为零，制动过程结束。如要停车，则应立即切断电源，否则电动机将反向启动。

对于绕线转子异步电动机,为了限制制动瞬间电流以及增大电磁制动转矩,通常在定子两相反接的同时,在转子回路中串联制动电阻器 R_B,这时对应的机械特性如图 5.15(b)中的曲线 3 所示。定子两相反接的反接制动是指从反接开始至转速为零这一段制动过程,即图 5.15(b)中曲线 2 的 BC 段或曲线 3 的 $B'C'$ 段。

电源反接制动时,电动机的转差率为

$$s = \frac{-n_1 - n}{-n_1} = \frac{n_1 + n}{n_1} > 1 \tag{5.43}$$

2. 倒拉反接制动

倒拉反接制动适用于绕线转子异步电动机拖动位能性负载的情况,它能够使重物获得稳定的下放速度。实现倒拉反接制动的方法是在转子电路中串入足够大的电阻器。这种制动类似于直流电动机的倒拉反接制动。下面以起重机为例来说明。

绕线转子异步电动机倒拉反接制动时的原理图及其机械特性如图 5.16 所示。设电动机原来工作在固有特性曲线上的 A 点提升重物,当在转子回路串入足够大的电阻器 R_B 时,其机械特性变为曲线 2。串入 R_B 瞬间,转速来不及变化,工作点由 A 点平移到 B 点,此时电动机的提升转矩 T_B 小于位能负载转矩 T_L,所以提升速度减小,工作点沿曲线 2 由 B 点向 C 点移动。在减速过程中,电动机仍运行在电动状态。当工作点到达 C 点时,转速降至零,对应的电磁转矩 T_C 仍小于负载转矩 T_L,重物将倒拉电动机的转子反向旋转,并加速到 D 点,这时 $T_D = T_L$,拖动系统将以较低的转速 n_D 匀速下放重物。在 D 点,$T_{em} = T_D > 0$,$n = -n_D < 0$,负载转矩成为拖动转矩,拉着电动机反转,而电磁转矩起制动作用,如图 5.16(a)所示,故称为倒拉反接制动。

倒拉反接制动时,电动机的转差率为

$$s = \frac{n_1 - n}{-n_1} = \frac{n_1 + |n|}{n_1} > 1 \tag{5.44}$$

以上介绍的电源两相反接的反接制动和倒拉反转的反接制动具有一个相同特点,就是定子磁场的转向和转子的转向相反,即转差率 $s > 1$。因此,异步电动机等效电路中表示机械负载的等效电阻 $\frac{1-s}{s}r'_2$ 是负值,其机械功率为

$$P_{MEC} = m_1 I'^2_2 \frac{1-s}{s} r'_2 = -m_1 I'^2_2 \frac{s-1}{s} r'_2 < 0 \tag{5.45}$$

定子传递到转子的电磁功率为

$$P_{em} = m_1 I'^2_2 \frac{r'_2}{s} > 0 \tag{5.46}$$

P_{MEC} 为负值,表明电动机从轴上输入机械功率;P_{em} 为正值,表明定子从电源输入电功率,并由定子向转子传递功率。将 $|P_{MEC}|$ 与 P_{em} 相加得

$$|P_{MEC}| + P_{em} = m_1 I'^2_2 \frac{s-1}{s} r'_2 + m_1 I'^2_2 \frac{r'_2}{s} = m_1 I'^2_2 r'_2 \tag{5.47}$$

式(5.47)表明,轴上输入的机械功率转变成电功率后,连同定子传递给转子的电磁功率一起全部消耗在转子回路电阻器上,所以反接制动时的能量损耗较大。

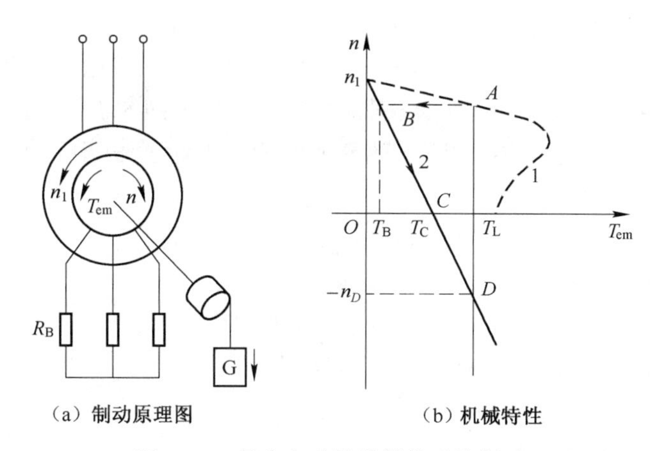

图 5.16　异步电动机的倒拉反接制动

5.3.3　回馈制动

若异步电动机在电动状态运行时,由于某种原因,使电动机的转速超过了同步转速(转向不变),这时电动机便处于回馈制动状态。

当电动机转子的转速超过同步转速 ($n > n_1$) ,转差率 $s < 0$,转子电流的有功分量 ($I_2'\cos\varphi_2$)为负值,故电磁转矩 $T_{em} = C_T\Phi I_2'\cos\varphi_2$ 也为负值,与转子的旋转方向相反,说明电动机处于制动状态。而转子电流的无功分量为正,说明回馈制动时,电动机仍需要从电网吸取励磁电流,建立磁场。

回馈制动时,实际上电动机是向电网输出电能的,气隙主磁通传递能量是由转子到定子,即功率传递是由轴上输入,经转子、定子到电网,好似一台发电机,因此回馈制动也成为再生回馈制动。

那么转子必须在外力矩的作用下,即转轴上必须输入机械能。因此回馈制动状态实际上就是将轴上的机械能转变成电能并回馈到电网的异步电动机的发电运行状态。

回馈制动时,$n > n_1$,T_{em} 与 n 反方向,所以其机械特性是第一象限正向电动状态特性曲线在第二象限的延伸,如图 5.17 中的曲线 1;或是第三象限反向电动状态特性曲线在第四象限的延伸,如图 5.17 中曲线 2、曲线 3 所示。

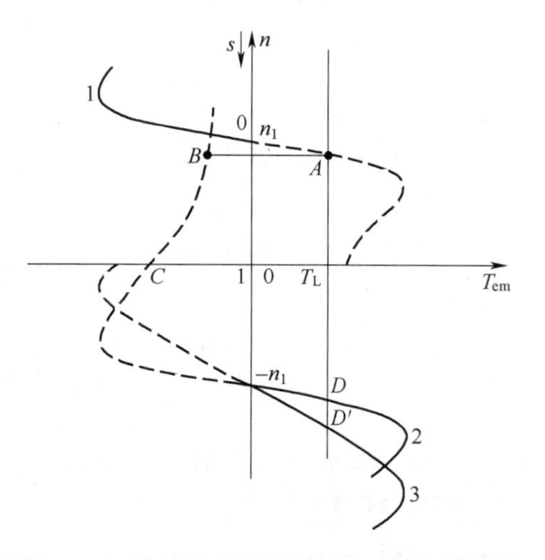

图 5.17　异步电动机回馈制动时的机械特性

在生产实践中,异步电动机的回馈制动有以下 2 种情况:一种是出现在位能负载下放;另一种是出现在电动机变极调速或变频调速过程。

1. 下放重物时的回馈制动

在图 5.17 中,设 A 点是电动状态提升重物工作点,D 点是回馈制动状态下放重物工作点。电动机从提升重物工作点 A 过渡到下放重物工作点 D 的过程如下:

首先将电动机定子两相反接,这时定子旋转磁场的同步转速为 $-n_1$,机械特性如图 5.17 中曲线 2 所示。反接瞬间,转速不突变,工作点由 A 平移到 B,然后电动机经过反接制动过程

（工作点沿曲线 2 由 B 变到 C）、反向电动加速过程（工作点由 C 向同步点 $-n_1$ 变化），最后在位能性负载作用下反向加速并超过同步转速，直到 D 点保持稳定运行，即匀速下放重物。

如果在转子电路中串入制动电阻器，对应的机械特性如图 5.17 中曲线 3 所示，这时的回馈制动工作点为 D'，其转速增加，重物下放的速度增大。为了限制电动机的转速，回馈制动时在转子电路中串入的电阻值不应太大。

2. 变极调速或变频调速过程中的回馈制动

这种制动情况可用图 5.18 来说明。设电动机原来在机械特性曲线 1 上的 A 点稳定运行，当电动机采用变极（如增加极数）或变频（如降低频率）进行调速时，其机械特性变为曲线 2，同步转速变为 n_1'。在调速瞬间，转速不突变，工作点由 A 变到 B。在 B 点，转速 $n_B > 0$，电磁转矩 $T_B < 0$，为制动转矩，且因为 $n_B > n_1'$，故电动机处于回馈制动状态。工作点沿曲线 2 的 B 点到 n_1' 点这一段变化过程为回馈制动过程，在此过程中，电动机吸收系统释放的动能，并转换成电能回馈到电网。电动机沿曲线 2 的 n_1' 点到 C 点的变化过程为电动状态的减速过程，C 点为调速后的稳态工作点。

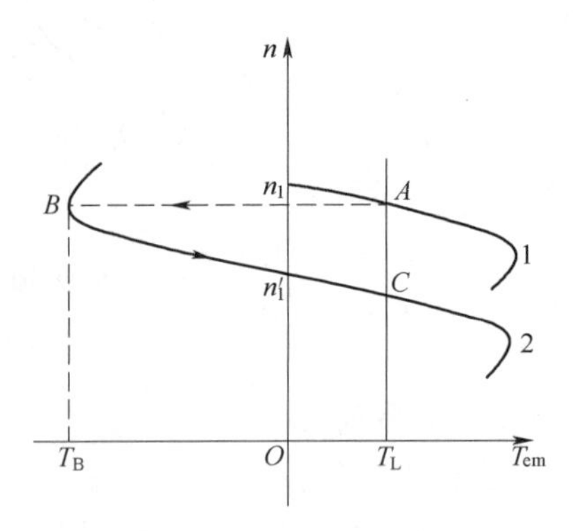

图 5.18 电动机变极调速或变频调速过程中的回馈制动

以上介绍了三相异步电动机的 3 种制动方法，为了便于掌握，现将这 3 种制动方法及其能量关系、优缺点、应用场合进行比较，列于表 5.1 中。

表 5.1 三相异步电动机各种制动方法的比较

项目	能耗制动	反接制动		回馈制动
		电源反接	倒拉反转	
方法条件	断开交流电源的同时，在定子两相中通入直流电流	突然改变定子电源相序，使定子旋转磁场方向改变	定子按提升方向接通电源，转子串入较大电阻器，电动机被重物拖动反转	在某一转矩作用下，使电动机转速超过同步转速
能量关系	吸收机械系统储存的动能并转换成电能，消耗在转子电路电阻器上	吸收机械系统储存的动能，作为轴上输入的机械功率并转换成电能后，连同定子传递给转子的电磁功率一起，全部消耗在转子电路电阻路上		轴上输入机械功率并转换成电功率，由定子回馈给电网
优点	制动平稳，便于实现准确停车	制动强烈，停车迅速	能使位能性负载在 $n<n_1$ 下稳定下放	能向电网回馈电能，比较经济
缺点	制动较慢，需要 套直流电源	能量损耗大，控制较复杂，不易实现准确停车	能量损耗大	在 $n<n_1$ 时不能实现回馈制动
应用场合	要求平稳，准确停车的场合；限制位能性负载的下降速度	要求迅速停车和需要反转的场合	限制位能性负载的下放速度，并在 $n<n_1$ 的情况下采用	限制位能性负载的下放速度，并在 $n>n_1$ 的情况下采用

5.4 三相异步电动机的调速

根据三相异步电动机的转速公式

$$n = n_1(1-s) = \frac{60f_1}{p}(1-s) \tag{5.48}$$

可知,异步电动机有下列3种基本调速方法:

(1)变极调速:通过改变定子绕组的磁极对数 p 来改变同步转速 n_1,以进行调速。

(2)变频调速:改变电源频率 f_1 来改变同步转速 n_1,以进行调速。

(3)变转差率调速:保持同步转速 n_1 不变,改变转差率 s 进行调速,包括降低电源电压调速,转子串联电阻器调速、串级调速及电磁转差离合器调速等。

下面介绍各种调速方法的基本原理、运行特性和调速性能。

5.4.1 变极调速

改变定子绕组的磁极对数,通常用改变定子绕组的接线方式来实现。由于只有定子和转子具有相同的极数时,电动机才具有恒定的电磁转矩,才能实现机电能量的转换。因此,在改变定子极数的同时,必须同时改变转子的极数,因笼形电动机的转子极数能自动地随定子极数变化,所以变极调速只用于笼形电动机。

1. 变极原理

下面以四极变二极为例,说明定子绕组的变极原理。图5.19画出了四极电机U相绕组的两个线圈,每个线圈代表U相绕组的一半,称为半相绕组。两个半相绕组顺向串联(头尾相接)时,根据线圈中的电流方向,可以看出定子绕组产生四极磁场,即 $2p=4$,磁场方向如图5.19(a)中的虚线或图5.19(b)中的⊗、⊙所示。

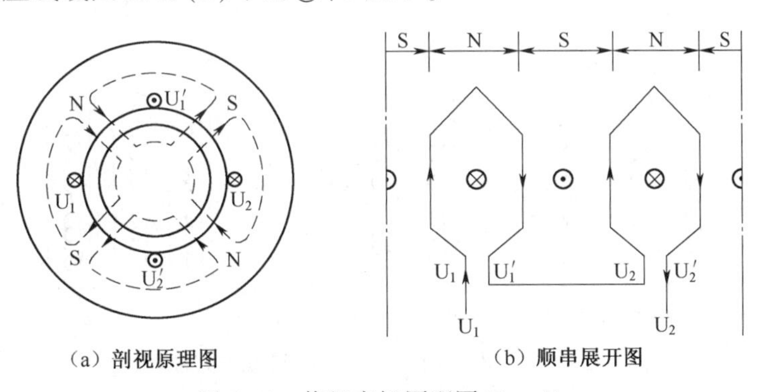

(a)剖视原理图 (b)顺串展开图

图5.19 绕组变极原理图($2p=4$)

如果将两个半相绕组的连接方式改为图5.20所示的样子,即使其中的一个半相绕组 U_2、U_2' 中电流反向,这时定子绕组便产生二极磁场,即 $2p=2$。由此可见,使定子每相的一半绕组中电流改变方向,就可改变磁极对数。

2. 3种常用的变极接线方式

图5.21为3种常用的变极接线方式原理图,其中图5.21(a)表示由单星形连接改接成并联的双星形连接;图5.21(b)表示由单星形连接改接成反向串联的单星形连接;图5.21(c)表示由三角形连接改接成双星形连接。由图可见,这3种接线方式都是使每相的一半绕组内的电流改变了方向,因而定子磁场的磁极对数减少一半。

需要指出的是,为了保证变极调速前后电动机的转向不变,在改变定子绕组接线时,必须同时改变定子绕组的相序(对调任意两相绕组出线端);否则,电动机将反转。这是因为在电动机定子圆周上,电角度 $=p\times$ 机械角度,当 $p=1$ 时,U、V、W三相绕组在空间分布的电角

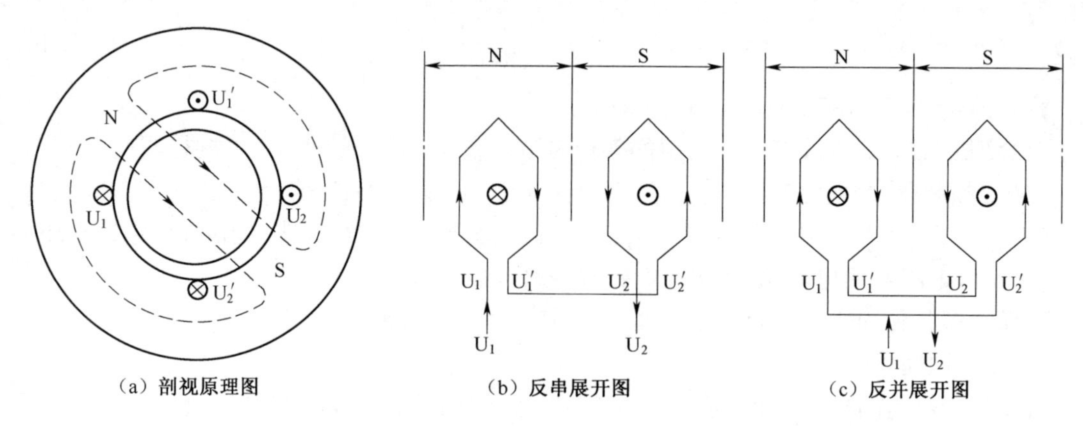

（a）剖视原理图 （b）反串展开图 （c）反并展开图

图 5.20 绕组变极原理图（$2p=2$）

度依次为 0°、120°、240°；而当 $p=2$ 时，U、V、W 三相绕组在空间分布的电角度变为 0°、120°×2 =240°、240°×2=480°（即 120°）。可见，变极前后三相绕组的相序发生了变化，因此变极后只有对调定子的两相绕组出线端，才能保证电动机的转向不变。

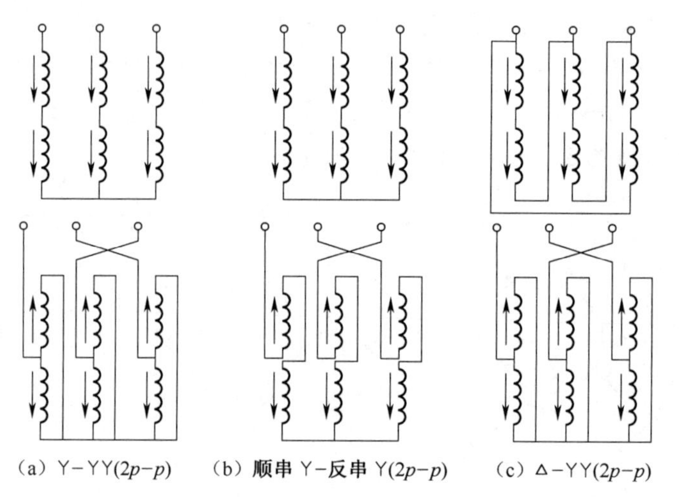
（a）Y-YY($2p-p$) （b）顺串 Y-反串 Y($2p-p$) （c）Δ-YY($2p-p$)

图 5.21 双速电动机常用的变极接线方式原理图

3. 变极调速时的容许输出

调速时电动机的容许输出是指在保持电流为额定值条件下，调速前、后电动机轴上输出的功率和转矩。下面对 3 种接线方式变极调速时的容许输出进行分析。

（1）Y-YY连接方式。设外施电压为 U_N，绕组每相额定电流为 I_N，当Y连接时，线电流等于相电流，输出功率和转矩为

$$\begin{cases} P_Y = \sqrt{3}\,U_N I_N \eta_N \cos\varphi_N \\ T_Y = 9\ 550 P_Y / n_Y \end{cases} \tag{5.49}$$

改接成YY联结方式后，极数减少一半，转速增大一倍，即 $n_{YY}=2n_Y$，若保持绕组电流 I_N 不变，则每相电流为 $2I_N$，假定改接前后效率和功率因数近似不变，则输出功率和转矩为

$$\begin{cases} P_{YY} = \sqrt{3}\,U_N (2I_N) \eta_N \cos\varphi_N = 2P_Y \\ T_{YY} = 9\ 550 P_{YY} / n_{YY} = 9550 P_Y / n_Y = T_Y \end{cases} \tag{5.50}$$

可见,Y-YY连接方式时,电动机的转速增大一倍,容许输出功率增大一倍,而容许输出转矩保持不变,所以这种连接方式的变极调速属于恒转矩调速,它适用于恒转矩负载。

(2) △-YY连接方式。当每相绕组的额定电流为 I_N 时,则三角形(△)连接时的线电流为 $\sqrt{3}I_N$,输出功率和转矩为

$$\begin{cases} P_{\triangle} = \sqrt{3}U_N(\sqrt{3}I_N)\eta_N\cos\varphi_N \\ T_{\triangle} = 9\ 550P_{\triangle}/n_{\triangle} \end{cases} \tag{5.51}$$

改接成YY连接方式后,极数减少一半,转速增大一倍,即 $n_{YY} = 2n_{\triangle}$ 。线电流为 $2I_N$,输出功率和转矩为

$$\begin{cases} P_{YY} = \sqrt{3}U_N(2I_N)\eta_N\cos\varphi_N = \dfrac{2}{\sqrt{3}}\sqrt{3}U_N(\sqrt{3}I_N)\eta_N\cos\varphi_N = 1.15P_{\triangle} \\ T_{YY} = 9\ 550P_{YY}/n_{YY} = 9\ 550\dfrac{1.15P_{\triangle}}{2n_{\triangle}} = 0.58T_{\triangle} \end{cases} \tag{5.52}$$

可见,△-YY连接方式时,电动机的转速提高一倍,容许输出功率近似不变,容许输出转矩近似减小一半。这种连接方式的变极调速可认为是恒功率调速,它适用于恒功率负载。

同理可以分析,正串Y-反串Y连接方式的变极调速也属于恒功率调速。

4. 变极调速时的机械特性

由Y联结改成YY连接时,两个半相绕组由一路串联改为两路并联,所以YY连接时的阻抗参数为Y连接时的 1/4。再考虑改接后电压不变,极数减半,可以得到变极前后临界转差率、最大转矩和启动转矩的关系

$$\begin{cases} s_{mYY} = s_{mY} \\ T_{mYY} = 2T_{mY} \\ T_{stYY} = 2T_{stY} \end{cases} \tag{5.53}$$

式(5.53)表明,YY连接时电动机的最大转矩和启动转矩均为Y连接时的 2 倍,临界转差率的大小不变,但对应的同步转速是不同的。其机械特性如图 5.22(a)所示。

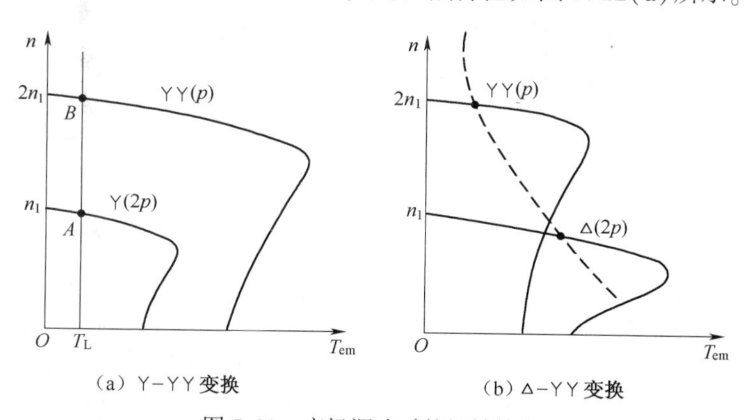

图 5.22　变极调速时的机械特性

由△连接改成YY联结时,阻抗参数也是变为原来的 1/4,极数减半,相电压变为 $U_{YY} = U_{\triangle}/\sqrt{3}$,可以得到变极前后临界转差率、最大转矩和启动转矩的关系

$$\begin{cases} s_{\mathrm{mYY}} = s_{\mathrm{m}\triangle} \\ T_{\mathrm{mYY}} = \dfrac{2}{3} T_{\mathrm{m}\triangle} \\ T_{\mathrm{stYY}} = \dfrac{2}{3} T_{\mathrm{st}\triangle} \end{cases} \tag{5.54}$$

可见,YY连接时的最大转矩和启动转矩均为△连接时的2/3,其机械特性如图5.22(b)所示。

变极调速时,转速几乎是成倍变化,所以调速的平滑性差。但它在每个转速等级运转时,和普通的异步电动机一样,具有较硬的机械特性,稳定性较好。变极调速既可用于恒转矩负载,又可用于恒功率负载,所以对于不需要无级调速的生产机械,如金属切削机床、通风机、升降机等都采用多速电动机拖动。

5.4.2 变频调速

1. 电压随频率调节的规律

根据转速公式可知,当转差率 s 变化不大时,连续调节电源频率,就可以平滑地改变电动机的转速。但是在工程实践中,仅仅改变电源频率,不能得到满意的调速特性,其原因可分析如下:

电动机正常运行时,若忽略定子漏阻抗电压降,则

$$U_1 \approx E_1 = 4.44 f_1 N_1 k_{\mathrm{w1}} \Phi_1 \tag{5.55}$$

若端电压 U_1 不变,则当电源频率 f_1 减小时,主磁通 Φ_1 将增加,使磁路过饱和,励磁电流增大,铁芯损耗增大,效率降低,功率因数降低,使电动机不能正常工作;而当电源频率 f_1 增大时,Φ_1 将减少,电磁转矩及最大转矩下降,过载能力降低,电动机的容量也得不到充分利用。

因此,为了使电动机能保持较好的运行性能,要求在调节 f_1 的同时,也成比例地降低电源电压,保持 U_1/f_1 = 常数,使 Φ_1 基本恒定。当电源频率 f_1 增大时,由于电源电压不能大于电动机的额定电压,因此电压 U_1 不能随频率成比例升高,只能保持额定值不变,这样使得电源频率 f_1 升高时,主磁通 Φ_1 将减小,相当于电动机弱磁调速。

变频调速时,U_1 与 f_1 的调节规律是和负载性质有关的,通常分为恒转矩变频调速和恒功率变频调速2种情况。

(1)恒转矩变频调速。对于恒转矩负载,$T_{\mathrm{N}} = T'_N$,于是有

$$\frac{U_1}{f_1} = \frac{U'_1}{f'_1} = 常数 \tag{5.56}$$

(2)恒功率变频调速。对于恒功率负载,要求在变频调速时电动机的输出功率保持不变,即

$$P_{\mathrm{N}} = \frac{T_{\mathrm{N}} n_{\mathrm{N}}}{9\,550} = \frac{T'_{\mathrm{N}} n'_{\mathrm{N}}}{9\,550} = 常数 \tag{5.57}$$

于是得

$$\frac{U_1}{\sqrt{f_1}} = \frac{U'_1}{\sqrt{f'_1}} = 常数 \tag{5.58}$$

2. 变频调速时电动机的机械特性

变频调速时电动机的机械特性可用式(5.59)~式(5.61)(式中忽略了 r_1、r'_2)来分析。

最大转矩
$$T_m \approx \frac{m_1 p}{8\pi^2(L_1 + L'_2)}\left(\frac{U_1}{f_1}\right)^2 \tag{5.59}$$

启动转矩
$$T_{st} \approx \frac{m_1 p r'_2}{8\pi^2(L_1 + L'_2)^2}\left(\frac{U_1}{f_1}\right)^2 \frac{1}{f_1} \tag{5.60}$$

临界点转矩降
$$\Delta n_m = s_m n_1 \approx \frac{30 r'_2}{\pi p(L_1 + L'_2)} \tag{5.61}$$

以电动机的额定频率 f_{1N} 为基准频率,变频调速时电压随频率的调节规律以基频为分界线的,可分以下2种情况:

(1)在基频以下调速。保持 U_1/f_1 = 常数,即恒转矩调速。当 f_1 减小时,最大转矩 T_m 不变,启动转矩 T_{st} 增大,临界点转速降 Δn_m 不变。因此,机械特性随频率的降低而向下平移,如图5.23中虚线所示。实际上,由于定子电阻 r_1 的存在,随着 f_1 降低,T_m 将减小,当 f_1 很低时,T_m 减小很多,如图5.24中实线所示。

为保证电动机在低速时有足够大的 T_m 值,U_1 应比 f_1 降低的比例小一些,使 U_1/f_1 的值随 f_1 的降低而增加,这样才能获得图5.24中虚线所示的机械特性。

(2)在基频以上调速。频率从 f_{1N} 往上增高,但电压 U_1 却不能增加的比额定电压 U_{1N} 还大,最多只能保持 $U_1 = U_{1N}$。由式(5.61)可知,这将迫使磁通与频率成反比降低,T_m 和 T_{st} 均随频率 f_1 的增高而减小,Δn_m 保持不变,其机械特性如图5.24所示。这种调速近似为恒功率调速,相当于直流电动机弱磁调速的情况。

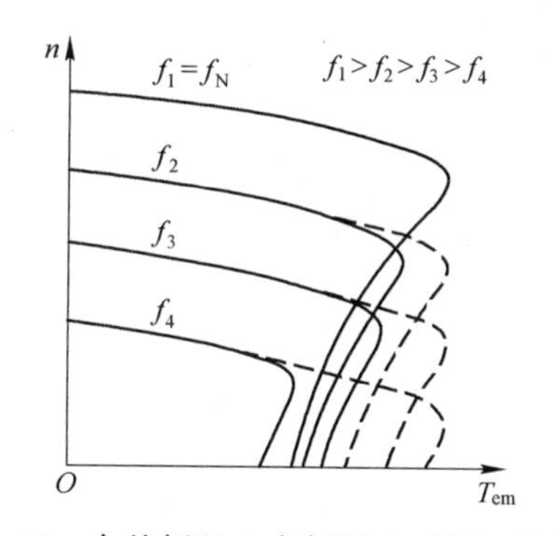

图5.23　在基频以F变频调速时的机械特性

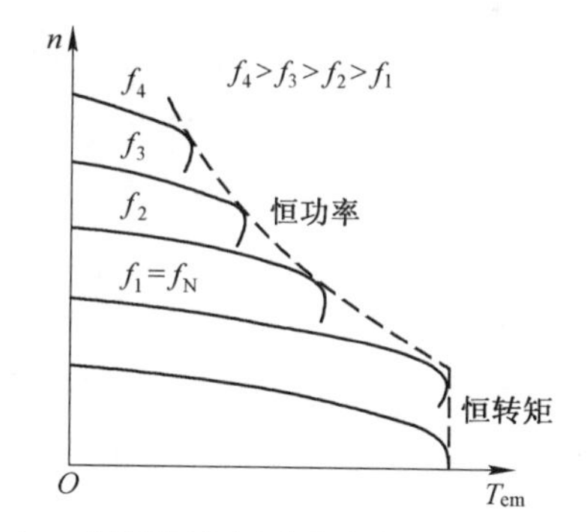

图5.24　恒转矩和恒功率变频调速的机械特性

3. 变频装置简介

由以上的分析可以知道,实现异步电动机的变频调速,关键是要有一套能同时改变电源电压及频率的供电装置,通常把电压和频率固定不变的工频交流电变换为电压和频率可变的交流电的装置称为变频装置或变频器。它是一种采用模块化结构,集数字技术、计算机技术和现代自动控制技术于一体的智能型交流电动机调速装置。变频器具有转矩大、精度高、噪声低、功能齐全、运行可靠、操作简单、维护方便、节约能源等特点,广泛应用于钢铁、石油、化工、机械、电子等行业,实现自动控制和能源节约等。

变频装置可分为间接变频和直接变频2类。间接变频装置先将工频交流电通过整流器变成直流,然后再经过逆变器将直流变成为可控频率的交流,通常称为交-直-交变频装置。其特点是输出频率可以在0.1~400 Hz范围内任意调节,是目前中小容量变频装置的主要形式。而直接变频装置则是将工频交流一次变换成可控频率的交流,没有中间直流环节,称为交-交变频装置。其特点是输出频率比输入频率低,是变频装置的发展方向。

按照变频器的用途,可分为通用变频器、高性能专用变频器、高频变频器、单相变频器和三相变频器等。通用变频器可以驱动通用型交流电动机,且具有各种可供选择的功能,能适应许多不同性质的负载机械。而专用变频器则是专为某些有特殊要求的负载机械设计制造的(如电梯专用变频器等)。

变频装置的工作原理及具体电路在这里不详细介绍,请读者参考其他相关书籍。

异步电动机变频调速的主要特点是可以实现无级(平滑)调速,调速范围宽,且可实现恒功率调速或恒转矩调速,但其需要一套变频调速电源及控制、保护装置,价格较高。随着技术水平的提高,变频调速将获得很快发展。

5.4.3 变转差率调速

异步电动机的变转差率调速包括绕线转子异步电动机的转子回路串联电阻器调速、串级调速及异步电动机的定子调压调速等。这些调速方法的共同特点是:在调速过程中转差率 s 增大,转差功率 sP_{em} 也增大。除串级调速外,这些转差功率均消耗在转子电路的电阻器上,使转子发热,效率降低,调速的经济性较差。

1. 绕线转子异步电动机的转子回路串联电阻器调速

绕线转子异步电动机的转子回路串联电阻器调速的机械特性如图5.25所示。

当回路电动机转子回路不串附加电阻器,拖动恒转矩负载 $T_L=T_N$ 时,异步电动机稳定运行在 A 点,转速为 n_A。若转子回路串入 R_{p1} 时,串电阻器的瞬间,转子转速不变,转子电流 I_2 减小,电磁转矩也减小,因此异步电动机开始减速,转差率增大,使转子电动势、转子电流和电磁转矩均增大,直到 B 点满足 $T_{em}=T_L$ 为止,此时异步电动机将以转速 n_B 稳定运行,显然 $n_B < n_A$。若转子回路所串电阻增大到 R_{p2} 和 R_{p3} 时,异步电动机将分别以转速 n_C 和 n_D 稳定运行。显然,转子回路所串电阻越大,稳定运行转速越低,机械特性越软。

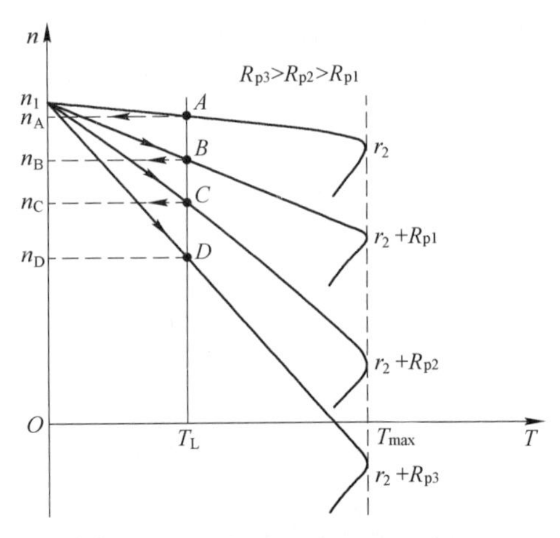

图5.25 绕线转子异步电动机的转子串联电阻器调速的机械特性

转子回路串联电阻器调速方法的优点是:设备简单、易于实现。缺点是:调速是有级的,不平滑;低速时转差率较大,造成转子铜损耗增大,运行效率降低,机械特性变软,当负载转矩波动时将引起较大的转速变化,所以低速时静差率较大。

这种调速方法多应用在起重机一类对调速性能要求不高的恒转矩负载上。

2. 绕线转子异步电动机的串级调速

在负载转矩不变的条件下,异步电动机的电磁功率 $P_{em}=T_{em}\Omega_1=$ 常数,转子铜损耗 $P_{Cu2}=sP_{em}$ 与转差率成正比,所以转子铜损耗又称转差功率。转子回路串联电阻器调速时,转速调得越低，转差功率越大、输出功率越小、效率就越低，所以转子回路串联电阻器调速很不经济。

如果在转子回路中不串联电阻器，而是串联一个与转子电动势 $\dot{E}_{2s}$ 同频率的附加电动势 $\dot{E}_{ad}$（见图5.26），通过改变 $\dot{E}_{ad}$ 的幅值和相位，同样也可实现调速。这样，异步电动机在低速运行时，转子中的转差功率只有小部分被转子绕组本身电阻所消耗，而其余大部分被附加电动势所吸收，利用产生 $\dot{E}_{ad}$ 的装置可以把这部分转差功率回馈到电网，使电动机在低速运行时仍具有较高的效率。这种在绕线转子异步电动机转子回路串联附加电动势的调速方法称为串级调速。

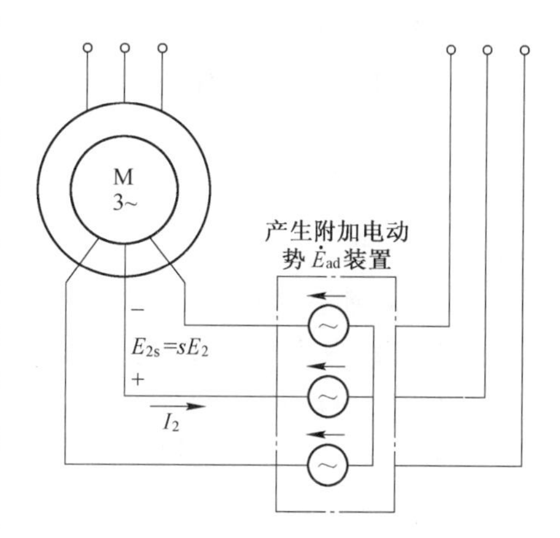

图5.26　串级调速的原理图

串级调速完全克服了转子回路串联电阻器调速的缺点，它具有高效率、无级平滑调速、较硬的低速机械特性等优点。

串级调速的基本原理可分析如下：

未串 $\dot{E}_{ad}$ 时，转子电流为

$$I_2 = \frac{sE_2}{\sqrt{r_2^2 + (sX_2)^2}} \tag{5.62}$$

当转子回路串入的 $\dot{E}_{ad}$ 与 $\dot{E}_{2s}$ 反相位时，电动机的转速将下降。因为反相位的 $\dot{E}_{ad}$ 串入后，立即引起转子电流 I_2 的减小，即

$$I_2 = \frac{sE_2 - E_{ad}}{\sqrt{r_2^2 + (sX_2)^2}} = \frac{E_2 - \dfrac{E_{ad}}{s}}{\sqrt{\left(\dfrac{r_2}{s}\right)^2 + X_2^2}} \tag{5.63}$$

电动机产生的电磁转矩 $T_{em} = C_T \Phi I'_2 \cos\varphi_2$ 也随 I_2 减小而减小，于是电动机开始减速，转差率 s 增大，由式(5.63)可知，随着 s 增大，转子电流 I_2 开始回升，T_{em} 也相应回升，直到转速降至某个值，I_2 回升到使得 T_{em} 复原到与负载转矩平衡时，减速过程结束，电动机便在此低速下稳定运行，这就是向低于同步转速方向调速的原理。串入反相位 $\dot{E}_{ab}$ 的幅值越大，电动机的稳定转速就越低。

当转子回路串入的 $\dot{E}_{ad}$ 与 $\dot{E}_{2s}$ 同相位时，电动机的转速将上升。因为同相位的 $\dot{E}_{ad}$ 串入后，使 I_2 增大，即

$$I_2 = \frac{sE_2 + E_{ad}}{\sqrt{r'_2 + (sX'_2)^2}} \tag{5.64}$$

于是，电动机的 T_{em} 相应增大、转速将上升、s 减小，随着 s 的减小，I_2 开始减小，T_{em} 也相应减小，直到转速上升到某个值，I_2 减小到使得 T_{em} 复原到与负载转矩平衡时，升速过程结束，电动机便在高速下稳定运行。

由上面分析可知，当 $\dot{E}_{ad}$ 与 $\dot{E}_{2s}$ 反相位时，可使电动机在同步转速以下调速，称为低同步

串级调速，这时提供 $\dot{E}_{ad}$ 的装置从转子电路中吸收电能并回馈到电网；当 $\dot{E}_{ad}$ 与 $\dot{E}_{2s}$ 同相位时，可使电动机朝着同步转速方向加速，$\dot{E}_{ad}$ 幅值越大，电动机的稳定转速越高，当 $\dot{E}_{ad}$ 幅值足够大时，电动机的转速将达到甚至超过同步转速，这称为超同步串级调速，这时提供 $\dot{E}_{ad}$ 的装置向转子电路输入电能，同时电源还要向定子电路输入电能，因此又称电动机的双馈运行。

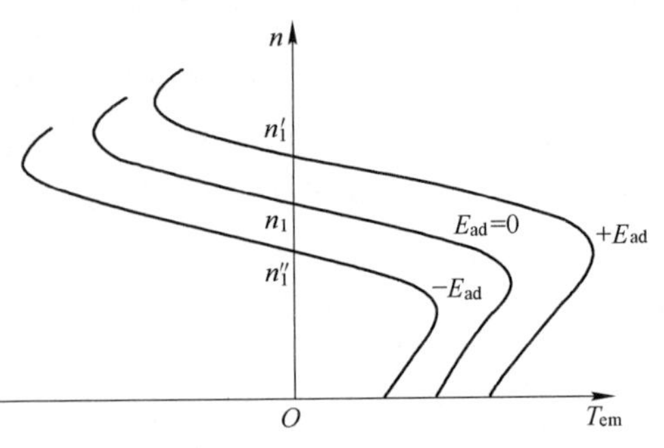

图 5.27　串级调速时的机械特性

串级调速时的机械特性如图 5.27 所示。由图可见，当 $\dot{E}_{ad}$ 与 $\dot{E}_{2s}$ 同相位时，机械特性基本上向右上方移动；当 $\dot{E}_{ad}$ 与 $\dot{E}_{2s}$ 反相位时，机械特性基本上向左下方移动。因此机械特性的硬度基本不变，但低速时的最大转矩和过载能力降低，启动转矩也减小。

串级调速的调速性能比较好，但获得附加电动势 $\dot{E}_{ad}$ 的装置比较复杂，成本较高，且在低速时电动机的过载能力较低，因此串级调速最适用于调速范围不太大（一般为 2~4）的场合，例如，通风机和提升机等。

3. 调压调速

改变定子电压时的异步电动机机械特性如图 5.28 所示。当定子电压降低时，电动机的同步转速 n_1 和临界转差率 s_m 均不变，但电动机的最大电磁转矩和启动转矩均随着电压二次方关系减小。对于通风机负载（图 5.28 中特性 1），电动机在全段机械特性上都能稳定运行，在不同电压下的稳定工作点分别为 a_1、b_1、c_1，所以，改变定子电压可以获得较低的稳定运行速度。对于恒转矩负载（图 5.28 中特性 2），电动机只能在机械特性的线性段（$0<s<s_m$）稳定运行，在不同电压时的稳定工作点分别为 a_2、b_2、c_2，显然电动机的调速范围很窄。

异步电动机的调压调速通常应用在专门设计的具有较大转子电阻的高转差率异步电动机上，这种电动机的机械特性如图 5.29 所示。由图可见，即使恒转矩负载，改变电压也能获得较宽的调速范围。但是，这种电动机在低速时的机械特性太软，其静差率和运行稳定性往往不能满足生产工艺的要求。因此，现代的调压调速系统通常采用速度反馈的闭环控制，以提高低速时机械特性的硬度，从而在满足一定的静差率条件下，获得较宽的调速范围，同时保证电动机具有一定的过载能力。

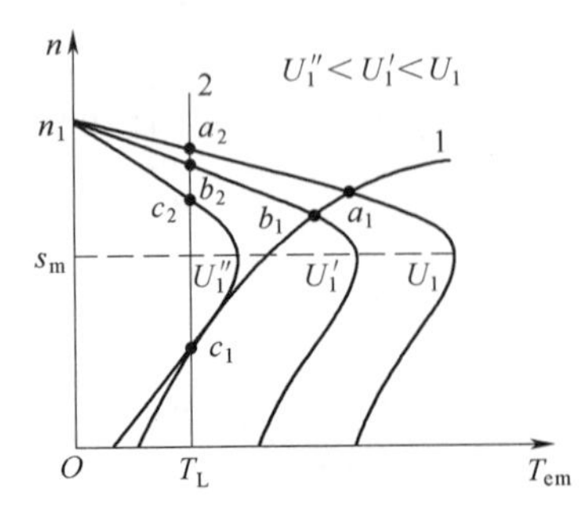

图 5.28　改变定子电压时的异步电动机机械特性

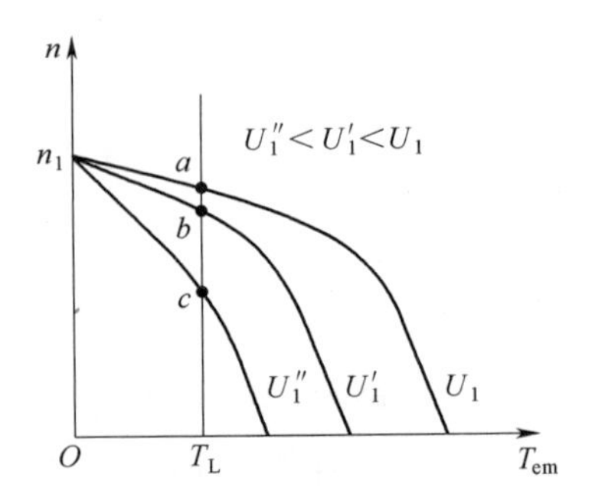

图 5.29　高转差率电动机改变定子电压时的机械特性

调压调速既非恒转矩调速，也非恒功率调速，它最适用于转矩随转速降低而减小的负载（如通风机负载），也可用于恒转矩负载，最不适用于恒功率负载。

5.4.4　电磁调速异步电动机

电磁调速异步电动机是一种交流恒转矩无级调速电动机。它由拖动电动机、励磁线圈机座、测速发电机和控制装置等组成，如图 5.30 所示。电磁调速异步电动机起调速作用的部件是电磁滑差离合器，下面具体分析其结构和工作原理。

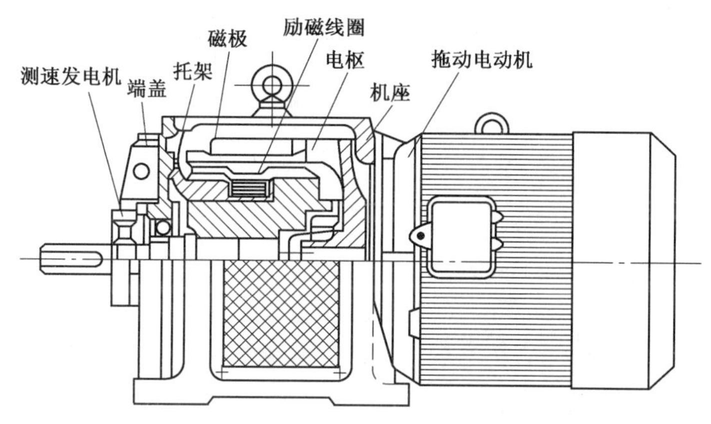

图 5.30　电磁调速异步电动机结构图

1. 电磁滑差离合器的结构

从原理上讲，电磁滑差离合器也是一台异步电动机，只是结构上与普通异步电动机不同，它主要由电枢和磁极 2 个旋转部分组成，如图 5.31(a)所示。

(1)电枢：它是主动部分，它是由铸钢制成的空心圆柱体，用联轴器与异步电动机的转子相连，并随拖动异步电动机一起转动。

(2)磁极：磁极由磁极铁芯和励磁线圈 2 部分组成，是从动部分，线圈通过滑环和电刷装置接到直流电源上或晶闸管整流电源上。磁极通过联轴器与机械负载直接连接。

电枢和磁极之间在机械上是分开的，各自独立旋转。

2. 电磁滑差离合器的工作原理

电磁滑差离合器的工作原理可用图 5.31(b)来说明。

(1)磁极上的励磁绕组通入直流电流后产生磁场，电磁滑差离合器的电枢由异步电动机带动并以转速 n 沿逆时针方向旋转，此时电枢因切割磁场而产生涡流，其方向用右手定则确定。

(2)此涡流与磁场相互作用使电枢受到电磁力 F 作用，其方向用左手定则确定。

(3)根据作用力与反作用力大小相等、方向相反的原理，可确定磁极转子受电磁力 F' 的方向，在电磁力 F' 的作用下，在磁极转子上形成电磁转矩，其方向与电枢旋转方向相同，此时磁极转子便带着机械负载顺着电枢旋转方向以转速 n' 旋转，如图 5.31(b)所示。显然电磁滑差离合器的工作原理与异步电动机的工作原理相同。

(4)当负载转矩恒定时，调节励磁电流的大小，就可以平滑地调节机械负载的转速。当增大励磁电流时，磁场增强，电磁转矩增大，转速 n' 上升；反之，当减小励磁电流时，磁场减弱，电磁转矩减小，转速 n' 下降。

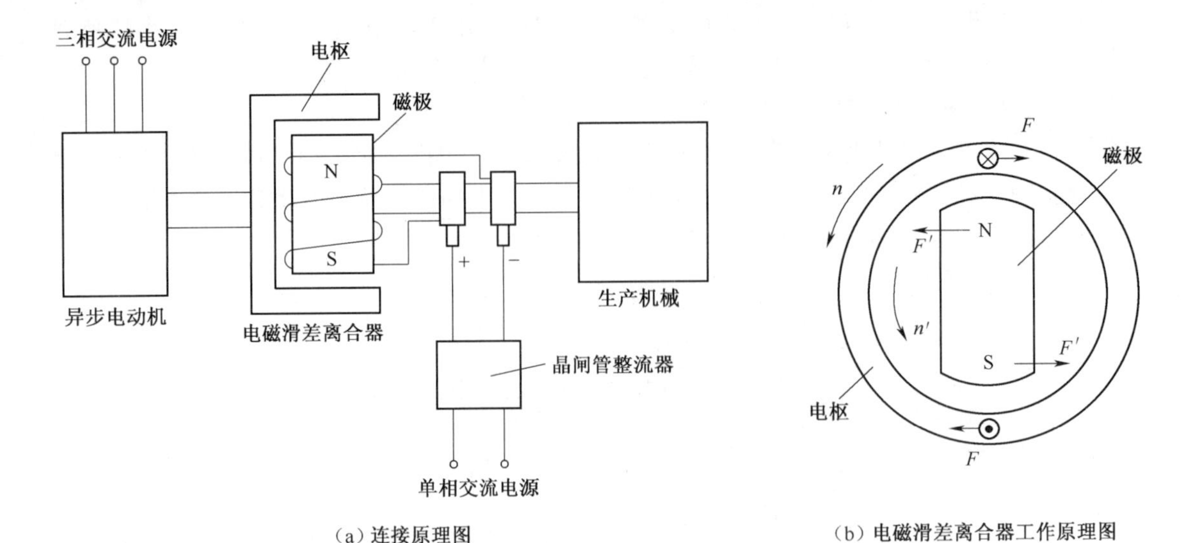

(a) 连接原理图　　(b) 电磁滑差离合器工作原理图

图 5.31　电磁调速异步电动机原理图

必须指出,异步电动机工作的必要条件是:电动机的转速 n 必须小于同步转速 n_1,即 $n < n_1$。而滑差离合器工作的必要条件是:磁极转子的转速 n' 必须小于电枢(异步电动机)的转速 n,即 $n' < n$。若 $n' = n$,则电枢与磁极间便无相对运动,就不会在电枢中产生涡流,也就不会产生电磁转矩,当然磁极就不会旋转了。也就是说,电磁滑差离合器必须有滑差才能工作,所以电磁调速异步电动机又称滑差电动机,其滑差率为

$$s' = \frac{n - n'}{n} \tag{5.65}$$

转速为

$$n' = n(1 - s') \tag{5.66}$$

3. 电磁调速异步电动机的优缺点及应用

电磁调速异步电动机的优点如下:

(1)调速范围广,其调速比可为 10∶1,而且调速平滑,可以实现无级调速;

(2)结构简单、运行可靠、维修方便。

电磁调速异步电动机的缺点是涡流损耗大、效率较低。

目前,电磁调速异步电动机广泛应用于纺织、印染、造纸、船舶、冶金和电力等工业部门的许多生产机械中,例如,火力发电厂中的锅炉给煤机的原动机就使用这种电动机。

小　　结

1. 三相异步电动机的机械特性

三相异步电动机的电磁转矩表达式有 3 种形式,即物理表达式、参数表达式和实用表达式。物理表达式反映了异步电动机电磁转矩产生的物理本质,说明了电磁转矩是由主磁通和转子有功电流相互作用而产生的;参数表达式反映了电磁转矩与电源参数及电动机参数之间的关系,利用该式可以方便地分析参数变化对电磁转矩的影响和对各种人为机械特性的影响;实用表达式简单、便于记忆,是工程计算中常采用的形式。

三相异步电动机的机械特性是指电动机的转速与电磁转矩 T 之间的关系。由于转速与

转差率 s 有一定的对应关系,所以机械特性也常用 $T = f(s)$ 的形式表示。三相异步电动机的机械特性是一条非线性曲线,一般情况下,以最大转矩(或临界转差率)为分界点,其线性段为稳定运行区,而非线性段为不稳定运行区。固有机械特性的线性段属于硬特性,额定工作点的转速略低于同步转速。人为机械特性曲线的形状可用参数表达式分析得出,分析时关键要抓住最大转矩、临界转差率及启动转矩这3个量随参数的变化规律。

2. 三相异步电动机的启动

小容量的三相异步电动机可以采用直接启动,容量较大的笼形电动机可以采用降压启动。降压启动分为Y-△降压启动和自耦变压器降压启动。Y-△降压启动只适用三角形连接的电动机,其启动电流和启动转矩均降为直接启动时的1/3,它适用于轻载启动;自耦变压器降压启动时,启动电流和启动转矩均降为直接启动时的 $1/k^2$ (k 为自耦变压器的变比),它适用于带较大的负载启动。

绕线转子异步电动机可采用转子回路串联电阻器或频敏电阻器启动,其启动转矩大、启动电流小。它适用于大中型异步电动机的重载启动。

3. 三相异步电动机的制动

三相异步电动机也有3种制动状态:能耗制动、反接制动(电源反接和倒拉反接)和回馈制动。这3种制动状态的机械特性曲线、能量转换关系、用途、特点等均与直流电动机制动状态类似。能耗制动广泛应用于要求平稳准确停车的场合;反接制动比较迅速、效果好,但制动的经济性较差;回馈制动过程中,把电动机的机械能转换成电能回馈给电网,因而回馈制动既简便又经济,而且可靠性高。

4. 三相异步电动机的调速

三相异步电动机的调速方法有变极调速、变频调速和变转差率调速。其中变转差率调速包括绕线转子异步电动机的转子回路串联电阻器调速、串级调速和降压调速。变极调速是通过改变定子绕组接线方式来改变电动机极数,从而实现电动机转速的变化。变极调速为有级调速。变极调速时的定子绕组连接方式有3种:Y-YY、顺串Y-反串Y、△-YY。其中Y-YY连接方式属于恒转矩调速方式,另外两种属于恒功率调速方式。变极调速时,应同时对调定子两相接线,这样才能保证调速后电动机的转向不变。变频调速是现代交流调速技术的主要方向,它可实现无级调速,适用于恒转矩和恒功率负载。绕线转子异步电动机的转子回路串联电阻器调速方法简单、易于实现,但调速是有级的,不平滑,且低速时特性软,转速稳定性差,同时转子铜损耗大,电动机的效率低。串级调速克服了转子回路串联电阻器调速的缺点,但设备要复杂得多。异步电动机的降压调速主要用于风机类负载的场合或高转差率的电动机上,同时应采用速度负反馈的闭环控制系统。电磁调速异步电动机是由电磁滑差离合器与异步电动机构成的一种无级调速电动机,因其结构简单、调速范围广而得到了广泛应用。

思考与练习

5.1　什么是三相异步电动机的固有机械特性和人为机械特性?人为机械特特性有几种,分别是什么?

5.2　三相异步电动机的定子电压,转子电阻及定、转子漏电抗对最大转矩、临界转差率及启动转矩有何影响?

5.3 三相笼形异步电动机主要有哪些启动方法？说明如果允许其直接启动应满足什么条件？

5.4 一台绕线转子异步电动机，当负载转矩 T_2 不变时，在转子回路中串入一个附加电阻器 r_s，它的大小等于转子绕组电阻 r_2，问这时异步电动机的转差率将会怎样变化（近似认为 T_m 不变）？

5.5 普通笼形异步电动机在额定电压下启动时，为什么启动电流很大而启动转矩不大？但深槽式或双笼形电动机在额定电压下启动时，启动电流较小而启动转矩较大，为什么？

5.6 绕线转子异步电动机转子回路串入适当的电阻器可以增大启动转矩，串入适当的电抗器时，是否也有相似的效果？

5.7 三相异步电动机拖动的负载越大，是否启动电流就越大？为什么？负载转矩的大小对电动机启动的影响表现在什么地方？

5.8 绕线转子异步电动机在转子回路中串入电阻器启动时，为什么既能降低启动电流又能增大启动转矩？试分析比较串入电阻器前后启动时的 Φ_m、I_2、$\cos\varphi_2$、I_{st} 是如何变化的？串入的电阻越大是否启动转矩越大？为什么？

5.9 三相异步电动机制方法主要有几种？分别适用于何种场合？

5.10 三相绕线转子异步电动机反接制动时，为什么要在转子回路中串入比启动电阻还要大的电阻器？

5.11 变极调速电动机当改变极数时，如果气隙磁场密度最大值保持不变，则电动机的 $\cos\varphi_1$ 和励磁电流将如何变化？为什么？

5.12 为什么变频恒转矩调速时要求电源电压随频率成正比变化？若电源的频率降低，而电压大小不变，会出现什么后果？

5.13 三相异步电动机在基频以下和基频以上变频调速时，应按什么规律来控制定子电压？

5.14 三相异步电动机在基频以下变频调速时，其机械特性有何变化？

5.15 三相异步电动机在运行时有一相断线，能否继续运行？当电动机停转之后，能否再启动？

5.16 180L-4 型电动机的额定功率为 22 kW，额定转速为 1 470 r/min，频率为 50 Hz，最大电磁转矩为 314.6 N · m。试求电动机的过载能力 λ？

5.17 一台三相四极异步电动机的铭牌数据为 28 kW，$U_N = 380$ V，$\eta_N = 90\%$，$\cos\varphi = 0.88$，定子为三角形连接。在额定电压下直接启动时，启动电流为额定电流的 6 倍，试求用Y-△启动时，启动电流是多少？

5.18 一台三相异步电动机的铭牌数据为 $P_N = 50$ kW，$U_N = 380$ V，$f = 50$ Hz，磁极对数 $p = 4$，额定负载时的转差率为 0.025，最大转矩为额定转矩的 2 倍。求最大转矩时的转速为多少？（用转矩实用公式）

5.19 已知 Y180M-4 型三相异步电动机，其额定数据如表 5.2 所示。试求：

(1) 额定电流 I_N；

(2) 额定转差率 S_N；

(3) 额定转矩 T_N；最大转矩 T_m、启动转矩 T_{st}。

表 5.2　额 定 数 据

额定功率/kW	额定电压/V	满载时			额定电流/A	额定转矩/N·m	接法
		转速/(r/min)	效率/%	功率因数			
18.5	380	1 470	91	0.86	7.0	2.0	△

5.20　一台三相绕线转子异步电动机的铭牌数据为 $P_N = 11$ kW，$n_N = 715$ r/min，$E_{2N} = 163$ V，$I_{2N} = 47.2$ A，启动时的最大转矩与额定转矩之比为 $T_1/T_2 = 1.8$，负载转矩 $T_L = 98$ N·m，试求：3 级启动时的每级启动电阻。

5.21　一台三相笼形异步电动机的铭牌数据为 $P_N = 11$ kW，$U_N = 380$ V，$f_N = 50$ Hz，$n_N = 1\ 460$ r/min，$\lambda_T = 2$，如采用变频调速，当负载转矩为 $0.8T_N$ 时，要使 $n = 1\ 000$ r/min，则 f_1 及 U_1 应为多少？

5.22　一台三相绕线转子异步电动机的铭牌数据为 $P_N = 60$ kW，$U_N = 380$，$n_N = 960$ r/min，$\lambda = 2.5$，$E_{2N} = 200$ V，$I_{2N} = 195$ A，定、转子绕组均为Y连接。当提升重物时电动机负载转矩 $T_L = 530$ N·m。试求：

(1)求电动机工作在固有机械特性上提升该重物时电动机的转速。

(2)若下放速度 $n = -280$ r/min，不改变电源相序，转子回路每相应串入多大电阻器？

(3)如果改变电源相序，在反向回馈制动状态下放同一重物，转子回路每相串联电阻为 0.06 Ω，求下放重物时电动机的转速。

第 6 章 其他交流电动机

知识点：

(1)单相异步电动机。

(2)直线电动机。

(3)同步电动机。

(4)交直流两用电动机。

掌握：

(1)单相异步电动机的结构及工作原理。

(2)同步电动机的结构及工作原理。

了解：

(1)直线电动机的原理及应用。

(2)微型同步电动机的原理及应用。

(3)交直流两用电动机的原理及应用

本章主要介绍一些其他交流电机，如单相异步电动机、直线电动机、同步电动机等的结构及工作原理，并简单介绍了其应用。

6.1 单相异步电动机

单相异步电动机采用单相电源供电，功率比较小，它广泛应用于家用电器和医疗器械上，如电风扇、电冰箱、洗衣机、空调设备和医疗器械中。

6.1.1 单相异步电动机的基本结构

单相异步电动机的结构示意图如图 6.1 所示。从结构上看，单相异步电动机与三相笼形异步电动机相似，其转子也为笼形转子，只是定子绕组为一单相工作绕组，但通常为启动的需要，定子上除了有工作绕组外，还设有启动绕组，工作绕组和启动绕组在空间位置上相差 90°电角度。启动绕组的作用是产生启动转矩，一般只在启动时接入，当转速达到 70%~85% 的同步转速时，由离心开关将其从电源自动切除，所以正常工作时只有工作绕组在电源上运行。但也有一些电容或电阻电动机，在运行时将启动绕组接于电源上，这实质上相当于一台两相电动机，但由于它接在单相电源上，故仍称为单相异步电动机。

6.1.2 单相异步电动机的工作原理

单相交流绕组通入单相交流电流产生脉动磁动势，这个脉动磁动势可以分解为 2 个幅值相等、转速相同、转向相反的旋转磁动势 F^+ 和 F^-，从而在气隙中建立正转和反转磁场 Φ^+ 和 Φ^-。这两个旋转磁场切割转子导体，并分别在转子导体中产生感应电动势和感应电流。该电流与磁场相互作用产生正向和反向电磁转矩 T_{em}^+ 和 T_{em}^-，如图 6.2 所示。T_{em}^+ 使转子正

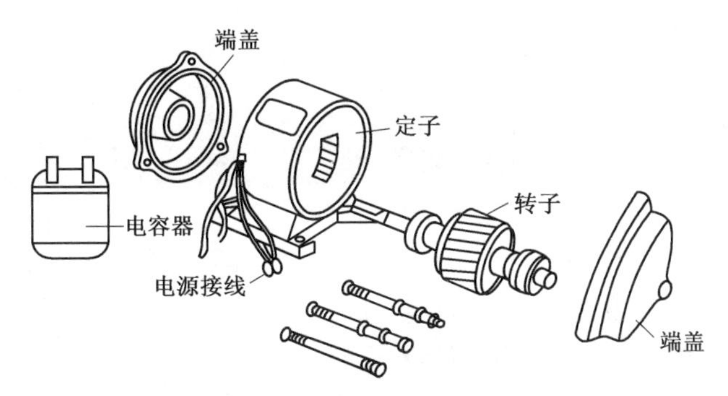

图 6.1　单相异步电动机的结构示意图

转；T_{em}^{-} 使转子反转。这 2 个转矩叠加起来就是推动电动机转动的合成转矩 T_{em}。

不论是 T_{em}^{+} 还是 T_{em}^{-}，它们的大小与转差率的关系和三相异步电动机的情况是一样的。若电动机的转速为 n，则对于正向旋转磁场，转差率为

$$s^{+}=\frac{n_1-n}{n_1}=s \tag{6.1}$$

对于反向旋转磁场，转差率为

$$s^{-}=\frac{-n_1-n}{-n_1}=2-s \tag{6.2}$$

即当 $s^{+}=0$ 时，相当于 $s^{-}=2$；当 $s^{+}=2$ 时，相当于 $s^{-}=0$；当 $n=0$ 时，$s^{+}=s^{-}=1$。

三相异步电动机的 $s(n)=f(T_{em})$ 曲线如图 6.3 所示，当转子转速 $n=n_1$ 时，转差率 $s=0$；当转子静止时，$s=1$；当转子反向以同步转速运转时，则 $s=2$。

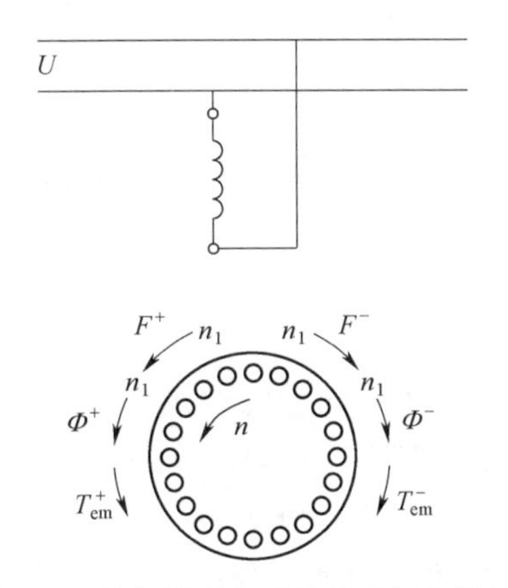

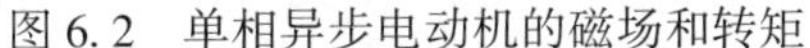

图 6.2　单相异步电动机的磁场和转矩

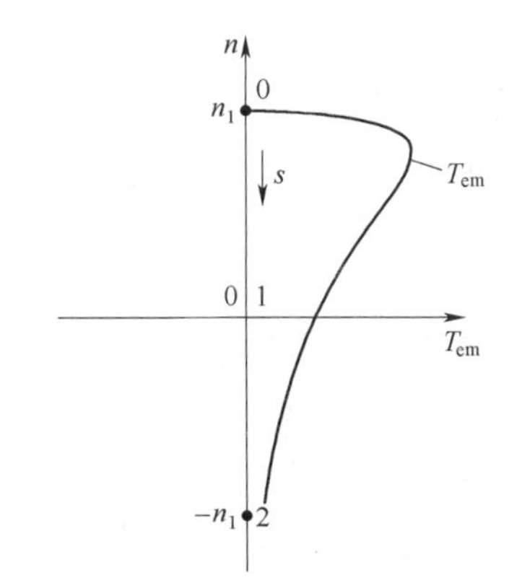

图 6.3　三相异步电动机的 $s(n)=f(T_{em})$ 曲线

s^{+} 与 T_{em}^{+} 的变化关系与三相异步电动机的 $s=f(T_{em})$ 特性相似，如图 6.4 中 $s^{+}=f(T_{em}^{+})$ 曲线所示。s^{-} 与 T_{em}^{-} 的变化关系如图 6.4 中的 $s^{-}=f(T_{em}^{-})$ 曲线所示。单相异步电动机的 $s=f(T_{em})$ 曲线是由 $s^{+}=f(T_{em}^{+})$ 与 $s^{-}=f(T_{em}^{-})$ 这 2 条特性曲线叠加而成的，如图 6.4 所示。

由图可见，单相异步电动机有以下几个主要特点：

(1) 当转子静止时，正、反向旋转磁场均以 n_1 速度和相反方向切割转子绕组，在转子绕组中感应出大小相等而相序相反的电动势和电流，它们分别产生大小相等而方向相反的两个

电磁转矩,使其合成的电磁转矩为零。这表明只有主绕组通电时,单相异步电动机无启动转矩,电动机不能自行启动。

由此可知,三相异步电动机电源断一相时,相当于一台单相异步电动机,故不能启动。

(2)当 $s \neq 1$ 时,$T_{em} \neq 0$,且 T_{em} 无固定方向,则 T_{em} 取决于 s 的正负。若用外力使电动机转动起来,s^+ 或 s^- 不为 1 时,合成转矩不为零。这时若合成转矩大于负载转矩,则即使去掉外力,电动机也可以旋转起来。这表明单相异步电动机如果由于其他原因(如外力作用),使电动机正转或反转,且电磁转矩大于负载转矩,便可进入稳定区域稳定运行。

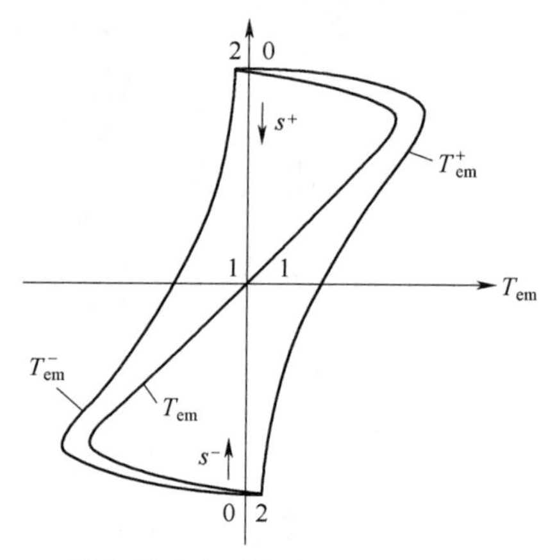

图 6.4 单相异步电动机的 $s(n) = f(T_{em})$ 曲线

由此可知,三相异步电动机运行中断一相,电动机仍能继续运转,但由于存在反向转矩,使合成转矩减小,当负载转矩 T_L 不变时,使电动机转速下降,转差率上升,定、转子电流增加,从而使得电动机温升增加。

(3)由于反向转矩的作用,使合成转矩减小,最大转矩也随之减小,故单相异步电动机的过载能力较低。

综上所述,单相异步电动机定子上若只有工作绕组,电动机则无法自行启动,但可以运行。因此需要在定子上增加一个启动绕组,必须有两相绕组才能使单相异步电动机自行启动运行。

6.1.3 单相异步电动机的主要类型及启动方法

为了使单相异步电动机能够产生启动转矩,关键是如何在启动时在电动机内部形成一个旋转磁场。根据获得旋转磁场方式的不同,单相异步电动机可分为分相启动电动机和罩极电动机两大类型。

1. 分相启动电动机

在分析交流绕组磁动势时曾得出一个结论,只要在空间不同相的绕组中通入时间上不同相的电流,就能产生一旋转磁场,分相启动电动机就是根据这一原理设计的。

分相启动电动机包括电容启动电动机、电容电动机和电阻启动电动机。

(1)电容启动电动机。定子上有 2 个绕组,一个称为主绕组或工作绕组,用 1 表示,另一个称为辅助绕组或启动绕组,用 2 表示。两绕组在空间相差90°。在启动绕组回路中串联启动电容器 C,起电流分相用,并通过离心开关 S 或继电器触点 S 与工作绕组并联在同一单相电源上,如图 6.5(a) 所示。因工作绕组呈阻感性,$\dot{I}_1$ 滞后于 $\dot{U}$。若适当选择电容器 C,使流过启动绕组的电流 $\dot{I}_{st}$ 超前 $\dot{I}_1$ 90°,如图 6.5(b)所示,这就相当于在时间相位上互差90°的两相电流流入在空间相差90°的两相绕组中,便在气隙中产生旋转磁场,并在该磁场作用下产生电磁转矩使电动机转动。

这种电动机的启动绕组是按短时工作设计的,所以当电动机转速达 70%~85%的同步转速时,启动绕组和启动电容器 C 就在离心开关 S 作用下自动退出工作,这时电动机就在工作绕组单独作用下运行。

欲改变电容启动电动机的转向,只需将工作绕组或启动绕组的 2 个出线端对调,也就是改变启动时旋转磁场的旋转方向即可。

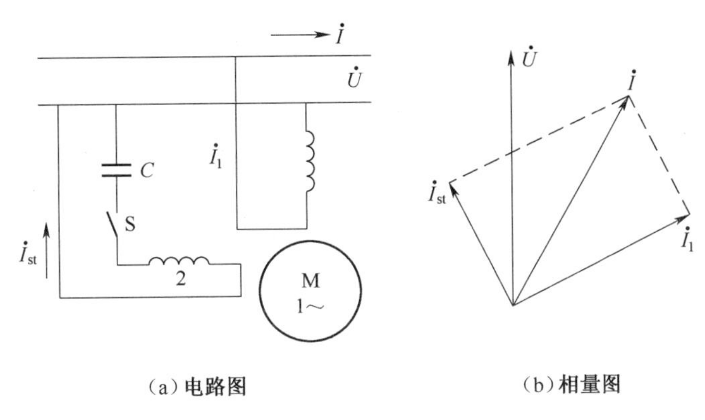

(a) 电路图　　(b) 相量图

图 6.5　单相电容启动电动机

(2) 电容电动机。在启动绕组中串入电容器后,不仅能产生较大的启动转矩,而且运行时还能改善电动机的功率因数和提高过载能力。为了改善单相异步电动机的运行性能,电动机启动后．可不切除串有电容器的启动绕组,这种电动机称为电容电动机,如图 6.6 所示。

电容电动机实质上是一台两相异步电动机,因此启动绕组应按长期工作方式设计。由于电动机工作时比启动时所需的电容小,所以在电动机启动后,必须利用离心开关 S 把启动电容器 C_{st} 切除。工作电容器 C 便与工作绕组及启动绕组一起参与运行。

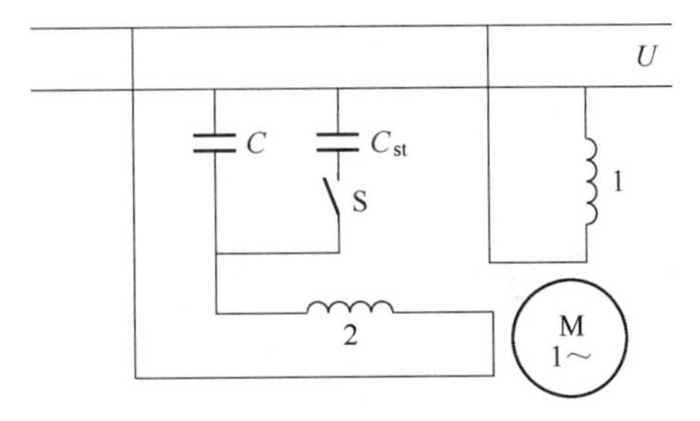

图 6.6　单相电容电动机

(3) 电阻启动电动机。电阻启动电动机的启动绕组的电流不用串联电容器而用串联电阻器的方法来分相,但由于此时 $\dot{I}_1$ 与 $\dot{I}_{st}$ 之间的相位差较小,因此其启动转矩较小,只适用于空载或轻载启动的场合。

2. 罩极电动机

罩极电动机的定子一般都采用凸极式的,工作绕组集中绕制,套在定子磁极上。在极靴表面的 1/3 ~ 1/4 处开有一个小槽,并用短路铜环把这部分磁极罩起来,故称为罩极电动机。短路铜环起了启动绕组的作用,称为启动绕组。罩极电动机的转子仍做成笼形,如图 6.7(a) 所示。

当工作绕组通入单相交流电流后,将产生脉动磁通,其中一部分磁通 Φ_1 不穿过短路铜环,另一部磁通 Φ_2 则穿过短路铜环。由于 Φ_1 与 Φ_2 都是由工作绕组中的电流产生的,故 Φ_1 与 Φ_2 同相位并且 $\Phi_1 > \Phi_2$。由脉动磁通 Φ_2 在短路环中产生感应电动势 $\dot{E}_2$,它滞后 Φ_2 90°。由于短路铜环闭合,在短路铜环中就有滞后 $\dot{E}_2$ 为 φ 角的电流 $\dot{I}_2$ 产生,它又产生与 $\dot{I}_2$ 同相的磁通 Φ'_2,它也穿链于短路环,因此罩极部分穿链的总磁通为 $\Phi_3 = \Phi_2 + \Phi'_2$,如图 6.7(b) 所示。由此可见,未罩极部分磁通 Φ_1 与被罩极部分磁通 Φ_3,不仅在空间而且在时间上均有相位差,因此它们的合成磁场将是一个由超前相转向滞后相的旋转磁场(即由未罩极部分转向罩极部分),由此产生电磁转矩,其方向也为由未罩极转向罩极部分。

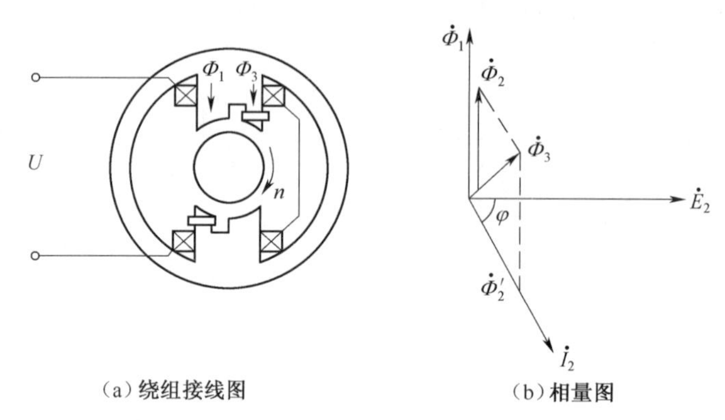

图 6.7　单相罩极电动机

6.1.4　单相异步电动机的应用

单相异步电动机与三相异步电动机相比,其单位容量的体积大,且效率及功率因数均较低,过载能力也较差。因此,单相异步电动机只做成微型的,功率一般在几瓦至几百瓦。单相异步电动机由单相电源供电,因此它广泛用于家用电器、医疗器械及轻工设备中。电容启动电动机和电容电动机启动转矩比较大,容量可做到几十瓦到几百瓦,常用于电风扇、空气压缩机、电冰箱和空调设备中。罩极电动机结构简单,制造方便,但启动转矩小,多用于小型电风扇、电动机模型和电唱机中,容量一般在 30~40 W 以下。

6.2　直线异步电动机

直线电动机是把电能转换成直线运动的机械能的异步电动机。它可看成由旋转电动机演变而来的一种电动机,因此直线电动机和旋转电动机一样,具有结构简单、使用方便、运行可靠等优点,目前已在不少场合中得到应用。

与旋转电动机对应,直线电动机也分为直线异步电动机、直线同步电动机、直线直流电动机和其他直线电动机。其中以直线异步电动机应用最广泛,本节主要介绍直线异步电动机。

6.2.1　直线异步电动机的分类和结构

直线异步电动机按其结构形式不同,可以分为平板型、圆筒型和圆盘型等。

1. 平板型直线异步电动机

平板型直线异步电动机可以看成是从旋转电动机演变而来的。可以设想有一极数很多的三相异步电动机,其定子半径相当大,定子内表面的某一段可以认为是直线,则这一段便是直线电动机。也可以认为把旋转电动机的定子和转子沿径向剖开,并展成平面,就得到了最简单的平板型直线异步电动机,如图 6.8 所示。旋转电动机的定子和转子,在直线异步电动机中称为初级和次级。直线异步电动机的运行方式可以是固定初级,让次级运动,此时称为动次级;相反,也可以固定次级而让初级运动,则称为动初级。为了在运动过程中始终保持初级和次级耦合，初级和次级的长度不应相同，可以使初级长于次级，称为短次级；也可以使次级长于初级，称为短初级，如图 6.9 所示。由于短初级结构比较简单，制造和运行成本较低，故一般常用短初级。

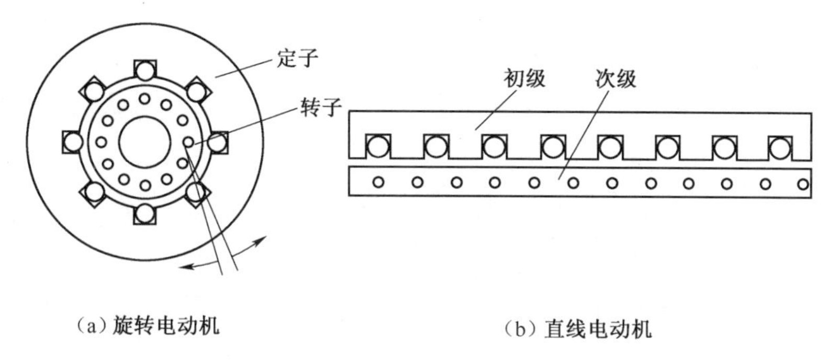

图 6.8　直线电动机的形成

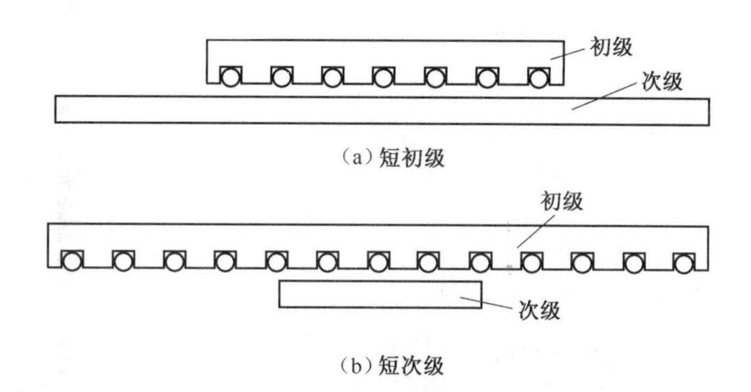

图 6.9　平板型直线异步电动机(单边型)

图 6.9 所示的平板型直线异步电动机仅在次级的一边具有初级，这种结构形式称为单边型。单边型除了产生切向力外，还会在初、次级间产生较大的法向力，这在某些应用中是不希望的，为了更充分地利用次级和消除法向力，可以在次级的两侧都装上初级，这种结构形式称为双边型，如图 6.10 所示。

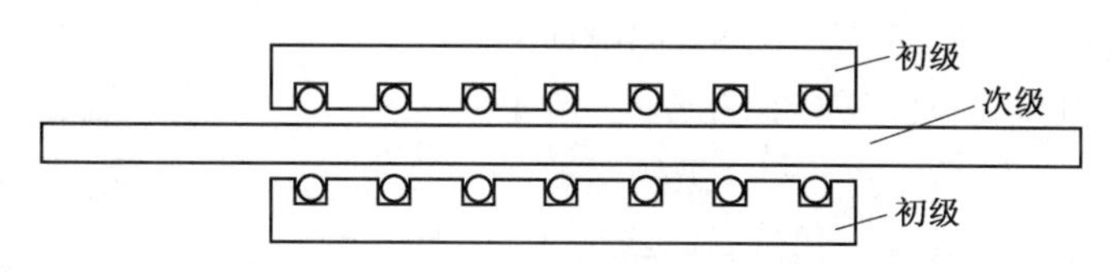

图 6.10　双边型直线异步电动机

平板型直线异步电动机的初级铁芯由硅钢片叠成，表面开有齿槽，槽中安放着三相、两相或单相绕组。它的次级形式较多，有类似笼形转子的结构，即在钢板上(或铁芯叠片里)开槽，槽中放入铜条或铝条，然后用铜带或铝带在两侧端部短接。但由于其工艺和结构较复杂，故在短初级直线异步电动机中很少采用。最常用的次级有 3 种：第 1 种用整块钢板制成，称为钢次级或磁性次级，这时，钢既起导磁作用，又起导电作用；第 2 种为钢板上覆合一层铜板或铝板，称为覆合次级，钢主要用于导磁，而铜或铝用于导电；第 3 种是单纯的铜板或铝板，称为铜(铝)次级或非磁性次级，这种次级一般用于双边型直线异步电动机中。

2. 圆筒型(又称管型)直线异步电动机

若将平板型直线异步电动机沿着与移动方向相垂直的方向卷成圆筒,即成圆筒型直线异步电动机,如图 6.11 所示。

3. 圆盘型直线异步电动机

若将平板型直线异步电动机的次级制成圆盘型结构,并能绕经过圆心的轴自由转动。使初级放在圆盘的两侧,使圆盘在电磁力作用下自由转动,便成为圆盘型直线异步电动机,如图 6.12 所示。

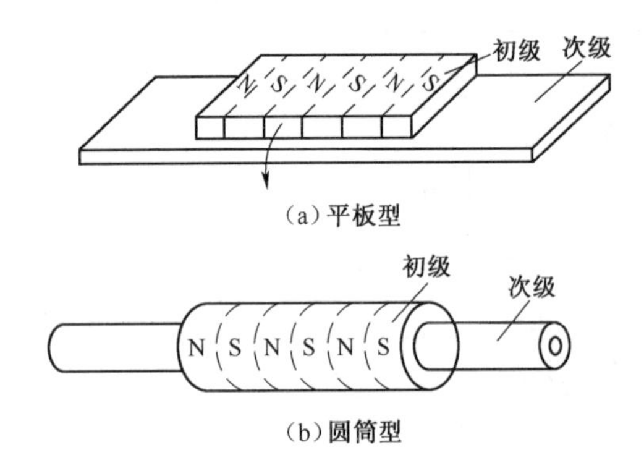

图 6.11 圆筒型直线异步电动机的形成

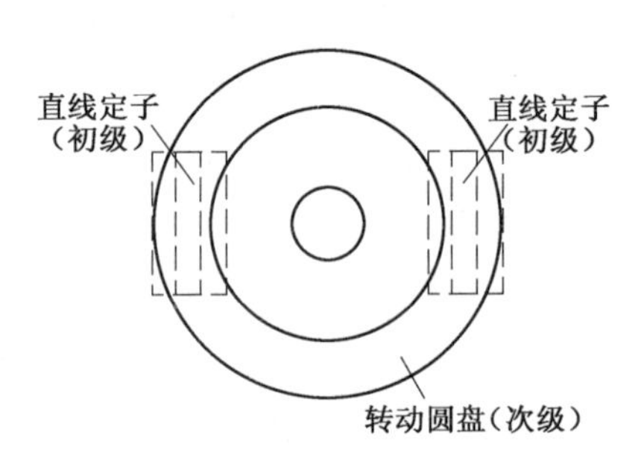

图 6.12 圆盘型直线异步电动机

6.2.2 直线异步电动机的工作原理

由上所述,直线异步电动机是由旋转电动机演变而来的,因而当初级的多相绕组中通入多相电流后,也会产生一个气隙基波磁场,但这个磁场不是旋转的,而是沿直线移动的磁场,称为行波磁场。行波磁场在空间作正弦分布,如图 6.13 所示,它的移动速度为

$$v_1 = \pi D_a \frac{n_1}{60} = 2p\tau \frac{n_1}{60} = 2\tau f_1 \text{ (cm/s)} \tag{6.3}$$

式中:τ ——极距,cm;

f_1——电流频率,Hz。

行波磁场切割次级导条,将在其中感应出电动势并产生电流,该感应电流与行波磁场相互作用,产生电磁力,使次级跟随行波磁场移动。若次级的运动速度的单位为 cm/s,则直线异步电动机的转差率为

$$s = \frac{v_1 - v}{v_1} \tag{6.4}$$

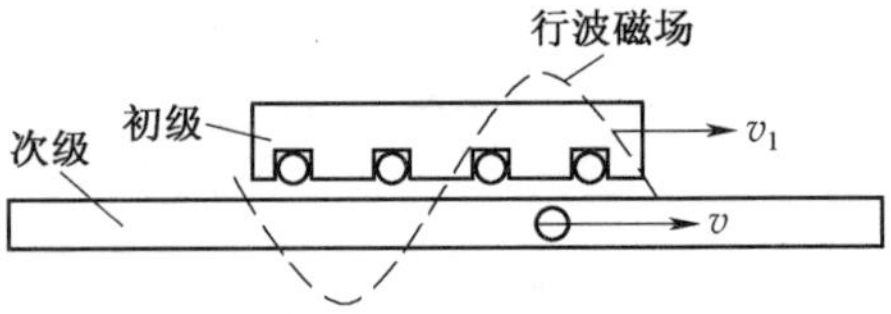

图 6.13 直线异步电动机的工作原理

将式(6.4)代入式(6.3),则得 $v = 2\tau f_1(1 - s)$ (6.5)

由式(6.5)可知,改变极距 τ 和电源频率 f_1,均可改变次级的移动速度。

6.2.3 直线异步电动机的特点

直线电动机的特点在于它能直接产生直线运动,不再需要任何中间转换传动的驱动装置。它具有传统电动机驱动的机电设备所不能达到的高效节能、高精度的特点。能够有效克服使用传统旋转电动机时,机械传动机构体积大、效率低、能耗高、精度差、污染环境等缺

点。归纳起来,有下列优点:

(1)直线电动机可以省去中间传动装置,其意义不仅在于简化了装置的机构,保证了运行的可靠性,还在于有可能做到运动时无机械接触,使传动零件无磨损,并且大大减小了机械损耗。

(2)直线电动机的初级和次级结构都很简单,它可以合装在一个整体机壳内,也可以完全分离开来,将初级和次级直接安装在驱动装置中。例如,起重吊车的工字钢或移动小车中的铁轨都可以直接作为次级。因此,减轻了电动机的质量,降低了造价。

(3)由于结构简单,一般来说,直线电动机的散热效果也较好。特别是常用的平板型短初级直线电动机,初级的铁芯和绕组端部直接暴露在空气中,同时次级很长,具有很大的散热面,所以这一类直线电动机不需要附加冷却装置。

(4)直线电动机运行时,它的零部件和传动装置不像旋转电动机那样会受到离心力的作用,因而它的速度不需加以限制。另外,直线电动机的整体密封性好,可在水中、腐蚀性气体、有毒有害气体、超高温或超低温等特殊环境下使用。直线电动机还可以避免拖缆、钢索、齿轮与带轮等所造成的噪声,适宜在需要安静的场所使用。

直线电动机也存在不足之处,由于它的电磁气隙与极距的比值较大,所需的励磁电流也较大,由于铁芯两端断开,将产生纵向边缘效应。因此,使得直线电动机的效率和功率因数都比同容量旋转电动机低。但从整个装置看,因为省去了中间传动装置,系统的效率有时可以比采用旋转电动机高。

6.2.4 直线异步电动机的应用

直线异步电动机主要应用在各种直线运动的电力拖动系统中,如自动搬运装置、传送带、带锯、直线打桩机、电磁锤、矿山用直线电动机推车机及磁悬浮高速列车等,也用于自控系统中,如液态金属电磁泵、门阀、开关自动关闭装置及自动化生产线机械手等。

下面介绍2种直线异步电动机的应用实例。

1. 传送带

采用双边型直线异步电动机的3种传送带方案,如图6.14所示。直线异步电动机的初级固定,次级就是传送带本身,其材料为金属带或金属网与橡胶的复合带。

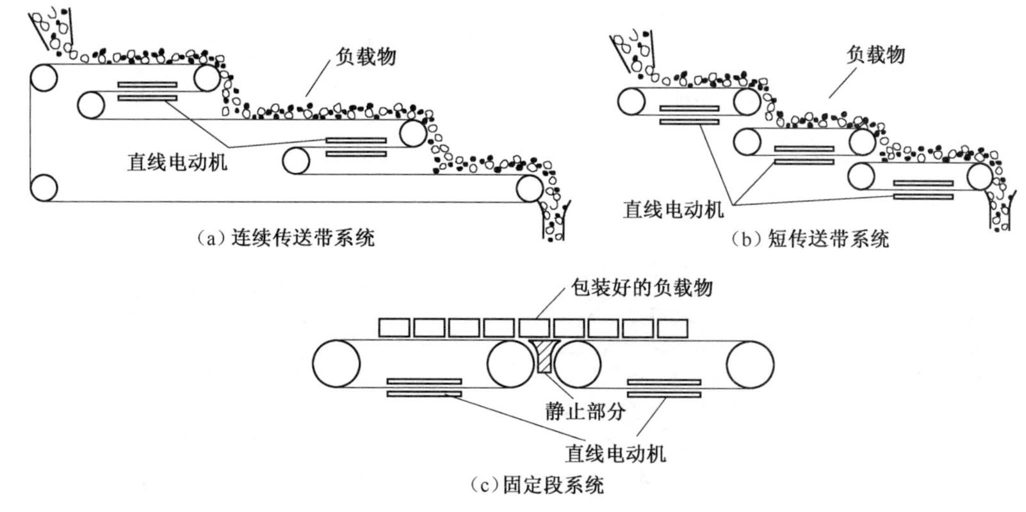

图6.14 直线异步电动机传送系统

2. 高速列车

直线异步电动机与磁悬浮技术相结合应用于高速列车上,可使列车达到高速而无振动噪声,成为一种最先进的地面交通工具。列车的中间下方安放直线异步电动机,两边有若干个转向架,起磁悬浮作用的支承电磁铁安装在各个转向架上,它们可以保证直线异步电动机具有不变的气隙,并能转弯和上、下坡。电动机采用短初级结构,轨道的次级导电板选用铝材,磁悬浮是吸引式的。

6.3 同步电动机

同步电动机也是一种三相交流电动机,其转子转速 n 与三相定子绕组供电电源频率 f 之间保持着严格的恒定关系:$n = n_1 = 60f/p$ 。由于其结构和工作特性的特殊性,大容量同步电机主要用作发电机,而中小容量的高性能永磁同步电动机目前则主要用于高精度的控制系统中。本节仅就同步电动机的一般性工作原理、工作特点加以阐述。

6.3.1 同步电动机的基本结构及工作原理

同三相异步电动机一样,同步电动机也分为定子和转子两大基本部分。定子由铁芯、定子绕组、机座以及端盖等主要部件组成。转子的结构与三相异步电动机不同,它有 2 种形式:一种转子包括主磁极、装在主磁极上的直流励磁绕组、特别设置的笼形启动绕组、电刷以及集电环等;另一种转子的主磁极是用永久磁极经特殊工艺直接安装在转子表面形成的,无需励磁绕组,常称为永磁同步电动机。

定子三相绕组又称电枢绕组。当对称三相交流电流通过时,便产生电枢磁动势,该电枢磁动势以同步转速 $n_1 = 60f/p$,相对定子旋转。转子的直流励磁绕组由外部直流电源供电(励磁功率为电动机额定功率的 0.3%~2%),并产生一直流励磁磁通势,其磁极对数与定子绕组的磁极对数相同。由于作为旋转部分的转子上励磁功率很小,故这种同步电动机特别适合于大功率、高电压的应用场合。

同步电动机的转子按照主磁极的形状分为隐极式和凸极式 2 种,如图 6.15 所示。隐极式转子的优点是转子圆周的气隙比较均匀,适用于高速电机;凸极式转子有明显凸出的磁极,因此转子圆周的气隙不均匀,适用于低速电机(转速低于 1 000 r/min)。

永磁同步电动机的转子通常做成隐极式的,因而气隙均匀,适用于控制系统中的执行电机。同步电动机的基本工作原理可用图 6.16 来说明。电枢绕组通以对称三相交流电流后,

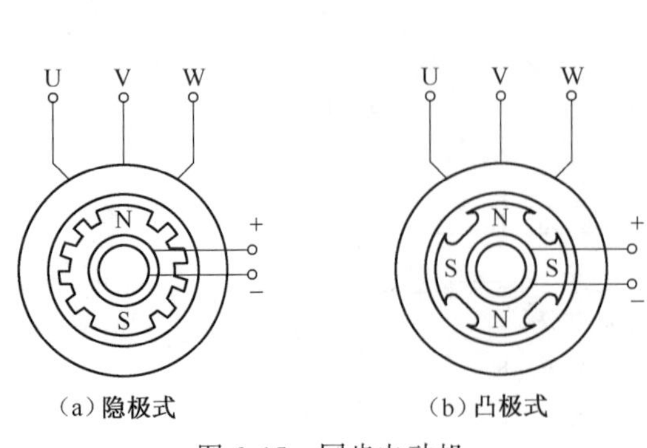

图 6.15 同步电动机

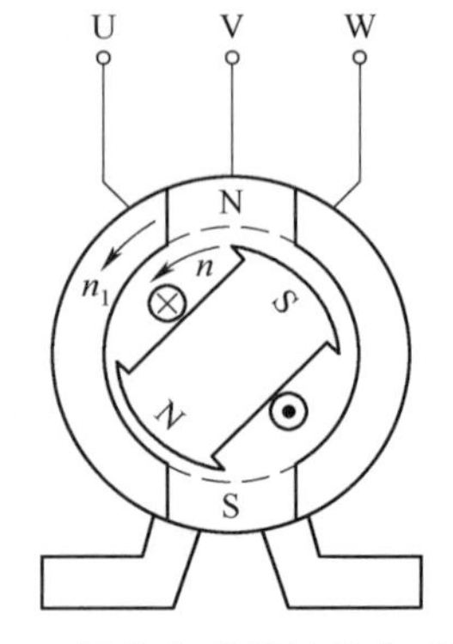

图 6.16 同步电动机的基本工作原理

气隙中便产生一电枢旋转磁场(图中用虚线表示某瞬间定子的两极磁极),旋转速度为同步转速 n_1。励磁绕组通以直流电流后,在同一气隙中又产生一大小、极性固定,磁极对数与电枢旋转磁场磁极对数相同的直流励磁磁场。两磁场相互作用,使转子被电枢旋转磁场以同步转速拖着一起旋转。由于定子和转子的磁场均以同步转速旋转,故定、转子磁场是相对静止的。

同步电动机的额定参数(如额定容量 P_N、额定电压 U_N、额定电流 I_N、额定功率因数 $\cos\varphi_N$、额定转速 n_N 以及额定效率 η_N 等)的定义与三相异步电动机一样。

6.3.2　同步电动机的电动势平衡方程式和相量图

与三相异步电动机的分析方法一样,在对称三相交流电源供电下运行的同步电动机也可只分析其中一相绕组的电动势平衡关系。

当同步电动机稳定运行时,气隙中有 2 个磁动势:由励磁绕组中直流励磁电流建立的主磁动势 F_f 和由三相定子绕组中的三相交流电流建立的合成电枢反应磁动势 F_a,它们均以同步转速相对定子旋转(但位置不一定相同),而相对转子是不动的,因此气隙磁场仅在定子绕组中感应电动势。

下面先以隐极式同步电动机为例来建立其等值电路和电动势平衡方程式。设定子绕组为Y连接磁路饱和的影响不计,即认为磁路工作在线性区域。这样,可分别单独考虑主磁动势 F_f 和电枢反应磁动势 F_a 在定子绕组中所感应产生的电动势,再进行叠加。

由主磁动势 F_f 在定子绕组中感应产生的励磁感应电动势设为 E_0,电枢反应磁动势 F_a 在定子绕组中感应的电枢反应电动势设为 E_a,定子漏磁通 Φ_σ 在定子绕组中感应出的漏磁电动势设为 E_σ,根据图 6.17(a)所示的各电学量假定的正向,以及前面的三相异步电动机的分析处理方法(漏磁电动势看成是定子电流在漏电抗上的电压降),可得隐极式同步电动机一相定子绕组回路的电动势平衡方程式为

$$\dot{U} = \dot{E}_0 + \dot{I}_s R_s + j\dot{I}_s x_s \tag{6.6}$$

式中:$x_s = x_a + x_\sigma$ ——同步电抗;

x_σ ——漏电抗。

由图可知 $\dot{E}_a = j\dot{I}_s x_a$,$\dot{E}_\sigma = j\dot{I}_s x_\sigma$,于是由式(6.6)可得到相应的一相绕组的等效电路及电动势相量图,如图 6.17(b)、(c)所示。

图 6.17(c)中,$\dot{U}$ 超前 $\dot{I}_s$ 一个 φ 角,φ 称为功率因数角;$\dot{E}_a$ 超前 $\dot{I}_s$ 一个 ψ 角,ψ 称为内功率因数角(图中未标出);$\dot{U}$ 超前 $\dot{E}_a$ 一个 δ 角,δ 称为功率角,简称功角,它是同步电动机的一个非常重要的参数。

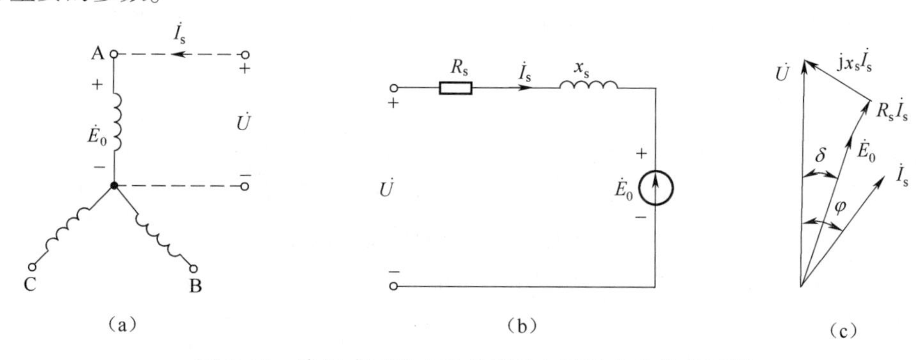

图 6.17　隐极式同步电动机等效电路及电动势相量图

对于凸极式同步电动机,因转子有凸出的磁极,气隙不均匀,故分析方法是将磁动势放置在正交的dq坐标系(d表示直轴,q表示交轴,d、q相互垂直)上进行分解,再在每个坐标轴上按上面所述的叠加方法进行分析。由于凸极式同步电动机的d轴与q轴气隙不等,因而对应的电抗不同,可将$\dot{I}$分解为$\dot{I}_d$与$\dot{I}_q$,分别求它们的磁动势、磁通、感应电动势及对应的电抗,则

$$\dot{I} \rightarrow \begin{cases} \dot{I}_d \rightarrow \vec{F}_{ad} \rightarrow \Phi_{ad} \rightarrow \dot{E}_{ad} = -j\dot{I}_d x_{ad} \\ \dot{I}_q \rightarrow \vec{F}_{aq} \rightarrow \Phi_{aq} \rightarrow \dot{E}_{aq} = -j\dot{I}_q x_{aq} \end{cases} \tag{6.7}$$

式中:x_{ad}——直轴电枢反应电抗;

x_{aq}——交轴电枢反应电抗。

凸极式同步电动机电动势平衡方程式为

$$\dot{U} = \dot{E}_0 + R_s\dot{I} + j\dot{I}_d x_d + j\dot{I}_q x_q \tag{6.8}$$

式中:$x_d = x_{ad} + x_\sigma$——直轴同步电抗;

$x_q = x_{aq} + x_\sigma$——交轴同步电抗。

凸极式同步电动机的相量图如图6.18所示。

6.3.3 同步电动机的功率平衡和转矩功角特性

1. 功率平衡关系

同步电动机的能量转换关系与三相异步电动机相似。定子绕组从电网吸取的电功率P_1,除很小部分成为定子铜损耗p_{Cu}外,余下的大部分作为电磁功率P_{em}通过气隙传递给转子,故有

$$P_{em} = P_1 - p_{Cu} \tag{6.9}$$

P_{em}再减去机械损耗p_{mec}和附加损耗p_{ad}后,就得到电动机轴上的输出功率P_2,即

$$P_2 = P_{em} - p_{mec} - p_{ad} \tag{6.10}$$

令$p_0 = p_{mec} + p_{ad}$称为空载损耗,则式(6.10)可写成

$$P_2 = P_{em} - p_0 \tag{6.11}$$

式(6.9)和式(6.11)表明了同步电动机内部的能量转换及传递关系,或者说它们描述了同步电动机内部的功率平衡关系。

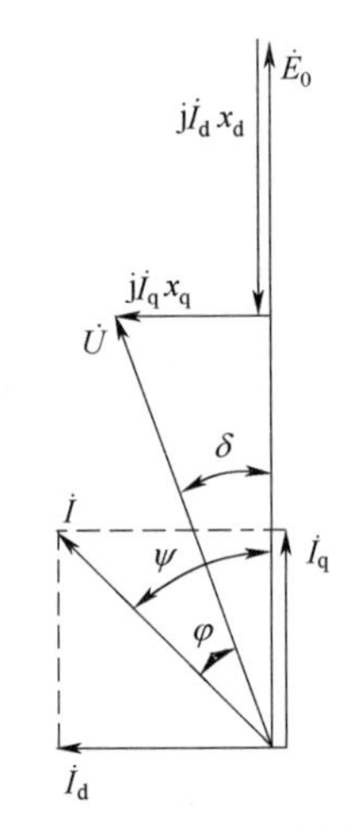

图6.18 凸极式同步电动机的相量图

2. 电磁转矩及功角特性

同步电动机的定子铜损耗通常相对很小,可忽略不计。这样式(6.9)就可简写成以下的近似关系式

$$P_{em} \approx P_1 = 3UI\cos\varphi \tag{6.12}$$

由图6.18可知$\varphi = \psi - \delta$,于是

$$\begin{aligned} P_{em} &= 3UI\cos\varphi = 3UI\cos(\psi - \delta) \\ &= 3UI\cos\psi\cos\delta + 3UI\sin\psi\sin\delta \\ &= 3UI_q\cos\delta + 3UI_d\sin\delta \end{aligned} \tag{6.13}$$

从图6.18可知

$$\begin{rcases} I_d x_d = E_0 - U\cos\delta \\ I_q x_q = U\sin\delta \end{rcases} \Rightarrow \begin{cases} I_d = \dfrac{E_0 - U\cos\delta}{x_d} \\ I_q = \dfrac{U\sin\delta}{x_q} \end{cases} \tag{6.14}$$

将式(6.14)代入式(6.13)中,得到凸极式同步电动机对应的电磁转矩为

$$P_{em} = \frac{3E_0U}{x_d}\sin\delta + \frac{3U^2}{2}\left(\frac{1}{x_q} - \frac{1}{x_d}\right)\sin2\delta \tag{6.15}$$

式(6.15)可分为 2 部分,$\dfrac{3E_0U}{x_d}\sin\delta$ 称为基本电磁功率,$\dfrac{3U^2}{2}\left(\dfrac{1}{x_q} - \dfrac{1}{x_d}\right)\sin2\delta$ 称为附加电磁功率,由交、直轴电抗不等产生。

隐极式同步电动机由于 $x_d = x_q = x_s$ 因而电磁转矩为

$$P_{em} = \frac{3E_0U}{x_d}\sin\delta \tag{6.16}$$

在确定的三相电源电压及频率下,若励磁电流不变,则 P_{em} 只与功角 δ 有关。电磁功率 P_{em} 与功角 δ 的关系称为功角特性。

凸极式同步电动机电磁转矩为

$$T = \frac{3E_0U}{x_d\Omega_0}\sin\delta + \frac{3U^2}{2\Omega_0}\left(\frac{1}{x_q} - \frac{1}{x_d}\right)\sin2\delta \tag{6.17}$$

隐极式同步电动机电磁转矩为

$$T = \frac{3E_0U}{x_d\Omega_0}\sin\delta \tag{6.18}$$

T 与 δ 的关系称为矩角特性。可见,矩角特性曲线与功角特性曲线相似。

隐极式同步电动机与凸极式同步电动机对应的功角特性与矩角特性如图 6.19 所示。在图 6.19(b)中,曲线 1 对应于基本电磁功率(或基本电磁转矩),曲线 2 对应于附加电磁功率(或附加电磁转矩)。显然,若 U 、f 不变,则 $T \propto E_0$,即改变 E_0 的大小,就可调节最大电磁转矩 T_m 的大小。这是同步电动机与三相异步电动机的又一个重要区别。

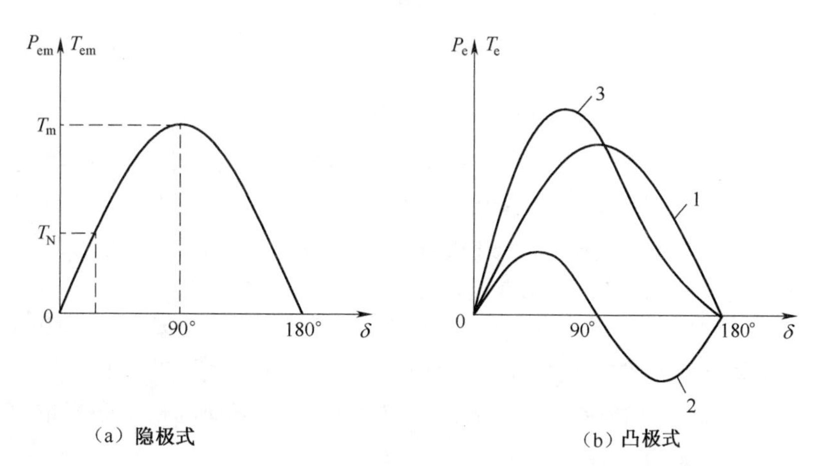

图 6.19　同步电动机的功角特性与矩角特性

功角是同步电动机一个非常重要的参数,它的含义可用图 6.20 来解释: $\dot{U}$ 超前 $\dot{E}_0$ 角度 δ ,而它是由直流励磁磁通感应产生的,因此, $\dot{U}$ 也可看成是由主磁动势、电枢反应磁动势以

及漏磁磁动势3者共同作用下的电枢合成磁通感应产生的，这样 $\dot{U}$ 与 $\dot{E}_0$ 之间的夹角δ就可看成是主励磁磁通 Φ_0 与电枢合成磁通 Φ 这2个等效磁场轴线间的空间夹角。

因此，功角 δ 具有双重物理意义：是电动势 $\dot{E}_0$ 和电压 $\dot{U}$ 间的时间相角差；是主磁动势 F_f 和合成磁动势 F 间的空间相角差或 Φ_0 与 Φ 之间的夹角。

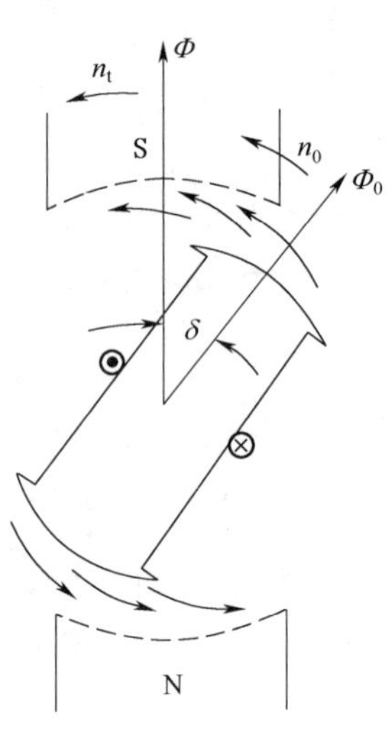

图 6.20　功角的含义

3. 稳定运行与过载倍数

当正处于稳定运行的同步电动机的负载转矩由 T_L 增大到 T'_L 时，由于 $T < T'_L$，转子转速随之降低，Φ_0 的速度也随之降低，但 Φ 的速度不变，因而 Φ_0 在空间上落后 Φ 更大的角度，使 δ 增大。由式(6.17)和式(6.18)可知，δ 增大会使 T 增大，如图6.21所示。最后在 $\delta = \delta_2$ 处增大后的 T' 与 T'_L 刚好相等，同步电动机又能以同步转速稳定运行，但稳定在新的功角 δ_2 上。可见，同步电动机的机械特性是平直的硬特性。换句话说，同步电动机转子的转速只取决于电源的频率 f，而与负载大小无关，这是同步电动机与感应电动机的又一重要区别。

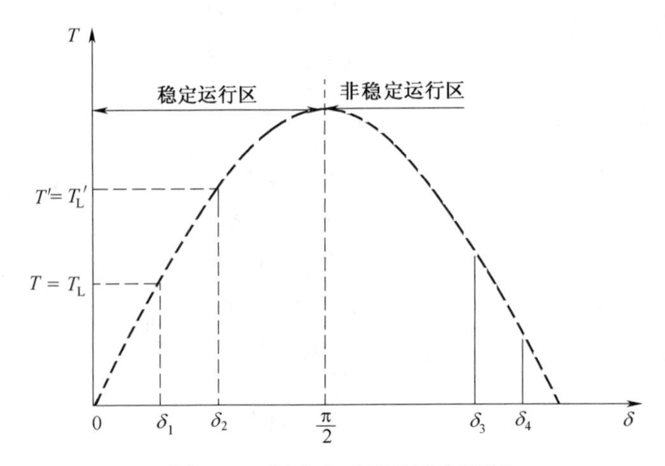

图 6.21　同步电动机的稳定运行

满足这一稳定运行条件，δ 只能在一定的范围内变化。对于隐极式同步电动机，δ 的变化范围只能是 0~ $\pi/2$；凸极式同步电动机 δ 的变化范围还要小一些。若超过这一范围，如隐极式同步电动机 δ 在 $\pi/2$~ π 区间，当负载增大时，δ 增大将引起 T 减小，无法与负载转矩平衡，使得转速越来越低，最终失去同步转速而停转，工程上称为“失步”。

上面所述的“稳定”，通常针对负载缓慢变化的场合。如果负载突变的幅度过大、过快，即使变化后的负载转矩未超过 T_m，也可能引起同步电动机的“失步”。

为此，常用过载能力倍数这一指标来限定同步电动机拖动的最大负载转矩。过载能力倍数常用 λ_m 表示，定义为

$$\lambda_m = \frac{T_m}{T_N} = \frac{1}{\sin\delta_N} \tag{6.19}$$

式中：T_N ——额定转矩。

隐极式同步电动机以额定转矩运行时，$\delta_N = 20° \sim 30°$（凸极式同步电动机还要小一些），这样 $\lambda_m = 2 \sim 3$。当然，前面已指出，T_m 的大小也是可以通过改变 E_0（即改变直流励磁电流）来调节的。也就是说，过载能力系数也可通过改变直流励磁电流的大小加以调节。

6.3.4 同步电动机功率因数的调节和V形曲线

1. 同步电动机功率因数的调节

若同步电动机接在电源上，电源的电压 U 以及频率 f 都不变，维持常数，设电动机拖动的有功负载也保持为常数，则仅改变它的励磁电流，就能调节其功率因数。在分析的过程中，忽略电动机的各种损耗。

为了简单起见，下面采用隐极式同步电动机电动势相量图来进行分析，所得结论完全可以用在凸极式同步电动机上。

同步电动机的负载不变，是指电动机转轴输出的转矩 T_2 不变，为了分析的简单，忽略空载转矩，这样

$$T = T_L = C\ (\text{常数})$$

当 T_2 不变时，可以认为电磁转矩 T 也不变。

根据式(6.19)可知

$$T = \frac{3E_0U}{x_d\Omega_0}\sin\delta = C$$

由于电源电压 U 、电源频率 f 以及电动机的同步电抗等都是常数，故上式中

$$E_0\sin\delta = C \tag{6.20}$$

当改变励磁电流 I_f 时，电动势 E_0 的大小要跟着变化，但必须满足式(6.20)的关系式。

当负载转矩不变时，也认为电动机的输入功率 P_1 不变（因为忽略了电动机的各种损耗），于是

$$P_1 = 3UI\cos\varphi = C$$

在电压 U 不变的条件下，必有

$$I\cos\varphi = C \tag{6.21}$$

式(6.21)实际上是电动机定子边的有功电流，应维持不变。根据式(6.19)和式(6.20)这2个条件，画出3种不同的励磁电流 I_f 及对应的电动势 E_0 的相量图，如图6.22所示。

从图6.22中可以看出，不论如何改变励磁电流的大小，为了满足式(6.21)的条件，电流 I 的轨迹总是在与电压 U 垂直的虚线上。另外，要满足式(6.20)的条件，E_0 的轨迹总是在与电压 U 平行的虚线上。这样就可以从图6.22中看出，当改变励磁电流时，同步电动机功率因数变化的规律是：

（1）当励磁电流为 I_f 时，使定子电流 I 与 U 同相，称为正常励磁状态，如图6.22中的 $\dot{E}_0$ 相量。这种情况下，同步电动机只从电网吸收有功功率，不吸收任何无功功率。也就是说，这种情况下运行的同步电动机类似于纯电阻负载，功率因数 $\cos\varphi = 1$。

（2）当励磁电流比正常励磁电流小时，称为欠励状态，这时的 $E''_0 < U$，定子电流 $\dot{I}''$ 落后 $\dot{U}$ 角度 φ''，同步电动机除了从电网吸收有功功率外，还要从电网吸收滞后的无功功率，这种情况下运行的同步电动机相当于电阻电感负载。

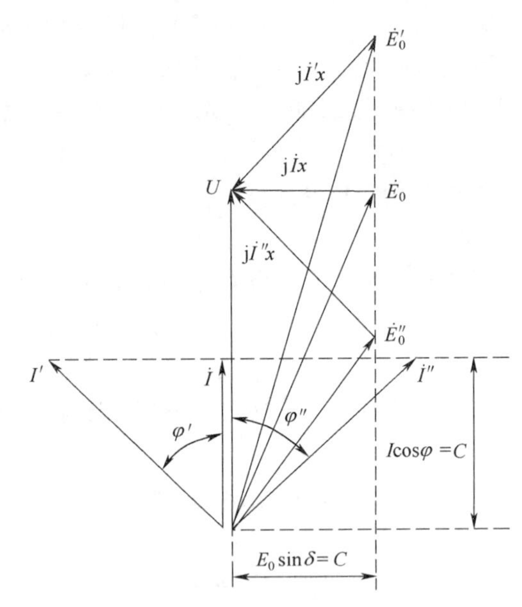

图 6. 22　同步电动机的负载不变改变励磁电流时的相量图

本来电网就供应着如感应电动机、变压器等这种需要滞后的无功功率的负载,欠励的同步电动机也需要落后性的无功功率,这将加重电网的负担,因此很少采用这种运行方式。

(3) 当励磁电流比正常励磁电流大时,称为过励状态。这时的 $E'_0 > U$,定子电流 $\dot{I}'$ 领先 $\dot{U}$ 角度 φ' ,同步电动机除了从电网吸收有功功率外,还要从电网吸收超前的无功功率。这种情况下运行的同步电动机相当于电阻电容负载。可见,过励状态下的同步电动机对改善电网的功率因数大有好处。

总之,当改变同步电动机的励磁电流时,能够改变它的功率因数,这点三相异步电动机是办不到的。同步电动机拖动负载运行时,一般要处于过励状态,至少应运行在正常励磁状态下,不能让它运行在欠励状态。

2. V 形曲线

当改变励磁电流时,电动机定子电流的变化情况可从图 6. 23 中看出。3 种励磁电流情况下只有正常励磁时的定子电流最小,过励或欠励时定子电流都会增大。把定子电流 I 的大小与励磁电流 I_f 大小的关系用曲线表示,如图 6. 23 所示。图中定子电流的变化规律类似 V 字形,故称为 V 形曲线。

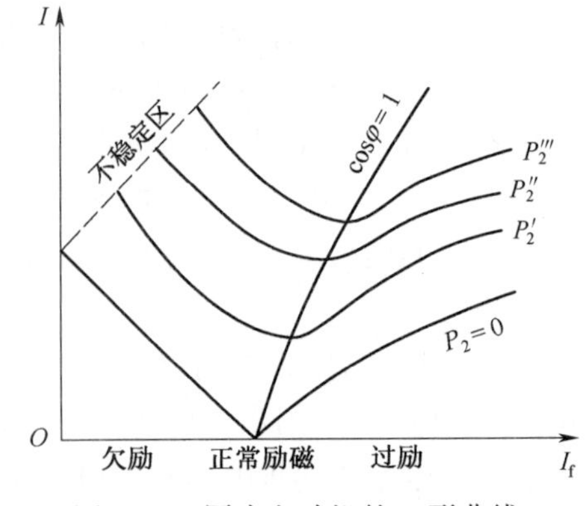

图 6. 23　同步电动机的 V 形曲线

当电动机带有不同的负载时,对应有一组 V 形曲线,如图 6. 23 所示。输出功率越大,在相同的励磁电流条件下,定子电流增大,所得 V 形曲线往右上方移动。

对每条 V 形曲线。定子电流有一最小值,这时定子仅从电网吸收有功功率,功率因数 $\cos\varphi = 1$,把这些点连起来,称为 $\cos\varphi = 1$ 线。这条线微微向右倾斜,说明输出为纯有功功率时,输出功率增大的同时必须相应地增加一些励磁电流。对于同步电动机, $\cos\varphi = 1$ 线的左边是欠励区,右边是过励区。

6.3.5　同步电动机的启动

启动三相异步电动机是比较简单、方便的,不管是负载状态还是空载状态,也不管启动前转子处于什么位置,只要电网允许,都可将三相异步电动机直接接入电网加速启动到稳定运行的速度。但同步电动机做不到这一点,它只有在同步转速下才能产生单一方向的电磁转矩,才能稳定运行。因此,同步电动机不能直接接入电网自行启动,必须采取特殊的措施先将转子“拉”到接近同步转速,然后投入直流励磁电流再将其拉入同步转速运行。这是同步电动机与三相异步电动机的又一个重要区别。

同步电动机的启动有以下 3 种方法:

(1)感应启动法。感应启动法是靠设置在转子上的笼形启动绕组来完成启动的。启动前,先将励磁绕组经 5 ~ 10 倍于励磁绕组电阻器电阻值的外接电阻器短接,然后将定子绕组投入三相交流电网。由于笼形启动绕组的存在,同步电动机便像三相异步电动机那样自行启动。等转速上升到接近同步转速时,切除串入到励磁绕组中的外接电阻器。将励磁电源接入,建立主励磁磁场,从而使同步电动机在同步电磁转矩的作用下“拉”入同步转速。

(2)辅助电动机启动法。辅助电动机启动的启动过程:先用一台电动机(称为辅助电动机)带动同步电动机旋转至同步转速,再通入直流励磁,使之“接力”,将转子牵入同步转速。这种方法投资大,很不经济。

(3)变频启动法。用变频启动法开始启动时,转子先加上励磁电流,定子边通入频率极低的三相交流电流,由于电枢磁动势转速极低,转子便开始旋转。定子边电源频率逐渐升高,转子转速也随之逐渐升高;定子边频率达额定值后,转子也达额定转速,启动完毕。显然定子边的电源是一个可调频率的变频电源,一般采用晶闸管变频装置。大型同步电动机逐渐都开始采用变频启动法。

6.4　微型同步电动机

微型同步电动机是指功率自零点几瓦到数百瓦的各种同步电动机,它的转速就是与供电电源频率相应的同步转速,具有转速稳定、结构简单、应用方便等特点,因而在自动控制系统中有着广泛的应用。微型同步电动机按供电电源的相数来分,有三相微型同步电动机和单相微型同步电动机;按电动机的结构来分,有电容式微型同步电动机和罩极式微型同步电动机;按工作原理来分,有永磁式微型同步电动机、反应式微型同步电动机和磁滞式微型同步电动机。

6.4.1　永磁式微型同步电动机

永磁式微型同步电动机的转子采用永久磁铁励磁,结构简单。由于无励磁电流,也就无励磁损耗,所以电动机的效率高。为了使永磁式微型同步电动机能自行启动,通常在转子上还要安装用于启动的笼形绕组。

1. 基本结构

永磁式微型同步电动机根据启动方式不同,可分为异步启动式、磁滞启动式和爪极自启动式 3 种结构,根据永磁体在转子上的安装形式不同,可分为径向式和轴向式。

(1)异步启动永磁式微型同步电动机。异步启动永磁式微型同步电动机的结构和异步电动机相似,其定子铁芯上嵌放三相或单相绕组,转子有磁极和笼形绕组。其常用的星形转子结构如图 6.24 所示。其极靴成圆环形,内侧开有缺口,极靴上有笼形绕组。星形转子采用剩磁较高的铝钴永磁材料。

(2)磁滞启动永磁式微型同步电动机。永磁式微型同步电动机是利用磁滞环启动的,图 6.25所示为径向式磁滞启动永磁式微型同步电动机的结构,它是以径向永磁体取代直流励磁的转子磁极。

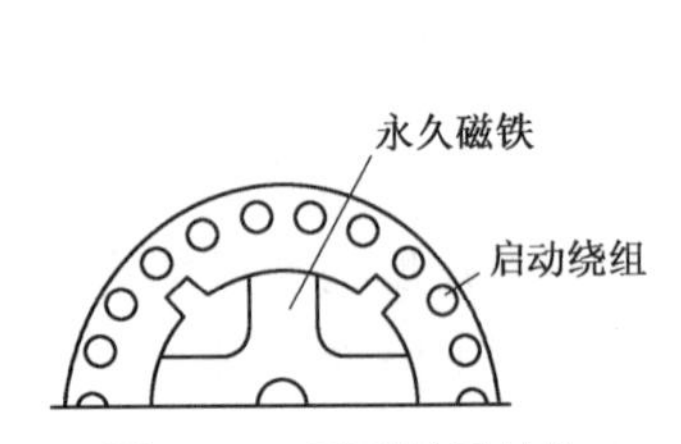

图 6.24　星形转子结构

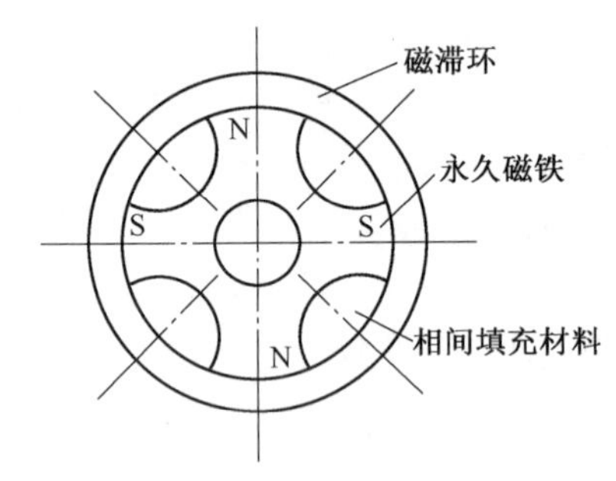

图 6.25　径向式磁滞启动永磁式微型同步电动机的结构

(3)爪极自启动永磁式微型同步电动机。爪极自启动永磁式微型同步电动机没有笼形绕组,也没有磁滞环,不能产生异步转矩或磁滞转矩,启动和牵入同步都靠同步转矩。这种电动机极数极多,可达 16~48 极。所以同步转速低、尺寸很小,在同步转矩的作用下转子很快加速而牵入同步。

2. 工作原理

当定子绕组接通电源时,定子就产生旋转磁场,吸引转子转动,转子转速与旋转磁场转速相同。在运行时,当转子上的负载转矩增大时,定子磁场磁极轴线与转子磁极轴线之间的夹角 θ 相应增大;当转子上的负载转矩减小时,夹角 θ 相应减小,则转速始终恒定不变。

永磁式微型同步电动机也不能自行启动,为了能够自行启动,转子上也装设笼形绕组,如图 6.25 所示,定子接通电源,转子产生电磁转矩异步启动,待转子转速接近同步转速时,转子自动被牵入同步,此时笼形绕组也就不起作用了。

3. 特点及用途

永磁式微型同步电动机结构简单、体积小、耗电少、转速较低、转速恒定。但其造价高、结构复杂、启动电流倍数较大。主要应用于电动窗帘机、小型舞台布景、旋转灯具、自动化仪器仪表、电动室内外装潢、电动传票装置和电动器械上。

6.4.2　反应式微型同步电动机

反应式微型同步电动机转子本身不具有磁性,它是利用转子对磁通的反应不同而产生转矩的电动机。通常这类电动机也称为磁阻式同步电动机。

1. 基本结构

反应式微型同步电动机通常由笼形异步电动机派生而来,它的定子结构与异步电动机基本相同,其转子可分为隐极式和凸极式。磁阻式同步电动机的转子由铁磁材料制成,有直轴和交轴之分,直轴(纵轴)方向的磁阻小,交轴(横轴)方向的磁阻大。图 6.26 所示为磁阻式转子的几种不同形式。图6.26(a)为凸极结构,直轴和交轴气隙大小不同,因此磁阻不同,称为外反应式。图6.26(b)为圆形结构,虽气隙均匀,但内部开有反应槽,使交轴磁阻远大于直轴磁阻,称为内反应式。图6.26(c)为凸极结构,但又在内部开有反应槽,使直轴和交轴磁阻差别更大,称为内外反应式。另外,在转子上都装有笼形的启动绕组。

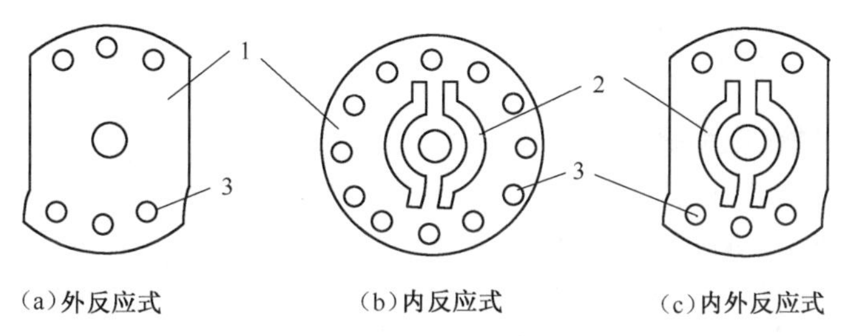

图6.26　磁阻式同步电动机转子冲片

1—铁芯;2—反应槽;3—笼形导条孔

2. 工作原理

反应式同步电动机的定子绕组接通电源后,气隙中建立旋转磁场,转子在旋转磁场的作用下,产生电磁拉力而形成磁阻转矩(又称反应转矩),拖动转子同步旋转。磁阻转矩的产生如图6.27所示。如果转子轴线与旋转磁场的轴线重合,如图6.27(a)所示,这时转子虽也被磁化,但气隙磁场不被扭曲,在这种情况下,转子只有径向磁拉力,而没有切向磁拉力,转子无电磁转矩产生。如果转子转过一个角度口,如图6.27(b)所示,由于旋转磁场的磁通总是通过磁阻最小的路径,因此气隙磁场被扭曲,旋转磁场磁极与转子间除产生径向磁拉力外,还出现切向的磁拉力,这种切向的磁拉力形成一种电磁转矩,这就是同步电动机的凸极效应,即因直轴与交轴上的磁阻不相等而产生的一种电磁转矩,故称为磁阻转矩。隐极式同步电动机不会产生这种转矩,如图6.27(c)所示。

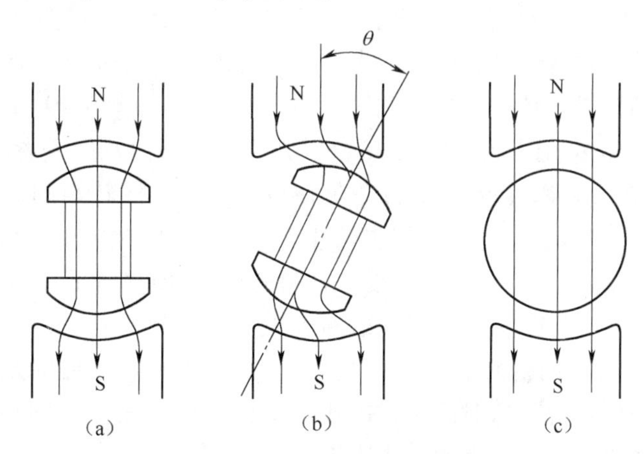

图6.27　磁阻转矩的产生

3. 特点及用途

由于反应式微型同步电动机和大型同步电动机一样,必须装启动绕组才能自行启动。所以,其启动转矩是由转子上的笼形启动绕组产生的。在转子加速到接近同步转速时,依靠磁阻转矩将转子牵入同步并在同步下运行，启动绕组失去启动作用。转子上没有励磁绕组和滑环，也不使用永磁材料，其磁场由定子磁通产生。由于没有滑动接触，加上笼形绕组在正常运行时起到阻尼绕组的作用，因此，运行稳定可靠。

这种电动机可以通过改变定、转子磁极对数来改变转子转速；还可以通过改变交流电的频率改变转速。

反应式微型同步电动机结构简单、价格低，可用于记录仪表、摄影机、录音机及复印机等设备中。

6.4.3　磁滞式微型同步电动机

1. 基本结构

磁滞式微型同步电动机是一种利用磁滞材料产生磁滞转矩而运行的电动机。转子铁芯由硬磁材料制成，形状为圆柱体或圆环，装配在非磁性材料制成的套筒上，如图 6.28 所示。功率较小的磁滞式同步电动机，定子采用罩极式结构，转子由硬磁材料薄片组成。薄片的形状设计成直轴与交轴，有不同的磁阻。

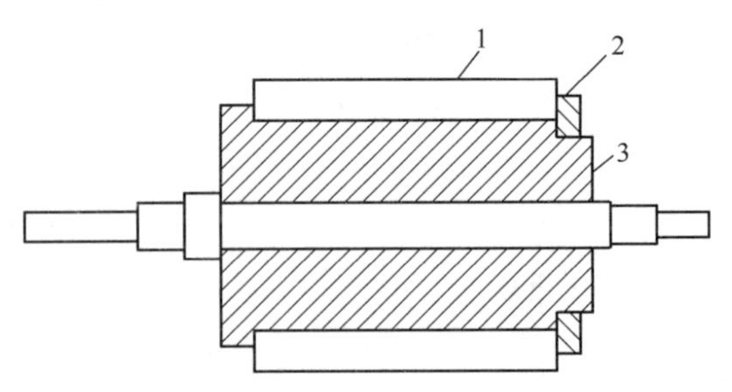

图 6.28　磁滞式同步电动机的转子结构

1—硬磁材料；2—挡环；3—套筒

2. 工作原理

硬磁材料在交变磁场作用下磁化时，表现为磁感应强度滞后于磁场强度的变化，即磁滞现象。把硬磁材料做成的转子放入旋转磁场之中，就会有一个较大的磁滞转矩产生。如图 6.29所示，定子为一对磁极的旋转磁场。当定子磁场固定不动时，转子处于恒定的磁化状态。转子硬磁材料被磁化后，磁分子排列与定子磁场方向一致，如图 6.29(a)所示，定子磁场与转子磁分子之间只有径向吸引力，而无切向吸引力，转子不产生转矩。

如果定子磁场以同步转速逆时针转过一个角度 θ，转子中的磁分子间因有很大的摩擦力，不能即时跟随旋转磁场转过角 θ，而始终在空间上落后旋转磁场一个角度 θ，这个 θ 角称为磁滞角。旋转磁场轴线与转子磁分子轴线间出现 θ 角后[见图 6.29(b)]，转子所受的磁拉力(吸引力)除径向分量外，还有切向分量，这个切向分量便形成转矩，称为磁滞转矩 T_c。在磁滞转矩的作用下，转子顺着旋转磁场的方向旋转。产生磁滞转矩的条件是转子与定子旋转磁场间有相对运动，即转子转速低于同步转速，电动机处于异步运行状态。

磁滞转矩和磁滞角 θ 的大小，取决于硬磁材料的性质，而与转子异步运行的速度无关，转子在旋转磁场的磁化下，磁滞角是不变的，磁滞转矩始终保持为常数。当转子转速升至同步转速运行时，转子不再被旋转磁场磁化，而是恒定磁化，不再出现磁滞现象。因为转子是硬磁材料制成的，具有永磁特性，这时磁滞式同步电动机就成为永磁式同步电动机。同步运行以后，转速恒定不变，夹角 θ 由负载的大小决定。

磁滞式同步电动机的转速低于同步转速时，转子与旋转磁场之间有相对运动，转子中还会出现涡流，涡流与旋转磁场作用产生涡流转矩，涡流转矩与转速成反比，所以在启动时，不仅有磁滞转矩，而且还有涡流转矩，故磁滞式同步电动机能自行启动，而且启动转矩较大。

磁滞式同步电动机不仅能在同步状态下运行，也可在异步状态下运行。当负载转矩大

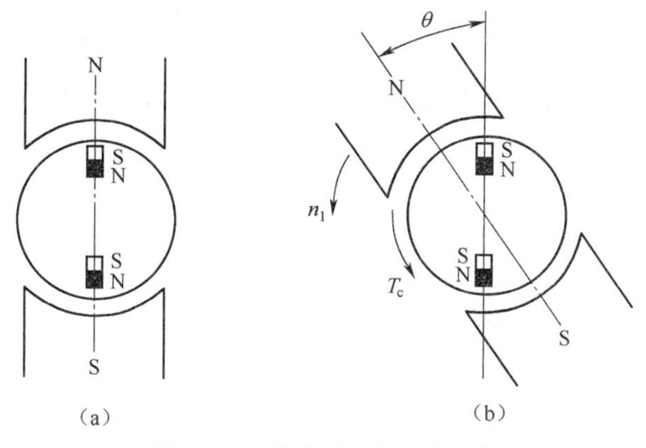

图6.29 硬磁材料转子的磁化

于磁滞转矩时,电动机在异步状态下运行;当负载转矩小于磁滞转矩时,电动机在同步状态下运行。一般情况都在同步状态下运行。

3. *磁滞式微型同步电动机的特点及运用*

磁滞式微型同步电动机的结构简单,运行可靠,具有较大的堵转转矩,启动性能好。在负载具有较大的转动惯量的情况下,仍能自动进入同步运行状态。

磁滞式微型同步电动机的应用主要有以下几个方面:

(1)作速度保持不变的传动装置,如在录像机、录音机、磁带机、电唱机、传真机、电影机、电子钟、自动记录仪、时间机构等装置中。在录像机中,磁滞式微型同步电动机用来驱动磁鼓,是录像机磁头组件的重要元件之一。电动机的轴向端装有4磁头的磁鼓,电动机以15 000 r/min的同步速度驱动磁鼓一起旋转。反之,重放经过同样的过程。对于这样的应用,要求磁滞式微型同步电动机具有很高的转速稳定度及非常小的径向跳动和轴向跳动,一般在3μm以下。

(2)传动陀螺仪等大惯量负载,对于磁滞式微型同步电动机而言,只要负载转矩小于最大同步转矩,无论负载惯量有多大,磁滞式微型同步电动机都能启动并牵入同步。异步状态的电流与额定工作的电流相比,没有多大的增加。特别当负载变化时,磁滞式微型同步电动机的转速保持不变,有利于维持陀螺仪的角动量保持恒定,便于精确计算和测量。

(3)作高速和低速的传动装置,由于转子结构对称、简单、坚固,又易校验平衡,故适于高速驱动。

(4)作多速同步传动装置,同一个转子与不同磁极对数的定子绕组配合,可以得到两速、三速或四速的同步转速。一般,两速的磁滞式微型同步电动机使用比较多。如人造卫星上的磁带记录仪中,磁滞式微型同步电动机以2种不同速度传动磁带,以便控制录放的转换。

综上所述,磁滞式微型同步电动机是一种结构牢固、使用方便、性能良好、使用寿命很长的驱动元件,已应用于各种仪器仪表和自动装置中。随着性能的不断改善和成本的降低,磁滞式微型同步电动机的应用范围必将更加广泛。

6.5 交直流两用电动机

一般的电动机都是在单一电源下工作的,但在许多场合下,往往需要既能在直流电源下工作,又能在交流电源下工作的电动机。交直流两用电动机就属于这种类型。这种电动机在日常生活用具、手动器件、计算工具和精密机械中得到了广泛的应用。此外,在医疗器械、通信技术、测量技术、电影行业以及其他很多方面也经常用到这种电动机。

1. 基本结构

交直流两用电动机结构基本上和直流电动机一样,有不同的电枢结构和励磁方式。实际上,往往采用有槽铁芯的电枢结构,导体放在电枢槽中所受的电磁力较小,容易满足高速运行时对绝缘材料的机械强度要求。励磁方式虽可做成串励和并励 2 种,但并励式电动机的转矩要比串励式低得多。因此,通常制成串励、有槽电枢的直流电动机,其结构及原理如图 6. 30所示。

交直流两用电动机的定子上装有嵌放串励绕组的主磁极,转子与直流电动机的有槽电枢一样,磁路均由叠片铁芯组成。定子冲片往往制成图 6. 30(c)所示的整体形状,以利于制造和降低成本。

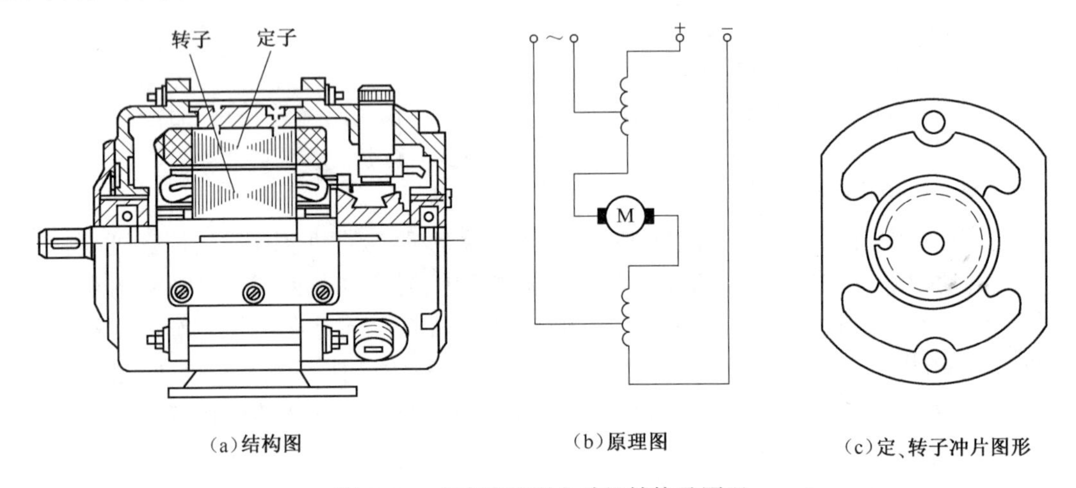

图 6. 30　交直流两用电动机结构及原理

电枢铁芯一般都采用斜槽形式。定、转子的气隙较直流电动机大,并且不均匀,其中最尖处最大气隙是主气隙的 3 ~ 4 倍。其他零部件如电刷刷握、端盖等都和普通直流电动机相似。

交直流两用电动机具有不同的结构形式,有时也做成分装式,分装式结构和力矩式电动机结构相似。对于大容量高速或特殊要求的交直流两用电动机,还需采用换向极以改善换向、抑制火花及减少无线电干扰。

2. 工作原理

交直流两用电动机的工作原理与串励直流电动机相同,因而可先从串励直流电动机着手进行分析。图 6. 31(a)表示其正方向通电时的工作原理图。

根据电动机左手定则,可确定转子的转矩方向是逆时针方向;同理,在图 6. 31(b)中反方向通电后电动机的转矩方向仍为逆时针。因此,对于交直流两用电动机,由于其主磁通和电枢电流的方向同时随电源的极性而改变,因此能使平均转矩保持逆时针方向不变。

3. 特点及应用

交直流两用电动机因具有较小的启动电流和较大的启动转矩,常常用在启动比较困难

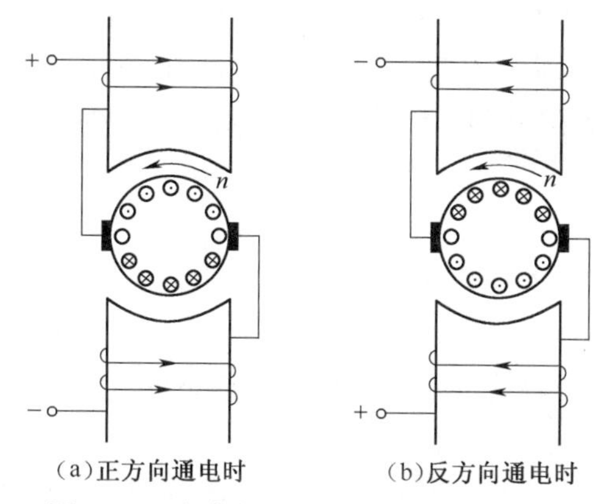

(a)正方向通电时　　(b)反方向通电时

图 6.31　交直流两用电机的工作原理图

的地方,或者在需要大的启动转矩而瞬时断续运行的机构上作传动用,如用于操纵控制开关等。这样,可以提供大的启动转矩和选用比其他类型电动机小得多的外形尺寸。

此外,交直流两用电动机的调速范围广,并能获得高速。一般异步电动机的转速取决于电动机极数和供电频率,50 Hz 供电的一对极电动机最高转速低于 3 000 r/min。当然,变频电动机可以提高转速,但要提供专用电源。在设计上可以用减少电枢导体数的方法提速,如电动工具用交直流两用电动机转速达 9 900~14 500 r/min,医疗器械用高速离心机上的最高转速可达 20 000 r/min。因此,在需要高转速的地方,可以选用这种电动机,如牙科用钻头就是用交直流两用电动机带动的。众所周知,电动机的额定功率正比于它的转速,电动机的效率正比于功率,电动机转速高,额定功率就高,效率亦高。在需要体积小、质量小、转速高的地方也可以选用,如手电钻等。

交直流两用电动机的机械特性较软,在转矩增加时,转速迅速降低,致使输出功率增加有限,不容易因为负载加大而过载,适用于恒功率控制场合或者负载转矩经常大幅度变化的场所。如在磁带记录器的磁带恒张力结构及自行车传动机构中,这种电动机可以取代永磁式直流电动机。

当负载很小时,交直流两用电动机转速会很高,所以它不能全压、空载运行。一般情况下当全压工作时．最低负载不应小于额定值的 25%~30%。

小　　结

1. 单相异步电动机

单相异步电动机的定子置有工作绕组和启动绕组,转子与笼形三相异步电动机的转子基本相同。如果定子上仅有工作绕组,当通入单相交流电流后,将产生一个脉振磁动势,在脉振磁动势作用下,电动机不能自行启动。为解决启动问题,在定子上装设启动绕组,使电动机启动时产生旋转磁动势,以便于启动。根据启动方法的不同,单相异步电动机分为电阻分相式、电容分相式和罩极式单相异步电动机。

2. 直线异步电动机

直线异步电动机由旋转的异步电动机演变而来,是一种能做直线运动的异步电动机,在结构上分为固定和可移动 2 部分,分别称为初级和次级。当初级通入三相交流电流后,产生一个合成磁场,它不再是旋转的,而是按 U→V→W 的相序直线运动的磁场,称为行波磁场。行波磁场与次级条铁相互作用产生电磁力,使条铁做直线运动。直线异步电动机的结构形式有 3 种:扁平型、圆筒型和圆盘型,各自在结构上有一定的特点。

3. 三相同步电动机

三相同步电动机的定子与三相异步电动机的相同,转子有凸极式和隐极式 2 种。转子装有直流励磁绕组,定子绕组通入三相交流电流后,产生旋转磁场,转子绕组通入直流励磁,产生恒定磁极,正常运行时,定子旋转磁极吸引转子磁极跟随定子磁极旋转,二者相对静止,因此转子转速等于同步转速,故称为同步电动机。转速不受负载变化的影响。

同步电动机电枢电流与励磁电流的关系可用 V 形曲线表示。每条 V 形曲线对应一定的输出功率。当 $\cos\varphi = 1$ 时,电枢电流最小,这时的励磁状态称为正常励磁。当励磁电流小于正常励磁电流时,称为欠励状态,电动机从电网吸取感性无功电流;当励磁电流大于正常励磁电流时,称为过励状态,电动机从电网吸取容性无功电流。由于电网上的负载一般都是感性负载,为此同步电动机一般都工作在过励状态,向电网提供容性无功功率,以改善电网的功率因数。

同步电动机不能直接接入电网自行启动,必须采取特殊的措施先将转子“拉”到接近同步转速,然后投入直流励磁电流再将其拉入同步转速运行,启动方法有感应启动法、辅助电动机启动法、变频启动法。

4. 微型同步电动机

微型同步电动机的转速始终保持同步转速,不受负载转矩的影响,定子有三相、两相和罩极式,定子绕组通电后产生旋转磁场。转子根据所采用材料的不同,主要分为永磁式、磁阻式和磁滞式 3 种。永磁式的转子由永久磁铁制成;反应式的转子由一般铁磁材料制成,直轴与交轴磁阻不等;磁滞式的转子由硬磁材料制成。永磁式和反应式同步电动机不能自行启动,因此在转子上加装笼形绕组,采用异步启动。磁滞式同步电动机定子通电后能产生磁滞转矩,能够自行启动,因此无需装启动绕组,且它的启动性能好。

5. 交直流两用电动机

交直流两用电动机有不同的电枢结构和励磁方式。往往采用有槽铁芯的电枢结构,导体放在电枢槽中所受的电磁力较小,容易满足高速运行时对绝缘材料的机械强度要求。励磁方式虽可做成串励和并励 2 种,但并励式电动机的转矩要比串励式低得多。因此,通常制成串励、有槽电枢的直流电动机。

交直流两用电动机因具有较小的启动电流和较大的启动转矩,调速范围广,并能获得高速。交直流两用电动机的机械特性较软,适用于恒功率控制场合或者负载转矩经常大幅度变化的场合。

思考与练习

6.1 单相异步电动机与三相异步电动机相比有哪些主要的不同之处?

6.2 单相异步电动机根据启动方法的不同分为哪几种类型?各有哪些优、缺点?

6.3 简述单相异步电动机的主要结构。

6.4 直线异步电动机有哪几种结构形式?

6.5　直线异步电动机与旋转异步电动机的主要区别是什么?

6.6　同步电机的凸极转子与隐极转子磁极结构有什么不同?同步电机和异步电机的转子结构有什么差异?

6.7　什么同步电动机无启动转矩?通常采用什么方法启动?

6.8　同步电动机的V形曲线说明了什么?同步电动机一般工作在哪种励磁状态?为什么?

6.9　磁阻式微型同步电动机的转矩是怎样产生的?

6.10　简述交直流两用电动机的工作原理及特点。

第7章 控制电机

知识点：

(1)伺服电机。

(2)步进电机。

(3)测速发电机。

(4)自整角机。

(5)旋转变压器。

掌握：

(1)伺服电机、步进电机的结构及工作原理。

(2)伺服电机、步进电机的运行方式。

了解：

(1)测速发电机、自整角机的用途及工作原理。

(2)旋转变压器的用途及工作原理。

本章主要介绍伺服电机、步进电机、测速发电机、自整角机、旋转变压器等。

7.1 概述

7.1.1 控制电机的基本用途和分类

随着自动控制系统和计算装置的不断发展，在普通旋转电机的基础上产生出多种具有特殊性能的小功率电机，它们在自动控制系统和计算装置中用于信号的检测、传递、执行、放大或转换等，这类电机统称为控制电机。虽然从基本的电磁感应原理来说，控制电机和普通旋转电机并没有本质上的差别，但普通旋转电机着重于对启动和运行状态等能力指标的要求，而控制电机则着重于特性的高精度和快速响应。

控制电机的输出功率较小，一般从数百毫瓦到数百瓦，系列产品的外径一般为12.5~130 mm，质量从数十克到数千克。但在大功率自动控制系统中，有些控制电机的输出功率也可达数十千瓦，机壳外径也可达数百毫米。

1. 控制电机的用途

控制电机已经成为现代工业自动化系统、现代科学技术和现代军事装备中必不可少的重要设备。控制电机广泛应用于现代军事装备、航空航天技术、现代工业技术、现代交通运输、民用领域的尖端技术。如导弹遥控遥测、雷达自动定位、卫星天线的展开和偏转、飞机自动驾驶、工业机器人控制、数控机床控制、自动化仪表、船舰方位控制、高级轿车、计算机外围设备、录音录像设备及手机等都少不了控制电机。

2. 控制电机的分类

控制电机的种类繁多，根据在自动控制系统中的功能，可将控制电机分为伺服电机、步进电机、测速发电机、自整角机和旋转变压器等;根据在自动控制系统中的作用,可将控制电机分为执行元件和测量元件。执行元件包括交、直流伺服电机和步进电机,其任务是将电信号转换成轴上的角位移和角速度,并带动控制对象运动;测量元件包括交、直流测速发电机、自整角机和旋转变压器等,它们能够将转速、转角和转角差等机械信号转换成电信号。

7.1.2　对控制电机的基本要求

控制电机作为自动控制系统中的一类重要元件,其性能好坏将直接影响到整个控制系统的工作性能。现代自动控制系统对控制电机除了要求其体积小、质量小、耗电少以外,还要求它有高可靠性、高精度、快速响应和适应性强。

1. 高可靠性

控制电机的工作可靠性对保证自动控制系统的正常工作极为重要。在航空航天系统、军事装备和一些现代化的大型工业自动化系统中,对所用控制电机的可靠性要求很高。如采用自动化程序生产的炼钢厂,一旦伺服机构中的控制电机发生故障,就会造成停产事故,甚至损坏炼钢设备。此外,如核反应堆中使用的执行元件,由于工作条件所限,不便于维修,因而要求能够长期可靠地工作。

2. 高精度

在各种军事装备、无线电导航、无线电定位、位置指示、自动记录、远程控制、机床加工自动控制等系统中,对精度的要求越来越高,因此相应地对这些系统中所使用的控制电机在精度方面也提出了更高、更新的要求,有时它们的精度对系统起着决定性的作用。控制电机的精度主要包括信号元件的静态误差、动态误差、温度变化、电源频率、电压变化所引起的漂移等。功率元件如伺服电动机的线性度和失灵区、步进电动机的步距精度等,都直接影响到控制系统的精度。

3. 快速响应

由于自动控制系统中主令信号变化很快,因而要求控制电机特别是功率元件能对信号做出快速响应。表征快速响应的主要指标是机电时间常数和灵敏度,这些又直接影响到系统的动态误差。

4. 适应性强

控制电机的使用范围很广,而且工作环境常常十分复杂,这就要求电机在各种恶劣的环境条件下仍能准确、可靠地工作。

另外,很多使用场合(尤其在航空航天技术中)还要求控制电机体积小、质量小、耗电少,因此常见的控制电机很多都是体积很小的微电机。例如电子手表中用的步进电动机,直径只有 6 mm,长度为 4 mm 左右,耗电仅几微瓦,质量只有十几克。

7.2　伺服电机

伺服电机又称执行电机,在自动控制系统中作为执行元件。它可以将输入的电信号转变为转轴的角位移或角速度输出,通过改变控制电信号的大小和极性,可改变电动机的转速大小和转向。

根据伺服电机的控制电压来分,伺服电机分为直流伺服电机和交流伺服电机两大类。直流伺服电机输出功率较大,功率范围通常为 1~600 W,有的甚至可达上千瓦,可用于功率较大的控制系统;而交流伺服电机输出功率较小,功率范围一般为 0.1~100 W,可用于功率较小的控制系统。

自动控制系统对伺服电机的基本要求如下:

(1)无“自转”现象:即要求控制电机在有控制信号时迅速转动,而当控制信号消失时必须立即停止转动。控制信号消失后,电机仍然转动的现象称为自转,自动控制系统不允许有“自转”现象。

(2)空载始动电压低:电机空载时,转子从静止到连续转动的最小控制电压称为始动电压。始动电压越小,电机的灵敏度越高。

(3)具有线性的机械特性和调节特性:线性的机械特性和调节特性有利于提高系统的控制精度,能在宽广的范围内平滑稳定地调速。

(4)快速响应性好:即要求电机的机电时间常数要小,堵转转矩要大,转动惯量要小,转速能随控制电压的变化而迅速变化。

7.2.1 直流伺服电机

1. 直流伺服电机的结构与工作原理

直流伺服电机的控制电源为直流电压。根据其功能可分为:普通型直流伺服电机、盘形电枢直流伺服电机、空心杯电枢直流伺服电机和无槽直流伺服电机等几种。

(1)普通型直流伺服电机。普通型直流伺服电机的结构与他励直流电机的结构相同,由定子和转子两大部分组成。根据励磁方式又可分为电磁式和永磁式 2 种,电磁式伺服电机的定子磁极上装有励磁绕组,励磁绕组接励磁控制电压产生磁通;永磁式伺服电机的磁极是永磁铁,其磁通是不可控的。与普通直流电机相同,直流伺服电机的转子一般由硅钢片叠压而成,转子外圆有槽,槽内装有电枢绕组,绕组通过换向器和电刷与外边电枢控制电路相连接。为提高控制精度和响应速度,直流伺服电机的电枢铁芯长度与直径之比比普通直流电机要大,气隙也较小。

当定子中的励磁磁通和转子中的电流相互作用时,就会产生电磁转矩 ,驱动电枢转动,恰当地控制转子中电枢电流的方向和大小,就可以控制直流伺服电机的转动方向和转动速度。电枢电流为零时,直流伺服电机则停止不动。普通的电磁式和永磁式直流伺服电机性能接近,其惯性较其他类型直流伺服电机大。

(2)盘形电枢直流伺服电机。盘形电枢直流伺服电机的结构如图 7.1 所示。定子由永

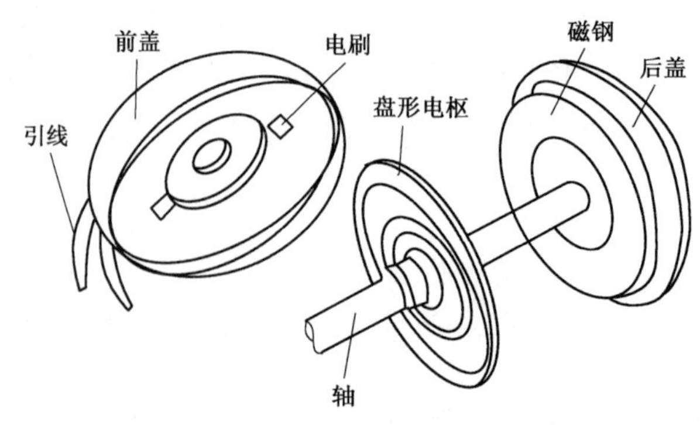

图 7.1 盘形电枢直流伺服电机的结构

久磁铁和前后铁轭共同组成,磁铁可以在圆盘电枢的一侧,也可在其两侧。盘形伺服电机的转子电枢由线圈沿转轴的径向圆周排列,并用环氧树脂浇注成圆盘形。盘形绕组中通过的电流是径向电流,而磁通是轴向的,径向电流与轴向磁通相互作用产生电磁转矩,使直流伺服电机旋转。

(3)空心杯电枢直流伺服电机。空心杯电枢直流伺服电机有2个定子,一个由软磁材料构成的内定子和一个由永磁材料构成的外定子,外定子产生磁通,内定子主要起导磁作用。空心杯电枢直流伺服电机的转子,由单个成形线圈沿轴向排列成空心杯形,并用环氧树脂浇注成形。空心杯电枢直接装在转轴上,在内外定子间的气隙中旋转。图7.2为空心杯电枢直流伺服电机的结构图。

(4)无槽直流伺服电机。无槽直流伺服电机与普通伺服电机的区别是无槽直流伺服电机的转子铁芯上不开元件槽,电枢绕组元件直接放置在铁芯的外表面,然后用环氧树脂浇注成形。图7.3为无槽直流伺服电机的结构图。

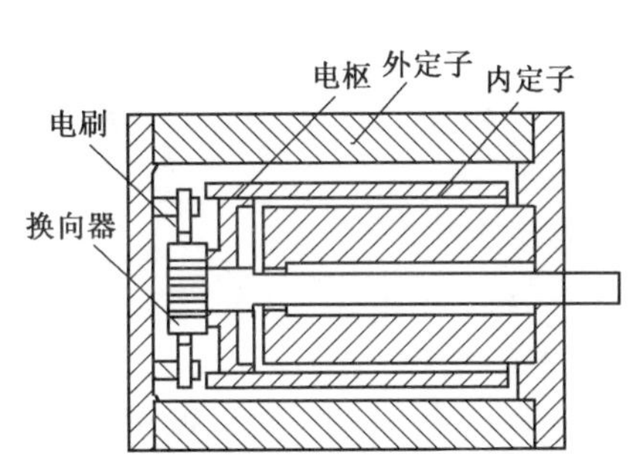

图7.2 空心杯电枢直流伺服电机的结构图

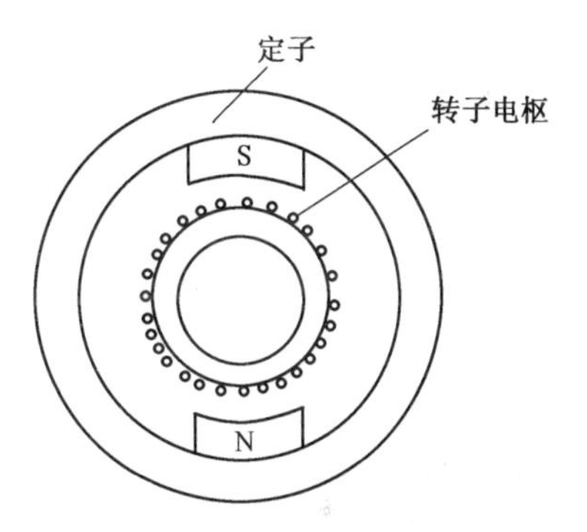

图7.3 无槽直流伺服电机的结构图

后3种直流伺服电机与普通伺服电机相比,转动惯量小、电枢等效电感小,因此其动态特性好,适用于快速系统。

2. 直流伺服电机的控制方式

当直流伺服电机励磁绕组和电枢绕组都通过电流时,直流电动机转动起来,当其中的一相绕组断电时,电动机立即停转,故输入的控制信号,既可加到励磁绕组上,也可加到电枢绕组上。若把控制信号加到电枢绕组上,通过改变控制信号的大小和极性来控制转子转速的大小和方向,这种方式称为电枢控制,如图7.4(a)所示;若把控制信号加到励磁绕组上进行控制,这种方式称为磁场控制, 如图7.4(b)所示。由于磁场控制有严重的缺点(调节特性在某一范围不是单值函数,每个转速对应2个控制信号),使用的场合很少。一般直流伺服电机多采用电枢控制方式。

直流伺服电机进行电枢控制时,电枢绕组即为控制绕组,控制电压直接加到电枢绕组上进行控制。而励磁方式则有2种:一种用励磁绕组通过直流电流进行励磁,称为电磁式直流伺服电机;另一种使用永久磁铁作磁极,省去励磁绕组,称为永磁式直流伺服电机。

3. 直流伺服电机的机械特性(电枢控制方式)

如图7.4所示,励磁绕组接到电压恒定为U_f的直流电源上,产生励磁电流I_f,从而产生励磁磁通,电枢绕组接控制电压U_c,那么直流伺服电机电枢回路的电压平衡方式为

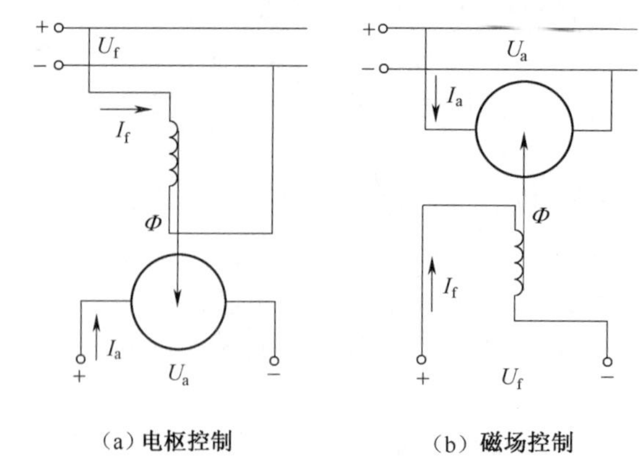

图 7.4　直流伺服电机控制方式

$$U_c = E_a + I_a R \tag{7.1}$$

若不计电枢反应的影响,直流伺服电机的每极气隙磁通 Φ 将保持不变,则

$$E_a = C_e \Phi n \tag{7.2}$$

直流伺服电机的电磁转矩为

$$T_{em} = C_T \Phi I_a \tag{7.3}$$

可得到电枢控制的直流伺服电机的机械特性方程式为

$$n = \frac{U_c}{C_e \Phi} - \frac{R_a}{C_e C_T \Phi^2} T = n_0 - \beta T \tag{7.4}$$

式(7.4)表明,转速 n 与电磁转矩 T 为线性关系,改变控制电压 U_c,而机械特性的斜率 β 不变,故其机械特性是一组平行的直线,如图 7.5 所示。

由图 7.5 可以看出,控制电压 U_c 一定时,电磁转矩越大,直流伺服电机的转速越低;控制电压升高,机械特性向右平移,堵转转矩 T_d 成比例地增大。

4. 直流伺服电机的调节特性

调节特性是指在负载转矩恒定时,电机的转速与控制电压的关系,即 $n = f(U_c)$ 的关系。由式(7.4)可知,在电磁转矩为常数时,磁通为常数,转速 n 与控制电压 U_c 为线性关系,转矩 T 不同时,调节特性是一组平行的直线,如图 7.6 所示。

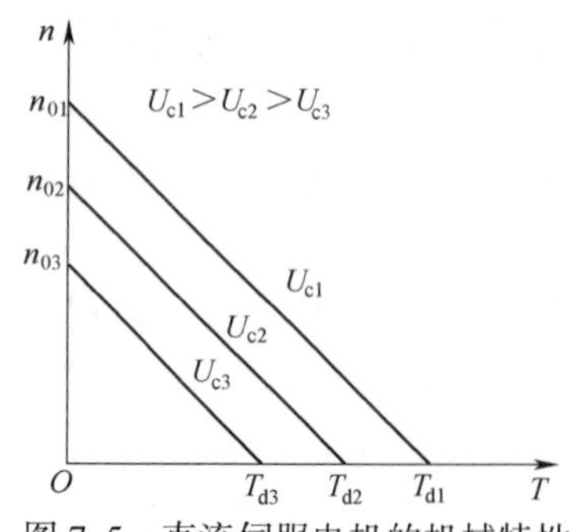

图 7.5　直流伺服电机的机械特性

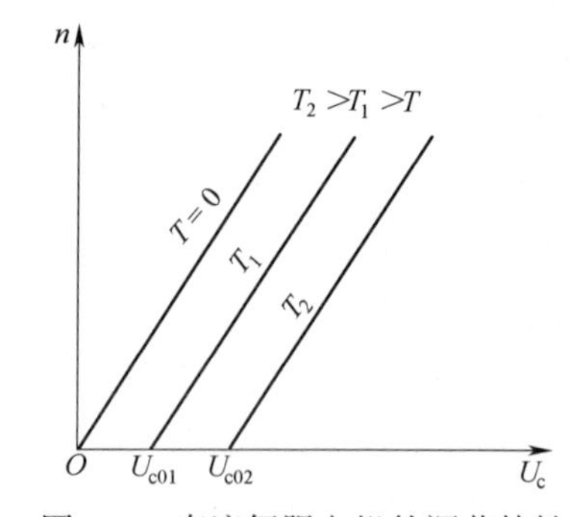

图 7.6　直流伺服电机的调节特性

由图 7.6 可以看出,当转矩不变时,控制电压 U_c 升高,直流伺服电机的转速增加,且呈正

比例关系;反之,控制电压 U_c 减小到某一数值直流伺服电机停止转动。例如,在 $T_L = T_1$ 时,只有当控制电压 $U_c > U_{c01}$ 时,直流伺服电机才能转动起来,而当 $U_c < U_{c01}$ 时,直流伺服电机堵转,故电压 U_{c01} 称为始动电压,实际上始动电压就是调节特性与横轴的交点。从原点到始动电压之间的区段,称为某一转矩时直流伺服电机的失灵区。由图可知,T 越大,始动电压也越大,反之亦然;当为理想空载时,$T=0$,始动电压为 0 V,即只要有信号,不管是大是小,直流伺服电机都转动。

由上述分析可知,电枢控制时的直流伺服电机的机械特性和调节特性都是线性的,而且不存在“自转”现象(控制信号消失后,直流伺服电机仍不停止转动的现象称为“自转”现象),在自动控制系统中是一种很好的执行元件。

5. 直流伺服电机的性能指标

(1)直流伺服电机的额定值。直流伺服电机的额定值指在额定运行状态下的电压 U_N、电流 I_N、功率 P_N、转速 n_N 等,其意义和一般的直流电机相同。

(2)直流伺服电机的型号。目前我国生产的直流伺服电机的型号有 SY 系列和 SZ 系列。下面以 SZ 系列的 36SZ01 型号为例,说明其含义。

“36”表示机座外径尺寸为 36 mm;“SZ”表示产品代号,“S”表示伺服电机,“Z”表示直流电磁式;“01”表示电气性能数据代号。

6. 直流伺服电机的应用

直流伺服电机在自动控制系统中作为执行元件,即在输入控制电压后,伺服电机能按照控制电压信号的要求驱动工作机械,伺服电机通常作为随动系统,遥控和遥测系统主传动元件。由直流伺服电机组成的伺服系统,通常采用速度控制和位置控制 2 种控制方式。速度控制原理图如图 7.7 所示。

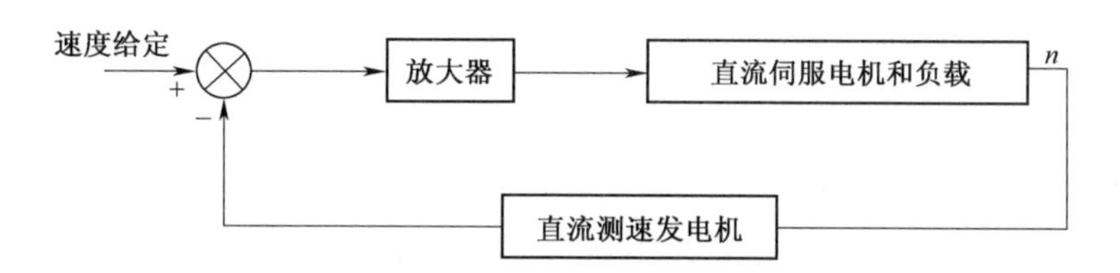

图 7.7 直流伺服电机速度控制原理图

在此系统中,直流测速发电机将电动机的转速信号转换成电压信号与速度给定量比较,其差值经过放大器放大后向直流伺服电机供电,从而控制电机的转速。

直流伺服电机在工业上的应用还很多,如发电厂锅炉阀门的控制、变压器有载调压定位等。

7.2.2 交流伺服电机

交流伺服电机包括交流异步伺服电机和交流同步伺服电机。下面分析的交流伺服电机是指交流异步伺服电机。

1. 交流伺服电动机的基本结构

交流异步伺服电机的定子与单相异步电机类似,图 7.8 所示为 SD 系列交流伺服电机的外形。其在定子槽中安放着空间相距 90°电角度的两相绕组,其中一个一相作为有励磁绕组,另一相作为控制绕组。

交流异步伺服电机的转子通常为笼形机构,目前应用较多的转子结构有以下两种形式:

(1)高电阻率导条的笼形转子。高电阻率导条的笼形转子和三相异步电动机的笼形转子一样,但笼形转子的导条采用高电阻率的导电材料制造,如青铜、黄铜等,为了提高交流伺服电机的快速响应性能,宜把笼形转子做成又细又长,以减小转子的转动惯量

(2)非磁性空心杯形转子。如图 7.9 所示,非磁性空心杯形转子交流伺服电机有 2 个定子:外定子和内定子。外定子铁芯槽内安放有励磁绕组和控制绕组,而内定子一般不放绕组,仅作为磁路的一部分。空心杯转子位于内外绕组之间,通常用非磁性材(如铜、铝或铝合金)制成,在电机旋转磁场作用下,杯形转子内感应产生涡流,涡流再与主磁场作用产生电磁转矩,使杯形转子转动起来。

由于非磁性空心杯转子的壁厚为 0.2~0.6 mm,因而其转动惯量很小,故电机快速响应性能好,而且运转平稳平滑,无抖动现象。由于使用内外定子,气隙较大,故励磁电流较大,体积也较大。

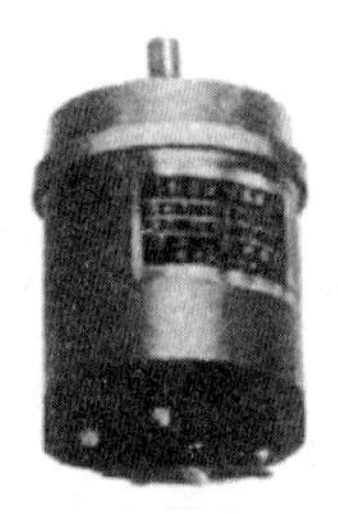

图 7.8　SD 系列交流伺服电机的外形

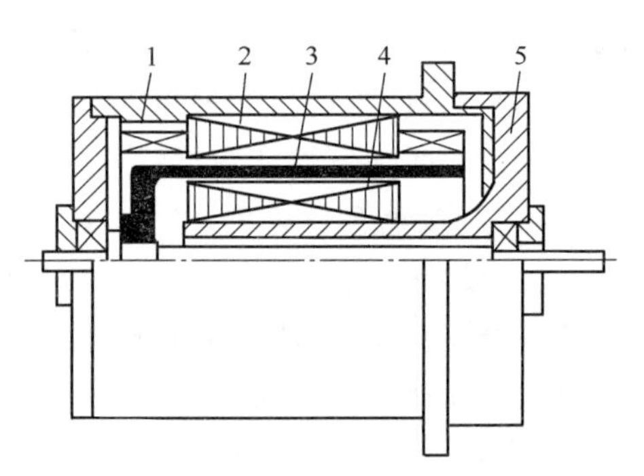

图 7.9　非磁性空心杯形转子结构图

1—机壳;2—外定子;3—空心杯形转子;

4—内定子;5—端盖

2. 交流伺服电机的工作原理

交流伺服电机实际上就是两相异步电机,所以有时又称两相伺服电机。如图 7.10 所示,交流伺服电机定子上有两相绕组,一相是励磁绕组 f,接到交流励磁电源上,另一相为控制绕组 c,接入控制电压 U_c,两绕组在空间上互差 90°电角度,励磁电压 U_f 和控制电压 U_c,频率相同。

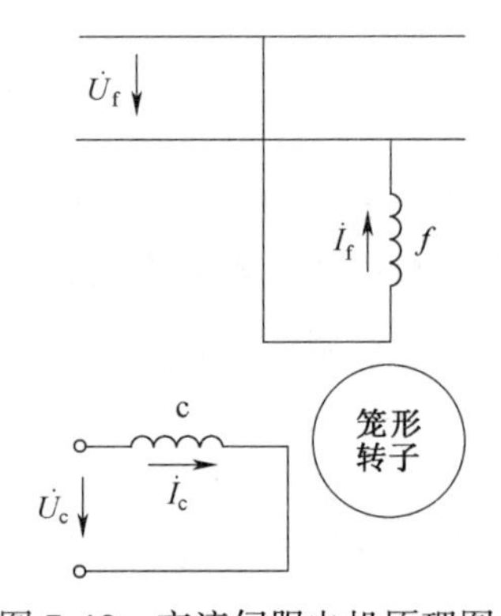

图 7.10　交流伺服电机原理图

交流伺服电机的工作原理与单相异步电机有相似之处。当交流伺服电机的励磁绕组接到励磁电源上,若控制绕组加上的控制电压 U_c 为 0 V 时(即无控制电压),所产生的是脉振磁动势,所建立的是脉振磁场,交流伺服电机无启动转矩;当控制绕组加上的控制电压 $U_c \neq 0$ V,且产生的控制电流与励磁电流的相位不同时,建立起椭圆形旋转磁场(若 i_c 与 i_j 相位差为 90°时,则为圆形旋转磁场),于是产生启动转矩,交流伺服电机转子转动起来。如果交流伺服电机参数与一般的单相异步电机一样,那么当控制信号消失时,交

流伺服电机转速虽会下降些,但仍会继续不停地转动。交流伺服电机在控制信号消失后仍继续旋转的失控现象称为“自转”。在自控系统中,不允许交流伺服电机出现“自转”现象。

自转的原因是控制电压消失后,交流伺服电机仍有与原转速方向一致的电磁转矩。消除“自转”的方法是消除与原转速方向一致的电磁转矩,同时产生一个与原转速方向相反的电磁转矩,使交流伺服电机在 $U_c=0$ 时停止转动。

从单相异步电机理论可知,单相绕组通过电流产生的脉振磁场可以分解为正向旋转磁场和反向旋转磁场,正向旋转磁场产生正转矩 T_+,起拖动作用,反向旋转磁场产生负转矩 T_{em},起制动作用,交流伺服电机的电磁转矩应为正转矩和负转矩的合成。如果交流伺服电机的电机参数与一般的单相异步电机一样,那么转子电阻较小,其机械特性如图 7.11(a)所示,当电机正向旋转时,$s_+<1$,$T_+>T_-$,合成转矩即交流伺服电机电磁转矩,$T=T_+-T_->0$,所以,即使控制电压消失后,即 $U_c=0$,交流伺服电机在只有励磁绕组通电的情况下运行,仍有正向电磁转矩,交流伺服电机转子仍会继续旋转,只不过交流伺服电机转速稍有降低而已,于是产生“自转”现象而失控。

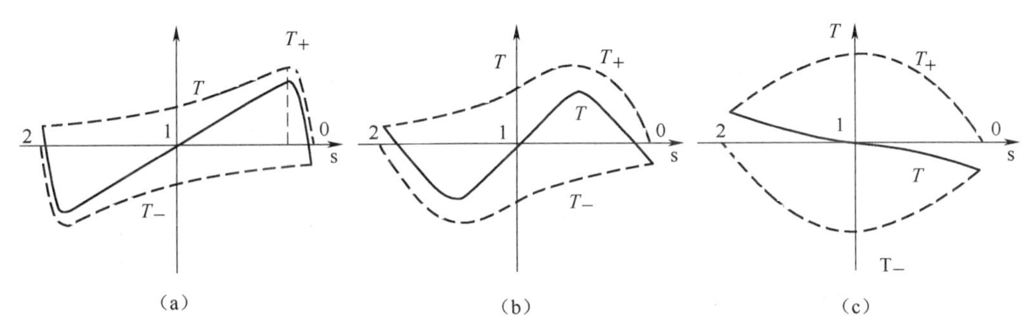

图 7.11　交流伺服电机“自转”的消除

可以通过增加转子电阻的办法来消除“自转”。

增加转子电阻后,正向旋转磁场所产生的最大转矩 T_{m+}时的临界转差率 s_{m+}为

$$s_{m+} \approx \frac{r'_2}{x_1 + x'_2} \tag{7.5}$$

s_{m+}随转子电阻 r'_2的增加而增加,而反向旋转磁场所产生的最大转矩所对应的转差率 $s_{m-}=2-s_{m+}$ 相应减小,合成转矩即交流伺服电机电磁转矩则相应减小,如图 7.11(b)所示。如果继续增加转子电阻,使正向磁场产生最大转矩时的 $s_{m+}\geqslant 1$,使正向旋转的交流伺服电机在控制电压消失后的电磁转矩为负值,即为制动转矩,使交流伺服电机制动到停止;若交流伺服电机反向旋转,则在控制电压消失后的电磁转矩为正值,也为制动转矩,也使交流伺服电机制动到停止,从而消除“自转”现象,如图 7.11(c)所示,所以要消除交流伺服电机的“自转”现象,在设计时,必须满足:

$$s_{m+} \approx \frac{r'_2}{x_1 + x'_2} \geqslant 1 \tag{7.6}$$

即

$$r'_2 \geqslant x_1 + x'_2 \tag{7.7}$$

增大转子电阻 r'_2,使 $r'_2 \geqslant x_1 + x'_2$ 不仅可以消除“自转”现象,还可以扩大交流伺服电机的稳定运行范围。但转子电阻过大,会降低启动转矩,从而影响快速响应性能。

3. 交流伺服电机的控制方式

交流伺服电机不仅需要控制启动和停止,而且需要控制转速和转向。两相交流伺服电机的控制是通过改变其气隙的旋转磁场来实现的。

如果在交流伺服电机的励磁绕组和控制绕组上通以两相对称的交流电(二者幅值相等、相位差 90°),那么交流伺服电机的气隙磁场是一个圆形旋转磁场。如果改变控制电压的大小或相位,那么气隙磁场是一个椭圆形旋转磁场,控制电压的大小或相位不同,气隙的椭圆形旋转磁场的椭圆度不同,产生的电磁转矩也不同,从而调节交流伺服电机的转速;当控制电压的幅值为 0 V 或者 $\dot{U}_c$ 与 $\dot{U}_f$ 相位差为 0°时,气隙磁场为脉振磁场,无启动转矩,因此,交流伺服电机的控制方式有 3 种:

(1)幅值控制。即保持控制电压与励磁电压之间的相位差不变,通过改变控制电压的幅值来改变交流伺服电机的转速,其接线图如图 7.12 所示。

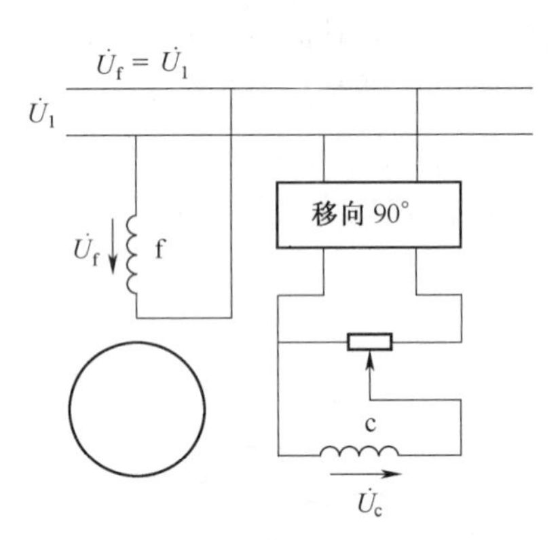

图 7.12 幅值控制接线图

当励磁电压为额定电压,控制电压为零时,交流伺服电机转速为零,交流电机不转;当励磁电压为额定电压,控制电压也为额定电压时,交流伺服电机转速最大,转矩也为最大;当励磁电压为额定电压,控制电压在额定电压与零电压之间变化时,交流伺服电机的转速在最高转速至零转速间变化。

(2)相位控制。即保持控制电压的幅值不变,通过改变控制电压与励磁电压之间的相位差来实现对交流伺服电机转速和转向的控制,其接线图如图 7.13 所示。

设控制电压与励磁电压的相位差为 β , $\beta=0\sim90°$ 。根据 β 的取值可得出气隙磁场的变化情况。当 $\beta=0°$ 时,控制电压与励磁电压同相位,气隙总磁动势为脉动磁动势,交流伺服电机转速为零,不转动;当 $\beta=90°$ 时,为圆形旋转磁动势,交流伺服电机转速最大,转矩也最大;当 β 在 $0\sim90°$ 变化时,磁动势从脉动磁动势变为椭圆形旋转磁动势,最终变为圆形旋转磁动势,交流伺服电机的转速由低向高变化。β 值越大越接近圆形旋转磁动势。

(3)幅相控制。即同时改变控制电压的幅值和相位以达到控制的目的,其接线图如图 7.14 所示。

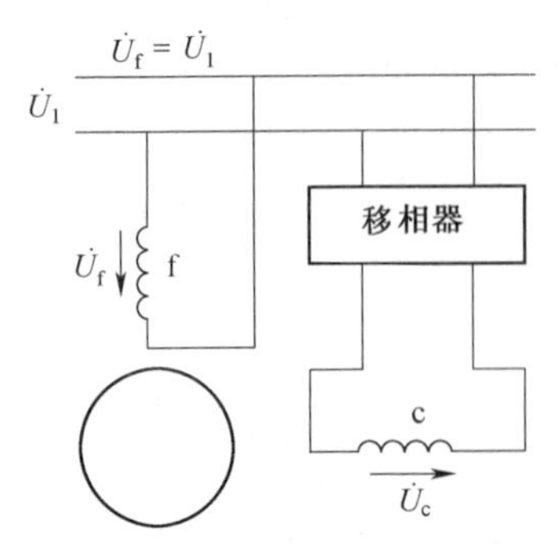

图 7.13 相位控制接线图

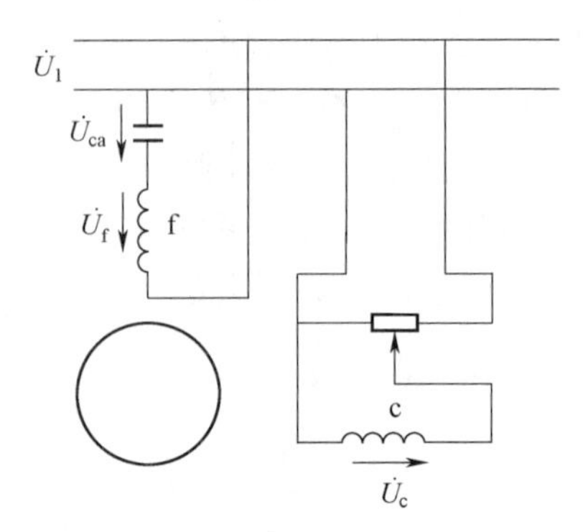

图 7.14 幅相控制接线图

当控制电压的幅值改变时,交流伺服电机转速发生变化,此时励磁绕组中的电流随之发生变化,励磁电流的变化引起电容器的端电压变化,使控制电压与励磁电压之间的相位角 β 改变。

幅相控制电路简单,不需要复杂的移相装置,只需电容器进行分相,具有电路简单、成本低廉、输出功率较大的优点,因而成为使用最多的控制方式。

4. 交流伺服电机的性能指标

(1)交流伺服电机的额定值:

①额定电压。两相交流伺服电机的额定电压包括额定励磁电压和额定控制电压。额定励磁电压允许在小范围内有一定的波动。电压过高容易使电动机过热烧坏绕组;电压过低则会影响电动机的性能,降低输出功率和转矩等。控制绕组的额定电压有时又称最大控制电压,在额定励磁电压和额定控制电压相等时,为对称运行状态,此时交流伺服电机产生的磁场为圆形旋转磁场。

②额定频率。即交流伺服电机正常工作时使用的频率。有中频和低频两大类,低频一般为 50 Hz,中频一般为 400 Hz。

③堵转转矩及堵转电流。定子两相绕组加上额定电压后,转子仍处于静止状态时对应的转矩,称为堵转转矩。这时流过励磁绕组和控制绕组的电流分别是堵转励磁电流和堵转控制电流,比正常工作时的电流大了许多。

④空载转速。定子两相绕组加上额定电压,交流伺服电机不带任何负载时的转速称为空载转速。它的大小与交流伺服电机的极数有关,由于交流伺服电机本身阻转矩的影响,它一般略低于同步转速。

⑤机电时间常数。它是反映交流伺服电机的快速灵敏性的技术数据,时间常数越小,说明交流伺服电机的灵敏度越高,响应越快。

(2)交流伺服电机的型号。交流伺服电机的型号由机壳外径、产品代号、频率种类、性能参数4部分组成,现以45SL42型交流伺服电机为例来说明。“45”为机壳代号,表示机壳外径为45 mm;“SL”为产品代号,表示两相交流伺服电机。如果为“SK”则表示空心杯转子两相交流伺服电机;为“SX”表示绕线转子两相交流伺服电机;为“SD”表示带齿轮减速机构的交流伺服电机。“42” 为规格代号。

5. 交流伺服电机的应用

在自动控制系统中,根据被控对象不同,有速度控制和位置控制2种类型。尤其是位置控制系统可以实现远距离角度传递,它的工作原理是将主令轴的转角传递到远距离的执行轴,使之再现主令轴的转角位置。如工业上发电厂锅炉闸门的开启,轧钢机中轧辊间隙的自动控制,军事上火炮和雷达的自动定位。

交流伺服电机在检测装置中的应用也很多,如电子自动电位差计、电子自动平衡电桥等。

7.3　步进电机

步进电机是一种把电脉冲转换成相应角位移或直线位移的电机。每当输入一个电脉冲,步进电机就前进一步,其角位移或线位移与脉冲数成正比,电机转速与脉冲频率成正比,因此步进电机又称脉冲电机。步进电机主要用于一些有定位要求的场合。例如:线切割的工作台拖动、植毛机工作台(毛孔定位)、包装机(定长度)。

根据励磁方式的不同,步进电机分为反应式、永磁式和感应子式(又称混合式),如图 7.15 所示;根据相数可分为单相、两相、三相和多相等。下面以三相反应式步进电机为例,介绍步进电机的结构原理。

(a)反应式步进电机

(b)永磁式步进电机

(c)感应子式步进机

图 7.15 步进电机的外形

7.3.1 三相反应式步进电机的结构

三相反应式步进电机主要由定子和转子构成。定子上嵌有多相星形连接的控制绕组,三相、四相、五相步进电机分别有 3 个、4 个、5 个绕组,由专门的电源输入电脉冲信号。绕组按一定的通电顺序工作,这个通电顺序称为步进电机的“相序”。转子的主要结构是磁性转轴,当定子中的绕组在相序信号作用下,有规律地通电、断电工作时,转子周围就会有一个按此规律变化的磁场,因此一个按规律变化的电磁力就会作用在转子上,使转子发生转动。

图 7.16 是三相反应式步进电机结构示意图,它的定子具有均匀分布的 6 个磁极,磁极上绕有绕组,2 个相对的磁极组成 1 组,转子上没有绕组,其铁芯是用硅钢片或软磁性钢片叠成的。

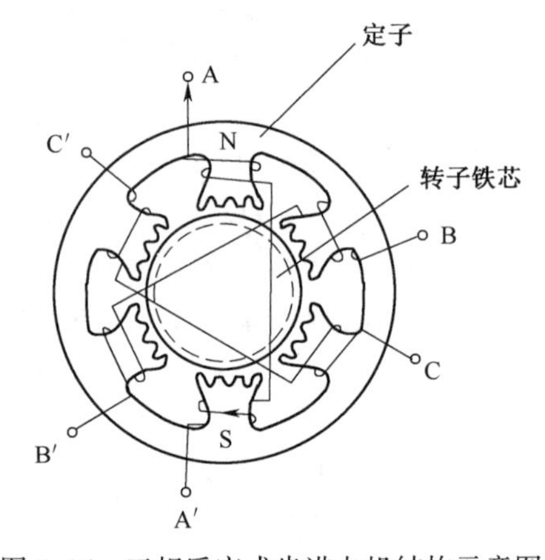

图 7.16 三相反应式步进电机结构示意图

7.3.2 三相反应式步进电机的工作原理

图 7.17 所示为一台三相六拍反应式步进电机,定子上有 3 对磁极,每对磁极上绕有一相控制绕组,转子有 4 个分布均匀的齿,齿上没有绕组。当 A 相控制绕组通电,而 B 相和 C 相绕组不通电时,步进电机的气隙磁场与 A 相绕组轴线重合,而磁感线总是力图从磁阻最小的路径通过,故步进电机转子受到一个反应转矩,在步进电机中称为静转矩。在此转矩的作用下,使转子的齿 1 和齿 3 旋转到与 A 相绕组轴线相同的位置上,如图 7.17(a)所示,此时整个磁路的磁阻最小,此时转子只受到径向力的作用而反应转矩为零。如果 B 相通电,A 相和 C 相断电,则转子受反应转矩而转动,使转子齿 2 和齿 4 与定子磁极 B、B′对齐,如图 7.17(b)所示,此时,转子在空间上逆时针转过 30°,即前进了一步,转过这个角称为步距角,同样的,如果 C 相通电,A 相和 B 相断电,转子又逆时针转动一个步距角,使转子齿 1 和齿 3 与定子磁极 C,C′对齐,如图 7.17(c)所示。如此按 A→B→B→A 顺序不断地接通和断开控制绕组,步进电机便按一定的方向一步一步地转动,若按 A→C→B→A 顺序通电,则步进电机反向一步一步转动。

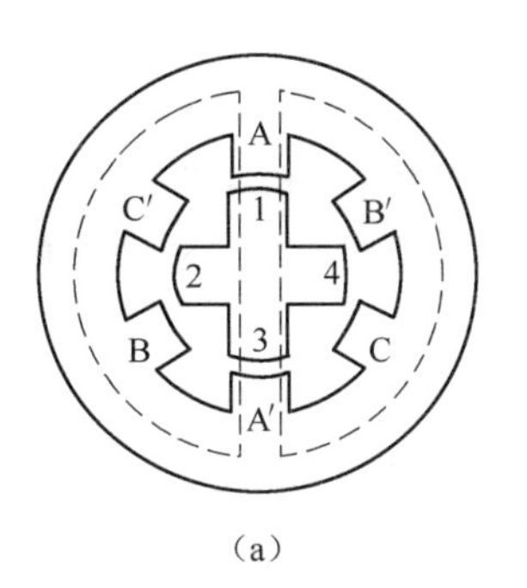

(a)

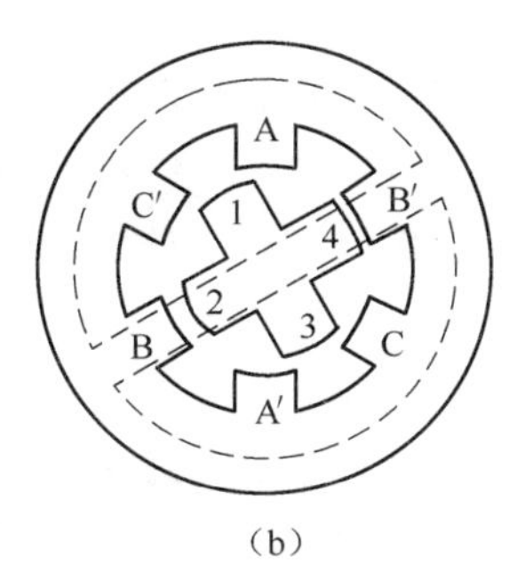

(b)

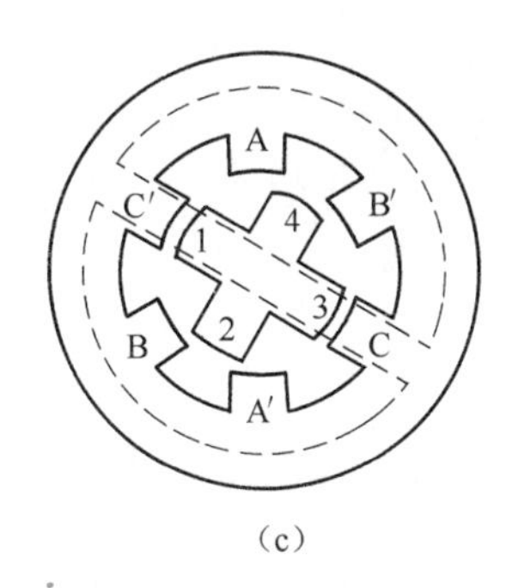

(c)

图 7.17 三相反应式步进电动机的工作原理图

在步进电机中,控制绕组每改变一次通电方式,称为一拍,每一拍转子就转过一个步距角,上述的运行方式每次只有一个绕组单独通电,控制绕组每换接 3 次构成一个循环,故这种方式称为三相单三拍。若按 A→AB→B→BC→C→CA→A 顺序通电,每次循环需换接 6 次,故称为三相六拍,因单相通电和两相通电轮流进行,故又称为三相单、双六拍。

三相单、双六拍运行时步距角与三相单三拍不一样。当 A 相通电时,转子齿 1 和齿 3 与定子磁极 A、A′对齐,与三相单三拍一样,如图 7.18(a)所示。当控制绕组 A 相 B 相同时通电时,转子齿 2 和齿 4 受到反应转矩使转子逆时针方向转动,转子逆时针转动后,转子齿 1 和齿 3 与定子磁极 A、A′轴线不再重合,从而转子齿 1 和齿 3 也受到一个顺时针的反应转矩,当这两个方向相反的转矩大小相等时,步进电机转子停止转动,如图 7.18(b)所示。当 A 相控制绕组断电而只由 B 相控制绕组通电时,转子又转过一个角度使转子齿 2 和齿 4 与定子磁极 B、B′对齐,如图 7.18(c)所示,即三相六拍运行方式两拍转过的角度刚好与三相单三拍运行方式一拍转过的角度一样,也就是说三相六拍运行方式的步距角是三相单三拍的一半,即为 15°,接下来的通电顺序为 BC→C→CA→A,运行原理与步距角和上述按照 A→AB→B 顺序通电的运行原理与步距角一样,即通电方式每变换一次,转子继续按逆时针转过一个步距角($\theta_s = 15°$)。如果改变通电顺序,按 A→AC→C→CB→B→BA→A 顺序通电,则步进电机顺时针一步一步转动,步距角 θ_s 也是 15°。

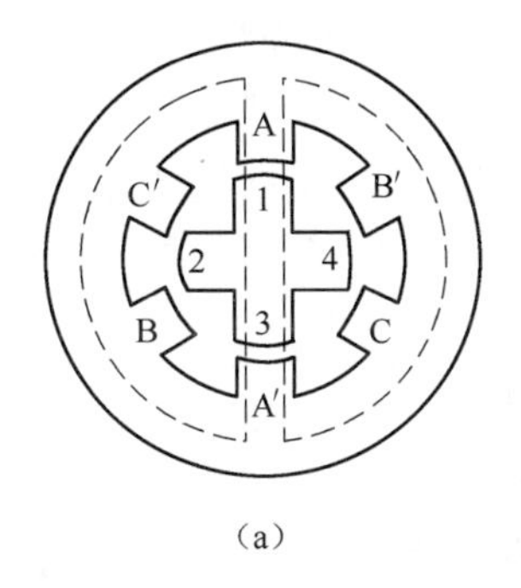

(a)

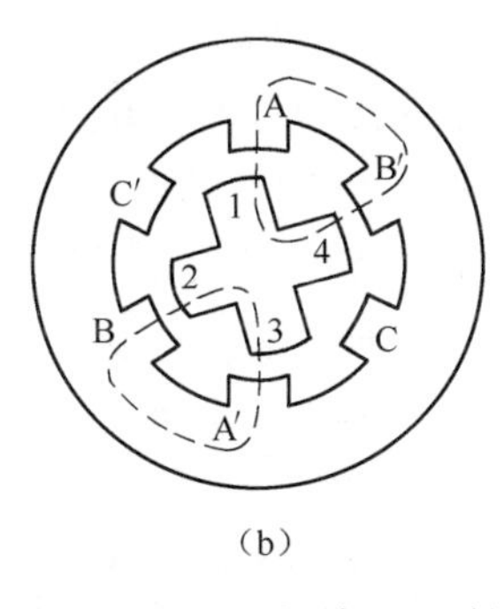

(b)

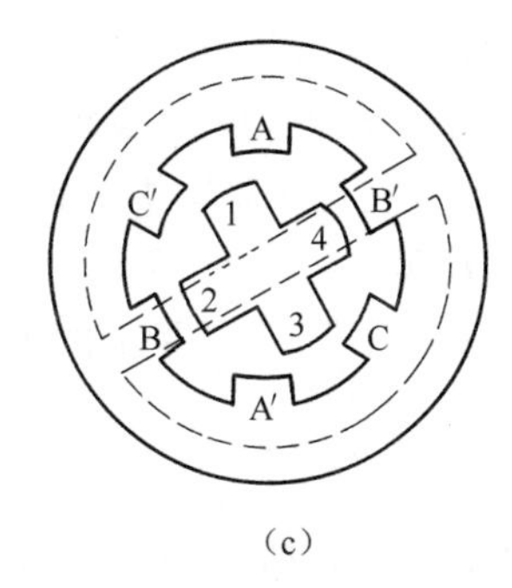

(c)

图 7.18 步进电机的三相单、双六拍运行方式

另外还有一种运行方式,按 AB→BC→CA→AB 顺序通电,每次均有 2 个控制绕组通电,故称为三相双三拍,实际是三相六拍运行方式去掉单相绕组单独通电的状态,转子齿与定子磁极的相对位置与图 7.18(b)类似。不难分析,按三相双三拍方式运行时,其步距角与三相

单三拍一样，都是30°。

由上面的分析可知，同一台步进电机，其通电方式不同，步距角可能不一样，采用单、双拍通电方式，其步矩角 θ_S 是单拍或双拍的一半；采用双极通电方式，其稳定性比单极要好。

上述结构的步进电机无论采用哪种通电方式，角距角要么为30°，要么为15°，都太大，无法满足生产中对精度的要求，在实践中一般采用转子齿数很多、定子磁极上带有小齿的反应式结构，转子齿距与定子齿距相同，转子齿数根据步距角的要求初步确定，但准确的转子齿数还要满足自动错位的条件，即每个定子磁极下的转子齿数不能为正整数，而应相差 $1/m$ 个转子距齿，那么每个定子磁极下的转子齿数应为

$$\frac{Z_r}{2mp} = K \pm \frac{1}{m} \tag{7.8}$$

式中：m——相数；

$2p$——一相绕组通电时在气隙圆周上形成的磁极数；

K——正整数。

转子总的齿数为

$$Z_r = 2mp\left(K \pm \frac{1}{m}\right) \tag{7.9}$$

当转子齿数满足式(7.9)时，步进电机的每个通电循环(N 拍)转子转过一个转子齿距，则机械角度表示为

$$\theta = \frac{360°}{Z_r} \tag{7.10}$$

那么一拍转子转过的机械角，即步距角为

$$\theta_S = \frac{360°}{Z_r N} \tag{7.11}$$

从而步进电机转速为

$$n = \frac{60f\theta_S}{360°} = \frac{60f}{Z_r N} \tag{7.12}$$

要想提高步进电机在生产中的精度，可以增加转子的齿数，在增加的同时还要满足式(7.9)。图7.19是一种步距角较小的反应式步进电机的典型结构。其转子上均匀分布着40个齿，定子上有3对磁极，每对磁极上绕有一组绕组，A、B、C三相绕组接成星形。定子的每个磁极上都有5个齿，而且定子齿距与转子齿距相同，若步进电机以三相单三拍方式运行，则 $N=m=3$，那么每个转子齿距所占的空间角为

$$\theta_1 = \frac{360°}{Z_r} = \frac{360°}{40} = 9°$$

每一定子极距所占的空间角为

$$\theta_2 = \frac{360°}{2mp} = \frac{360°}{2 \times 3 \times 1} = 60°$$

每一定子极距所占的齿数为

$$\frac{Z_r}{2mp} = \frac{40}{2 \times 3 \times 1} = \frac{20}{3}$$

其步距角为

$$\theta_S = \frac{360°}{Z_r N} = \frac{360°}{40 \times 3} = 3°$$

若步进电机以三相六拍方式运行，则步距角为

$$\theta_S = \frac{360°}{Z_r N} = \frac{360°}{40 \times 6} = 1.5°$$

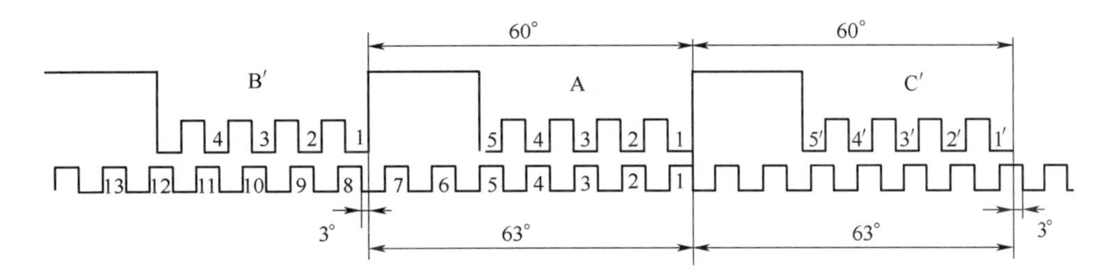

(a)展开图

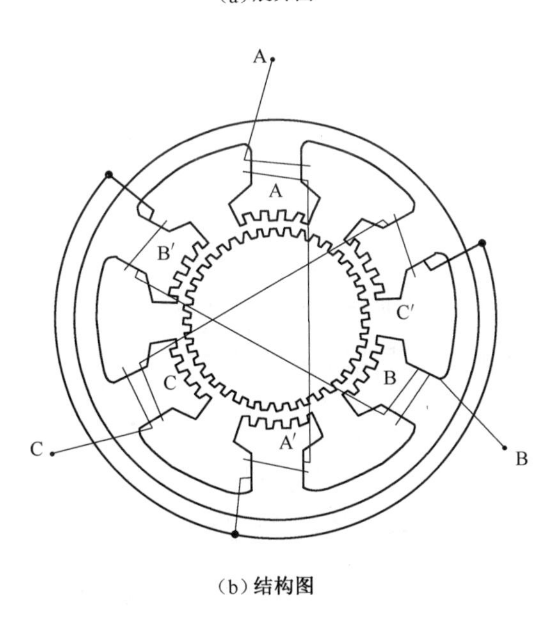

(b)结构图

图 7.19　三相反应式步进电机

7.3.3　三相反应式步进电机的运行特性

三相反应式步进电机的运行特性根据各种运行状态分别阐述。

1. 静态运行状态

步进电机称为不改变通电情况的运行状态称为静态运行状态。步进电机定子齿与转子齿中心线之间的夹角 θ 称为失调角，用电角度表示。步进电机静态运行时转子受到的反应转矩 T 称为静转矩，通常以使 θ 增加的方向为正。步进电机的静转矩 T 与失调角之间的关系 $T=f(\theta)$ 称为矩角特性。

当步进电机的控制绕组通电状态变化一个循环时，转子正好转过一齿，故转子一个齿对应电角度为 2π，在步进电机某一相控制绕组通电时，如果该相磁极下的定子齿与转子齿对

齐,那么失调角 $\theta=0$,静转矩 $T=0$,如图 7.20(a)所示;如果定子齿与转子齿未对齐,即 $0<\theta<\pi$,出现切向磁力,其作用是使转子齿与定子齿尽量对齐,即使失调角 θ 减小,故为负值,如图 7.20(b)所示。如果为空载,那么反应转矩作用的结果是使转子齿与定子齿完全对齐;如果某相控制绕组通电时转子齿与定子齿刚好错开,即 $\theta=\pi$,转子齿左右两个方向所受的磁拉力相等,步进电机所产生的转矩为 0,如图 7.20(c)所示。步进电机的静转矩 T 随失调角 θ 呈周期性变化,变化的周期为转子的齿距,也就是 2π 电角度。实践表明,反应式步进电机的静转矩 T 与失调角 θ 的关系近似为

$$T=-C\sin\theta$$

式中:C——常数,与控制绕组、控制电流、磁阻等有关。

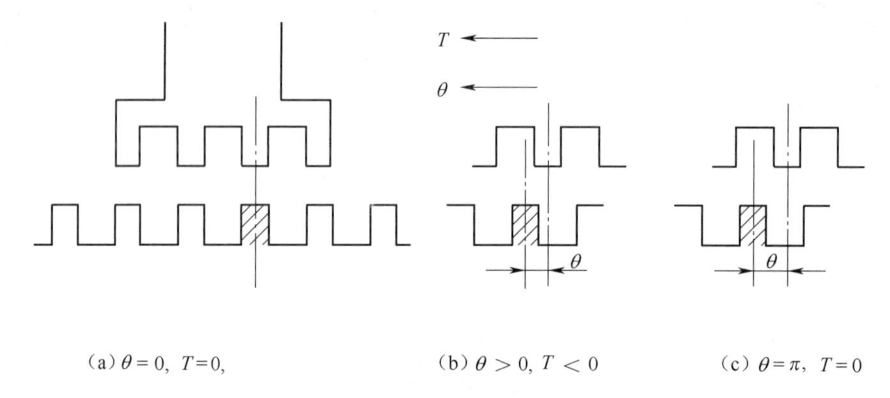

图 7.20　步进电动机的转矩和转角

图中"T←"表示静转矩 T 的方向;"θ←"表示失调角 θ 增加的方向。

步进电机某相绕组通电时矩角特性如图 7.21 所示。

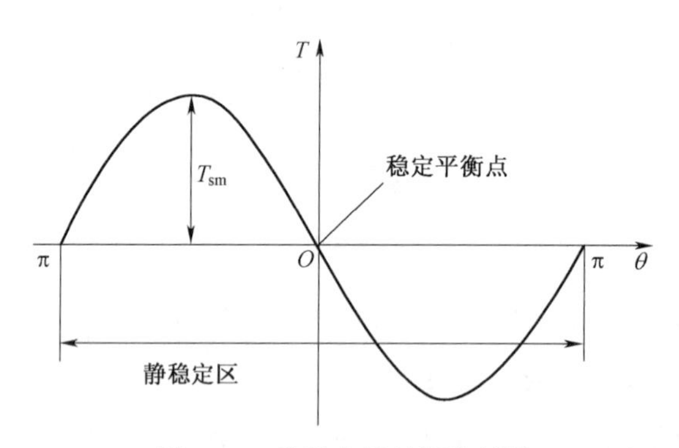

图 7.21　步进电机的矩角特性

步进电机在静转矩的作用下,转子必然有一个稳定平衡位置,如果步进电机为空载,即 $T_L=0$,那么转子在失调角 $\theta=0$ 处稳定,即在通电相、定子齿与转子齿对齐的位置稳定。在静态运行情况下,如有外力使转子齿偏离定子齿, $0<\theta<\pi$,则在外力消除后,转子在静转矩的作用下仍能回到原来的稳定平衡位置。当 $\theta=\pm\pi$ 时,转子齿左右两边所受的磁拉力相等而相互抵消,静转矩 $T=0$,但只要转子向左或向右稍有一点偏离,转子所受的左右两个方向的磁拉力不再相等而失去平衡,故 $\theta=\pm\pi$ 是不稳定平衡点。在两个不稳定平衡点之间的区域构成静

稳定区，即$-\pi<\theta<\pi$，如图7.21所示。

最大静转矩。在矩角特性中，静转矩的最大值称为最大静转矩。当$\theta=\pm\frac{\pi}{2}$时，T有最大值T_{sm}，最大静转矩$T_{sm}=kI^2$（k为转矩常数；I为控制绕组电流）。

2. 步进运行状态

当接入控制绕组的脉冲频率较低，步进电机转子完成一步之后，下一个脉冲才到来，步进电机呈现出一转一停的状态，故称为步进运行状态。当负载$T_L=0$（即空载）时，步进电机的运行状态如图7.22所示，通电顺序为A→B→C→A，当A相通电时，在静转矩的作用下转子稳定在A相的稳定平衡点a，显然失调角$\theta=0$，静转矩$T=0$。当A相断电，B相通电时，矩角特性转为曲线B，曲线B落后曲线A一个步距角$\theta_S=2\pi/3$，转子处在B相的静稳定区内，为矩角特性曲线B上的b_1点，此处$T>0$，转子继续转动，停在稳定平衡点b处，此处T又为0。同理，当C相通电时，又由b转到c_1点，然后停在曲线C的稳定平衡点c处，接下来A相通电，又由c转到a_1'并停在a'处，一个循环过程即为$a\to b_1\to b\to c_1\to c\to a_1'\to a_0'$A相通电时，$-\pi<\theta<\pi$为静稳定区，当A相绕组断电转到B相绕组通电时，新的稳定平衡点为b，对应于它的静稳定区为$-\pi+\theta_b<\theta<\pi+\theta_b$（图中$\theta_b=2\pi/3$），在换接的瞬间，转子的位置只要停留在此区域内，就能趋向新的稳定平衡点b，所以区域$(-\pi+\theta_b,\pi+\theta_b)$称为动稳定区，显而易见，相数增加或极数增加，步距角愈小，动稳定区愈接近静稳定区，即静、动稳定区重叠愈多，步进电机的稳定性愈好。

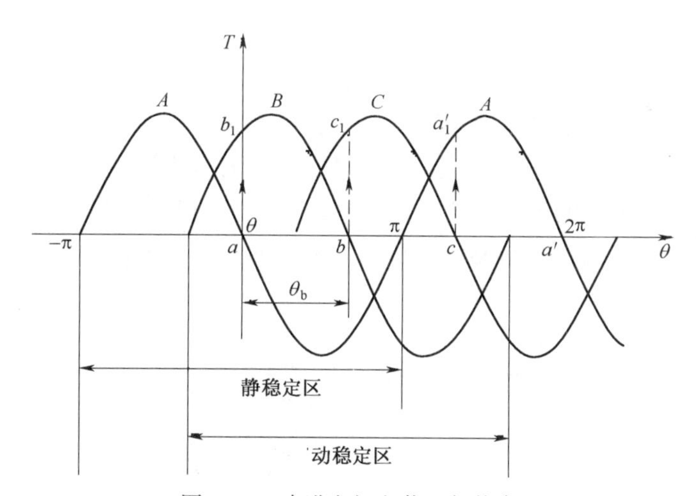

图7.22 步进电机空载运行状态

上述是步进电机空载步进运行的情况。步进电机带负载运行时情况与空载运行有所不同。带上负载T_L后，转子每走一步不再停留在稳定平衡点，而是停留在静转矩T等于负载转矩的点上，如图7.23中a_1、b_1、c_1、a_1'处，$T=T_L$，转子停止不动。具体分析如下：当A相通电，转子转到a_1时，步进电机静转矩T等于负载转矩，两转矩平衡，转子停止转动；A相断电，B相通电，改变通电状态的瞬间因为惯性，转子位置来不及变化，于是转到曲线B上的b_2点，由于b_2点的静转矩$T>T_L$，故转子继续转到b_1点，在b_1点$T=T_L$转子停止，接下来C相通电的运转情况与之类似。一个循环的过程为$a_1\to b_2\to b_1\to c_2\to c_1\to a_2'\to a_1'$。

如果负载较大，转子未转到曲线A、B的交点就有$T=T_L$，转子停转，当A相断电B相通

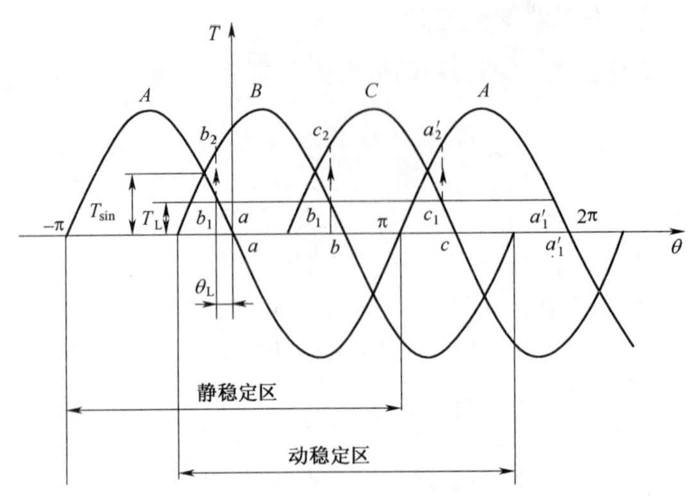

图 7.23　步进电动机负载运行状态

电，转到曲线 B 后 $T<T_L$，步进电机不能作步进运动。显而易见，步进电机能够带负载作步进运行的最大值 T_{Lmax} 即是两相矩角曲线交点处的电机静转矩。若增加相数或拍数，那么静动稳定区的重叠增加，两相曲线交点升高，最大步进电机静转矩增加。

3. 连续运转状态

当脉冲频率 f 较高时，步进电机转子未停止而下一个脉冲已经到来，步进电机已经不是一步一步地转动，而是呈连续运转状态。脉冲频率升高，步进电机转速增加，步进电机所能带动的负载转矩将减小。主要是因为频率升高时，脉冲间隔时间小，由于定子绕组电感有延缓电流变化的作用，控制绕组的电流来不及上升到稳态值。频率越高，电流上升到达的数值也就越小，因而步进电机的电磁转矩也越小。另外，随着频率的提高，步进电机铁芯中的涡流增加很快，也使步进电机的输出转矩下降。总之，步进电机的输出转矩随着脉冲频率的升高而减小，步进电机的平均转矩与驱动电源脉冲频率的关系称为矩频特性，如图 7.24 所示。

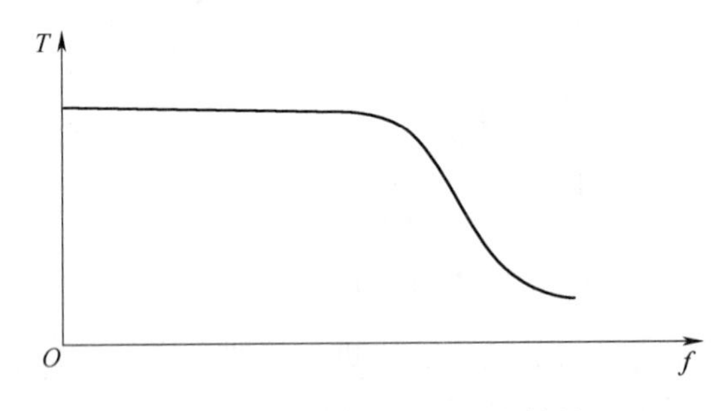

图 7.24　步进电机的矩频特性

7.3.4　驱动电源

步进电机的驱动电源与步进电机是一个相互联系的整体，步进电机的性能是由电机和驱动电源相配合反映出来的，因此步进电机的驱动电源在步进电机中占有相当重要的位置。

1. 对驱动电源的基本要求

步进电机的驱动电源应满足下述要求：

(1)驱动电源的相数、通电方式、电压和电流都应满足步进电机的控制要求。

(2)驱动电源要满足启动频率和运行频率的要求,能在较宽的频率范围内实现对步进电机的控制。

(3)能抑制步进电机的振荡。

(4)工作可靠,对工业现场的各种干扰有较强的抑制作用。

2. 驱动电源的组成

步进电机的驱动电源由变频脉冲信号源、环形脉冲分配器和脉冲功率放大器3个基本环节组成,如图7.25所示。

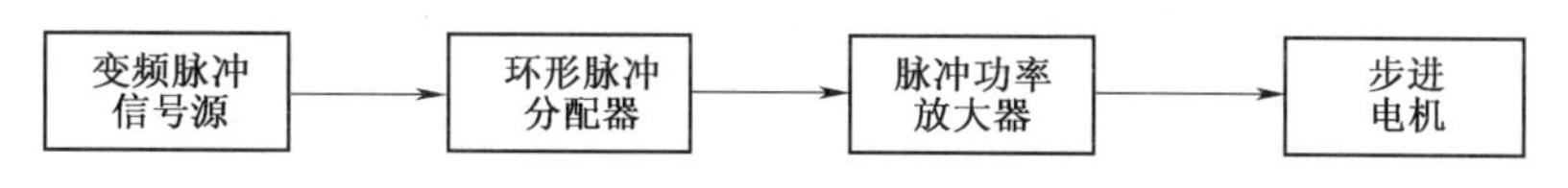

图7.25 步进电机驱动电源框图

变频脉冲信号源产生一系列脉冲信号。根据使用要求,变频脉冲信号源可以是一个频率连续可调的多谐振荡器、单结晶体管振荡器或压控振荡器等受控脉冲源,也可以是恒定频率的晶体振荡器,还可以是计算机或其他数控装置给出的一系列控制脉冲信号源。环形脉冲分配器根据控制要求按一定的逻辑关系对脉冲信号进行分配,如三相步进电机可以按单三拍,双三拍及单、双六拍3种分配方式分配脉冲信号。由于分配方式周而复始地不断重复,因而又把产生脉冲分配的逻辑部件称为环形脉冲分配器。环形脉冲分配器可以由门电路和触发器构成,也可以由专用集成电路或由计算机软件编程来实现。脉冲功率放大器实际上是功率开关电路,有单电压、双电压、斩波型、调频调压型和细分型等多种形式,可以由晶体管、晶闸管、可关断晶闸管、功率集成器件构成。

7.3.5 步进电机的应用

步进电机是用脉冲信号控制的,步距角和转速大小不受电压波动和负载变化的影响,也不受各种环境条件诸如温度、压力、振动、冲击等影响,而仅仅与脉冲频率成正比,通过改变脉冲频率的高低可以大范围地调节步进电机的转速,并能实现快速启动、制动、反转,而且有自锁的能力,不需要机械制动装置,不经减速器也可低速运行。它每转过一周的步数是固定的,只要不丢步,角位移误差不存在长期积累的情况,主要用于数字控制系统中,精度高、运行可靠。如采用位置检测和速度反馈,亦可实现闭环控制。步进电机已广泛地应用于数字控制系统中,如数-模转换装置、数控机床、计算机外围设备、自动记录仪、钟表等,另外在工业自动化生产线、印刷设备中亦有应用。

7.4 测速发电机

测速发电机是一种测量转速的微型发电机,它把输入的机械转速变换为电压信号输出,并要求输出的电压信号与转速成正比。测速发电机分直流测速发电机和交流测速发电机两大类。

自动控制系统对测速发电机的要求主要有以下几个方面:

(1)线性度要好,最好在全程范围内输出电压与转速成正比关系;

(2)测速发电机的转动惯量要小,以保证测速的快速性;

(3)测速发电机的灵敏度要高,较小的转速变化也能引起输出电压有明显的变化。

此外,还要求它对无线电通信干扰小、噪声小、结构简单、工作可靠、体积小和质量小等。

7.4.1 直流测速发电机

1. 直流测速发电机的输出特性

直流测速发电机按励磁方式可分为永磁式和电磁式2种。其中永磁式直流测速发电机的定子用永久磁钢制成,无需励磁绕组,具有结构简单、不需励磁电源、使用方便、温度对磁场的影响小等优点,因此应用最广泛。

直流测速发电机的原理和结构与一般小型直流发电机相同,所不同的是直流测速发电机通常不对外输出功率或者对外输出很小的功率。直流测速发电机的工作原理图如图7.26所示。在恒定磁场中,当发电机电枢以转速 n 切割磁通 Φ 时,电刷两端产生的感应电动势为

$$E_a = C_e \Phi n = K_e n \tag{7.13}$$

式中:$K_e = C_e\Phi$ ——电动势系数。

空载运行时,直流测速发电机的输出电压就是感应电动势,即

$$U = E_a = K_e n \tag{7.14}$$

由式(7.14)可知,测速发电机的输出电压 U 与其转速成正比,即测速发电机输出电压反映了转速的大小。因此,直流测速发电机可以用来测速。图7.27所示为理想状态下测速发电机的输出特性。

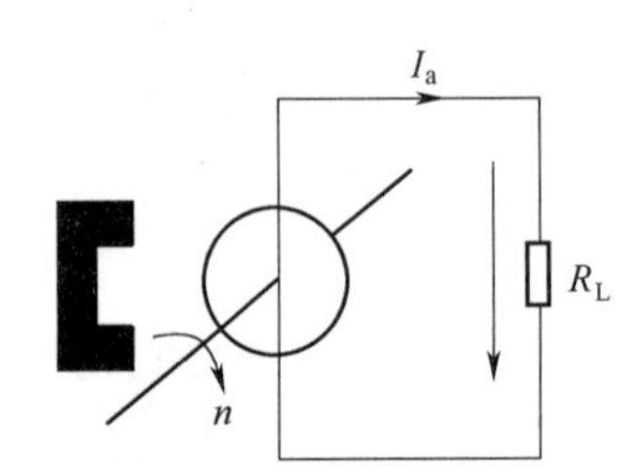

图7.26 直流测速发电机的工作原理图

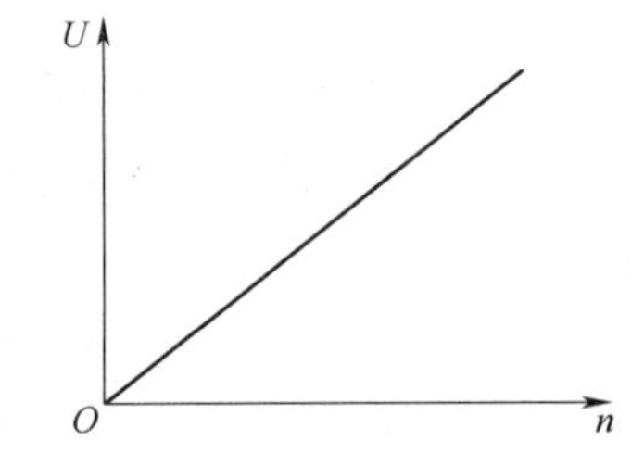

图7.27 理想状态下测速发电机的输出特性

负载运行时,若负载电阻为 R_L,忽略电枢反应的影响,则测速发电机的输出电压为

$$U = E_a - I_a R_a = E_a - \frac{U}{R_L} R_a \tag{7.15}$$

式中:R_a ——电枢回路的总电阻,包括电枢绕组和电刷与换向器之间的接触电阻。

把式(7.14)代入式(7.15),经整理后可得

$$U = \frac{C_e \Phi}{1 + R_a/R_L} n = Cn \tag{7.16}$$

式(7.16)表明,当 Φ、R_a 及负载电阻 R_L 不变时,输出特性的斜率 C 为常数,输出电压 U 与转速 n 成正比。当负载电阻 R_L 不同时,输出特性的斜率也不同,随 R_L 的减小而减小。理想的输出特性是一组直线,如图7.28所示。

2. 输出特性产生误差的原因和减小误差的方法

实际上,直流测速发电机在负载运行时,输出电压与转速并不能保持严格的正比关系,

存在误差,引起误差的主要原因有:

(1)电枢反应的去磁作用。当测速发电机带负载时,电枢电流引起的电枢反应的去磁作用,使测速发电机气隙磁通 Φ 减小。当转速一定时,若负载电阻越小,则电枢电流越大;当负载电阻一定时,若转速越高,则电动势越大,电枢电流也越大,它们都使电枢反应的去磁作用增强,Φ 减小,输出电压和转速的线性误差增大,如图 7.28 实线所示。因此,为了改善输出特性,必须削弱电枢反应的去磁作用。例如,使用直流测速发电机时 R_L 不能小于规定的最小负载电阻,转速 n 不能超过规定的最高转速。

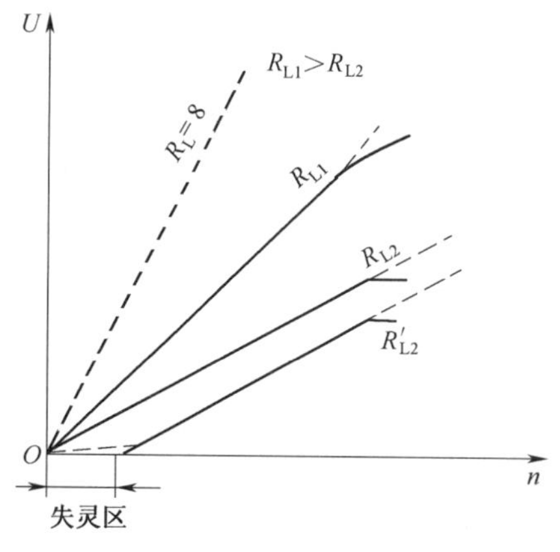

图 7.28 直流测速发电机的输出特性图

(2)电刷接触电阻的非线性。因为电枢电路总电阻 R_a 包括电刷与换向器的接触电阻,而这种接触电阻是非线性的,随负载电流的变化而变化。当电机转速较低时,相应的电枢电流较小,而接触电阻较大,电刷电压降较大,这时测速发电机虽然有输入信号(转速),但输出电压却很小,因而在输出特性上有一失灵区,引起线性误差,如图 7.28 所示。因此,为了减小电刷的接触电压降,缩小失灵区,直流测速发电机常选用接触电压降较小的金属-石墨电刷或铜电刷。

(3)温度的影响。对电磁式直流测速发电机,因励磁绕组长期通电而发热,它的电阻也相应增大,引起励磁电流及磁通 Φ 的减小,从而造成线性误差。为了减小由温度变化引起的磁通变化,在设计直流测速发电机时使其磁路处于足够饱和的状态,同时在励磁回路中串一个温度系数很小、电阻值比励磁绕组电阻大 3~5 倍的用康铜或锰铜材料制成的电阻器。

7.4.2 交流测速发电机

交流测速发电机分为同步测速发电机和异步测速发电机。同步测速发电机的输出频率和电压幅值均随转速的变化而变化,因此一般用作指示式转速计,很少用于控制系统中的转速测量;异步测速发电机的输出电压频率与励磁电压频率相同而与转速无关,其输出电压与转速成正比,因此在控制系统中得到广泛的应用,下面主要介绍交流异步测速发电机的结构和工作原理。

1. 交流异步测速发电机的结构

交流异步测速发电机的转子结构形式有空心杯形和笼形。笼形转子异步测速发电机输出斜率大,但特性差、误差大、转子惯量大,一般只用在精度要求不高的系统中。空心杯形转子异步测速发电机其杯形转子在转动过程中,内外定子间隙不发生变化,磁阻不变,因而气隙中磁通密度分布不受转子转动的影响,输出电压波形比较好,没有齿谐波而引起的畸变,精度较高,转子的惯量也较小,有利于系统的动态品质,是目前应用最广泛的一种交流测速发电机。

空心杯形转子异步测速发电机定子上有 2 个在空间上互差 90°电角度的绕组,一个为励磁绕组,另一个为输出绕组,如图 7.29 所示。若机座号较小时,空间相差 90°电角度的两相绕组全部嵌放在内定子铁芯槽内,其中一相为励磁绕组,另一相为输出绕组。若机座号较大时,常把励磁绕组嵌放在外定子上,而把输出绕组嵌放在内定子上,以便调节内、外定子间的相对位置,使剩余电压最小。

2. 交流异步测速发电机的工作原理

交流测速发电机的工作原理可按转子不动和转子旋转的 2 种情况进行分析。下面以空心杯形转子异步测速发电机为例说明。

转子不动时的情况如图 7.29(a)所示。在转子不动时,励磁绕组 W_1 的轴线为 d 轴,输出绕组 W_2 的轴线为 q 轴。杯形转子可以看成是一个笼条数目非常之多的笼形转子。当转子不动,即 $n = 0$ 时,若在励磁绕组中加上频率为 f 的励磁电压 U_1,则在励磁绕组中就会有电流通过,并在内外定子间的气隙中产生与电源频率 f 相同的脉振磁场。脉振磁场的轴线与励磁绕组 W_1 的轴线一致,它所产生的直轴磁通 Φ_d 沿绕组 W_1 轴线方向(直轴方向)穿过转子,因而在转子上与 W_1 绕组轴线一致的直轴线圈中感应电动势,这个电动势称为变压器电动势。该电动势在转子中产生电流并建立磁通。该磁通的方向与 W_1 励磁绕组产生的磁通方向相反,大小与转子位置无关,方向始终在 d 轴上。因此,励磁绕组磁动势与转子变压器电动势引起的磁动势二者的合成磁动势才是产生了直轴磁通 Φ_d 的励磁磁动势,其脉振频率为 f。该磁通不与输出绕组 W_2 交链,所以不在其中感应电动势,此时测速发电机的输出电压为零,即 $n = 0$ 时,$\dot{U}_2 = 0$。

当测速发电机的转子以一定速度旋转时,杯形转子中除了感应有变压器电动势外,同时还因杯形转子切割磁通 Φ_d,在转子中感应一旋转电动势 E_r,其方向根据给定的转子转向和 Φ_d 方向,用右手定则判断,如图 7.29(b)所示。旋转电动势 E_r 与 Φ_d 同频率,频率也为 f_1,而其有效值为

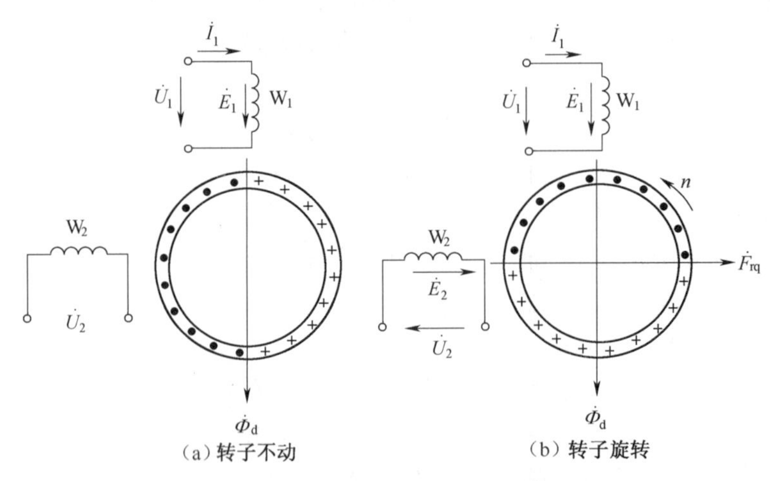

图 7.29　空心杯形转子异步测速发电机原理图

$$E_r = C_2 \Phi_d n \tag{7.17}$$

式中:C_2——比例常数。

式(7.17)表明,若 Φ_d 的幅值恒定,则旋转电动势 E_r 与转子的转速成正比。

在旋转电动势 E_r 的作用下,转子绕组中将产生频率为 f_1 的交流电流 I_r。由于杯形转子的转子电阻很大,远大于转子电抗,则 E_r 与 I_r 基本上同相位,如图 7.29(b)所示。由 I_r 所产生的交轴磁通 Φ_q 也是交变的,其脉振频率为 f_1。若在线性磁路下,Φ_q 的大小与 I_r 以及 E_r 的

大小成正比,即

$$\Phi_q \propto I_r \propto E_r \tag{7.18}$$

无论转速如何变化,由于杯形转子的上半周导体电流方向与下半周导体电流方向总是相反的,因此电流 I_r 产生的交轴磁通 Φ_q 在空间的方向总是与 Φ_d 垂直的,结果 Φ_q 的轴线与输出绕组轴线(q 轴)重合,由 Φ_q 在输出绕组中感应出变压器电动势 $\dot{E}_2$,其频率仍为 f_1,而有效值与 Φ_q 成正比,即

$$E_2 \propto \Phi_q \tag{7.19}$$

综合以上分析可知,若 Φ_d 的幅值恒定,且在线性磁路下,则输出绕组中电动势的频率与励磁电源频率相同,其有效值与转速大小成正比,即

$$E_2 \propto \Phi_q \propto E_r \propto n \tag{7.20}$$

根据输出绕组的电动势平衡方程式,在理想状况下,异步测速发电机的输出电压 U_2 也应与转速 n 成正比,输出特性为直线;输出电压的频率与励磁电源频率相同,与转速 n 的大小无关,使负载阻抗不随转速的变化而变化,这一优点使它被广泛应用于控制系统中。

若转子反转,则转子中的旋转电动势 E_r、电流 I_r 及其所产生的 Φ_d 的相位均随之反相,使输出电压的相位也反相。

3. 交流异步测速发电机的误差

交流异步测速发电机的误差主要有 3 种:非线性误差、剩余电压和相位误差。

(1)非线性误差。只有严格保持直轴磁通 Φ_d 不变的前提下,交流异步测速发电机的输出电压才与转子转速成正比,但在实际中直轴磁通 Φ_d 是变化的,原因主要有 2 个方面:一方面转子旋转时产生的交轴磁通 Φ_q,杯形转子也同时切割该磁场,从而产生 d 轴磁动势并使 d 轴磁通产生变化;另一方面,杯形转子的漏抗是存在的,它产生的是直轴磁动势,也使直轴磁通产生变化。这 2 个方面的原因引起直轴磁通变化的结果是使测速发电机产生线性误差的原因。

为了减小转子漏抗造成的线性误差,异步测速发电机都采用非磁性空心杯转子,常用电阻率大的磷青铜制成,以增大转子电阻,从而可以忽略转子漏抗,与此同时使杯形转子转动时切割交轴磁通 Φ_q 而产生的直轴磁动势明显减弱。

另外,提高励磁电源频率,也就是提高发电机的同步转速,也可提高线性度,减小线性误差。

(2)剩余电压。当转子静止时,交流测速发电机的输出电压应当为零,但实际上还会有一个很小的电压输出,此电压称为剩余电压。剩余电压虽然不大,但却使控制系统的准确度大为降低,影响系统的正常运行,甚至会产生误动作。

产生剩余电压的原因很多,最主要的原因是制造工艺不佳所致,如定子两相绕组并不完全垂直,从而使两输出绕组与励磁绕组之间存在耦合作用,气隙不均,磁路不对称,空心杯转子的壁厚不均以及制造杯形转子的材料不均等都会造成剩余误差。

要减小剩余误差,根本方法无疑是提高制造和加工的精度;也可采用一些措施进行补偿,阻容电桥补偿法是常用的补偿方法,如图 7.30 所示。

调节电阻器 R_1 的大小以改变附加电压的大小,调节电阻器 R 的大小以改变附加电压的相位,从而使附加电压与剩余电压相位相反,大小近似相等,补偿效果良好。

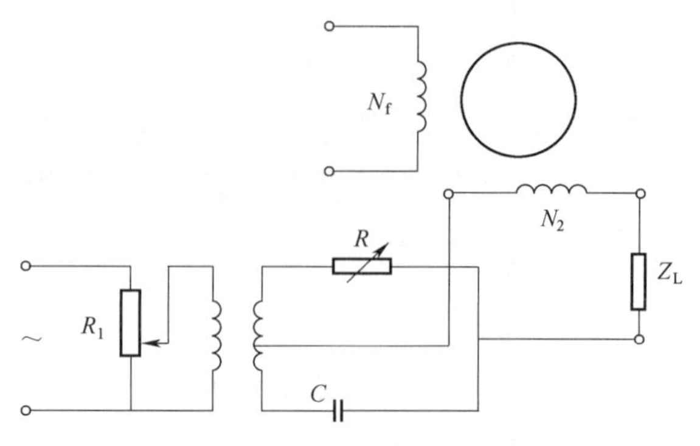

图 7.30　剩余电压补偿原理图

(3)相位误差。在自动控制系统中不仅要求异步测速发电机输出电压与转速成正比,而且还要求输出电压与励磁电压同相位。输出电压与励磁电压的相位误差是由励磁绕组的漏抗、杯形转子的漏抗产生的,可在励磁回路中串电容器进行补偿。

4. 测速发电机的应用

测速发电机的作用是将机械速度转换为电气信号,常用作测速元件、校正元件、解算元件,与伺服电机配合,广泛使用于许多速度控制或位置控制系统中,如在稳速控制系统中,测速发电机将速度转换为电压信号作为速度反馈信号,可达到较高的稳定性和较高的精度,在计算解答装置中,常作为微分、积分元件。

7.5　自整角机

自整角机是一种对角位移或角速度的偏差自动整步的感应式控制电机。自整角机通常是2台或2台以上组合使用,使机械上互不相连的2根或多根机械轴能够保持相同的转角变化或同步的旋转变化。其中,产生信号的自整角机称为发送机,安装在主令轴上,它将轴上的转角变换为电信号,接收信号的自整角机称为接收机,安装在从动轴上,它将发送机发送的电信号变换为转轴的转角,从而实现角度的传输、变换和接收。

按用途不同,自整角机可以分为力矩式自整角机和控制式自整角机。其中,力矩式自整角机主要用于力矩传输系统,作指示元件用;控制式自整角机主要用于随动系统,在信号传输系统中作检测元件用。

7.5.1　力矩式自整角机

1. 基本结构

自整角机的定子结构与一般小型绕线转子电动机相似,定子铁芯上嵌有三相星形连接对称分布绕组,通常称为整步绕组。转子结构则按不同类型采用凸极式或隐极式,通常采用凸极式,只有在频率较高而尺寸又较大时,才采用隐极式结构。转子磁极上放置单相或三相励磁绕组。转子绕组通过滑环、电刷装置与外电路连接,滑环由银铜合金制成,电刷采用焊银触点,以保证可靠接触。

2. 工作原理

力矩式自整角机的接线图如图7.31所示。

两台自整角机结构完全相同,一台作为发送机,另一台作为接收机。它们的转子励磁绕组接到同一单相交流电源上，定子整步绕组则按相序对应连接。当两机的励磁绕组中通入单相交流电流时，在两机的气隙中产生脉动磁场，该磁场将在整步绕组中感应出变压器电动势。当发送机和接收机的转子位置一致时，由于双方的整步绕组回路中的感应电动势大小相等，方向相反，所以回路中无电流流过，因而不产生整步转矩，此时两机处于稳定的平衡位置。

如果发送机的转子从一致位置转一角度 θ 时，则在整步绕组回路中将出现电动势，从而引起均衡电流。此均衡电流与励磁绕组所建立的磁场相互作用而产生转矩，使接收机也偏转相同角度。

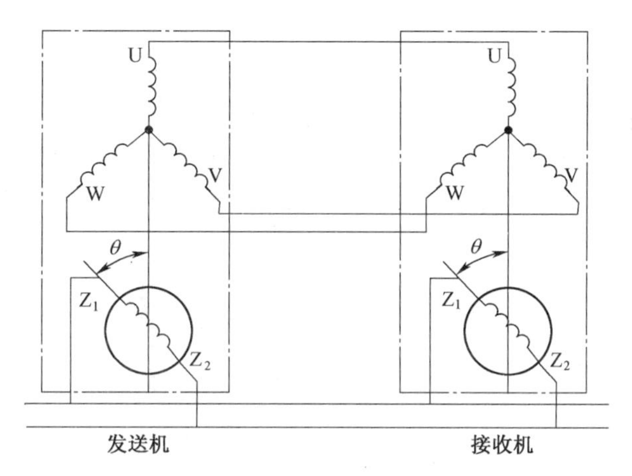

图 7.31　力矩式自整角机的接线图

3. 特点及应用

力矩式自整角机在接收机转子空转时，有较大的静态误差，并且随着负载转矩或转速的增高而加大，存在振荡现象，当很快转动发送机时，接收机不能立刻达到协调位置，而是围绕着新的协调位置做衰减的振荡。为了克服这种振荡现象，接收机中均设有阻尼装置。

力矩式自整角机能直接达到转角随动的目的，即将机械角度变换为力矩输出，但无力矩放大作用，带负载能力较差。因此，力矩式自整角机只适用于负载很轻（如仪表的指针等）及精度要求不高的开环控制的随动系统中。目前，我国生产的力矩式自整角发送机的型号为ZLF，自整角接收机的型号为ZLJ。

力矩式自整角机被广泛用作示位器。首先将被指示的物理量转换成发送机轴的转角，用指针或刻度盘作为接收机的负载，液面指示器的示意图如图 7.32 所示。

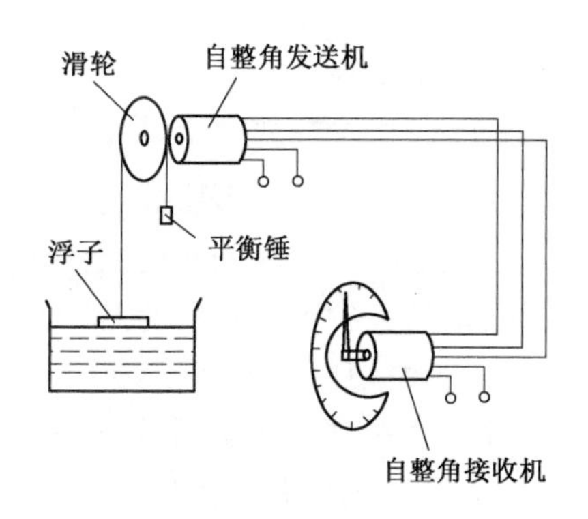

图 7.32　液面指示器的示意图

图 7.32 中浮子随着液面升降而升降，并通过绳子、滑轮和平衡锤使自整角发送机转动。由于发送机和接收机是同步转动的，所以接收机指针准确地反应了发送机所转过的角度。如果把角位移换算成线位移，就可知道液面的高度，实现了远距离液面位置的传递。这种示位器不仅可以指示液面的位置，也可以用

来指示阀门的位置、电梯和矿井提升机的位置、变压器分接开关的位置等。

此外,力矩式自整角机还可以作为调节执行机构转速的定值器。由力矩式自整角机的发送机和接收机组成随动系统,将接收机安装在执行机构中,通过它带动可调电位器的滑动触点或其他触点,而发送机可装设在远距离的操纵盘上。可调电位器的一个定点与滑动触点之间的电压便作为执行机构的定值,再经过放大器放大后用来调节执行机构的转速。当需要改变执行机构的转速时,只需要调整操纵盘上发送机转子的位置角,接收机转子就自动跟随偏转并带动可调电位器的滑动触点,使执行机构的定值电压发生变化,转速也将随之升高或降低,从而远距离调节执行机构的转速。

7.5.2 控制式自整角机

1. 基本结构

控制式自整角机的结构和力矩式自整角机类似。只是其接收机和力矩式不同,它不直接驱动机械负载,而只是输出电压信号,其工作情况如同变压器,因此又称自整角变压器。它采用隐极式转子结构,并在转子上装设单相高精度的正弦绕组作为输出绕组。图 7.33 为控制式自整角机的接线图。

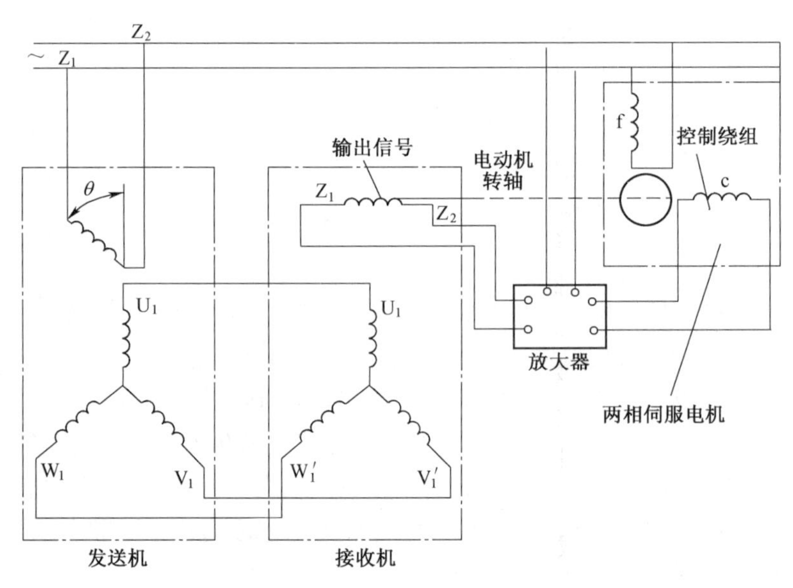

图 7.33 控制式自整角机的接线图

2. 工作原理

从图 7.33 的接线图可以看出,接收机的转子绕组已从电源断开,它将角度传递变为电信号输出,然后通过放大器去控制一台伺服电机。而且转子轴线位置预先转过了 90°。如果接收机转子仍按图 7.33 的起始位置,则当发送机转子从起始位置逆时针方向转 θ 角时,转子输出绕组中感应的变压器电动势将为失调角 θ 的余弦函数,当 $\theta=0°$ 时,输出电压为最大。当 θ 增大时,输出电压按余弦规律减小,这就给使用带来不便,因随动系统总希望当失调角为 0 时,输出电压为 0,只有存在失调角时,才有输出电压,并使伺服电机运转。此外,当发送机由起始位置向不同方向偏转时,失调角虽有正负之分,但因 $\cos\theta=\cos(-\theta)$,输出电压都一样,便无法从自整角变压器的输出电压来判别发送机转子的实际偏转方向。为了消除上述不便,按图7.33将接收机转子预先转过了90°,这样自整角变压器转子绕组输出电压为$E=E_m\sin\theta$,其中E_m表示接收机转子绕组感应电动势最大值。该电压经放大器放大后,接到伺服电机的控制绕组,使伺服电机转动。伺服电机一方面拖动负载,另一方面在机械上也与自整角变压器转子相连,这样就可以使得负载跟随发送机偏转,直到负载的角度与发送机偏转的角度相等为止。

3. 特点及应用

控制式自整角机只输出信号,负载能力取决于系统中的伺服电机及放大器的功率,它的系统结构比较复杂,需要伺服电机、放大器、减速齿轮等设备,因此适用于精度较高、负载较大的伺服系统。

7.6 旋转变压器

旋转变压器是自动装置中较常用的精密控制电机。当旋转变压器的定子绕组施加单相交流电时,其转子绕组输出的电压与转子转角成正弦余弦关系或线性关系等函数关系。

旋转变压器结构与绕线式异步电动机类似,其定、转子铁芯通常采用高磁导率的铁镍硅钢片冲叠而成,在定子铁芯和转子铁芯上分别冲有均匀分布的槽,里边分别安装有2个在空间上互相垂直的绕组,通常设计为两极,转子绕组经电刷和集电环引出。

旋转变压器有正余弦旋转变压器和线性旋转变压器等。下面简要介绍正余弦旋转变压器和线性旋转变压器的工作原理。

7.6.1 正余弦旋转变压器

正余弦旋转变压器的转子绕组输出的电压与转子转角θ呈正弦或余弦函数关系,它可用于坐标变换、三角运算、单相移相器、角度数字转换、角度数据传输等场合。

正余弦旋转变压器的定子铁芯槽中装有两套完全相同的绕组D_1D_2和D_3D_4,但在空间上相差90°。每套绕组的有效匝数为N_0,其中D_1D_2绕组为直轴绕组,D_3D_4绕组为交轴绕组。转子铁芯槽中也装有两套完全相同的绕组Z_1Z_2和Z_3Z_4,在空间上也相差90°,每套绕组的有效匝数为N_2。转子上的输出绕组Z_1Z_2的轴线与定子的直轴之间的角度称为转子的转角。

(1)正余弦旋转变压器的空载运行。正余弦旋转变压器的空载运行的示意图如图7.34(a)所示。

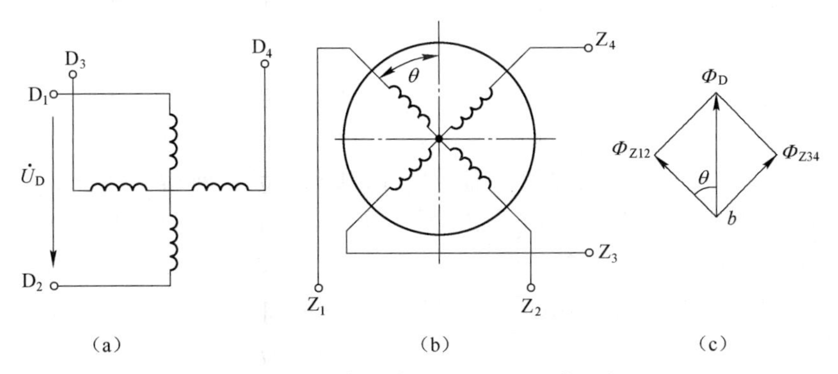

图7.34 正余弦旋转变压器的空载运行

励磁绕组 D_1D_2 通过交流电流 I_{D12} 在气隙中建立一个正弦分布的气隙磁通 Φ_D，其轴线就是励磁绕组(即直轴绕组)，D_1D_2 的轴线即直轴。而输出绕组 Z_1Z_2 与磁场轴线(直轴)的夹角为 θ，故气隙磁通 Φ_D 与输出绕组 Z_1Z_2 相交链的磁通 $\Phi_{Z12}=\Phi_D\cos\theta$。而另一输出绕组 Z_3Z_4 的轴线与磁场轴线(直轴)的夹角为 $90°-\theta$，那么气隙磁通 Φ_D 与 Z_3Z_4 相交链的磁通 $\Phi_{Z34}=\Phi_D\cos(90°-\theta)=\Phi_D\sin\theta$，如图 7.34(b)所示。

据上述分析，气隙磁通 Φ_D 在励磁绕组中所感应的电动势为

$$E_{D12}=4.44fN_D\Phi_D \tag{7.21}$$

气隙磁通 Φ_D 的 2 个分量 $\Phi_D\cos\theta$ 和 $\Phi_D\sin\theta$ 分别在输出绕组 Z_1Z_2 和 Z_3Z_4 中所感生的电动势为

$$E_{Z12}=4.44fN_Z\Phi_D\cos\theta \tag{7.22}$$

$$E_{Z34}=fN_Z\Phi_D\sin\theta \tag{7.23}$$

另外输出绕组与励磁绕组的有效匝数比为

$$K=\frac{K_Z}{ND} \tag{7.24}$$

因而输出绕组 Z_1Z_2 和 Z_3Z_4 的感应电动势为

$$E_{Z12}=KE_{D12}\cos\theta \tag{7.25}$$

$$E_{Z34}=KE_{D12}\sin\theta \tag{7.26}$$

如果忽略励磁绕组和输出绕组的漏阻抗，则输出绕组 Z_1Z_2 和 Z_3Z_4 的端电压分别为

$$U_{Z12}=KU_D\cos\theta \tag{7.27}$$

$$U_{Z34}=KU_D\sin\theta \tag{7.28}$$

通过调节转子转角 θ 的大小，输出绕组 Z_1Z_2 输出的电压按余弦规律变化，故又称余弦输出绕组；输出绕组 Z_3Z_4 输出的电压按正弦规律变化，故又称正弦输出绕组。

(2) 正余弦旋转变压器的负载运行。当输出绕组接上负载后，转子绕组中将有电流流过，此时称为旋转变压器的负载运行。

上面用正余弦旋转变压器的空载运行情况分析了其工作原理，但在实际应用中，输出绕组都接有负载，如控制元件、放大器等，输出绕组有电流流过，从而产生磁动势，使气隙磁场产生畸变，从而使输出电压产生畸变，不再是转角的正、余弦函数关系。

如图 7.35 所示，输出绕组 Z_1Z_2 接上负载，产生的负载电流建立一个按正弦规律分布的脉振磁动势 F_{Z12}，其幅值轴线就是 Z_1Z_2 绕组轴线，F_{Z12} 在直轴和交轴 2 个方向上分为 2 个分量：

直轴分量为 $F_{Z12}=F_{Z12}\cos\theta$

交轴分量为 $F_{Z12q}=F_{Z12}\sin\theta$

直轴分量磁动势与励磁绕组的轴线都是直轴，其影响同普通变压器的二次侧负载电流的影响一样，输出绕组 Z_1Z_2 接上负载后产生负载电流，同时也使励磁绕组 D_1D_2 的电流增大，从而保持直轴方向的磁动势平衡，以维持气隙磁通 Φ_D 不变。而交轴分量磁动势存在的结果是输出电压产生畸变，使输出电压不再按余弦规律变化。

(3)负载运行的正余弦旋转变压器的补偿。补偿的方法是从消除或减弱造成电压畸变的交轴分量磁动势入手。如图 7.36 所示，余弦输出绕组 Z_1Z_2 接负载，正弦输出绕组作为补

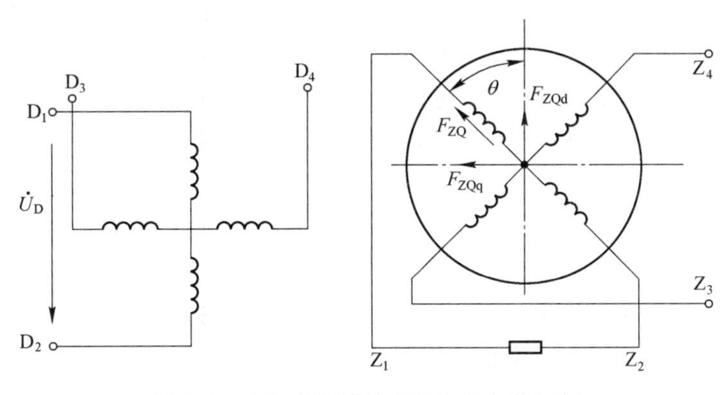

图 7.35 正、余弦旋转变压器的负载运行

偿绕组也接入负载 Z'_L。两绕组 Z_1Z_2 与 Z_3Z_4 完全一样，如果接入的负载相等（$Z_L=Z'_L$），即两绕组回路总阻抗 $Z_{总}$ 相等，那么流过余弦输出绕组 Z_1Z_2 的电流为

$$I_{Z12}=\frac{E_{Z12}}{Z_{总}}=\frac{kE_{D12}\cos\theta}{Z_{总}}=I_Z\cos\theta$$

流过正弦输出绕组 Z_3Z_4 的电流为

$$I_{Z34}=\frac{E_{Z34}}{Z_{总}}=\frac{kE_{D12}\sin\theta}{Z_{总}}=I_Z\sin\theta$$

上面两式中，I_Z 为输出绕组的最大电流值 $I_Z=\frac{kE_D}{Z_{总}}$，由 I_Z 所产生的磁动势记为 F_Z，那么余弦输出绕组 Z_1Z_2 的电流 I_{Z12}所产生的磁动势为 $F_{Z12}=F_Z\cos\theta$，其直轴分量为 $F_{Z12d}=F_{Z12}\cos\theta=F_Z\cos^2\theta$；其交轴分量为 $F_{Z12q}=F_{Z12}\cos\theta=F_Z\sin\theta\cos\theta$ 。

正弦输出绕组 Z_3Z_4 输出的电流 I_{Z34}所产生的磁动势为 $\dot{F}_{Z34}=F_Z\sin\theta$，其直轴分量为 $F_{Z34d}=F_{Z34}\sin\theta=F_Z\sin^2\theta$，其交轴分量为 $F_{Z34q}=F_{Z34}\sin\theta=F_Z\cos\theta\sin\theta$ 。

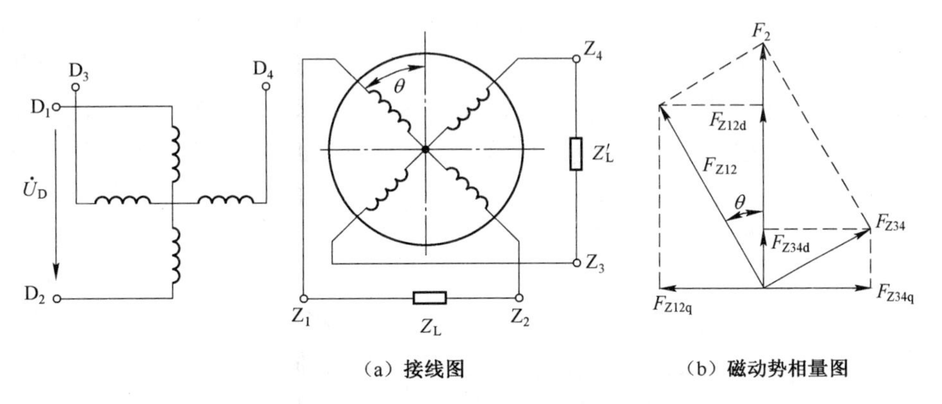

（a）接线图 （b）磁动势相量图

图 7.36 二次侧补偿的正余弦旋转变压器

由上可知，两个完全一样的正余弦输出绕组如果接的负载一样，那么两绕组产生的交轴方向的磁动势大小相等方向相反，刚好抵消，没有交轴磁场；而在直轴方向上磁动势为两绕组直轴分量磁动势之和，即

$$F_d = F_{Z12d} + F_{Z34d} = F_Z\cos^2\theta + F_Z\sin^2\theta = F_Z$$

当 $Z_L = Z_L'$ 时，无论转子的转角 θ 怎么改变，转子绕组的交轴磁动势始终为 0 而直轴磁动势始终不变，故而输出绕组的输出电压可以保持与转角 θ 成正弦或余弦关系。

当 $Z_L = Z_L'$ 时，正余弦旋转变压器二次侧（转子）补偿时各种磁动势的关系如图 7.36 所示。

上述的二次侧补偿是有条件的，即 $Z_L = Z_L'$。如有偏差，交轴方向的磁动势不能完全抵消，输出还是有畸变的，为此可以采用一次侧补偿来消除交轴磁场。

定子的励磁绕组仍接交流电源，而 D_3D_4 作为补偿绕组通过阻抗 Z 或直接短接，在绕组 D_3D_4 中产生感应电流，从而产生交轴方向磁动势，补偿转子绕组的交轴磁动势。

为了减小误差，使用时常常把一、二次侧补偿同时使用，如图 7.37 所示。

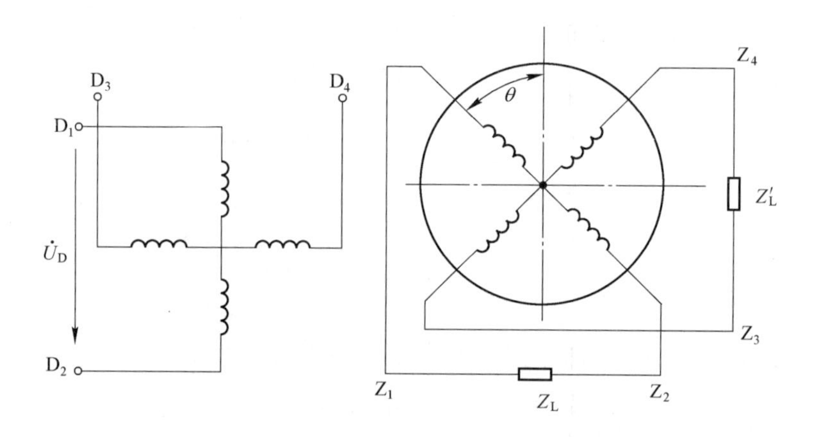

图 7.37　一、二次侧补偿的正余弦旋转变压器

7.6.2　线性旋转变压器

线性旋转变压器输出电压与转子转角成正比关系。事实上，正余弦旋转变压器在转子转角 θ 很小的时，近似有 $\sin\theta = \theta$，此时就可看作一台线性旋转变压器。在转角不超过±4.5°时，线性度在±0.1%以内。若要扩大转子转角范围，可将正余弦旋转变压器的线路进行改接，如图 7.38 所示，定子绕组 D_1D_2 与转子绕组 Z_1Z_2 串联后接到交流电源 U_D 上，定子交轴绕组 D_3D_4 作为补偿绕组直接短接或接阻抗短接，Z_3Z_4 接负载 Z_L 输出电压信号。

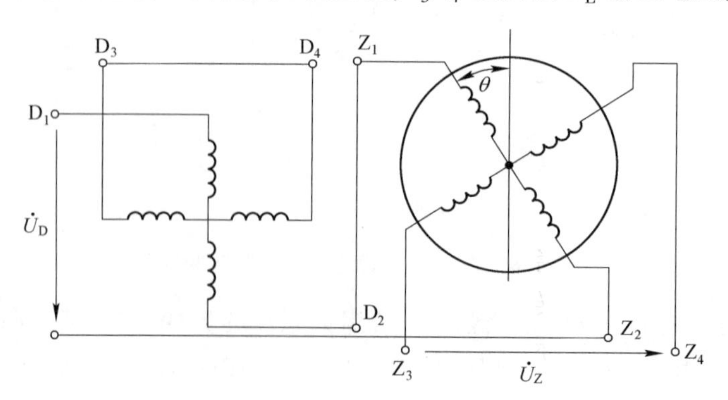

图 7.38　线性旋转变压器接线图

交轴绕组作补偿绕组而短接,可以认为交轴分量磁场 F_q 被完全抵消,故单相电流接入绕组后产生的直轴磁通 Φ_d 是一个直轴脉振磁通,它与励磁绕组、余弦输出绕组、正弦输出绕组交链而分别产生感应电动势为

$$E_{D12} = 4.44 f N_D \Phi_d$$
$$E_{Z12} = 4.44 f N_Z \Phi_d \cos\theta$$
$$E_{Z34} = 4.44 f N_Z \Phi_d \sin\theta$$

这些电动势都是由直轴磁通 Φ_d 产生的,故它们在时间上是同相位的。若不计定、转子绕组的漏阻抗电压降,根据电动势平衡方程式,整理可得

$$\frac{U_D}{1 + k\cos\theta} = 4.44 f N_D \Phi_d \tag{7.29}$$

式中:k——转、定子绕组的有效匝数比,$k = \frac{N_Z}{N_D}$。

正弦输出绕组 Z_3Z_4 的输出电压为

$$\begin{aligned} U_Z &\approx E_{Z34} = 4.44 f N_Z \Phi_d \sin\theta \\ &= 4.44 f N_D \Phi_d k \sin\theta \end{aligned} \tag{7.30}$$

将式(7.29)代入式(7.30)中得

$$U_Z = \frac{k\sin\theta}{1 + k\cos\theta} U_D$$

当 $k=0.52$ 时,$U_Z=f(\theta)$ 的曲线可由上式画出,如图 7.39 所示。用数学推导可证明,当 $k=0.52$,$\theta=\pm 60°$ 的范围内,输出电压 U_Z 和转角 θ 呈线性关系,线性误差不超过 0.1%,从图 7.39 中可大致看出。因而一台旋转变压器如按图 7.38 接线,在转子转角在±60°范围内可作为线性旋转变压器使用。

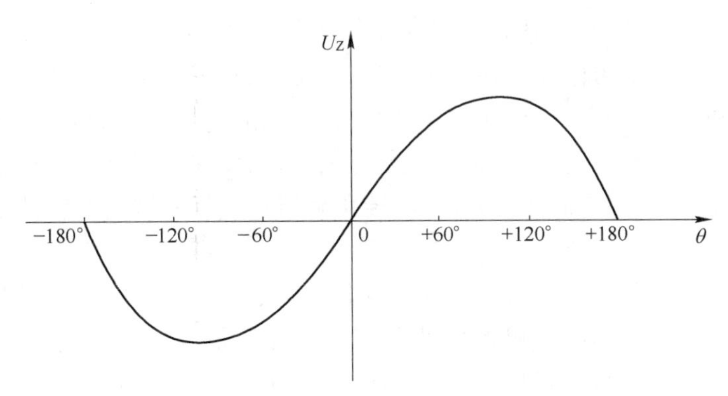

图 7.39 线性旋转变压器的输出电压曲线

7.6.3 旋转变压器的应用

旋转变压器常在自动控制系统中作解算元件可进行矢量求解、坐标变换、加减乘除运算、微分积分运算,也可在角度传输系统中作自整角机使用。利用正余弦旋转变压器计算反三角函数的接线,如图 7.40 所示。

已知三角形的斜边 C 和对边 A 的大小,求 $\theta = \arcsin\frac{U_A}{U_C}$ 的值。首先将定子绕组 D_3D_4 短

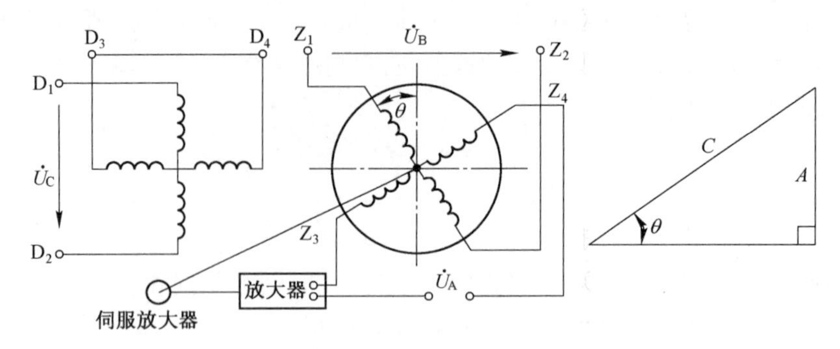

图 7.40　计算反三角函数的接线图

接，作补偿绕组，然后将正比于斜边 C 的电压 U_C 施加到励磁绕组 D_1D_2，若转子绕组与定子绕组的变比 $k=1$，则有

$$U_{Z34}=U_c\sin\theta$$

再将正比于直角三角形对边 A 的电压 U_A 串入正弦输出绕组 Z_3Z_4 后接交流伺服电动机的控制绕组上，那么交流伺服电动机则拖动旋转变压器的转子偏转，改变转子转角，直到 $U_{Z34}-U_A=0$ 为止，此时有

$$U_{Z34}=U_A=U_C\sin\theta \text{ 即 } \theta=\arcsin\frac{U_A}{U_C}$$

转子转角就是所要计算的量。

若将电压 U_A 串入余弦输出绕组 Z_1Z_2 中，那么可以求解反余弦函数的值。

小　　结

1. 概述

控制电机的种类繁多，根据在自动控制系统中的功能，可将控制电机分为伺服电机、步进电机、测速发电机、自整角机和旋转变压器等；根据在自动控制系统中的作用，可将控制电机分为执行元件和测量元件。执行元件包括交、直流伺服电机和步进电机，其任务是将电信号转换成轴上的角位移和角速度，并带动控制对象运动；测量元件包括交、直流测速发电机、自整角机和旋转变压器等，它们能够将转速、转角和转角差等机械信号转换成电信号。

2. 伺服电机

伺服电机分为直流和交流 2 种。直流伺服电机就是一台小型他励直流电机，分为电枢控制和励磁控制，常用电枢控制，其机械特性和调节特性都是线性的，其转速与控制电压成正比，但存在“死区”；交流伺服电机转子电阻必须较大，以消除自转现象，常用 3 种控制方法：幅值控制、相位控制和幅相控制。

3. 步进电机

步进电机本质上是一种同步电机，它能将脉冲信号转换为角位移，每输入一个电脉冲，步进电机就前进一步，其角位移与脉冲数成正比，能实现快速的启动、制动、反转，且有自锁的能力，只要不丢步，角位移不存在积累的情况。

4. 测速发电机

测速发电机分为直流和交流 2 种。在恒定磁场中，直流测速发电机输出的电压与转速成正比,产生误差的因素主要是电枢反应、温度的变化、接触电阻。转速越高,负载电流越大,产生的非线性误差也越大。交流测速发电机常用空心杯作转子。为了减小非线性误差,常用电阻较大的非磁性材料作转子;而制造和加工工艺不佳和材料不均引起的剩余电压误差,可用补偿电路进行有效地补偿。

5. 自整角机

自整角机主要有控制式和力矩式2种。控制式自整角机转轴不直接带动负载,而是将失调角转变为与失调角成正弦函数关系的电压输出,经放大后去控制伺服电机,以带动从动轴旋转;而力矩式自整角机可直接带动不大的轴上负载,可以远距离传递角度。

6. 旋转变压器

旋转变压器是一种控制电机,也可看成是可旋转的变压器。旋转变压器按输出电压的不同分为正余弦旋转变压器和线性旋转变压器。正余弦旋转变压器空载时,输出电压是转子转角的正余弦函数,带上负载后,输出电压发生畸变,可用定子补偿和转子补偿纠正畸变。对正余弦旋转变压器电路稍做改接,便可在一定的转角范围内得到输出电压与转角成正比的关系,此时便是一台线性旋转变压器。

思考与练习

7.1 直流伺服电动机常用什么控制方式?为什么?

7.2 直流伺服电动机的机械特性和调节特性如何?

7.3 什么是自转现象?如何消除交流伺服电动机的自转现象?

7.4 反应式步进电动机的步距角与齿数有何关系?

7.5 步进电机的转速与哪些因素有关?如何改变其转向?

7.6 直流测速发电机的误差主要有哪些?如何消除或减弱?

7.7 交流异步测速发电机剩余电压是如何产生的?如何消除或减小?

7.8 什么交流异步测速发电机通常采用非磁性空心杯转子?

7.9 力矩式自整角机和控制式自整角机在工作原理上各有何特点?各适用于怎样的随动系统?

7.10 旋转变压器是怎样的一种控制电机?常应用于何种控制系统中?